普通高等教育农业农村部“十四五”规划教材（NY-1-0222）
产教融合创新型教材 · 新形态教材

汽车拖拉机学 第二册

底盘构造与车辆理论

第三版

刘宏新　主编

中国农业出版社
北　京

内容提要

底盘构造与车辆理论是汽车与拖拉机学系列教材的重要组成部分，本次修订根据卓越人才培养目标与要求优化知识体系和内容，配套一流 MOOC 资源并采用新形态方式编撰，全面适应信息化时代特点及以学习者为中心的人才培养需求。教材注重系统性、关联性和时效性，设置有绪论、底盘构造及原理、车辆理论三大模块。除常规修订工作外，重点增加了新能源车辆电力驱动及自动驾驶章节，并邀请行业工程师加入编委会，强化产教融合，全面反映领域内的技术发展，展现以底盘为核心的车辆工程基础知识与科技水平。采用构造与理论相互融合的方式组织相关内容，延展学习者视野，便于专业知识和技术的系统性理解与掌握，提高学习效率与效果。

本书可作为高等院校涉及车辆工程技术相关专业的教材，也可供行业工程技术人员，以及具有中等以上文化程度的技师与驾驶人员参考使用。

第三版编写人员

主　编　刘宏新

副主编　尚家杰　万芳新　周　勇

参　编　张立伟　苏　薇　梁　远

苑　磊　唐师法　彭才望

张鸿琼　李青涛　张永成

前 言

PREFACE

随着科技进步与经济发展，车辆已成为人们日常生产生活中不可或缺的工具。车辆制造能力代表着一个国家的总体工业水平，与其他装备不同，车辆（尤其是汽车）还承载着除工具属性之外的历史、文化、工业美学、民族情感等诸多元素。近年，中国汽车年产销量已双超 3 000 万辆，自 2009 年来高居世界第一，拖拉机及工程车辆产业也位居前列，并正处于由量向质的主动调整时期。车辆工程产业规模极其庞大，产业链长，对专业人员及具有汽车知识背景的从业者需求旺盛。从知识体系上来看，汽车、拖拉机相关技术是内容高度统一、具体形式特点鲜明的伴生体，二者融合学习，可最大限度地获取车辆工程的知识与技能。

本教材是汽车与拖拉机学系列教材的重要组成部分，是与实践运用最为直接联系、最具工程特色的知识体系。该书及其所属系列的其他 2 册（发动机原理与构造、车辆电器）自首版发行以来，广受好评和赞誉，先后荣获中华农业科教基金会优秀教材、高等教育学会优秀教材等多项荣誉，配套在线资源亦荣获省级精品在线开放课程（MOOC）、高校优质课程联盟精品线上线下课程，以及教育部教学指导委员会首批专业核心在线开放课程。

为适应时代发展，紧跟车辆工程技术最新成就，结合读者反馈意见及使用情况，本次修订团队除继续保持由国内高校车辆工程领域知名专家学者组成的传统外，特别邀请无锡明恒混合动力技术有限公司高级工程师唐师法加入，强化产教融合，全面反映行业的生产实践与技术发展，系统展

现以底盘为核心的车辆工程基础知识与科技水平。除常规修订工作外，重点增加了以底盘各系统综合运用和控制为基础的新能源车辆电力驱动及自动驾驶内容。本书采用构造与理论相互融合的方式组织相关内容，设置绪论、底盘构造与原理、车辆理论三大密切关联模块，贯通知识体系，延展学习者视野，便于专业知识和技术的系统性理解与掌握，提高学习效率与效果。教材以绪论开篇，引入汽车、拖拉机相关概念，分别介绍国内外现状、发展趋势、型号与识别代码；以车身与车架、传动系统、行驶系统、转向系统、制动系统、工作装置为主体，讲解作为车辆主体的底盘的系统结构组成与工作原理；以自动驾驶技术论述基于底盘整体操控的最新应用技术，系统论述自动驾驶发展现状、技术架构、级别划分、环境感知、定位系统、路径规划与算法等内容；通过车辆总体动力学和车辆使用性能，分析车辆行驶原理、总体受力、机组及制动力学等特性，以及车辆动力性、燃料经济性、牵引性能、稳定与操纵性、通过性与平顺性等主要使用性能，为车辆科学设计和有效应用提供理论支持。同时，为适应信息化时代的特点与学习者的需求，利用信息技术，将教材配套数字资源以二维码形式链接，扫描二维码即可查看学习。

教材除用于高等院校涉及车辆工程技术相关专业教学，也可为车辆设计与制造、运用及修理、营销或管理等相关领域的从业人员，以及具有中等以上文化程度的技师及驾驶员提供知识更新与能力进阶的学习帮助。

编者虽勤勉谨慎，但限于时间及水平，纰漏与不当之处仍在所难免，恳请读者理解并给予指正，希望能借此教材与广大读者就车辆工程知识传授与技术运用等方面进行广泛的交流与合作。

作者电子邮箱：Automobile-Tractor@hotmail. com

刘宏新

2024 年于江苏宿迁

目 录
CONTENTS

前言

绪论 ………………………………………………………………………… 1

0.1 汽车拖拉机组成与分类 ………………………………………………… 1

0.1.1 汽车拖拉机组成……………………………………………………… 1

0.1.2 汽车的分类 ………………………………………………………… 2

0.1.3 拖拉机的分类 ……………………………………………………… 3

0.2 汽车拖拉机发展史 ……………………………………………………… 5

0.2.1 汽车发展史 ………………………………………………………… 5

0.2.2 拖拉机发展史 ……………………………………………………… 6

0.3 型号与识别代码 ………………………………………………………… 8

0.3.1 型号编制规则 ……………………………………………………… 8

0.3.2 车辆识别代码 ……………………………………………………… 13

复习与思考 ………………………………………………………………… 15

第 1 章 车身与车架 …………………………………………………… 16

1.1 概述……………………………………………………………………… 16

1.1.1 车身功用与类型 …………………………………………………… 16

1.1.2 车架功用与类型 …………………………………………………… 18

1.2 车身……………………………………………………………………… 18

1.2.1 轿车车身壳体结构 ………………………………………………… 18

1.2.2 客车车身壳体结构 ………………………………………………… 21

1.3 车架……………………………………………………………………… 23

1.3.1 汽车车架…………………………………………………………… 23

1.3.2 拖拉机车架………………………………………………………… 26

1.4 驾驶室 …… 28
1.4.1 货车、拖拉机驾驶室 …… 29
1.4.2 附属与安全防护装置 …… 30
1.5 货厢 …… 37
1.5.1 栏板式货厢 …… 37
1.5.2 专用货厢 …… 38
复习与思考 …… 39

第2章 传动系统 …… 41

2.1 概述 …… 41
2.1.1 功用 …… 41
2.1.2 形式 …… 42
2.2 离合器 …… 45
2.2.1 功用与类型 …… 45
2.2.2 组成与工作原理 …… 45
2.2.3 基本构件 …… 47
2.2.4 操纵机构 …… 50
2.3 机械式变速器 …… 51
2.3.1 功用与类型 …… 51
2.3.2 手动变速器 …… 51
2.3.3 无级变速与双离合变速器 …… 62
2.4 液力机械式变速器 …… 64
2.4.1 自动变速器 …… 64
2.4.2 负载换挡变速器 …… 70
2.5 万向传动装置与驱动桥 …… 71
2.5.1 万向传动装置 …… 71
2.5.2 驱动桥 …… 77
2.6 电力式传动 …… 85
2.6.1 动力蓄电池式 …… 85
2.6.2 燃料电池式 …… 87
2.6.3 混合动力式 …… 90
复习与思考 …… 92

第3章 行驶系统 …… 94

3.1 概述 …… 94
3.1.1 功用与类型 …… 94
3.1.2 组成 …… 95
3.2 车轮 …… 95
3.2.1 功用 …… 95
3.2.2 一般轮胎 …… 96
3.2.3 特殊车轮 …… 100

3.3　履带 …… 101
3.3.1　功用与类型 …… 101
3.3.2　履带驱动装置组成 …… 102
3.4　车桥 …… 102
3.4.1　转向桥 …… 103
3.4.2　转向驱动桥 …… 105
3.4.3　车轮定位 …… 106
3.5　悬架 …… 108
3.5.1　常规悬架 …… 108
3.5.2　电控悬架 …… 118
复习与思考 …… 119

第4章　转向系统 …… 120

4.1　概述 …… 120
4.1.1　功用与类型 …… 120
4.1.2　转向方式 …… 122
4.1.3　转向原理 …… 122
4.2　偏转车轮转向系统 …… 128
4.2.1　基本组成 …… 128
4.2.2　转向操纵机构与转向器 …… 129
4.2.3　转向传动机构 …… 130
4.2.4　差速器 …… 132
4.3　动力与助力操纵系统 …… 138
4.3.1　液压助力转向 …… 138
4.3.2　电动助力转向 …… 139
4.3.3　全液压动力转向系统 …… 140
4.4　履带车辆转向系统 …… 141
4.4.1　转向离合器 …… 141
4.4.2　双差速器 …… 143
4.4.3　单级行星齿轮式转向机构 …… 144
4.5　其他类型转向系统 …… 144
4.5.1　手扶拖拉机转向系统 …… 144
4.5.2　汽车四轮转向系统 …… 145
复习与思考 …… 146

第5章　制动系统 …… 148

5.1　概述 …… 148
5.1.1　功用与类型 …… 148
5.1.2　基本原理与要求 …… 149
5.2　制动器 …… 150
5.2.1　制动器类型 …… 150

5.2.2 鼓式制动器 …… 151
5.2.3 盘式制动器 …… 154
5.3 制动传动机构 …… 158
5.3.1 机械式传动机构 …… 158
5.3.2 气压式传动机构 …… 158
5.3.3 液压式传动机构 …… 162
5.4 防抱死制动控制 …… 168
5.4.1 基本组成与分类 …… 168
5.4.2 工作过程 …… 169
5.4.3 基于 ABS 功能扩展 …… 171
5.5 辅助制动 …… 176
5.5.1 发动机缓速器 …… 176
5.5.2 电涡流缓速器 …… 178
5.5.3 液力缓速器 …… 179
复习与思考 …… 181

第 6 章 工作装置 …… 182

6.1 概述 …… 182
6.2 牵引装置 …… 183
6.2.1 固定式牵引装置 …… 183
6.2.2 摆杆式牵引装置 …… 184
6.3 动力输出装置 …… 185
6.3.1 动力输出轴 …… 185
6.3.2 动力输出皮带轮 …… 187
6.4 液压悬挂系统 …… 188
6.4.1 功用与组成 …… 188
6.4.2 悬挂机构 …… 191
6.4.3 液压与控制 …… 192
6.5 液压输出与举倾机构 …… 202
6.5.1 液压输出系统 …… 202
6.5.2 液压举倾机构 …… 204
复习与思考 …… 208

第 7 章 自动驾驶技术 …… 209

7.1 概述 …… 209
7.1.1 定义与架构 …… 209
7.1.2 级别划分 …… 210
7.1.3 技术与行业发展现状 …… 211
7.2 环境感知与定位 …… 211
7.2.1 环境感知 …… 211
7.2.2 导航定位 …… 215

7.3　决策与路径规划 …… 216
7.3.1　决策 …… 216
7.3.2　路径规划 …… 217
7.4　运动控制与线控系统 …… 218
7.4.1　运动控制 …… 219
7.4.2　线控系统 …… 220
复习与思考 …… 226

第8章　车辆总体动力学 …… 227

8.1　车辆行驶原理 …… 227
8.1.1　驱动力 …… 227
8.1.2　行驶阻力 …… 228
8.1.3　驱动-附着条件 …… 233
8.1.4　汽车行驶方程式 …… 234
8.2　汽车总体受力分析 …… 236
8.2.1　汽车加速上坡时附着力与地面法向反作用力 …… 236
8.2.2　驱动轮地面切向反作用力 …… 238
8.3　拖拉机及其机组总体受力分析 …… 240
8.3.1　轮式拖拉机总体受力分析 …… 240
8.3.2　四轮驱动拖拉机受力特点 …… 244
8.3.3　履带式拖拉机总体受力分析 …… 245
8.4　制动动力学 …… 247
8.4.1　车轮制动力 …… 247
8.4.2　车轮制动过程 …… 249
8.4.3　制动器制动力分配 …… 250
8.4.4　提高制动性能的措施 …… 251
复习与思考 …… 252

第9章　车辆使用性能 …… 254

9.1　汽车动力性能 …… 254
9.1.1　动力性指标 …… 254
9.1.2　驱动力与行驶阻力 …… 255
9.1.3　驱动力—行驶阻力平衡图 …… 256
9.1.4　动力特性图 …… 258
9.2　汽车燃料经济性 …… 261
9.2.1　燃料经济性评价指标 …… 261
9.2.2　燃料经济特性 …… 262
9.2.3　燃料经济性试验方法 …… 264
9.2.4　影响燃料经济性主要因素 …… 266
9.3　拖拉机牵引性能 …… 269
9.3.1　拖拉机的功率平衡与牵引效率 …… 269

9.3.2 拖拉机的牵引特性曲线 …… 271
9.3.3 拖拉机的牵引试验 …… 274
9.4 车辆稳定性与操纵性 …… 275
9.4.1 纵向稳定性 …… 276
9.4.2 横向稳定性 …… 280
9.4.3 操纵性 …… 282
9.5 车辆通过性与平顺性 …… 283
9.5.1 通过性 …… 283
9.5.2 平顺性 …… 285
复习与思考 …… 286

参考文献 …… 287

绪　论

在现今社会中，汽车、拖拉机广泛应用于工农业生产、交通运输等各行各业，成为人们从事生产和生活不可缺少的重要工具。拖拉机作为农业生产必备的动力机械，与各类农机具配套从事机械化作业是现代农业的重要特征之一。以拖拉机为基础变型而来的工程机械还在筑路、矿山、建筑工程和林业等领域发挥着重要作用。随着改革开放的深入和农村经济的发展，汽车、农用运输车（俗称农用车，现称低速汽车和三轮汽车）已成为农村主要的运输工具。汽车拖拉机的工业技术水平与装备水平是衡量一个国家工业水平的重要标志。

0.1　汽车拖拉机组成与分类

0.1.1　汽车拖拉机组成

汽车是由动力驱动，具有四个或四个以上车轮的非轨道承载的车辆，包括：与电力线相连的车辆（如无轨电车），主要用于载运人员或货物（物品）；牵引载运货物（物品）的车辆或特殊用途的车辆；进行专项作业的车辆。拖拉机是两轮或两轮以上，由动力装置驱动，能够自由行走，主要用于牵引和动力输出的非轨道承载机械装置。汽车与拖拉机在基本组成及工作原理上是极为相似的，传统上可分为发动机、底盘、电器三个组成部分。在越来越重视环保节能、安全舒适的现代汽车拖拉机技术中，车身及内设可单独划分出来作为汽车与拖拉机基本组成的第四部分。同时将用于完成除行走以外其他任务的机构从底盘划分出来，称为工作装置。

汽车拖拉机组成-1

汽车拖拉机组成-2

（1）发动机

发动机是车辆的动力装置，将燃料燃烧释放的热能转变成机械能，通过底盘的传动系和行走系驱动车辆行驶。现代汽车拖拉机发动机为往复活塞内燃式热力发动机，以所用燃料不同可分汽油机和柴油机两大类，拖拉机及大型汽车一般采用柴油机作为动力。

（2）底盘

底盘将来自发动机飞轮旋转的动力以适当的方式转变为车辆移动的驱动力，并保证车辆的安全、可靠行驶。底盘由传动系、行走系、转向系和制动系组成。

(3) 电器

电器以利用车载电源电能的转化完成特定工作为其基本特征，由电源、用电器和配电设备三部分组成，用以完成启动、照明、信号等辅助任务。

(4) 车身

车身用以安置驾驶员、乘客或装载货物。车身及车架的结构决定汽车的用途。对于各种客车来说有完整的封闭车身，在载重汽车中，车身由驾驶室和货厢组成。

(5) 工作装置

工作装置是汽车拖拉机完成除行走以外用于完成其他作业项目所设的装置总称。如用来连接农机具构成作业机组并控制其工作状态的拖拉机液压悬挂系统、用以向配套农具或其他生产设备输出动力的动力输出轴等。

汽车与拖拉机具体形式及种类繁多，但工作原理基本相同，区别在于因适用工作环境及工作对象的要求不同而使各自部件的具体结构及工作参数有所不同。

0.1.2 汽车的分类

(1) 按用途分类

汽车的分类

1）轿车。载人的小型客车，底盘低、乘坐舒适、制造精美，被称为流动的现代工业艺术品，代表着一个国家的汽车工业总体发展水平。轿车按发动机工作容积（排量）分级：微型轿车（排量≤1 L）、普通级轿车（1 L<排量≤1.6 L）、中级轿车（1.6 L<排量≤2.5 L）、中高级轿车（2.5 L<排量≤4 L）和高级轿车（排量在 4 L 以上）。

2）客车。用于运输大量人员的车辆，是现代社会重要的公共交通工具。按长度分级：微型客车（长度≤3.5 m）、轻型客车（3.5 m<长度≤7 m）、中型客车（7 m<长度≤10 m）、大型客车（10 m<长度≤12 m）、特大型客车（长度>12 m 或双层客车 10 m<长度≤12 m）。

3）货车。用于运载货物，在其驾驶室内还可容纳 2～6 名乘员，分为普通货车和专用货车两大类型。按总质量分级：微型货车（总质量≤1.8 t）、轻型货车（1.8 t<总质量≤6 t）、中型货车（6 t<总质量≤14 t）和大型货车（总质量>14 t）。

4）越野汽车。能够在自然地面上行驶的汽车，用于执行恶劣路况下的人员及货物运输或作为运动及竞赛车辆而使用。越野汽车的结构坚固、底盘高、动力强劲，乘坐舒适。

5）牵引汽车。专门或主要用于牵引挂车的汽车，通常可分为半挂牵引汽车和全挂牵引汽车等类型。半挂牵引汽车后部设有牵引座，用来牵引和支承半挂车前端。全挂牵引汽车本身带有车厢，其外形虽与货车相似，但其车辆长度和轴距较短，尾部设有牵引用拖钩。

6）娱乐汽车。随着人们物质生活水平的不断提高，设计师们推出了专供娱乐消遣的汽车，运输已不是此种汽车的主要任务，如旅游房车、高尔夫球场专用汽车、海滩游玩汽车等。

7）竞赛汽车。此类汽车是按照特定的竞赛规则而设计的。其结构原理与其他类型的汽车大致相同，但由于各种零部件及其性能都需经受极其严峻的考验，往往集中使用了大量的尖端技术。汽车生产厂家投资各类汽车竞赛既是为了展示和推进技术的不断进步，同时，也是一种有效的广告宣传。

8）特种汽车。是指在汽车上安装各种特殊设备执行特殊任务、享有某种交通优先权的车辆，如救护车、消防车等。

9）装置有专用设备或器具，在设计和制造上用于工程专项（包括卫生医疗）作业的汽车，如汽车起重机、消防车、混凝土泵车、清障车、高空作业车、扫路车、吸污车、钻机车、仪器车、检测车、监测车、电源车、通信车、电视车、采血车、医疗车、体检医疗车等，但不包括装置有专用设备或器具且座位数（包括驾驶人座位）超过 9 个的汽车（消防车除外）。

10）农用运输车。我国 20 世纪 80 年代发展起来的一种适于农村特点的运输车辆，以柴油机为动力，中小吨位，中低速度，有三轮与四轮两种形式。最初的技术标准是：三轮农用运输车发动机功率不大于 8.8 kW，最高速度不大于 30 km/h，载质量不超过 0.75 t；四轮农用运输车发动机功率不大于 28 kW，最高速度不大于 50 km/h，载质量不超过 1.5 t。农用运输车的出现及广泛应用与迅速发展为我国农业生产做出了巨大贡献，随着经济及技术的发展，农用运输车的技术标准不断提高，性能不断加强，设计、制造水平逐步向汽车标准看齐。在 GB7258—2004《机动车运行安全技术条件》中，正式将原三轮农用运输车定义为“三轮汽车”，四轮农用运输车定义为“低速货车”。至此，“农用运输车”这一我国在特定环境、特定发展阶段中的具有中国特色的特殊称谓退出了历史舞台。鉴于目前原农用运输车辆仍具有相当规模的保有量，本书保留了农用运输车的型号编制规则内容。

（2）按动力装置类型分类

1）内燃机汽车。是目前绝大多数汽车的动力形式，历史悠久、技术成熟。根据其使用的燃料不同，通常分为汽油车、柴油车和以丙烷、丁烷为主的液化石油气汽车以及双燃料汽车等。

2）电动汽车。此类汽车以电动机为动力装置，其优点是无废气排出，无污染、噪声小，能量转换效率高，易实现操纵自动化。电动机的供能装置通常是化学蓄电池，由于传统的铅蓄电池在重量、充电间隔时间、寿命、放电能力等方面还不完全令人满意，限制了电动汽车的大量普及，但电动汽车被公认为是内燃机汽车的未来替代者。此外，电动机的供能装置也可以是太阳能电池。

3）混合动力汽车。采用两种动力源，如内燃机与电动机-蓄电池的组合，是内燃机汽车与电动汽车之间的过渡产品。

4）燃料电池汽车。是以燃料电池为电源的电动汽车，燃料电池作为一种高效的能量转换形式被认为是未来汽车动力的发展趋势之一。

图 0-1 所示为常见的汽车类型。

0.1.3 拖拉机的分类

拖拉机的分类

（1）按用途分类

拖拉机除广泛应用于农业生产外，还应用于工业、林业等其他行业。工业用拖拉机主要用于筑路、矿山、水利、石油和建筑等工程，也可用于农田基本建设；林业

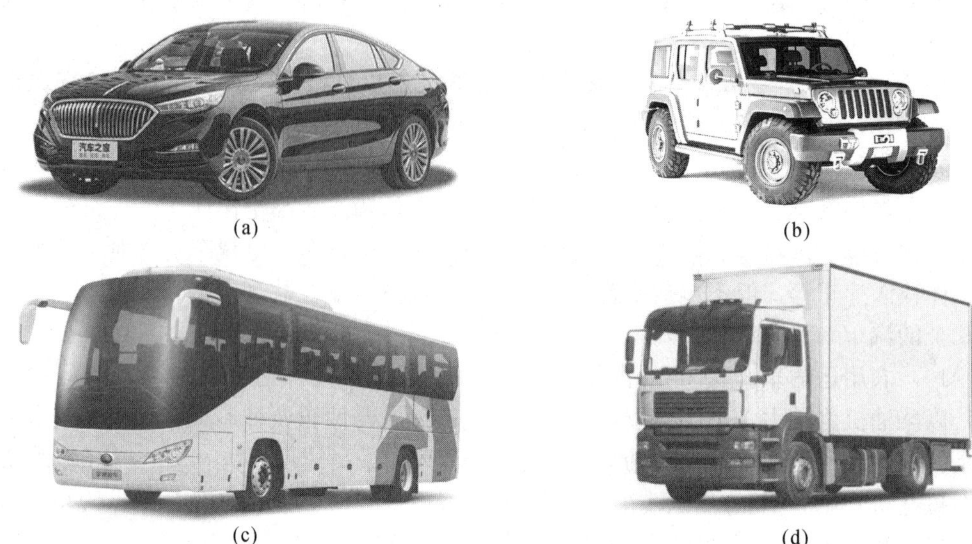

图 0-1 常见的汽车类型
(a) 轿车 (b) 越野车 (c) 客车 (d) 货车

用拖拉机专用于林业集材。农用拖拉机种类及数量最多，按其结构特点及应用条件不同，农业用拖拉机可分为：

1）普通型拖拉机。常规结构特点，应用范围广泛，适于一般条件下的各种农田移动作业、固定作业和运输作业等，如奔野-250、泰山-250、上海-504、铁牛-654 等。

2）园艺型拖拉机。主要用于果园、菜地、茶林等各项作业，它的特点是体积小、底盘低、功率小、机动灵活。

3）中耕型拖拉机。主要用于中耕作业，也兼用于其他作业，具有较高的地隙和较窄的行走装置，可用于玉米、高粱、棉花等高秆作物的中耕。

4）特殊用途拖拉机。它适用于在特殊工作环境下作业或适用于某种特殊需要的拖拉机，如山地拖拉机、沤田拖拉机（船形）、水田拖拉机和葡萄园拖拉机等。

（2）按结构特点分类

拖拉机按结构，主要是行走装置结构的不同，可分为轮式、履带式（或称链轨式）、手扶、船形四种。半履带式拖拉机则是前两种拖拉机的变型。

1）轮式拖拉机。应用最为广泛，按驱动形式可分为两轮驱动与四轮驱动，前者的驱动形式代号用 4×2 来表示（分别表示车轮总数和驱动轮数），主要用于一般农田作业及运输作业；后者的驱动形式代号用 4×4 表示，主要用于土质黏重、负荷较大的农田作业及泥道运输作业等，具有较高的牵引效率。

2）履带式拖拉机。主要用于土质黏重、潮湿地块田间作业和农田水利、土方工程及农田基本建设，如东方红-802、东方红-1002/1202 等型号拖拉机。

3）手扶拖拉机。只有一根行走轮轴、一个驱动轮或两个驱动轮的轮式拖拉机。在农田作业时操作者多为步行，用手扶持操纵，习惯上称为手扶拖拉机。有些手扶拖拉机安装有用于支承及辅助转向的尾轮。

4）船形拖拉机。主要用于沤田作业，船式底盘提供支承，桨式叶轮驱动。

(3) 按功率大小分类

1）大型拖拉机。功率为 73.6 kW（100 马力*）以上。

2）中型拖拉机。14.7 kW（20 马力）<功率≤73.6 kW（100 马力）。

3）小型拖拉机。功率≤14.7 kW（20 马力）以下。

图 0－2 所示为常见的拖拉机类型。

图 0－2　常见的拖拉机类型

（a）轮式拖拉机　（b）履带拖拉机　（c）手扶拖拉机　（d）船形拖拉机

0.2　汽车拖拉机发展史

0.2.1　汽车发展史

汽车发展史

在蒸汽机的发明及成功应用于铁路之后，人们开始致力于非轨道动力车辆的研究。1769 年出现了以蒸汽机为动力的汽车。1886 年德国工程师卡尔·本茨和戴姆勒分别制造出以内燃机为动力的世界上公认的第一辆汽车，该汽车具备了现代车辆的普

* 马力为非法定计量单位，1 马力＝735.498 75 W。

遍特征。1895 年米其林兄弟发明并在汽车上使用充气轮胎，使汽车的高速便捷特点得以充分发挥。1900 年开始采用多缸汽油机、电石车灯并大规模投入生产，在显著提高汽车性能的同时大幅降低了成本，汽车从此真正走入了人们的生产生活。1930 年开始应用柴油机。20 世纪 70 年代开始应用机电一体化技术。目前汽车的设计和生产正朝着改善乘员舒适性、安全性，全面应用机电一体化技术以实现最佳控制的方向发展。

1956 年 7 月，我国建成第一个汽车制造厂长春第一汽车制造厂，开始生产解放牌 CA10 型载重货车，从此结束了我国不能生产汽车的历史。1958 年该厂又制造了我国第一辆轿车“东风牌”轿车，接着又开始小批量生产红旗 CA770 轿车，汽车生产规模迅速扩大。

20 世纪 50 年代后期和 60 年代，我国各地的一些汽车修配企业相继改造成汽车制造厂，此外又建立了一批公共交通车辆工厂，使我国汽车的品种和产量得到进一步发展。这批工厂的产品主要有 1958 年 3 月南京汽车制配厂（1958 年 6 月更名为南京汽车制造厂）生产的跃进 NJ130 轻型货车、济南汽车制造厂生产的黄河牌 JN150 重型货车、北京汽车制造厂生产的 BJ212 轻型越野车、北京第二汽车制造厂生产的 BJ130 轻型货车、上海汽车制造厂生产的 SH760 轿车、上海客车厂生产的 SK640 和 SK660 客车等。第二汽车制造厂于 1975 年建成投产，EQ240 越野汽车和 EQ140 货车相继正式批量投产。

改革开放之后，我国汽车工业进入了快速发展轨道，在加速我国汽车产品更新换代和新产品开发、进一步提高产品质量、增加品种的同时，积极、有重点、有选择地引进国外先进技术，合资生产汽车，并使汽车零部件国产化。1971 年，我国汽车产量突破 10 万辆；1980 年，汽车产量突破 20 万辆；1992 年，汽车产量突破 100 万辆；2000 年，汽车产量突破 200 万辆；2009 年，我国汽车产量首次突破 1 379 万辆，跃居全球首位，这一里程碑事件标志着中国汽车制造业的成熟；2010 年，汽车产量突破 1 800 万辆；2012 年，汽车产销量双突破 1 900 万辆；2013 年，汽车产销量突破 2 000万辆；2016 年，汽车产销量突破 2 800 万辆；此后有所波动，2019—2020 年，汽车产销量维持在 2 500 余万辆。近年，我国汽车产销量增速大幅提升，不断刷新全球汽车产销纪录，2023—2024 年更是双超 3 000 万辆，蝉联全球第一。

随着汽车产销量的提升，产业结构日趋完善、合理，同时新能源汽车也具有了良好的发展势头。自 2014 年以来，中国新能源汽车产量占汽车产量的比例逐年攀升，2023 年中国新能源汽车产量占汽车产量的 31.75%，较 2020 年增长了 26.33%。2023 年，新能源汽车产销量分别完成 958.7 万辆和 949.5 万辆，同比分别增长 35.8%和 37.9%。分车型看，纯电动汽车产销分别完成 670.4 万辆和 668.5 万辆，同比分别增长 22.6%和 24.6%；插电式混合动力汽车产销分别完成 325.8 万辆和 318.9 万辆，同比分别增长 127.2%和 124.7%；燃料电池汽车产销分别完成 0.55 万辆和 0.53 万辆，同比分别增长 48.5%和 53.3%。2024 年，新能源汽车产销达到 1 288.8 万辆和 1 286.6 万辆。

0.2.2 拖拉机发展史

拖拉机发展史

1890 年出现该种机械装置；1906 年“拖拉机”（tractor）一词开始出现，其作用逐渐受到人们重视；1920 年开始大幅度提高功率和效率并加装动力输出轴扩大其应用范围；1930 年开始使用轮胎；1940 年起应用电启动及液压技术，即液压悬挂、液压增重、负载换挡，从此具备了现代拖拉机的全部特征；1960 年开始采用增压内燃机；1970 年开始重视加强安全性、舒适性研究及制造。拖拉机作为农业生产中的关键机械设备，近年来随着农业机械化和智能化的发展，拖拉机技术正经历着重大革新。目前，拖拉机正朝着大功率、高效率和多功能的方向发展，通过采用先进的动力系统、智能控制系统和农具接口来提高作业精度和作业效率。同时也在积极探索无人驾驶和远程监控技术，以减少劳动力需求，提高农场管理的自动化水平。

1949 年前我国无拖拉机工业。新中国成立后为了发展农业生产，在 1955—1965 年的 10 年间，引进和仿制苏联拖拉机产品，先后建立了洛阳第一拖拉机制造厂、长春拖拉机制造厂、天津拖拉机制造厂等 10 余个大中型拖拉机制造企业。这些厂家先后生产出东方红- 54 型、红旗- 80 型、集材- 40 型履带拖拉机和东方红- 28 型、铁牛- 40 型等轮式拖拉机。通过仿制英国福克森拖拉机，分别在江西拖拉机厂、上海拖拉机厂、柳州拖拉机厂生产了丰收- 27 型、丰收- 35 型、丰收- 37 型等水田拖拉机。同一时期，手扶拖拉机产品引进日本的样机，开始了广泛仿制，1963 年，工农- 7 型手扶拖拉机定型于上海拖拉机厂和常州拖拉机厂。

从 1965 年开始，原农业机械部分别组织了 2.2 kW、3.7 kW、7.4～8.8 kW 手扶拖拉机，7.4～8.8 kW 小四轮拖拉机，14.7 kW、22.1 kW、29.4 kW、36.8 kW、44.1 kW 轮式拖拉机及 58.8 kW 集材拖拉机的全国联合设计与试制工作。这些机型是工农- 10、工农- 12、工农- 12K、东风- 12、金牛- 12 和红卫- 12 等手扶拖拉机，东方红- 10、泰山- 12、东方红- 12 等小四轮拖拉机，东方红- 20、东方红- 30、东方红- 40、东风- 50、江淮- 50 和上海- 50、铁牛- 60、集材- 80 等轮式拖拉机。这些产品除集材- 80 外，大都可以水旱通用，并具有较好的运输作业性能。从 1967 年起，上述机型陆续进行技术鉴定，并相继投入批量生产。这些拖拉机产品就是中国进入自行设计研制阶段的标志。到 1978 年底，中国大中型拖拉机制造厂已达 65 个，1979 年产量达 125 573 台，其中履带式拖拉机 26 169 台，大中型拖拉机产销量达到历史最高峰。

从 1983 年起，中国一些大型拖拉机企业先后引进了美国约翰·迪尔公司的“农用拖拉机专有技术”、意大利哥尔多尼公司的“小型拖拉机生产许可证及专有技术”、意大利菲亚特公司的“轻型中等功率拖拉机的技术”、前联邦德国道依茨公司的“道依茨-法尔拖拉机技术”、美国卡特匹勒公司的“5H 集材拖拉机专有技术”。通过对这些先进技术的引进、消化与吸收，并陆续改进与设计出多种型号的大中型拖拉机和小型拖拉机。

进入 20 世纪 90 年代，中国的拖拉机市场逐渐呈现低迷发展态势。进入 21 世纪后，拖拉机行业仍在艰难的低谷中爬行。2003 年，中国大中型拖拉机的产销量跌落到 10 年来的最低点。然而，在 2004 年实施农机购置补贴政策之后，年度需求量逐年提高。同时，自 2004 年至今，中央 1 号文件都强调了“三农”问题在中国的社会主义现代化时期“重中之重”的地位，这使中国拖拉机行业得到迅速发展。随着近年来我国农业种植结构的调整及拖拉机产量结构的变化，大中型拖拉机逐渐实现了对小型拖拉机的替代，且 2020 年之后，产量基本趋于稳定但略有波动。2020—2023 年，我国大中型拖拉机产量分别为 34.52 万、41.17 万、39.95 万和 38.00 万台。

0.3 型号与识别代码

0.3.1 型号编制规则

（1）国产汽车的型号

国产汽车的型号

我国的汽车型号是根据 GB/T 9417—1988《汽车产品编号规则》制定的。该标准为推荐标准，于 2001 年废止，目前没有替代标准发布，行业仍延续依照这一规则编制自身汽车产品的型号。汽车型号表明汽车的厂牌、类型和主要特征参数等。该项国家标准规定：国产汽车型号均由汉语拼音字母和阿拉伯数字组成，包括首部、中部和尾部三个部分，如图 0-3 和表 0-1 所示。

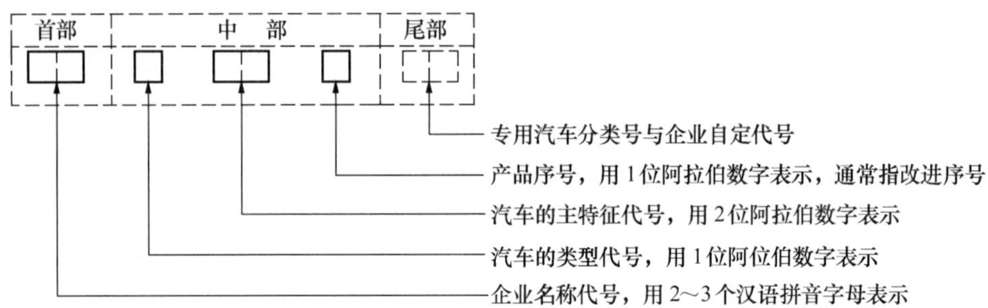

图 0-3 国产汽车型号构成

表 0-1 国产汽车型号编制规则

<table>
<tr><th colspan="2">首部（2～3 个字母组成）</th><th colspan="4">中部（由 4 位数字组成）</th><th colspan="3">尾部③</th></tr>
<tr><th colspan="2">表示企业代号示例</th><th colspan="2">首位数字表示车辆类别</th><th>中间两位数字表示汽车的主要特征参数</th><th>末位数字</th><th colspan="2">前位字母表示专用车类别</th><th>后位</th></tr>
<tr><td>CA</td><td>第一汽车制造厂</td><td>1</td><td>载货汽车</td><td rowspan="5">汽车总质量①（t）的修约数</td><td rowspan="8">企业自定的产品序号</td><td>X</td><td>厢式</td><td rowspan="8">企业自定代号</td></tr>
<tr><td>EQ</td><td>第二汽车制造厂</td><td>2</td><td>越野汽车</td><td>G</td><td>罐式</td></tr>
<tr><td>BJ</td><td>北京汽车制造厂</td><td>3</td><td>自卸汽车</td><td rowspan="2">Z</td><td rowspan="2">专用自卸</td></tr>
<tr><td>SH</td><td>上海汽车制造厂</td><td>4</td><td>牵引汽车</td></tr>
<tr><td>TJ</td><td>天津汽车制造厂</td><td>5</td><td>专用汽车</td><td>T</td><td>特种</td></tr>
<tr><td>NJ</td><td>南京汽车制造厂</td><td>6</td><td>客车</td><td>汽车的总长度②（精度：0.1 m）</td><td>J</td><td>起重举升</td></tr>
<tr><td>CQ</td><td>重庆汽车制造厂</td><td>7</td><td>轿车</td><td>发动机的工作容积（精度：0.1 L）</td><td>C</td><td>仓栅式</td></tr>
<tr><td>SX</td><td>陕西汽车制造厂</td><td>9</td><td>半挂车及专用半挂车</td><td>汽车总质量（t）</td><td></td><td></td></tr>
</table>

注：①当汽车总质量大于 100 t 时，允许用 3 位数字。

②当汽车总长度大于 10 m 时，计算单位为 m。

③基本型号汽车的编号一般没有尾部，其变型车（例如采用不同的发动机，加长轴距、双排座驾驶室等）为了与基本型区别，常在尾部加 A、B、C 等企业自定代号。

如 CA1091、EQ1090 分别表示一汽和二汽生产的解放牌和东风牌货车，汽车总质量的整位吨数为 9 t，企业自定产品代号分别为 1 和 0。

（2）国产拖拉机型号

国产拖拉机型号

我国拖拉机型号根据 JB/T 9831—2014《农林拖拉机 型号编制规则》制定。拖拉机型号由系列代号、功率代号、型式代号、功能代号和区别标志组成，其排列顺序如图 0-4 所示。

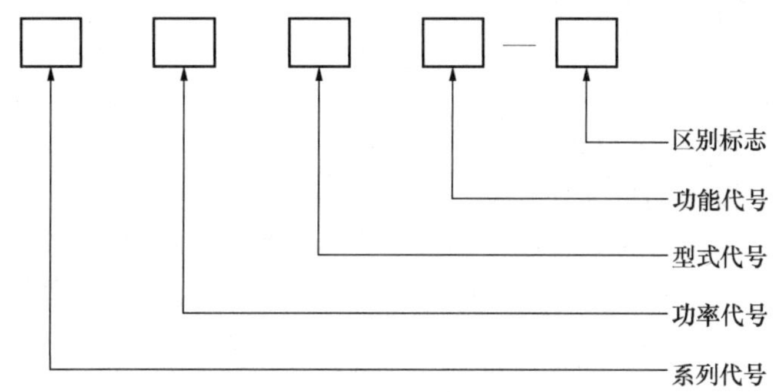

图 0-4 国产拖拉机型号构成

1）系列代号。用不多于 3 个大写汉语拼音字母（I、O 除外）表示，用以区别不同系列或不同设计的机型。如无必要，系列代号可省略。

2）功率代号。用发动机标定功率值［单位为千瓦（kW）］乘以系数 1.36 后取近似的整数表示。

3）型式代号、功能代号，如表 0-2 所示。

表 0-2 拖拉机型式及功能代号

型式代号		功能代号	
代号	结构型式	符号	功能及用途
0	后轮驱动四轮式	G	果园用
1	手扶式（单轴式）	H	高地隙中耕用
2	履带式	J	集材用
3	三轮式或并置前轮式	L	营林用
4	四轮驱动式	P	坡地用
5	自走底盘式	S	水田用
9	船形	T	运输用
		Y	园艺用
		Z	沼泽地用
		—	一般农业用

4）区别标志。结构经重大改进后，可加注区别标志，区别标志用大写的英文字

母（I、O除外）或阿拉伯数字表示。区别标志应尽量简化。

例如：铁牛-654，表示铁牛牌、四轮驱动、65马力的普通型轮式拖拉机。

(3) 低速货车的型号（原四轮农用运输车）

我国低速货车型号根据JB/T 7735—2011《低速货车 型号编制规则》制定。低速货车的型号一般由厂牌或商标代号、功率代号、装载质量代号、结构代号、功能代号和区别代号6个要素组成，其排列顺序如图0-5所示。

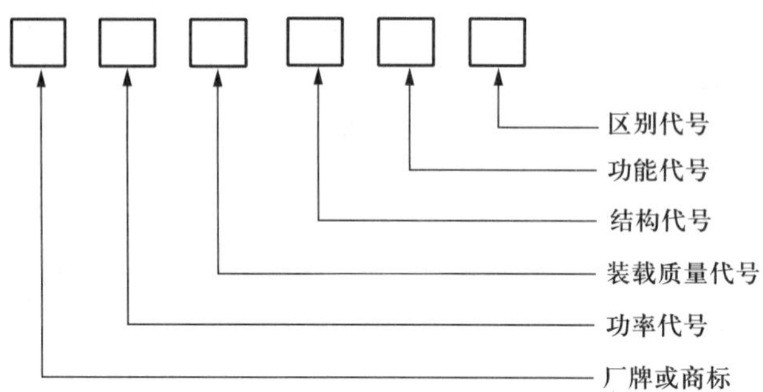

图0-5 低速货车型号构成

1）厂牌或商标代号。用汉语拼音字母表示，用于区别不同系列或不同设计的车型。厂牌或商标代号为必备要素。如TY代表海山，BJ代表北京，JS代表金狮，SJZ代表希望，WL代表五征，NJ代表跃进等。

2）功率代号。用发动机1 h标定功率表示，功率的单位为千瓦（kW）。功率代号为必备要素。低速货车产品型号中功率代号如表0-3所示。

表0-3 低速货车产品型号中的功率代号

发动机型号	1100 1105 275	280	285 375 376	1110 1115	380 290	1120 1125	295
功率代号	11	12	13	14	16	17	18
发动机型号	2100 475	390 480	2102 2105	2108 2110 2115 485	3100 3105 490	495	4100
功率代号	20	23	25	28	40	48	58

注：如出现表中未包括的发动机型号，应按发动机缸径尺寸与表中最近值确定功率代号标注值。

3）装载质量代号。分为05、10、15、20、25五个级别代号。装载质量（包括驾驶室乘员质量）<750 kg，装载质量代号按05标注；750 kg≤装载质量（包括驾驶室乘员质量）<1 250 kg，装载质量代号按10标注；1 250 kg≤装载质量（包括驾驶室乘员质量）<1 750 kg，装载质量代号按15标注；1 750 kg≤装载质量（包括驾驶室乘员质量）<2 250 kg，装载质量代号按20标注；装载质量（包括驾驶室乘员质量）≥2 250 kg，装载质量代号按25标注。装载质量代号为必备要素。

4）结构代号和功能代号。用一个或一个以上大写汉语拼音字母表示，字母的含义如表0-4所示。

表 0-4　低速货车结构特征符号及含义

符号	结构特征	符号	结构特征
C	长头驾驶室	Q	清洁
D	单排座自卸式	QZ	起重
F	粪车	S	四轮驱动式
G	罐车	SS	洒水
H	活鱼	W	双排座非自卸式
L	冷藏	X	厢式
LJ	垃圾	XP	吸排
P	一排半驾驶室	CS	仓栅式
PG	喷灌		

注：功能代号的确定，低速货车生产企业可根据汉字缩写，取其汉语拼音的第一位大写字母组合，对于重复的可取第二位、第三位。

无代号的表示平头单排座两轮驱动非自卸式低速货车。

5）区别代号。结构经较大改进后，应在原型号后加注区别代号，用阿拉伯数字表示。原型号末位为数字时，应在区别代号前加一短线。区别代号为选择性要素。

例如：TY1805，厂牌或商标代号为 TY，发动机功率代号为 18，装载质量小于 750 kg 的平头、单排座、非自卸低速货车；TY1805-1，表示 TY1805 第一次改进型；TY1805X2，表示 TY1805 第二次改进型厢式低速货车。

(4) 三轮汽车的型号

我国三轮汽车型号根据 JB/T 10197—2013《三轮汽车 型号编制规则》制定。三轮汽车的型号一般由类别代号、特征代号、功率代号、装载质量代号、功能代号和区别代号 6 个要素组成，排列顺序如图 0-6 所示。

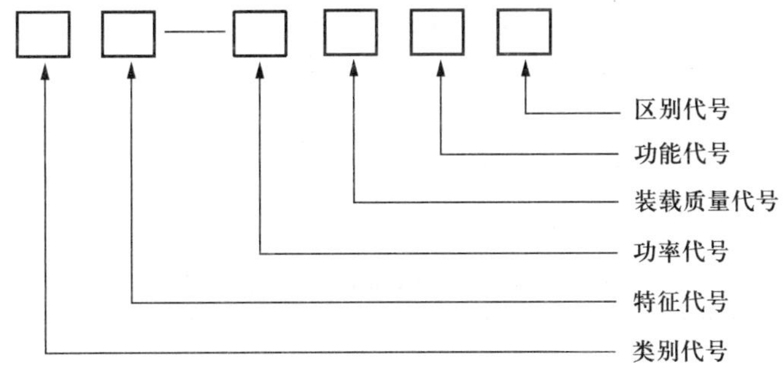

图 0-6　三轮汽车型号构成

1）类别代号。类别代号为 7Y，表示三轮汽车。

2）特征代号。一般用三轮汽车主要结构的汉语拼音字母的第一个字母表示。按三轮汽车的结构特点规定：P 表示装转向盘式转向器（手把式转向的不标注），J 表示装驾驶室（不装驾驶室的不标注），Z 表示轴传动型（其他传动形式不标注）。

3）功率代号。用发动机 1 h 标定功率表示，功率单位为千瓦（kW）。功率代号为必备要素。三轮汽车产品型号中功率代号如表 0-5 所示。

表 0-5 三轮汽车产品型号中功率代号

发动机型号	175	180	185	190	195	1100 1105 275	280	285 375 376	1110 1115	380 290	1120 1122 1125	295
功率代号	5	6	7	8	9	11	12	13	14	16	17	18

注：表中未包括的发动机型号，应按发动机缸径尺寸与表中最近值确定功率代号标注值。

4）装载质量代号。三轮汽车产品型号中装载质量代号分为 20、30、50、75、100、150 六个级别。装载质量代号为必备要素。三轮汽车装载质量代号如表 0-6 所示。

表 0-6 三轮汽车装载质量代号

序号	装载质量 m/kg	装载质量代号
1	$50 \leqslant m < 250$	20
2	$250 \leqslant m < 350$	30
3	$350 \leqslant m < 650$	50
4	$650 \leqslant m < 850$	75
5	$850 \leqslant m < 1\,250$	100
6	$1\,250 \leqslant m < 1\,500$	150

注：装载质量包括驾驶室乘员质量。

5）功能代号。功能代号为其特殊用途或功能的汉语拼音字母，如表 0-7 所示。

6）区别代号。由改进代号或变型代号组成。

三轮汽车结构经较大改进后，在原型号后加注改进代号。首次改进后加注字母 A，如数次改进，则在字母 A 后从 2 开始依次加注改进的次数。当原型号末位为字母时可省略字母 A。当三轮汽车基本型的某些结构形式改变后，应在原型号后加注变型代号。一般用改进后的用途或功能的主要特征的汉语拼音字母的第一个字母表示。

例如，7Y-850 表示手把式转向、不装驾驶室、发动机功率代号为 8、装载质量在 350～650 kg 之间的三轮汽车，7Y-850A 表示 7Y-850 第一次改进型，7Y-850A3 表示 7Y-850 第三次改进型。

表 0-7 三轮汽车特殊用途或功能及代号

代号	特殊用途或功能	代号	特殊用途或功能
D	自卸式（非自卸式不标注）	SS	洒水
G	罐式	LJ	垃圾
P	排半	ZY	沼液
Q	清洁	PG	喷灌
X	厢式		

注：功能代号的确定，三轮汽车生产企业可根据汉字缩写，取其汉语拼音的第一位大写字母组合，对于重复的可取第二位、第三位。

0.3.2 车辆识别代码

目前，世界各国汽车公司生产的汽车都使用了 VIN（vehicle identification number）车辆识别代码。根据 GB 16735—2019《道路车辆 车辆识别代号（VIN）》规定，VIN 车辆识别代号由世界制造厂识别代号（WMI）、车辆说明部分（VDS）、车辆指示部分（VIS）三部分组成，共 17 位字码。

对年产量大于或等于 1 000 辆的完整车辆或非完整车辆制造厂，车辆识别代号的第一部分为世界制造厂识别代号（WMI），第二部分为车辆说明部分（VDS），第三部分为车辆指示部分（VIS），VIN 车辆识别代号编号如图 0－7 所示。

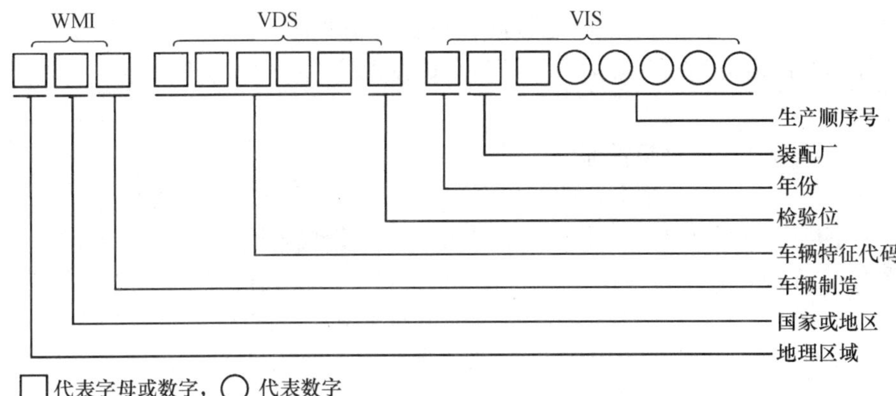

图 0－7　年产量大于或等于 1 000 辆的完整车辆或非完整车辆制造厂 VIN 车辆识别代号编号

对于年产量小于 1 000 辆的完整车辆或非完整车辆制造厂，车辆识别代号第一部分为世界制造厂识别代号（WMI），第二部分为车辆说明部分（VDS），第三部分的三、四、五位与第一部分的三位字码一起构成世界制造厂识别代号（WMI），其余五位为车辆指示部分（VIS），其 VIN 车辆识别代号编号如图 0－8 所示。

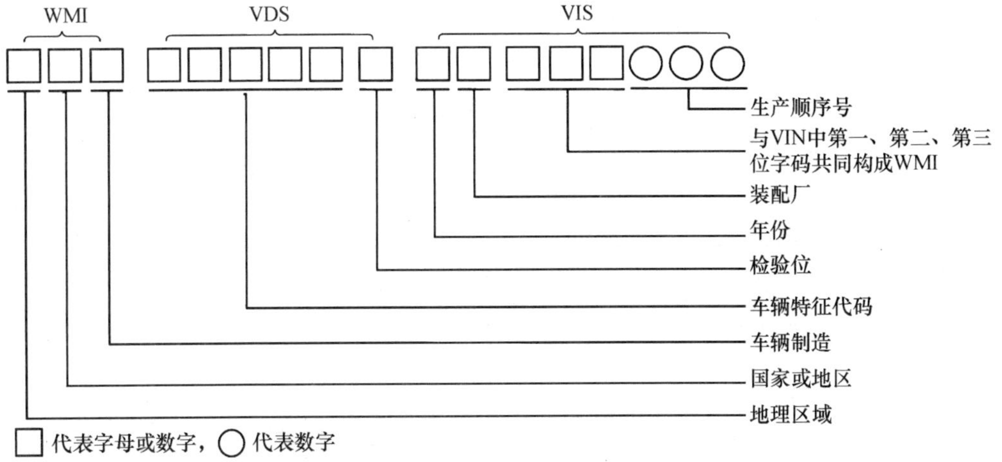

图 0－8　年产量小于 1 000 辆的完整车辆或非完整车辆制造厂 VIN 车辆识别代号编号

（1）第一部分：世界制造厂识别代号（WMI）

车辆识别代号的第一部分，由车辆制造厂所在国家或地区的授权机构预先分配，WMI 应符合 GB 16737—2019《道路车辆　世界制造厂识别代号（WMI）》的规定。

（2）第二部分：车辆说明部分（VDS）

车辆识别代号的第二部分，由六位字码组成（即 VIN 的第四至第九位）。如果车辆制造厂不使用其中的一位或几位字码，应在该位置填入车辆制造厂选定的字母或数字占位。

VDS 第一至第五位（即 VIN 的第四至第八位）应对车辆一般特征进行描述，其组成代码及排列次序由车辆制造厂决定。

车辆一般特征包括但不限于车辆类型（例如乘用车、货车、客车、挂车、摩托车、轻便摩托车、非完整车辆等）、车辆结构特征（例如车身类型、驾驶室类型、货厢类型、驱动类型、轴数及布置方式等）、车辆装置特征（例如约束系统类型、动力系统特征、变速器类型、悬架类型等）和车辆技术特性参数（例如车辆质量参数、车辆尺寸参数、座位数等）。

（3）第三部分：车辆指示部分（VIS）

车辆识别代号的第三部分，由八位字码组成（即 VIN 的第十至第十七位）。VIS 的第一位字码（即 VIN 的第十位）应代表年份。年份代码按表 0-8 规定使用（30 年循环一次）。车辆制造厂若在此位使用车型年份，应向授权机构备案每个车型年份的起止日期，并及时更新；同时在每一辆车的机动车出厂合格证或产品一致性证书上注明使用了车型年份。例如，中国第一汽车集团公司 VIN 中各代码的含义及编制规则如表 0-9 所示。

表 0-8　年份代码

年份	代码	年份	代码	年份	代码	年份	代码
1991	M	2001	1	2011	B	2021	M
1992	N	2002	2	2012	C	2022	N
1993	P	2003	3	2013	D	2023	P
1994	R	2004	4	2014	E	2024	R
1995	S	2005	5	2015	F	2025	S
1996	T	2006	6	2016	G	2026	T
1997	V	2007	7	2017	H	2027	V
1998	W	2008	8	2018	J	2028	W
1999	X	2009	9	2019	K	2029	X
2000	Y	2010	A	2020	L	2030	Y

表 0-9　红旗牌轿车车辆识别代码（VIN）

代码	L	F	P	H	5	A	B	A	2	W	8	0	0	4	3	2	1
位序号	1	2	3	4	5	6	7	8	9	10	11	12	13	14	15	16	17

第 1 至第 3 位是生产国别、制造厂商和车辆类型代码。“LFP”表示轿车（一汽轿车股份有限公司）；第 4 位是车辆品牌代号，“H”表示红旗牌；第 5 位是发动机排

量代码，“5”表示 2.1～2.5 L；第 6 位是发动机类型及驱动形式代码，“A”表示汽油机、前置、前轮驱动；第 7 位是汽车车身形式代码，“B”表示四门折背式；第 8 位是安全保护装置代码，“A”表示手动安全带；第 9 位是工厂检验数字代码，用数字 0～9 或 X 表示；第 10 位是汽车生产年份代码；第 11 位是汽车装配工厂代码，“8”表示第一轿车厂；第 12 至第 17 位是汽车生产顺序号代码。

复习与思考

1. 汽车拖拉机主要由哪几大部分组成？
2. 我国汽车拖拉机产业是如何发展变化的？
3. 国产汽车拖拉机的编制规则包含哪些内容？
4. 车辆识别代码组成及各部分意义是什么？

中国一汽：科技创新向未来

中国一拖：引领农机装备发展

第1章

车身与车架

1.1 概述

1.1.1 车身功用与类型

(1) 车身功用

概述

车身是驾驶人的工作以及装载乘客和货物的场所。车身应为驾驶人提供良好的操作条件，为乘员提供舒适的乘坐条件（隔离汽车行驶时的振动、噪声、废气以及恶劣气候的影响），并保证完好无损地运载货物且装卸方便。车身结构和设备还应保证行车安全和减轻事故后果。车身应具有合理的外部形状，以便在汽车行驶时能有效地引导周围的气流，提高汽车的动力性、燃油经济性和行驶稳定性，并改善发动机的冷却条件和车内通风状况。

在GB/T 4780—2020《汽车车身术语》中规定了汽车车身的术语及其定义。汽车车身术语分为设计术语、结构术语和零部件术语。标准中规定车身为供驾驶员操作以及容纳乘客及随身行李和货物的场所。

车身的主要作用是为乘员提供安全、舒适的乘坐环境，隔绝振动和噪声，不受恶劣气候的影响，包括车身本体和装饰件、开启件、机构件、附件及其他可拆卸结构件。车身结构包括车身壳体、车前后板制件、车门、车窗、车身外部装饰件和内部覆饰件、座椅以及通风、暖气、空调装置等。在货车和专用汽车上还包括货厢和其他装备。车身壳体是一切车身部件的安装基础，通常指纵横梁和立柱等主要承力元件以及与它们相连接的板件共同组成的结构，还包括在其上敷设的隔声、隔热、防振、防腐、密封等材料及涂层。

(2) 车身类型

1）车身壳体按受力分类。

① 非承载式车身。非承载式车身就是悬置于车架上的车身结构形式，其结构特点是车身与车架之间通过橡胶软垫或弹簧柔性连接。该类型的汽车有刚性车架，俗称底盘大梁架。对于非承载式车身来说，安装在车架上的车身对车架的加固作用不大，

车身本体弹性悬置于车架上，车架是支承全车的基体，承受着在其上所安装的各个总成的各种载荷。车架的振动通过弹性元件传到车身上，大部分振动能被减弱或消除，在坏路行驶时对车身起到保护作用。非承载式车身车厢变形小，平稳性和安全性好，而且厢内噪声低。但非承载式车身比较笨重，质量大，汽车质心高，高速行驶稳定性较差。

② 承载式车身（或称全承载式车身）。如图1-1所示为承载式车身，承载式车身就是无独立车架的整体车身结构形式，其结构特点是底架不是传统的冲压成型铆接车架式结构，而是由矩形钢管构成的格栅式结构。底架与前后围、侧围、车顶组成全承载式车身。由于没有车架，故可降低地板和整车高度。整个车身承受载荷，在承受载荷时，整个车身壳体可以达到稳定平衡状态。在具有较大的抗扭刚度的格栅式结构的底架上，配置发动机、前后桥等总成，可以保证各总成正确的相对位置关系。承载式车身除了其固有的乘载功能外，还要直接承受各种负荷。该形式的车身具有较大的抗弯曲和抗扭转的刚度，质量小，高度低，汽车质心低，装配简单，高速行驶稳定性较好。但由于道路负载会通过悬架装置直接传给车身本体，因此噪声和振动较大。

图1-1　承载式车身

③ 半承载式车身。如图1-2所示为半承载式车身，半承载式车身就是车身与车架刚性连接，车身部分承载的结构形式，其结构特点是车身通过焊接、铆接或螺钉与车架刚性连接，是一种介于非承载式车身和承载式车身之间的车身结构。它的车身本体与底架用焊接或螺栓刚性连接，加强了部分车身底架而起到一部分车架的作用，例如发动机和悬架都安装在加固的车身底架上，车身与底架成为一体，共同承受载荷。

非承载式车身和承载式车身各有优缺点，适用于不同用途的汽车。一般而言，非承载式车身用在货车、客车和越野车上，承载式车身一般用在轿车上，现在一些客车也采用这种形式。

2）车身按有无骨架分类。

① 有骨架式车身。在制造时将车身外壳及内壁固定在焊接装配好的骨架上。骨架通常是由薄钢板冲压焊接而成的。车身外壳大多是薄钢板焊接在骨架上。车身骨架主要由左右门框的前立柱、中立柱和后立柱、上边梁和地板、前风窗框和前围板、后

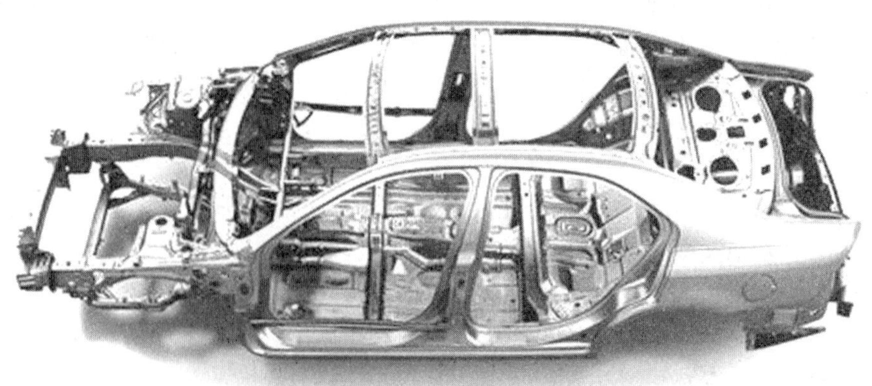

图 1-2 半承载式车身

围板及其他后部加强零件所组成，这种车身具有很好的强度和刚度。

② 无骨架式车身。这类车身是直接由若干块形状复杂的覆盖件组成的，仅靠筋肋代替骨架作用，此外靠角板、横支条等措施来加强。无骨架式车身本身就是一个刚性空间结构，有较好的强度和刚度，质量比有骨架式车身要小得多，而且汽车总高度也可降低。

1.1.2 车架功用与类型

车架是全车的装配基体，它将汽车的各相关总成连接成一整体。前轮和后轮分别支承着从动桥和驱动桥。车桥通过弹性前悬架和后悬架与车架连接，以减少汽车在不平路面上行驶时车身所受到的冲击和振动。

车架的结构形式首先应满足汽车总布置的要求。汽车在复杂多变的行驶过程中，固定在车架上各总成和部件之间不应发生干涉。当汽车在崎岖不平的道路上行驶时，车架在载荷作用下可产生扭转变形以及在纵向平面内的弯曲变形，当一边车轮遇到障碍时，还可能使整个车架扭曲成菱形。这些变形将会改变安装在车架上的各部件之间的相对位置，从而影响其正常工作。因此，车架还应具有足够的强度和适当的刚度。为了使整车轻量化，要求车架质量尽可能小。此外，降低车架高度，以使汽车质心位置降低，有利于提高汽车的行驶稳定性。这一点对轿车和客车来说尤为重要。

汽车车架的结构形式基本上有三种：边梁式车架、中梁式车架（或称脊骨式车架）和综合式车架。其中以边梁式车架应用最广。

1.2 车身

车身

1.2.1 轿车车身壳体结构

(1) 非承载式车身壳体

轿车非承载式车身壳体主要由发动机盖、车顶盖、行李箱盖、翼子板、前围板、地板和轿车车身三大立柱等几部分组成，如图 1-3 所示。

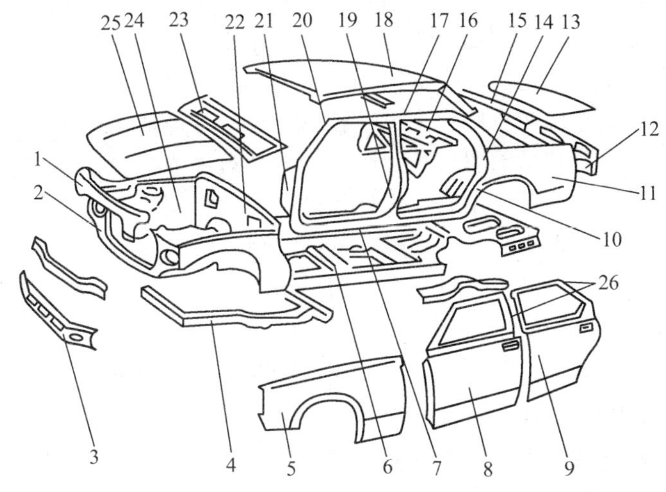

图 1-3　轿车车身主要零部件

1. 发动机罩前支撑板　2. 散热器固定框架　3. 前裙板　4. 前框架　5. 前翼子板　6. 地板总成　7. 门槛　8. 前门　9. 后门　10. 车轮挡泥板　11. 后翼子板　12. 后围板　13. 行李箱盖　14. 后立柱（C柱）　15. 后围上盖板　16. 后窗台板　17. 上边梁　18. 车顶盖　19. 中立柱（B柱）　20. 前立柱（A柱）　21. 前围侧板　22. 前围板　23. 前围板上盖板　24. 前挡泥板　25. 发动机盖　26. 门框架

1）发动机盖。发动机盖又称发动机罩，如图 1-3 中的发动机盖 25，其结构一般由外板和内板组成，中间夹以隔热材料，内板起增强发动机盖刚度的作用，基本上是骨架形式。发动机盖开启时一般是向后翻转，也有小部分是向前翻转。向后翻转的发动机盖打开至预定角度，不应与前挡风玻璃接触，应有一个约为 10 mm 的最小间距。为防止在行驶中发动机盖由于振动自行开启，发动机盖前端设有保险锁钩锁止装置，锁止装置开关设置在车厢仪表板下面，当车门锁住时发动机盖也应同时锁住。对发动机盖的要求是隔热、隔音、质量轻、刚性好。

2）车顶盖。车顶盖是车厢顶部的盖板，如图 1-3 中的车顶盖 18。对于轿车车身的总体刚度而言，顶盖不是很重要的部件，这也是允许在车顶盖上开设天窗的理由。从设计角度来讲，重要的是它如何与前、后窗框及与支柱交界点平顺过渡，以求得最好的视觉感和最小的空气阻力。为了安全考虑，车顶盖还应具有一定的强度和刚度，一般在顶盖下增加一定数量的加强梁，顶盖内层敷设绝热衬垫材料，以阻止外界温度的传导及减少振动时噪声的传递。

3）行李箱盖。行李箱盖要求具有良好的刚性，如图 1-3 中的行李箱盖 13，其结构基本与发动机盖相似，也有外板和内板，内板有加强肋。一些被称为“二厢半”的轿车，其行李箱向上延伸，包括后挡风玻璃在内，使开启面积增加，形成一个门，因此又称为背门，这样既保持一种三厢车形状又能够方便存放物品。如果采用背门形式，背门内板侧要嵌装橡胶密封条，围绕一圈以防水防尘。行李箱盖开启的支撑件一般用钩形铰链及四连杆铰链，铰链装有平衡弹簧，使启闭箱盖省力，并可自动固定在打开位置，便于提取物品。

4）翼子板。翼子板是遮盖车轮的车身外板，因旧式车身该部件的形状及位置似鸟翼而得名，如图 1-3 中的前翼子板 5、后翼子板 11。按照安装位置不同又分为前翼子板和后翼子板，前翼子板安装在前轮处，因此必须保证前轮转动及跳动时的最大极限空间，因此设计者会根据选定的轮胎型号尺寸用“车轮跳动图”来验证翼子板的设计尺寸。后翼子板无车轮转动碰擦的问题，但出于空气动力学的考虑，后翼子板略显拱形弧线向外凸出。现在有些轿车翼子板已与车身本体成为一个整体。但也有轿车的翼子板是独立的，尤其是前翼子板，因为前翼子板碰撞机会比较多，独立装配容易整件更换。有些车的前翼子板用有一定弹性的弹塑性材料（例如塑料）做成。弹塑性材料具有缓冲性，比较安全。

5）前围板。前围板是发动机舱与车厢之间的隔板，其位置在制动器、离合器踏板后面和仪表台下面，如图 1－3 中的前围板 22。前围板上有许多孔口，作为操纵用的拉线、拉杆、管路以及电器线束通过之用，同时还要配合踏板等部件安装位置。为防止发动机舱里的废气、高温、噪声窜入车厢，前围板上要有密封措施和隔热装置。在发生事故时，它应具有足够的强度和刚度。对比车身其他部件，前围板装配最重要的工艺技术是密封和隔热。

6）地板。汽车的地板是由前地板和后地板组成的，如图 1－3 中的地板总成 6。前地板即“前座”和“后座”放脚的地方下面那块最大的板，后地板即“行李箱”和“后座”那块冲出了备用胎凹坑的板。

7）轿车车身三大立柱。一般轿车车身有三个立柱，从前往后依次为前立柱（A 柱）、中立柱（B 柱）、后立柱（C 柱），如图 1－3 的后立柱（C 柱）14、中立柱（B 柱）19、前立柱（A 柱）20 所示。对于轿车而言，立柱除了起支撑作用，也起到门框的作用。

中立柱不但支承车顶盖，还要承受前、后车门的支承力，在中立柱上还要装置一些附加零部件，例如前排座位的安全带，有时还要穿电器线束。因此中立柱大都有外凸半径，以保证有较好的力传递性能。现代轿车的中立柱截面形状是比较复杂的，它由多件冲压钢板焊接而成。随着现代汽车制造技术的发展，直接采用液压成型的封闭式截面中立柱已经问世，它的刚度大大提高而质量大幅度减小，有利于现代轿车的轻量化。有些设计师从乘客上下车的便利性角度考虑取消了中立柱。取消中立柱就要相应增强前、后立柱，其车身结构必须用新的形式，材料选用也有所不同。

后立柱与前立柱、中立柱不同的一点就是不存在视线遮挡及上下车障碍等问题，因此构造尺寸大些也无妨，关键是后立柱与车身的密封性要可靠。

立柱的刚度很大程度上决定了车身的整体刚度，因此在整个车身结构中，立柱是关键件，它要具有很高的刚度。

（2）承载式车身壳体

承载式车身壳体结构如图 1－4 所示。该车身是由外部覆盖件和内部板件焊接而成的空间结构。其车身壳体的纵向承力构件有前纵梁 24、门槛 17、地板通道 20、后纵梁 13、上边梁 7 和前挡泥板加强肋 22，横向承力构件有前座椅横梁 21、地板后横梁 14、前风窗框上横梁 4、前风窗框下横梁 3、后风窗框上横梁 6、后窗台板 8 和后围板 9，垂直承力构件有前立柱（A 柱）18、中立柱（B 柱）16、后立柱（C 柱）10 等。车身主要板件有前挡泥板 23、前地板 19、后地板 15、前围板 2、车顶盖 5、后轮罩12和后翼板11等。上述构件和板件利用搭接、翻边等连接方式按先后顺序定位焊组装成后地板总成、左右侧围总成、前地板和前围板总成、车顶盖等，最后装焊合成整个车身壳体。

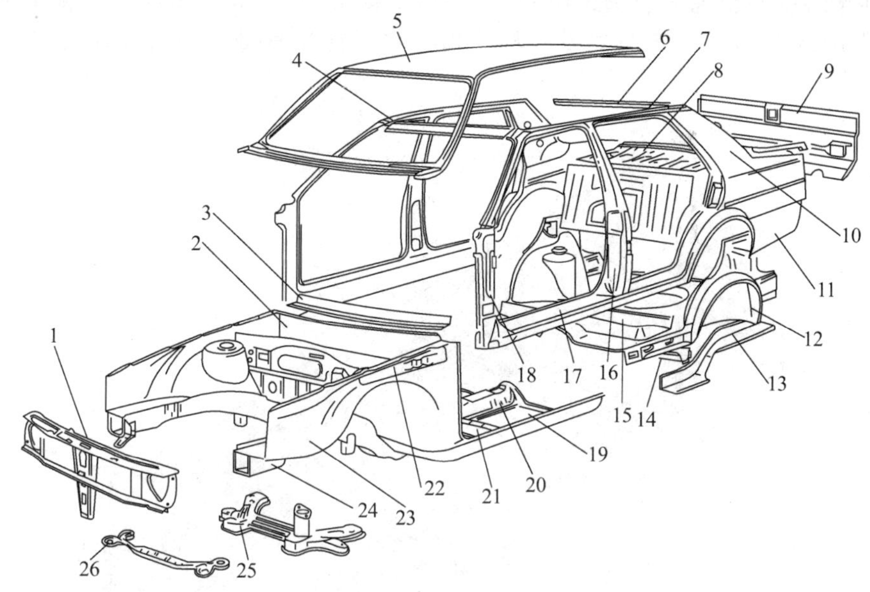

图1-4　承载式车身壳体

1. 散热器框架　2. 前围板　3. 前风窗框下横梁　4. 前风窗框上横梁　5. 车顶盖　6. 后风窗框上横梁　7. 上边梁　8. 后窗台板　9. 后围板　10. 后立柱（C柱）　11. 后翼板　12. 后轮罩　13. 后纵梁　14. 地板后横梁　15. 后地板　16. 中立柱（B柱）　17. 门槛　18. 前立柱（A柱）　19. 前地板　20. 地板通道　21. 前座椅横梁　22. 前挡泥板加强肋　23. 前挡泥板　24. 前纵梁　25. 副车架　26. 前横梁

1.2.2　客车车身壳体结构

理论上按车身承载形式可以把客车车身壳体分为三类：非承载式车身、半承载式车身和承载式车身。

(1) 非承载式车身

在客车发展初期，其车身通常由专业化车身厂生产，然后安装在现成的货车底盘车架上，这种结构的优点是便于在同一底盘上安装不同的车身。国内的轻型客车，其绝大部分都是这种非承载式车身壳体结构，普遍采用在货车三类底盘（包括一部分进口轻型货车底盘）或者在专用客车底盘上直接改装车身。该形式具有传统底盘-车身结构的优点：缓冲隔振性能和舒适性较好，安全性能由底盘加强，便于生产和装配，所以成为现阶段轻型客车设计的主流。但其结构上存在明显的缺陷：底盘单独承载，必须保证一定强度，故整车质量难以减轻；车身地板高度受底盘的限制而难以降低；底盘结构件复杂；车架构件（如纵梁）的制造需要大型压力机及装焊、校验等一系列昂贵生产设备；底盘结构调整不易，改进成本高，开发周期长。

(2) 半承载式客车车身结构

半承载式客车车身结构克服了上述的部分缺陷，其特点是车身底部与车架刚性连接，基本思想是将车身骨架侧壁立柱与车架纵梁两侧的外伸横梁或牛腿焊接在一起，从而车身也承担一部分弯曲载荷和扭转载荷。

图 1-5 所示是典型的半承载式客车车身结构，通常是在现成的客车专用底盘（其车架由两根前后直通的纵梁 27 与若干横梁 10、23 等组成）上将车架用若干悬臂梁 25 加宽并与车身侧壁立柱刚性连接，使车身骨架也分担车架的一部分载荷。

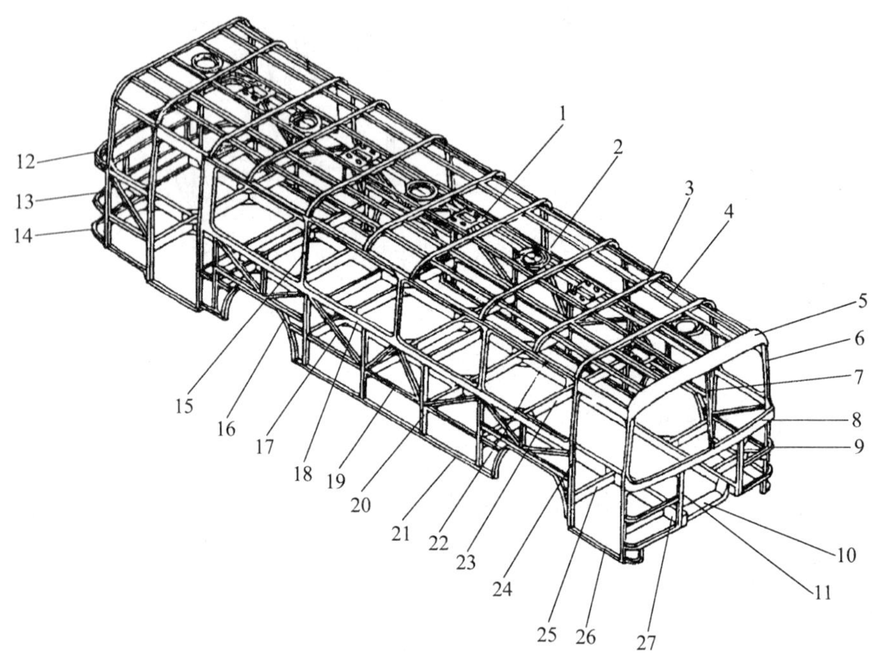

图 1-5 典型半承载式客车车身结构

1. 顶灯地板 2. 换气扇框 3. 顶盖横梁 4. 顶盖纵梁 5. 前风窗框上横梁 6. 前风窗立柱 7. 前风窗中立框 8. 前风窗框下横梁 9. 前围隔梁 10. 车架前横梁 11. 前围立柱 12. 后风窗框下横梁 13. 后围隔梁 14. 后围裙边梁 15. 侧围窗立柱 16. 车轮拱 17. 斜撑 18. 腰梁 19. 侧围隔梁 20. 侧围立柱 21. 侧围裙边梁 22. 上边梁 23. 车架横梁 24. 门立柱 25. 车架悬臂梁 26. 门槛 27. 车架纵梁

(3) 承载式客车车身结构

承载式客车车身结构取消了车架，利用各种型钢、型材、薄壁钢板，焊接装配成可能等强度的空间结构梁系，车身具有较大的抗弯曲和抗扭转的刚度，具有质量小、质心低、高速行驶稳定性较好的优点。

图 1-6 所示是典型的承载式客车车身结构，其底架是由薄钢板冲压或用型钢焊制的纵横格栅，以取代笨重的车架。格栅是高度较大（约 500 mm）的桁架结构，因而车身两侧地板上只能布置座席，而座席下方高大的空间可用作行李舱，故适用于大型长途客车。整体承载式车身结构的特点是所有的车身壳体构件（包括蒙皮）都参与承载，互相牵连和协调，充分发挥材料的潜力，使车身质量最小而强度和刚度最大。

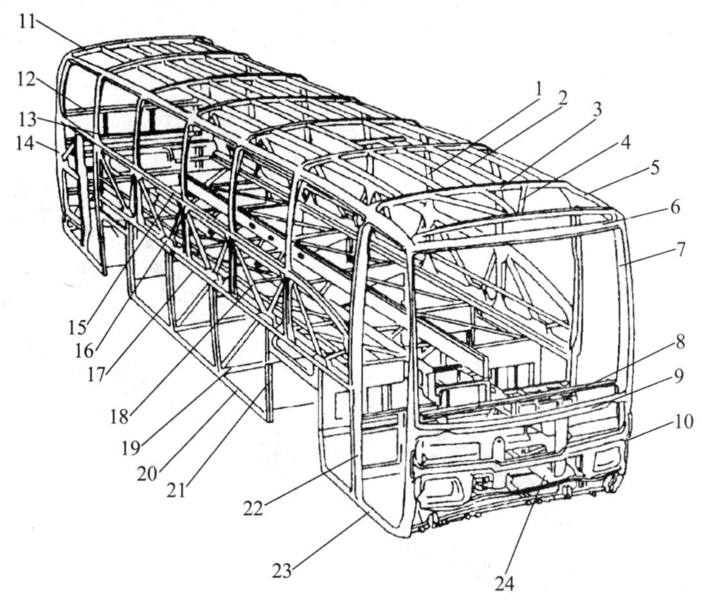

图1-6　典型承载式客车车身结构

1. 侧窗立柱　2. 顶盖纵梁　3. 顶盖横梁　4. 顶盖斜撑　5. 上边梁　6. 前风窗框上横梁　7. 前风窗立柱　8. 仪表板横梁　9. 前风窗框下横梁　10. 前围隔梁　11. 后风窗框上横梁　12. 后风窗框下横梁　13. 后围加强横梁　14. 后围立柱　15. 腰梁　16. 角板　17. 侧围隔梁　18. 斜撑　19. 底架横格栅　20. 侧围裙边梁　21. 裙立柱　22. 门立柱　23. 门槛　24. 底架纵格栅

1.3　车架

1.3.1　汽车车架

(1) 边梁式

边梁式车架由两根位于两边的纵梁和若干根横梁组成，用铆接法或焊接法将纵梁与横梁连接成坚固的刚性构架。

边梁式车架

纵梁通常用低合金钢板冲压而成，断面形状一般为槽形，也有的做成Z形或箱形断面。根据汽车形式和结构布置的要求，纵梁可以在水平面或纵向平面内做成弯曲的以及等断面或非等断面的。

横梁不仅用来保证车架的扭转刚度和承受纵向载荷，而且还可以支承汽车上的主要部件。通常载货车有5～6根横梁，有时会更多。边梁式车架的结构特点是便于安装驾驶室、车厢及一些特种装备和布置其他总成，有利于改装变型车和发展多品种汽车。因此，被广泛应用在载货汽车和大多数的特种汽车上。

图1-7为典型的汽车边梁式车架总成，它主要由2根纵梁和8根横梁铆接而成。纵梁为槽形不等高断面梁，由于纵梁中部受到的弯曲力矩最大，故中部断面高度最大，由此向两端断面高度则逐渐减小。这样，可使应力分布较均匀，同时又减小了质量。

车架纵梁剖面形状如图 1-8 所示。在左右纵梁上各有 100 多个装置用孔，用以安装转向器、钢板弹簧、燃油箱、气罐、蓄电池等的支架。横梁一般也用钢板冲压成槽形，为增强车架的抗扭强度，有时采用管形或箱形断面的横梁。

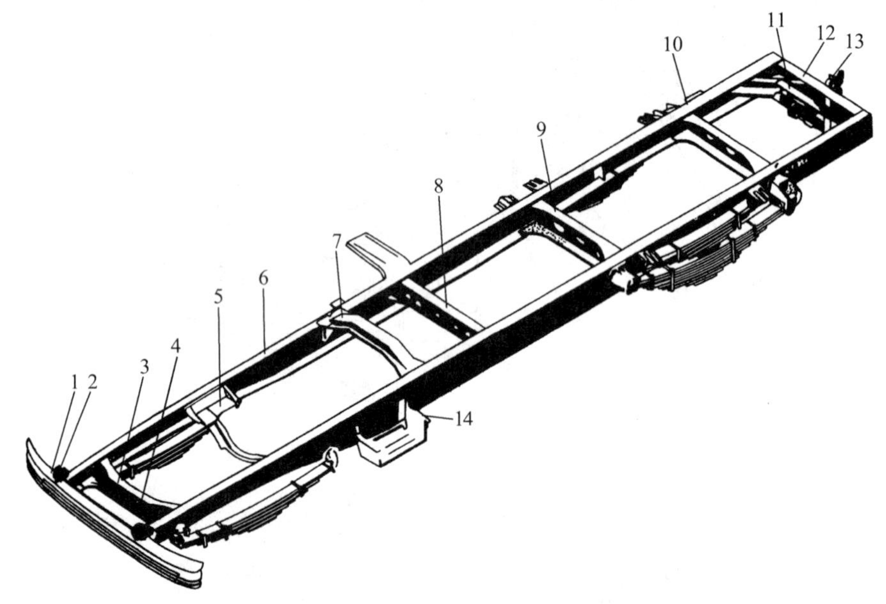

图 1-7 典型的汽车边梁式车架总成

1. 保险杠 2. 挂钩 3. 前横梁 4. 发动机前悬置横梁 5. 发动机后悬置右（左）支架和横梁 6. 纵梁 7. 驾驶室后悬置横梁 8. 第四横梁 9. 后钢板弹簧前支架横梁 10. 后钢板弹簧后支架横梁 11. 角撑横梁组件 12. 后横梁 13. 拖钩部件 14. 蓄电池拖架

纵梁与横梁常见的连接方式主要有以下几种：

1）横梁和上下翼缘相连接。有利于提高纵梁的抗扭刚度，但在扭转严重时会产生约束扭转，纵梁翼缘上会出现较大的应力，车架前后两端的横梁多采用这种连接方式。

2）横梁和纵梁的腹板相连接。其连接刚度较差，允许截面产生自由翘曲，可以避免第一种形式出现的缺点。为了相应地加强车架的刚度，可以加宽连接处的尺寸，一般多用于车架中部的横梁。

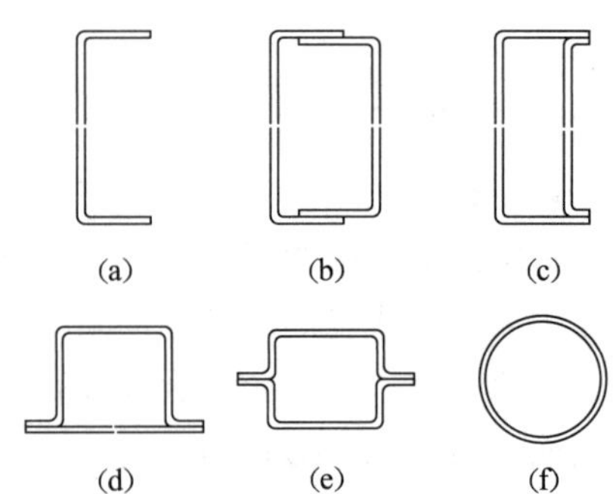

图 1-8 车架纵梁剖面形状

（a）槽形 （b）叠槽形Ⅰ （c）叠槽形Ⅱ （d）礼帽形 （e）对接箱形 （f）管形

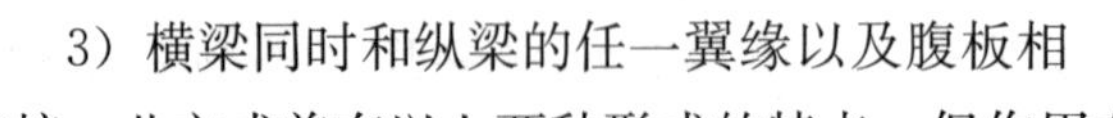

3）横梁同时和纵梁的任一翼缘以及腹板相连接。此方式兼有以上两种形式的特点，但作用在纵梁上的力直接传到横梁上。

（2）中梁式

中梁式车架

中梁式车架只有一根位于中央贯穿前后的纵梁，因此亦称为脊骨式车架，如图 1-9 所示。中梁的断面可以做成管形或箱形。这种结构的车架有较大的扭转刚度，使车轮有较大的运动空间，因此被采用在某些轿车和货车上。该车架由一根纵梁和若干根横梁组成。纵梁由前桥壳2、前脊梁4、分动器壳7、中央脊梁8、中桥壳13、后桥壳11及中后桥之间的连接梁9所组成。纵梁各部分通过安装法兰用螺栓连接。在前桥壳2的前端有托架1，后端有托架3（即横梁），用以支承发动机前部、驾驶室前部及转向器，同时用来安装前悬架的扭杆弹簧。托架6用于支承驾驶室后部及货厢前部。在托架6、14、10上安装连接货厢的副梁，在副梁上安装货厢（图上未示出），因此托架6、14、10承受货厢及货物的质量。在连接梁9的两侧设有托架，用来安装后悬架的钢板弹簧12。

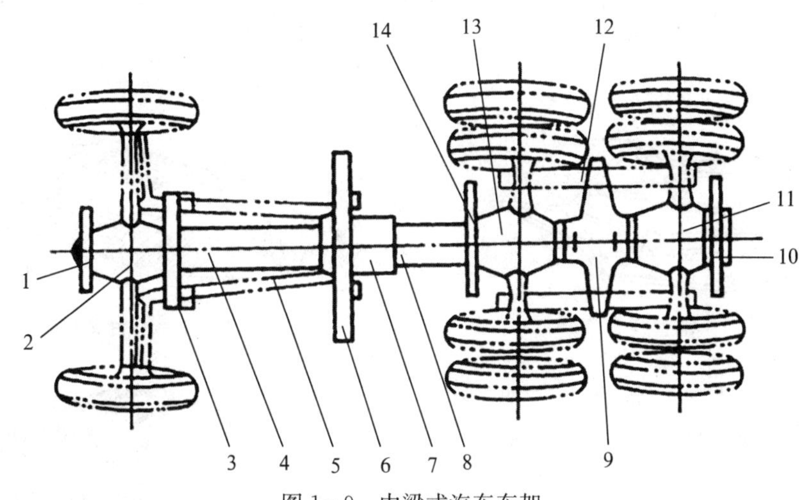

图1-9　中梁式汽车车架

1. 发动机前部托架　2. 前桥壳　3. 发动机后部及驾驶室前部托架　4. 前脊梁　5. 前悬架的扭杆弹簧　6. 驾驶室后部及货厢副梁前部托架　7. 分动器壳　8. 中央脊梁　9. 连接梁　10. 连接货厢副梁后托架　11. 后桥壳　12. 后悬架的钢板弹簧　13. 中桥壳　14. 连接货厢副梁前托架

采用这种中梁式车架的优点是：车轮有较大的运动空间，便于采用独立悬架，从而提高汽车的越野性；与同吨位货车相比，其车架较轻，减少了整车质量；同时重心较低，因此行驶稳定性好；车架的强度和刚度较大；脊梁还能起封闭传动轴的防尘套作用。但这种车架的制造工艺复杂，精度要求高，给维护和修理造成诸多不便。

（3）综合式

综合式车架

图1-10中的车架前部是边梁式，而后部是中梁式的，这种车架称为综合式车架（也称复合式车架）。它同时具有中梁式和边梁式车架的特点。该车架的边梁用以安装发动机，悬伸出来的支架可以固定车身。这种车架实际上属于中梁式车架的变型。

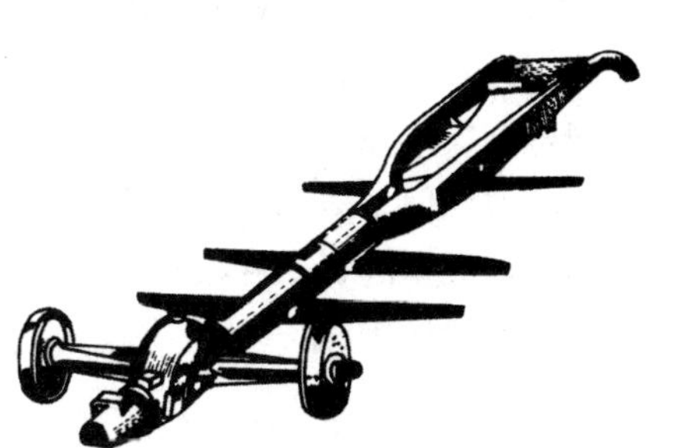

图1-10　综合式车架

（4）其他类型

随着汽车工业的发展，新材料、新技术的应用，近年来车架结构形式也出现了多样化和复杂化。

其他类型车架

1）钢管式车架。钢管式车架又称桁架式，是用很多钢管焊接成一个立体框架，将汽车的零部件安装在框架上。钢管式车架的生产工艺简单，适合小规模的作坊作业。对钢管式车架进行局部加强也十分容易（只需加焊钢管），在质量相等的情况下，往往可以得到比承载式车架更强的刚度，主要用于竞赛汽车及特种汽车。车架兼有车架和车身的作用。图 1－11 所示为钢管式车架。

2）平台式车架。平台式车架是一种将车身底板从车身中分出来而与车架组成一个整体的结构，车身和车架通过螺栓相连接，座椅的金属冲压件焊在车架上，具有较高的刚度。平台下部平坦，改善了汽车底部空气流动，有利于提高汽车的空气动力学性能，而且在坎坷不平的路面上行驶时颠簸也小。车身底板是由中间的底板通道和平坦的底板部分焊接成一体的。图 1－12 所示为平台式车架。

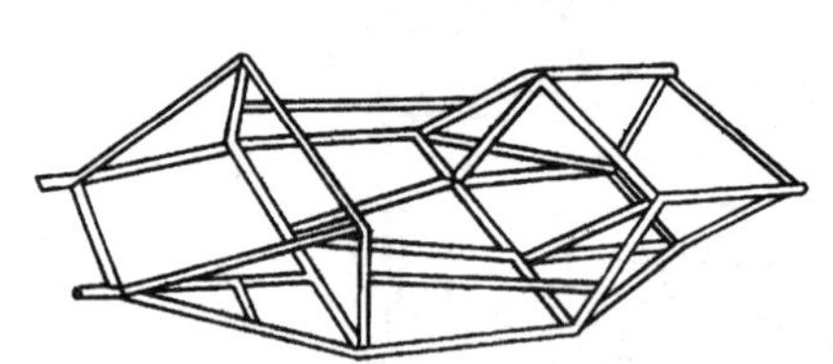
图 1－11　钢管式车架

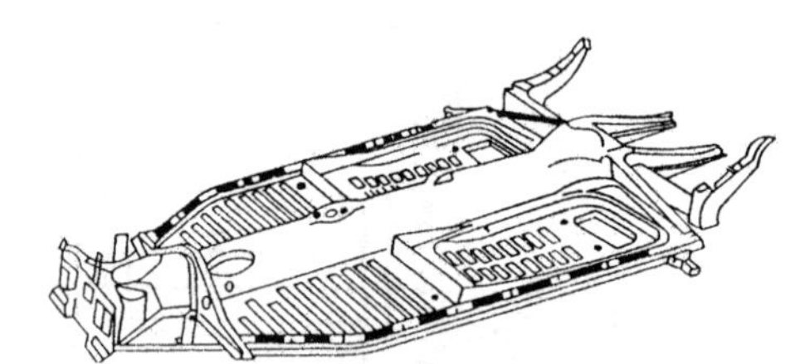
图 1－12　平台式车架

3）铝合金车架。铝合金车架是将铝合金条梁焊接、铆接或贴合在一起组成一个立体框架，可以理解为钢管式车架的变种，只是铝合金是方梁状而非管状。铝合金车架最大优点是轻（相同刚度的情况下）。铝合金车架成本高，不宜大量生产，且铝合金承载能力有限，只用在少数跑车上。图 1－13 所示为奥迪 A8 全铝车身框架结构，是由铸造和液压成型的铝材焊接而成的，提供了最小的质量和最大的稳定性。

图 1－13　奥迪 A8 全铝车身框架结构

4）碳纤维车架。碳纤维车架是特殊材料一体成型式车架，是用碳纤维浇注成一体化的底板、座舱和发动机舱结构，再装上其他零部件和车身覆盖件。碳纤维的密度要比钢材低 3/4 左右，而强度和硬度都是钢材的两倍，因此碳纤维车架的刚度极高，质量比其他任何车架都要小，重心也可以造得很低。但是制造成本极高，因此目前都只用于不计成本的赛车和极少数跑车上。碳纤维的刚度不仅有利于操控，对提高安全性也有很大的作用。

1.3.2　拖拉机车架

拖拉机的车架有全梁式、半梁式和无梁式三种。

(1) 全梁式

全梁式车架是一个完整的框架，拖拉机的所有部件都安装在这个框架上。采用全梁式车架时部件拆装维修方便，但增加了金属消耗和拖拉机的重量。此外，车架在工作中出现变形时会使各部件的相对位置发生变动，从而破坏零部件之间的正常工作，引起零件的损坏。因此只在少数履带拖拉机上采用。图1-14为东方红-802型拖拉机的全梁式车架。它由两根槽钢做成的纵梁4、7和前梁1以及后轴5等组成。在纵梁的下方安装着两根横梁2和3。发动机用三点支承在车架上，其前端用摇摆支座安装在前梁上，后端用两点安装在前横梁2上。采用三点支承不会因车架变形而破坏连接螺栓的紧固。后桥和变速箱连成一体，也用三个支承点安装在车架上，变速箱前端用球形垫圈支承在后横梁3上，后桥箱体用两个支座安装在后轴5上。行走系安装在车架上，后轴5的两端安装驱动轮，台车轴6上安装台车的内、外平衡臂，纵梁4、7的前端安装履带的张紧装置。

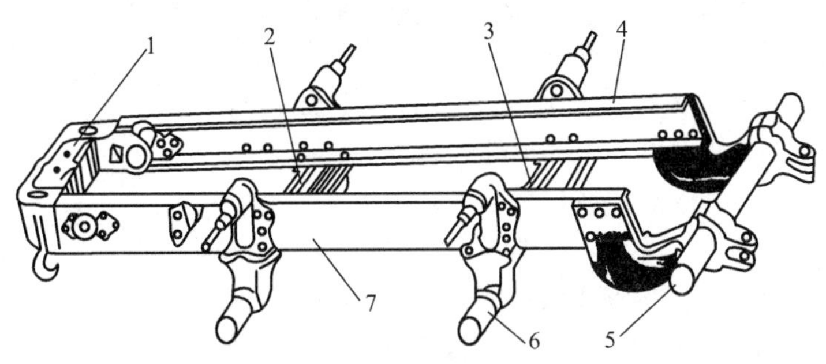

图1-14　车架及行走机构

1. 前梁　2. 前横梁　3. 后横梁　4、7. 纵梁　5. 后轴　6. 台车轴

(2) 半梁式

半梁式车架是指一部分梁架和另一部分为传动系的箱体组成的车架，如图1-15所示。前半截是前梁1和纵梁2，用来安装发动机，后半截则由离合器壳3、变速箱和后桥壳4组成。采用半梁式车架拆装维修发动机方便，但拆装离合器、变速箱及后桥时需"断腰"；金属消耗量较少，整机质量较轻。铁牛系列、红旗-100型拖拉机、东风-12型手扶拖拉机和泰山-12型小四轮拖拉机均属于这种车架。

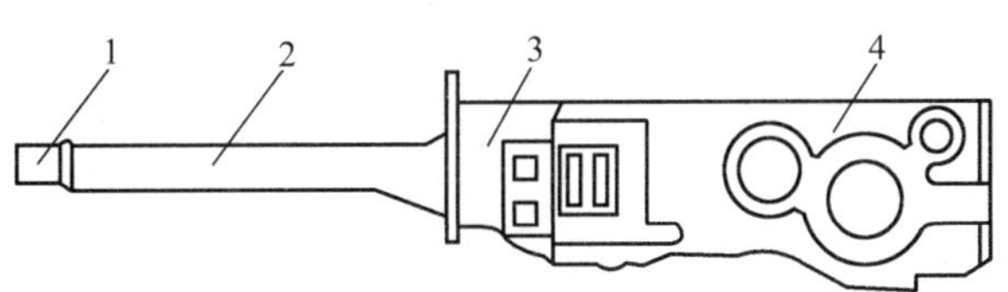

图1-15　半梁式车架

1. 前梁　2. 纵梁　3. 离合器壳　4. 变速箱和后轿壳

(3) 无梁式

无梁式车架没有单独的车架，整个车架由部件的壳体连成，如图1-16所示。采用这种车架可以减轻整机质量，节省金属，简化结构。这种车架刚度较高，不易变形。但制造和装配技术要求较高，拆装维修任一部件都需要"断腰"。国产绝大多数轮式拖拉机都采用这种车架，如东方红-20/30/40、东风-50、上海-50和泰山-25型拖拉机等。

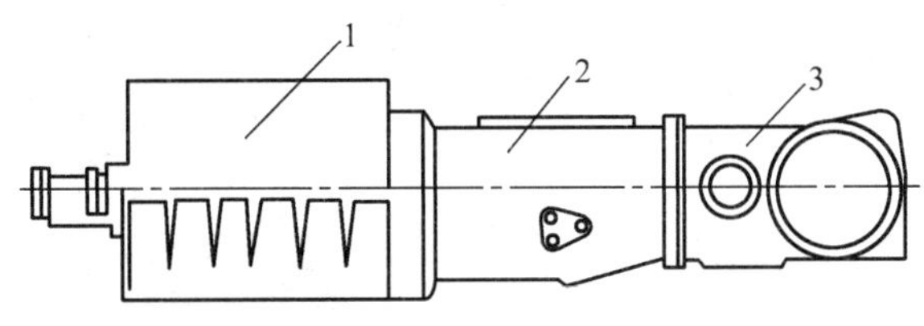

图1-16　无梁式车架

1. 发动机壳　2. 变速箱壳　3. 后桥壳

1.4 驾驶室

大多数货车驾驶室都是非承载式结构，驾驶室没有明显的骨架，驾驶室通过多个弹性橡胶垫安装在车架上。驾驶室由外部覆盖件和内部板件焊合成壳体，通过3点和4点弹性悬置与车架连接。

如图1-17所示为典型的长头式货车的驾驶室。其主要构件有地板12、前围板2、前围上盖板3、前围左侧盖板1、顶盖6和后围板9等。驾驶室壳体各个构件按一定的顺序点焊连接，最后由地板总成、前围总成、顶盖等拼装焊合而成。驾驶室壳体的纵向承力构件有左门槛13和上边梁7，横向承力构件有前风窗框上横梁5、前风窗框下横梁4、后围上横梁8和地板后横梁10，垂直承力构件有左前立柱14和左后立柱11。

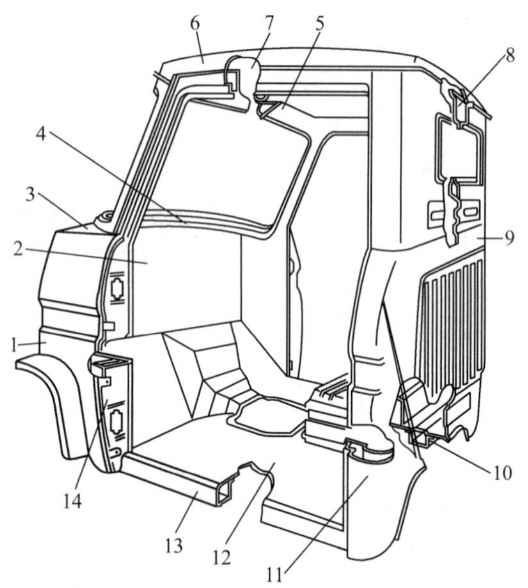

图1-17 长头式货车驾驶室壳体结构

1. 前围左侧盖板 2. 前围板 3. 前围上盖板 4. 前风窗框下横梁 5. 前风窗框上横梁 6. 顶盖 7. 上边梁 8. 后围上横梁 9. 后围板 10. 地板后横梁 11. 左后立柱 12. 地板 13. 左门槛 14. 左前立柱

如图1-18所示为典型的平头式货车驾驶室，与长头式货车驾驶室相比，

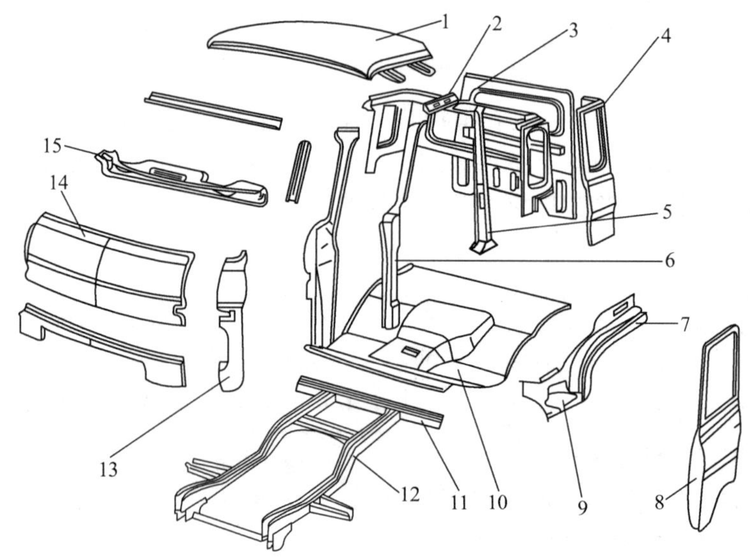

图1-18 平头式货车驾驶室壳体结构

1. 车顶盖 2. 上边梁 3. 后围板 4. 后围角板 5. 后框 6. 前柱 7. 门槛 8. 车门 9. 踏脚板 10. 地板 11. 地板横梁 12. 纵梁 13. 前围侧板 14. 前围板 15. 仪表板

除轮罩部结构差别较大外，其余基本相似，但平头式货车车身没有车前板制件。

1.4.1　货车、拖拉机驾驶室

(1) 车前板制件

长头式汽车车身都有若干车前板制件，相互焊接或安装，形成容纳发动机和前轮的空间。图1-19是北京BJ2020车前板制件分解示意。左挡泥板6和右挡泥板4上面各焊有两个托架7。托架用螺栓固定在车架上。左前翼板8、右前翼板3，以及面罩5借助于螺钉和螺母相互连接并安装在托架7及挡泥板6和4上。发动机罩2通过其后部两个铰链1安装在车身壳体的前围外盖板上，并借助于两个锁扣10扣紧在左、右翼板上。

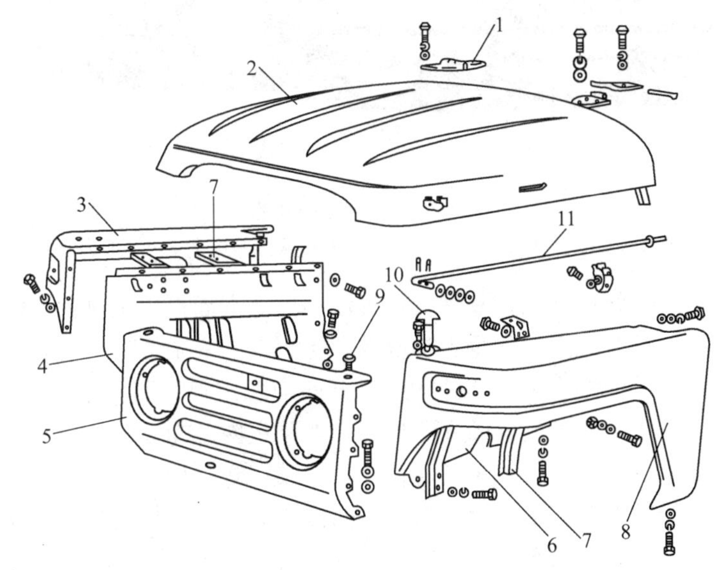

图1-19　北京BJ2020车前板制件分解示意

1. 发动机罩铰链　2. 发动机罩　3. 右前翼板　4. 右挡泥板　5. 面罩　6. 左挡泥板　7. 托架　8. 左前翼板　9. 缓冲垫　10. 锁扣总成　11. 发动机罩撑杆

(2) 车门与车窗

车门是整个车身中结构复杂又相对独立的一个总成。它主要由车门骨架及盖板、车门护面、门窗、车门玻璃及玻璃升降器、门锁及其手柄、车门铰链、车门密封条和车门开关机构组成。其附件数目繁多，结构复杂。按其开启方法可分为顺开式、逆开式、水平滑移式、上掀式、折叠式、外摆式等。图1-20所示是车门的形式。

顺开式车门即使在汽车行驶时仍可借气流的压力关上，比较安全，故被广泛采用。逆开式车门在汽车行驶时若关闭不严就可能被迎面气流冲开，因而很少采用。水平滑移式车门的优点是车身侧壁与障碍物距离很小时仍能全部开启。上掀式车门广泛用于轿车及轻型客车的背门，有时也用于低矮的汽车。折叠式和外摆式车门广泛应用于大、中型客车。在有些大型客车上，还备有加速乘客撤离事故现场以及便于救援人员进入的安全门。

由于拖拉机作业环境和条件的特殊性，对拖拉机驾驶室的安全性、舒适性、防震

图 1-20 车门的形式

1. 逆开式 2. 顺开式 3. 上掀式 4. 水平滑移式 5. 折叠式 6. 外摆式

性、降噪性、视野开阔性和工作装置操作的便利性等方面提出了更为严格的要求，如驾驶室内必须设置符合规定的安全容身范围和防滚翻的安全框架；驾驶室内至少有两个不在同一平面上、能够容易从驾驶室内打开的应急出口；驾驶室四周应视野良好，前挡风玻璃必须采用透明度良好的安全玻璃；驾驶室内各操纵机件，布置合理，操纵方便，按规定要求设置操纵符号及其他符号；驾驶室必须设置攀登用的防滑踏板和拉手，高地隙拖拉机的驾驶室第一级踏板距地面高度必须大于规定高度；前部左右边必须各装一后视镜，能够看清车身后方的交通及农具工作情况等要求。因此现代拖拉机一般都采用全封闭的，温度可调、安静且安全的舒适驾驶室，也有一部分拖拉机仍采用只提供挡风避雨及简单安全防护的简易驾驶室。现代拖拉机驾驶室从驾驶室的设计、空调系统、拖拉机性能监测、显示及数据处理系统的设置等方面着手，使拖拉机驾驶室各种性能均得到极大提高，大大改善了拖拉机驾驶员的工作条件，如图 1-21 所示。

图 1-21 拖拉机驾驶室

1. 照明灯 2. 后视镜 3. 挡泥板 4. 车门 5. 机罩 6. 雨刷

1.4.2 附属与安全防护装置

(1) 通风及暖气装置

汽车行驶时必须保证车内通风，要有新鲜空气不断进入，并驱排混有尘埃、二氧化碳及其他来自发动机的有害气体。在寒冷的冬季，还应将新鲜空气加热，以保证车内温度适宜。

汽车通风根据其工作原理可以分为自然通风和强制通风两种。自然通风是通过车身上的进、出风口以及打开的侧窗、车门上的升降玻璃和三角通风窗并依靠空气自然对流实现的一种通风方式。三角通风窗可绕其转轴调节开度，使空气在其附近形成涡流并绕车窗循环流动。强制通风是利用风机强制空气对流，其效果比自然通风好，并可用过滤方法使空气更清洁。

现代的汽车也往往采用通风及暖气的联合装置。图 1－22 所示的是 BJ2020 越野汽车的通风及暖气联合装置。车外空气经过前围通风孔盖 10 被风机 18 送入车内进行强制通风。在寒冷季节，将装在发动机气缸盖上的热水开关 11 开启，热水导入暖气散热器 21 对空气加热，然后将加热的空气经由暖气出口 19 导入车内或经由软管 22 和 16 及喷嘴 24 和 14 吹向风窗玻璃进行除霜。

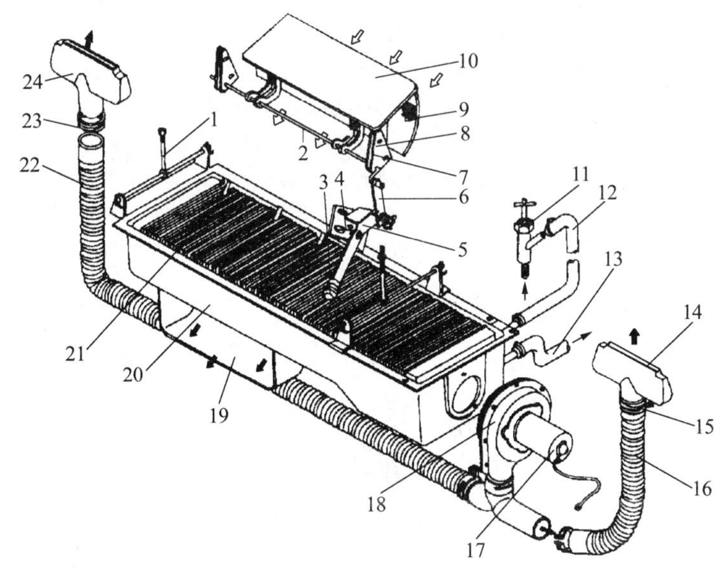

图 1－22　BJ2020 越野汽车的通风及暖气联合装置

1. 固定杆　2. 通风孔盖铰链　3. 手柄　4. 支架　5. 传动杆　6. 拉杆　7. 夹板衬垫　8. 铰链夹板　9. 通风滤网　10. 前围通风孔盖　11. 热水开关　12. 进水管　13. 出水管　14. 右除霜喷嘴　15、23. 卡箍　16. 右除霜软管　17. 电动机　18. 风机　19. 暖气出口　20. 散热器外罩　21. 暖气散热器　22. 左除霜软管　24. 左除霜喷嘴

图 1－23 所示的是大型客车的独立燃烧式通风及暖气联合装置。加热器 5 内部有电动机 15，可带动前部的风扇 10 和燃油泵 11（由电磁离合器 13 接合）以及后部的小风扇 16 和甩油杯 17 一起旋转。助燃空气在小风扇 16 的作用下由助燃空气进口 25 进入并经过甩油杯 17 与燃油混合，燃油从燃油泵 11 经过供油管 24 流至甩油杯 17 上，两者混合后被点火塞 18 点燃，再经过节流罩 19 至燃烧室 20 中燃烧，然后经废气排出口 27 排出，冷空气在风扇 10 的驱动下从冷空气进口 8 进入，继而在加热器后部分成两层流动，以便充分与燃烧室及废气排出通道的壁接触，吸收热量，最后经暖风出口 22 流向暖风管 7 并被送入车内。

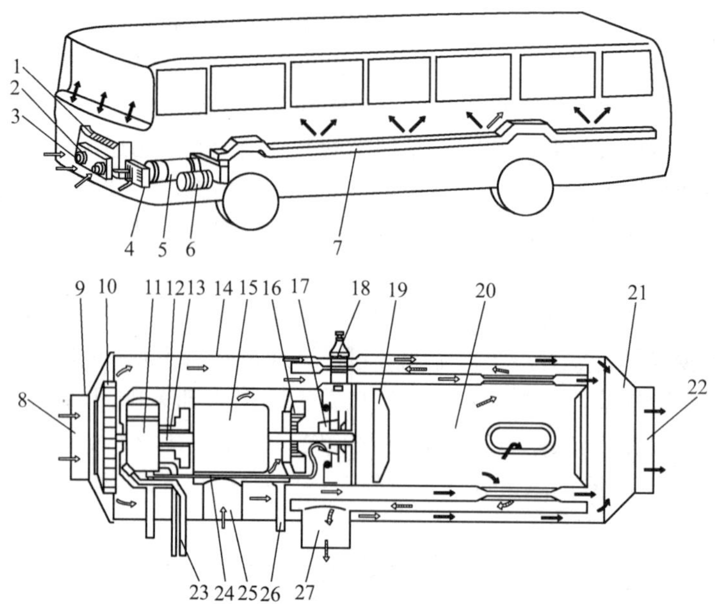

图 1-23 独立燃烧式通风及暖气联合装置

1. 发动机散热器 2、10. 风扇 3、15. 电动机 4. 空气滤清器 5. 独立燃烧式加热器 6. 燃油箱 7. 暖风管 8. 冷空气进口 9. 前盖 11. 燃油泵 12. 转轴 13. 电磁离合器 14. 加热器壳体 16. 小风扇 17. 甩油杯 18. 点火塞 19. 节流罩 20. 燃烧室 21. 后盖 22. 暖风出口 23. 油管 24. 供油管 25. 助燃空气进口 26. 滴油管 27. 废气排出口

(2) 通风、暖气、冷气联合装置

现代汽车都装有通风、暖气、冷气联合装置，或称四季空调系统。图 1-24 所示

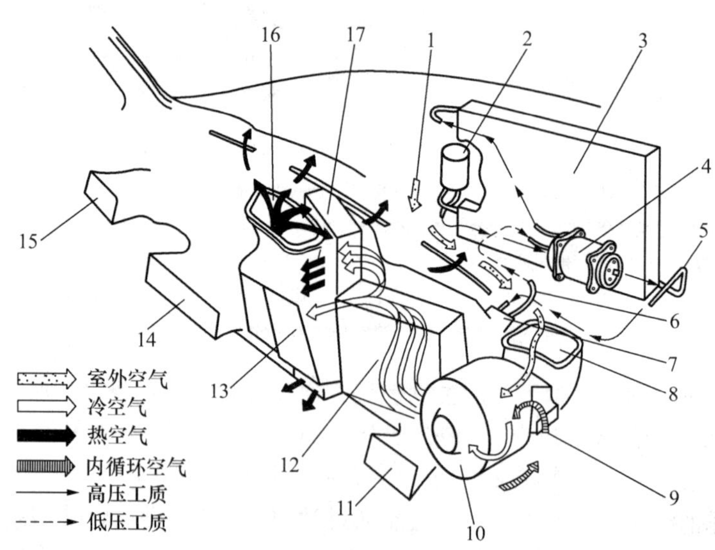

图 1-24 捷达轿车的四季空调系统

1. 外部空气进口 2. 储液罐 3. 冷凝器 4. 压缩机 5. 高压管道 6. 吸入管道 7. 膨胀阀 8. 空气过滤进口 9. 内部循环空气进口 10. 风机 11. 右出风口 12. 蒸发器 13. 分配箱 14. 中出风口 15. 左出风口 16. 除霜热空气出口 17. 热交换器

的捷达轿车的四季空调系统，其工作原理是：在风机10的作用下，车外空气经进口1进入系统，经由过滤进口8，流经制冷装置的蒸发器12和暖气装置的热交换器17。系统的控制器根据温度指令控制分配箱13内部的各个活门的开度，分别调节经由蒸发器12和热交换器17的空气流量，然后将冷、热空气混合，以获得温度适宜的气流，再经由出风口11、14、15导入车内，在寒冷季节还可将热空气经由热空气出口16导向风窗除霜。暖气装置的热交换器17与发动机水冷却系的管道连接，可将通过的新鲜空气加热。

冷气装置的工作原理如下：在空气压缩机4的作用下，制冷剂由储液罐2流出，经高压管道5流至膨胀阀7，经过膨胀阀后制冷剂压力下降，在蒸发器12内蒸发，吸收周围环境的热量，使周围环境温度下降；流出蒸发器12的气态制冷剂再由吸入管道6进入压缩机4而使压力增加，体积缩小，再经由冷凝器3降温，变为液态，回到储液罐2。

(3) 座椅

座椅是与人接触最密切的部件，人们对汽车平顺性的评价多是通过座椅的感受做出的。座椅的作用是支撑人体，必须满足便利性和舒适性两大要求。座椅在结构设计上，充分以人机工程学原理为基础，不仅满足安全、舒适、方便性要求，还融入了一定的美学概念，使产品在造型上具有曲线流畅、大气的风格。

座椅由骨架、坐垫、靠背、靠枕、悬挂和调节机构等部分组成。座椅骨架常用轧制型材（钢管、型钢）或冲压成型的钢板焊接而成。坐垫和靠背是座椅的主要减振元件，要想使座椅获得较低的传递率，使座椅有较高的振动舒适性，坐垫和靠背的弹性元件应保证弹性特性适当，必须采用合适的坐垫和靠背减振材料。座椅弹性元件分为金属和非金属两类。金属弹性元件由弹簧钢丝绕成螺旋状或S形，通常绷在座椅骨架上。目前国内外采用的非金属弹性元件主要是低回弹聚氨酯泡沫或高回弹聚氨酯泡沫作坐垫和靠背的减振材料。不同配方、不同密度的高回弹聚氨酯泡沫有不同的理化性能，也会影响到座椅的振动舒适性。近期国外部分高级客车座椅已采用双密度（不同密度）的坐垫和靠背，这更加适应体压分布和满足座椅振动舒适性的要求。由于靠背和坐垫支撑人体部位不同，硬度也应有所差别。

坐垫和靠背蒙皮材料应具有美观、强度高、耐磨、阻燃等性能。座椅面料采用富有弹性的针织布料，能很好地适应座椅在人体重力作用下的反复变形。采用起毛织物可增加吸湿性和透气性，其原料以纯羊毛最好，但价格较高。真皮座椅面料虽价格高昂但耐用，适于高级轿车。普通汽车的座椅面料通常采用人造革或连皮发泡塑料，以便于擦拭。

坐垫和靠背的尺寸和形状应与人体相适应，以使人体与座椅接触的压力合理分布，保证乘坐舒适。座椅调节机构的作用是改变座椅与驾驶操纵机构的相对位置以适应不同身材的驾驶员的需要。其调节包括座椅行程调节和靠背角度调节。

图1-25所示是驾驶员的座椅结构。行程调节装置可使座椅在左右两根滑轨4与6向前后移动。拉起手柄5可使移动的卡爪与固定的齿条脱开；手柄放松时，卡爪在复位弹簧作用下重新与齿条某个齿扣紧。靠背角度调节器9的内部有发条状弹簧、齿轮、卡爪等。发条状弹簧两端分别与坐垫和靠背相连，力图使靠背向前倾翻，装在靠

背上的齿轮便随之翻转过相同的角度。扳动调节手柄 8 就可操纵装在坐垫上的卡爪扣住齿轮某个齿，从而使靠背定位。

现代轿车的驾驶者座椅和前部乘员座椅多是电动可调的电动座椅，其调节机构由控制器、可逆性直流电动机和传动部件组成，是电动座椅中最复杂和最关键的部分，可逆性直流电动机必须体积小，负荷能力要大；而机械传动部件在运行时要求有十分良好的平稳性，噪声要低。用微型电机驱动，有 10 多种行程和角度调节方式（其中也包括调节转向盘倾角与后视镜倾角）。这种机构有调节按钮并有电子记忆装置，可记忆 3 个驾驶员所需的调节方式。驾驶员就座后，开动记忆装置就可操纵微型电机按预先设定的位置迅速完成 10 多项调节。

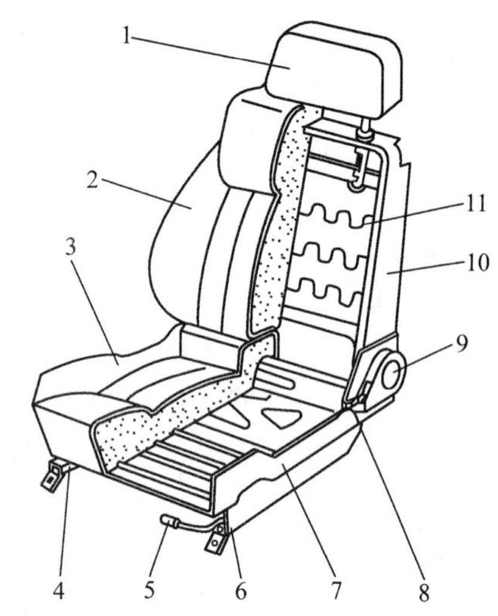

图 1-25 驾驶员座椅

1. 头枕 2. 靠背芯子及蒙皮 3. 坐垫芯子及蒙皮 4. 右滑轨 5. 行程调节手柄 6. 左滑轨 7. 坐垫骨架 8. 调节手柄 9. 靠背角度调节器 10. 靠背骨架 11. S形弹簧

（4）安全防护装置

汽车的安全性是现代汽车技术发展的最重要因素，在发生汽车碰撞事故时，安全防护装置能有效地减轻乘员的伤亡和汽车的损坏。

1）车外防护装置。

① 车身壳体结构防护措施。根据碰撞安全要求，车身壳体的正确结构应是：使乘客舱具有较大的刚度以便在碰撞时尽量减小变形，同时使车身的头部、尾部等其他离乘员较远的位置刚度较小，在碰撞时得以产生较大的变形而吸收撞击能量。显然，若车身乘客舱按照汽车行驶时的载荷来设计，其刚度就显得不足，还需要按碰撞安全性的要求进行局部加强。乘客舱较易加固的是地板、前围板、后围板等宽大的部件。门、窗孔洞的周边则是薄弱环节，但风窗立柱和中立柱的截面尺寸又不宜过大，只能在其内部焊上或铆上较厚的加强板。在汽车碰撞时，为避免整个乘客舱的构架产生剪切变形而坍塌，最重要的是加固门、窗框周边拐角部分，可在其上焊上或铆上加强板，或加大拐角的过渡圆角。

要使乘客舱获得必要的刚度，不能仅靠局部补强的办法，而应就整个车身结构通盘考虑。杆件或梁在弯曲时变形较大而在拉伸或压缩时变形较小。因此，车身客舱构件应合理布置，使之尽量不受弯曲载荷。在头部或尾部受碰撞时可通过倾斜构件将主要的碰撞力传向车身纵向构件，使之承受拉伸或压缩载荷。

为了使车身头部和尾部刚度较小，可以在粗大的构件上开孔或开槽来削弱它，或者使构件在汽车碰撞时承受弯曲载荷，即有意设计成折弯形或 Z 形，使之产生变形以吸收冲击能量。

为使乘客舱侧面较强固以便承受较大的撞击力，车身门槛应较粗大，并用地板横梁将左右两根门槛连接起来共同受力。此外，在车门内腔还设有防撞杆。

② 保险杠及护条。汽车最前端和最后端都有保险杠，许多轿车左右两侧还有纵贯前后的护条。保险杠和护条的安装高度应符合规定，以便汽车相撞时两车的保险杠或护条能首先接触。

保险杠的防护结构应包括两部分：减少行人受伤的保险杠软表层，由弹性较大的泡沫塑料制成；可吸收一部分撞击能量的装置，有金属构架、全塑料装置、半硬质橡胶缓冲结构、液压或气压装置等。

车身侧面的护条以防止汽车相互刮擦为主，与行人接触的概率较小，一般由半硬质塑料或橡胶制成。

③ 汽车其他外部构件。根据事故统计资料，除了保险杠外，经常使行人受伤的构件主要有前翼板、前照灯、发动机罩、前轮、风窗玻璃等。这些构件不应尖锐而坚硬，最好是平整光滑又富有弹性。某些轿车的整个正面都用大块聚氨酯泡沫塑料制成，并将发动机罩顶面用软材料包垫，以提高安全性。

2）车内防护装置。汽车碰撞时，其速度迅速下降，而车内乘员的身体由于惯性的作用仍以较大的速度向前冲，就有可能撞到前面的转向盘、仪表板、风窗玻璃上，造成二次伤害。车内的安全防护装置的作用是减缓或避免乘员在汽车碰撞过程中与车内构件的二次碰撞，从而减轻乘员所受到的伤害。安全带和安全气囊系统是避免人体与车内构件相撞的两种常用的防护装置。

① 安全带。车用安全带的应用是防止和减少交通事故损伤及死亡最有效的方法之一，其效能已被国外大量实践所证明。图 1－26 所示为最常用的三点式安全带的各个组成部分。

安全带由结实的合成纤维织成，包括斜跨前胸的肩带 3 和绕过人体胯部的腰带 5。在座椅外侧和内侧地板上各有 1 个固定点 7 和 8，第三个固定点 1 位于座椅外侧支柱上方。安全带绕过上方固定点的环状导向板 2，伸入车身立柱内腔并卷在立柱下部的收卷器 6 内。乘员右胯外侧附近有一个插扣，由插板 10（松套在带子上）和锁扣 9（与内侧地板固定点相连）两部分组成。该两部分插合后即可将乘员约束在座椅上。按下插扣上的红色按钮就可解除约束。收卷器有好几种结构形式，功能较完备的是紧急锁止式收卷器（ELR）。该种结构在正常情况下，安全带对人体上部并不起约束作用。当乘员向前弯腰时，带子收卷器 6 经由上方固定点的导向板 2 被拉出；而当乘员恢复正常坐姿时，收卷器又会自动把多余的带子收起，使带子随时保持与人体贴合。在紧急情况下亦即汽车减速度超过 0.7g 或车身侧倾角超过 12°时，收卷器会将带子卡住从而对乘员产生有效的约束。

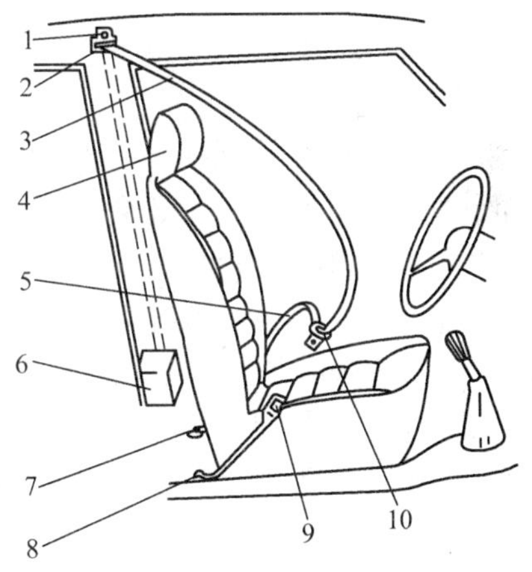

图 1－26 三点式安全带及头枕

1. 外侧上方固定点 2. 导向板 3. 肩带 4. 头枕 5. 腰带 6. 收卷器 7. 外侧地板固定点 8. 内侧地板固定点 9. 锁扣 10. 插板

② 安全气囊系统。安全气囊也称辅助乘员保护系统（supplemental restraint system），

简称 SRS。SRS 通过碰撞传感器监测汽车是否发生碰撞和碰撞的程度。当汽车遭到碰撞时，SRS 控制器根据其传感器的信号判断碰撞的强度，当碰撞强度达到或超过其设定的值时，就立刻输出控制信号，点燃安全气囊点火剂，使气囊迅速充气膨胀，形成一个缓冲垫，以保护车内乘员不致碰撞车内硬物。安全气囊系统如图 1－27 所示，包括几个传感器（1、2、3）组成的传感器判断系统、气体发生器 5 和气囊 6 等部件。气囊 6 平时折叠在转向盘毂内（或仪表板内），必要时可在极短时间内（0.05 s）充满气体呈球形，以对人体起缓冲作用。气囊采用氮气，由气体发生剂燃烧产生，气体发生剂常用叠氮化钠 NaN_3，NaN_3 是一种剧毒物质，现在有被新型无毒的气体发生剂代替的趋势。气体发生器 5 如盒状，直接装在气囊下方，其中心装有引燃器和点火剂，周围是填充气体发生剂的燃烧室，燃烧产生的大量气体由冷却层降温，继而经由过滤层控制流动，进入气囊。一些轿车不仅在驾驶员和副驾驶座前安装气囊，在后排、前排侧面、顶部也都装有气囊，全方位地避免或减少汽车碰撞对车内人员所造成的损伤。

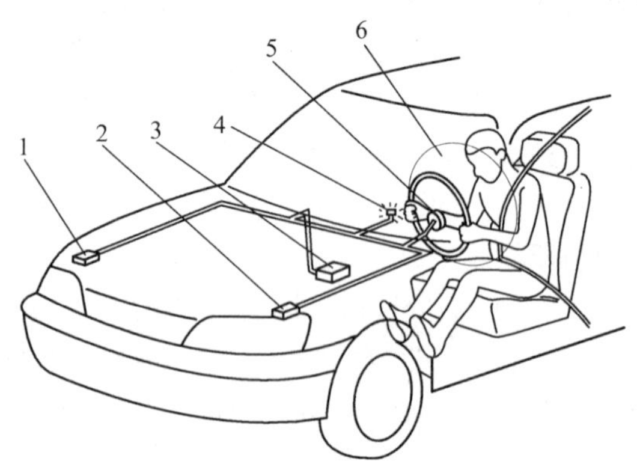

图 1－27 安全气囊系统

1. 右前方传感器 2. 左前方传感器 3. 中央传感器总成 4. 气囊指示灯 5. 气体发生器 6. 气囊

③ 头枕。头枕是在汽车后部受撞击时限制人的头部向后运动的安全装置，这样可避免颈椎受伤。严重的颈椎挫伤可使其内部神经（脊髓）受损，导致颈部以下瘫痪（高位截瘫）。

④ 安全玻璃。汽车正面或侧面受撞时，乘员头部往往因撞击风窗玻璃或侧窗玻璃而受伤，并且玻璃碎片还会使脸部或眼睛受伤。

目前在汽车上广泛应用的安全玻璃有钢化玻璃和夹层玻璃两种。钢化玻璃是在炽热状态下使其表面骤冷收缩，从而产生强度较高的玻璃（其落球冲击强度是普通玻璃的 6～9 倍）。普通夹层玻璃有 3 层，总厚度约 4 mm，其中间层厚度为 0.38 mm。汽车用的夹层玻璃中间层则加厚一倍，达 0.76 mm，具有较高的冲击强度，称为高抗穿透（HPR）夹层玻璃。国产的车用夹层玻璃中间层材料通常用韧性较好的聚乙烯醇缩丁醛。

钢化玻璃受冲击损坏时，整块玻璃出现网状裂纹，脱落后分成许多无锐边的碎片。HPR 夹层玻璃受冲击损坏时，内、外层玻璃碎片仍黏附在中间层上。中间层韧性较好，在承受撞击时拱起从而吸收一部分冲击能量，起缓冲作用。大量事故调查表明，HPR 夹层玻璃的安全性优于钢化玻璃，故现代汽车的前风窗应尽量采用这种玻璃。

⑤ 门锁与门铰链。现代汽车的门锁与门铰链应有足够的强度，能同时承受纵、横两个方向的冲击载荷而不致使车门开启，避免了乘员被甩出车外而受重伤或死亡的危险。此外，在事故后，门锁应不失效而使车门仍能被打开。旧式的舌簧式、钩簧

式、齿轮转子式等门锁不能承受纵向载荷，已被淘汰，而能同时承受纵、横向载荷的转子卡板式门锁则被广泛采用。

⑥ 室内其他构件。车身内部一切可能受人体撞击的构件都不应有尖角、凸棱或小圆弧过渡的形状，而且车身室内广泛采用软材料包垫。车身室内软化不仅是为了舒适性，更重要的还是为了满足安全性的要求。

1.5 货厢

1.5.1 栏板式货厢

如图1-28所示的是应用广泛的普通栏板式货厢。

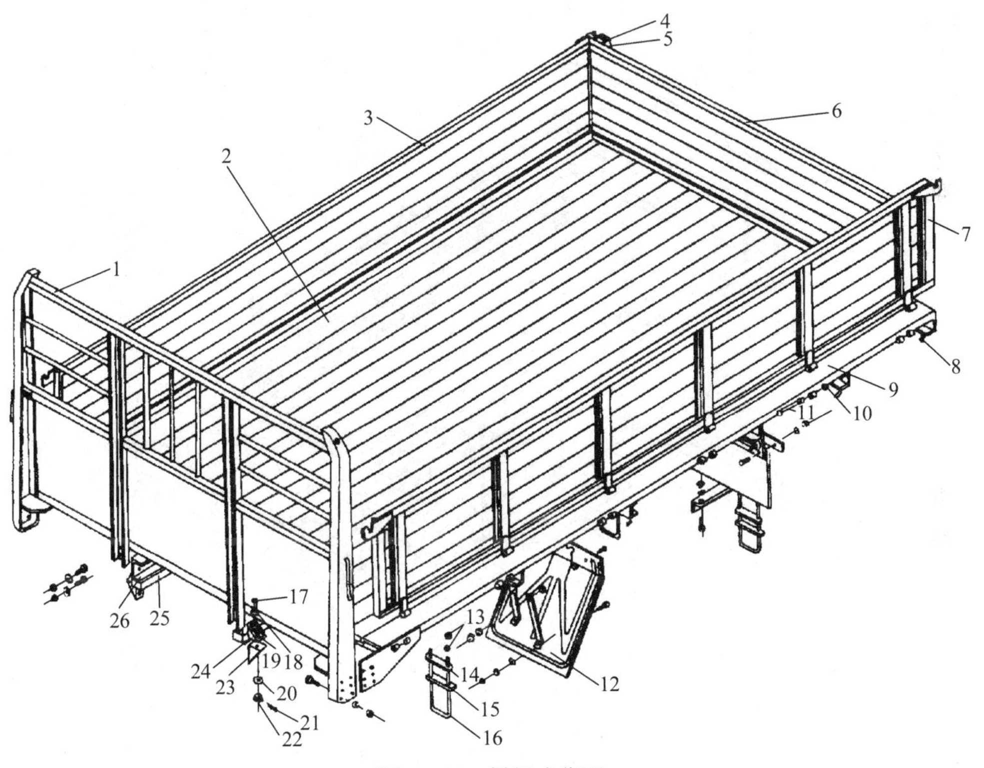

图1-28 栏板式货厢

1. 前板总成 2. 底板总成 3. 右边板总成 4、13. 螺母 5. 栓杆 6. 后板总成 7. 左边板总成 8. 绳钩 9. 开口销 10、18. 垫圈 11. 销钉 12. 挡泥板 14. 压板 15. 垫板 16. U形螺栓 17. 螺栓 19. 弹簧 20、21. 开口销 22. 槽顶螺母 23. 下支座（在车架上） 24. 上支座 25. 纵梁垫木 26. 货厢纵梁

普通栏板式货厢一般具有底板2和4块高度为300～500 mm的栏板——前板1、后板6以及左、右边板7和3。货厢底板2由若干纵向压制的槽型钢板和长条木板拼成，通过6根钢横梁支于两根钢纵梁26之上。纵梁26下面有长条垫木25，通过6个U形螺栓16夹紧在车架纵梁上，前部还用上支座24和螺栓17连接在车架的下支座23上，并起定位作用。栏板由轧成瓦楞状的钢板焊在钢梁边框上，并焊有若干立柱

以加固。左、右边板 7 和 3 以及后板 6 均可打开（三面开货厢），通过若干销钉 11 铰接在底板 2 的边缘，并且可在货厢四个角上借助于栓杆 5 和栓钩相互扣紧。货厢前板 1 上部有货架（安全架），其作用是供运载少量超长货物，并可减轻翻车事故后果。在横梁的左右两端还焊有若干绳钩 8。

图 1－29 所示是一种高栏板式货厢或称万能式货厢，可运载各种货物和人员，农用或军用货车常采用这种结构。底板 26 由长条木板拼成，用钉子钉在 7 根木横梁 9 上，并用钢条 27 包边。几根木横梁 9 通过若干连接板 10 与木纵梁 13 连接。纵梁 13 借助于几个 U 形螺栓 16 夹紧在车架纵梁上。前板 1、左右边板 7 和 29 通过若干角撑 5 用螺栓固定在底板上。后板 25 则通过铰链页板 20、24 和销钉 21 铰接在底板 26 后部。货厢还可加插高栏板 2、4 和 31，其左右高栏板 4 和 31 中部有折叠式条凳供人员乘坐。货厢还可加插若干篷杆 3 以支撑布篷。高栏后部还有防止栏板张开的链索 30。

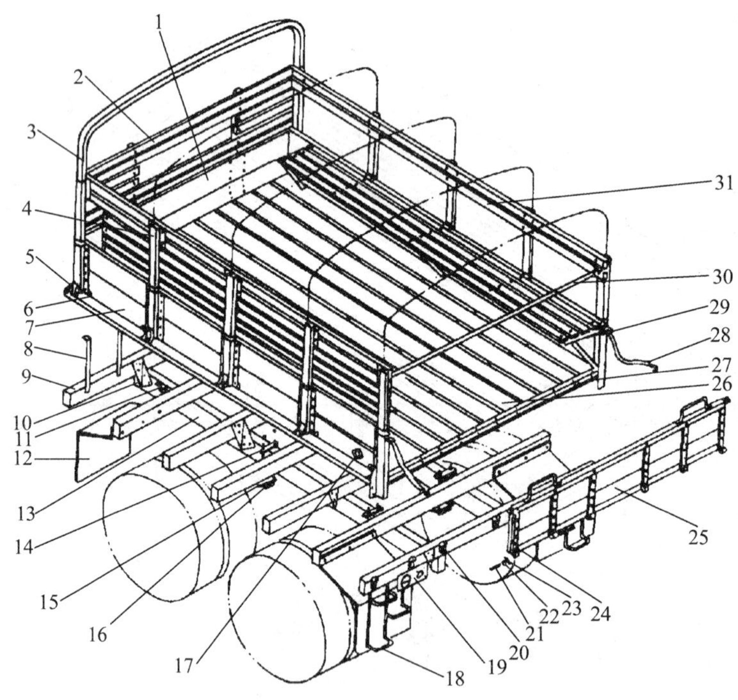

图 1－29 高栏板式货厢（木结构）

1. 前板总成 2. 高栏前板总成 3. 篷杆 4. 高栏左边板总成 5. 角撑 6. 绳钩 7. 左边板总成 8. 挡泥板支撑条 9. 横梁 10. 纵横梁连接板 11. 支座（连接货厢与车架） 12. 挡泥板 13. 纵梁 14. U 形螺栓压板 15. U 形螺栓垫板 16. U 形螺栓 17. 反光灯 18. 踏梯 19. 尾灯底板 20. 铰链固定页板 21. 销钉 22. 垫圈 23. 开口销 24. 铰链活动页板 25. 后板总成 26. 底板总成 27. 钢条包边 28. 链钩 29. 右边板总成 30. 链索 31. 高栏右边板总成

1.5.2 专用货厢

图 1－30（a）所示为闭式货厢的货车，通常用来运输日用百货、食品等易污损物品。运输液体的汽车其后部安装有圆筒状容罐，液体由罐顶部注入，从下部阀门流

出或用液体泵强制排出。运输油类的油罐车应使发动机排气管远离油罐，车辆在装卸、运输油料时，油流流经管道壁、阀门时会产生大量的静电，其电压可高达数万伏。静电的大小与油的流量、流速、油流出口与油面的高度、车辆行驶速度等因素有关。为了防止运油车辆静电起火，运油车辆应安装导电橡胶拖地带，装卸油料时应接好静电接地线。

图1-30（b）所示为装载粉状货物的容罐车，装货时将罐顶盖打开与仓库的漏斗对准，以便粉状或粒状货物注入罐内。汽车装有压气装置，借气压力使粉状或粒状货物悬浮并经由橡皮管输出（卸货速度约为1 t/min）。

图1-30（c）所示为适于运输沙土、矿石的倾卸式货车，汽车装有液压倾卸机构以便货厢倾斜成一定的角度，方便卸货。货厢的前部伸出足以遮住驾驶室的护板，在严寒的冬季为避免湿沙土冻结，货厢用废气加热——使货厢全部凸筋内腔接通来自发动机排气管的高温废气。

平台式货车，适于运输大件货物（如大型机器、建筑用预制构件等）。平台式货车一般有较多的车轮，并有多轴驱动、转向。

集装箱运输以其便于装卸、有利于门到门运输、安全可靠等优势在运输业得到了广泛的应用，便于铁路、公路、水路和航空联运以及国际联运。集装箱可以连同其内部的货物从一种运输工具迅速转移到另一种运输工具上，而不需要将货物重新装卸，故具有保证货物完好、减少装卸工作量和加速货物周转从而降低运输成本等许多优点。

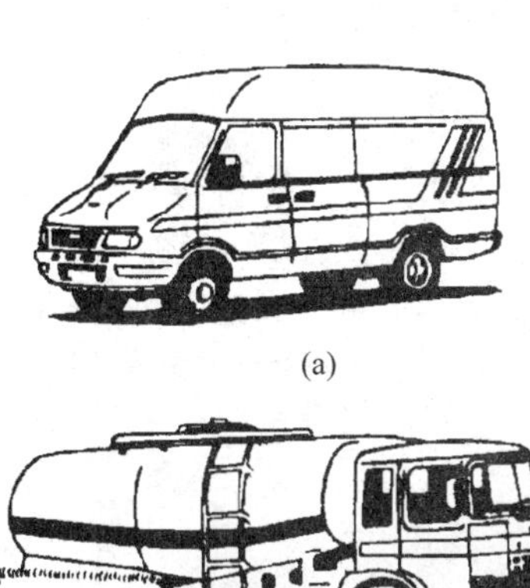

(a)

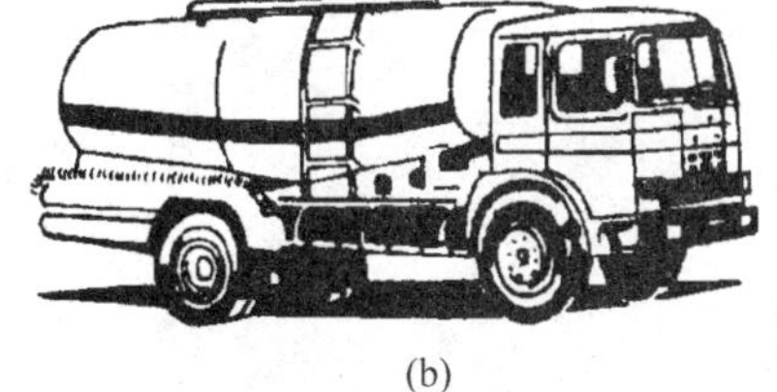

(b)

(c)

图1-30　专用货厢的货车

（a）闭式货厢货车

（b）气力吹卸式散装水泥车

（c）倾卸式货厢货车

集装箱有敞顶式、平板式、无侧壁式、容罐式、冷藏保温式等类型，以适应运输各类货物的需要。对于大型石化企业的石油化工液态、粉状、颗粒状等产品的运输，食品工业的食用油、酒类、新鲜奶的长途运输，城市建设所用散装水泥等产品的运输，容罐式集装箱是一种较好的选择。

复习与思考

1. 什么是车身？其功用是什么？
2. 承载式车身、半承载式车身、非承载式车身有什么异同？
3. 说明轿车承载式车身壳体的主要结构和功用。

4. 半承载式轿车车身和承载式轿车车身在结构上有什么异同?
5. 车架的作用是什么?对车架有什么要求?
6. 车架的结构形式主要有哪几种?
7. 何为边梁式车架?为什么这种结构的车架应用更广泛?
8. 安全气囊系统的组成和作用机理是什么?

大国重器的开拓者,汽车工程领域的引领者——李克强院士

中国汽车工业之父——饶斌

第2章 传动系统

2.1 概述

概述

传动系统是汽车拖拉机底盘的重要组成部分，是从发动机到驱动轮之间的一系列传动零部件的总称。

由于广泛应用的活塞式内燃机具有转速高、输出转矩变化范围小、不能反转、带负荷启动困难等特性，而汽车拖拉机车速和驱动力变化范围大，并要求能倒退行驶、平稳起步和停车，为使汽车拖拉机在不同使用条件下都能正常工作，并获得较好的动力性和经济性，必须设置传动系统。

2.1.1 功用

(1) 减速增扭

汽车只有克服外界的阻力，比如汽车的惯性、车轮的滚动阻力、风阻等才能行驶，另外，如果把汽车发动机和车轮直接连起来，则会因为汽车行驶速度过高而无法应用，因此汽车应该具有增大驱动轮转矩、降低汽车行驶速度（即减速增扭）的功能。

(2) 变速变矩

对于活塞式内燃机而言，其转速范围很大，功率和燃油消耗率的变化范围也很大，而转矩的变化范围却不是很大。综合发动机功率和燃油消耗率因素的有利转速范围很小，为使发动机保持在最有利的转速范围工作，同时汽车的牵引力和速度可在足够大的范围内变化，需要汽车具有变速功能。

(3) 实现倒退行驶

通过传动系统改变动力传递方向，实现汽车拖拉机向前行驶或倒车。此外，车辆在转弯过程中，需要通过传动系统实现左右驱动轮差速回转甚至互逆回转。

(4) 中断动力传递或平顺地接合动力

汽车在长时间停驻或滑行、换挡与制动、起步时需要使发动机传向后面的动力暂时脱离或缓慢接合，汽车传动系统也具备这一功能。

2.1.2 形式

汽车拖拉机传动系统有机械式、液力式和电力式等形式。

(1) 机械式传动系统

图 2-1 为常见的汽车机械式传动系统结构组成，它主要由离合器 1、变速器 2、万向节 3、传动轴 8、主减速器 7、差速器 5、半轴 6 等组成。发动机的动力经离合器、变速器、万向节和传动轴（万向传动装置）、主减速器、差速器、半轴传给驱动轮，并保证汽车在不同条件下能正常行驶。

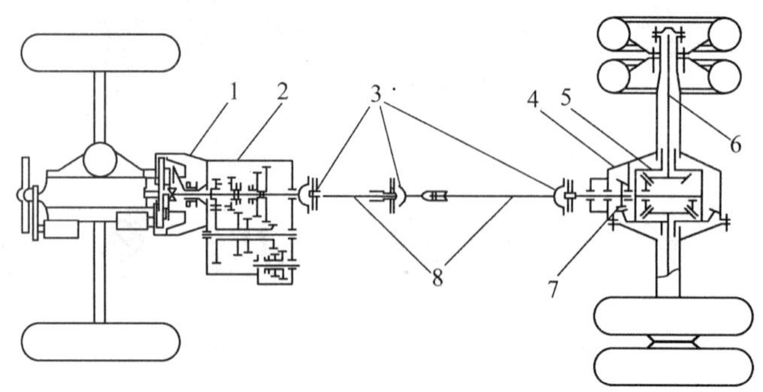

图 2-1 发动机前置后轮驱动汽车传动系统

1. 离合器 2. 变速器 3. 万向节 4. 驱动桥 5. 差速器 6. 半轴 7. 主减速器 8. 传动轴

机械传动系统布置主要有发动机前置后轮驱动、发动机前置前轮驱动、发动机后置后轮驱动、发动机中置后轮驱动和全轮驱动等形式。

1）发动机前置后轮驱动（FR）。如图 2-1 所示，这种传动系统是汽车中最常见的一种布置方式。汽车发动机布置在前桥，而后桥为驱动桥，在变速器和驱动桥之间设有由传动轴和万向节组成的万向传动装置。该方案的优点是结构简单，工作可靠，前后轮的质量分配比较理想；缺点是变速器和驱动桥之间的万向传动装置对车重和传动系统的传动效率都有影响。

2）发动机前置前轮驱动（FF）。这种传动系统在轿车中应用较多。发动机 1、离合器 2 和变速器 3 都布置在驱动桥（前桥）的前方，而且三者与主减速器 5、差速器 6 配成一个整体固定在车架上。这样在变速器和驱动器之间可省去万向节和传动轴，如图 2-2 所示。

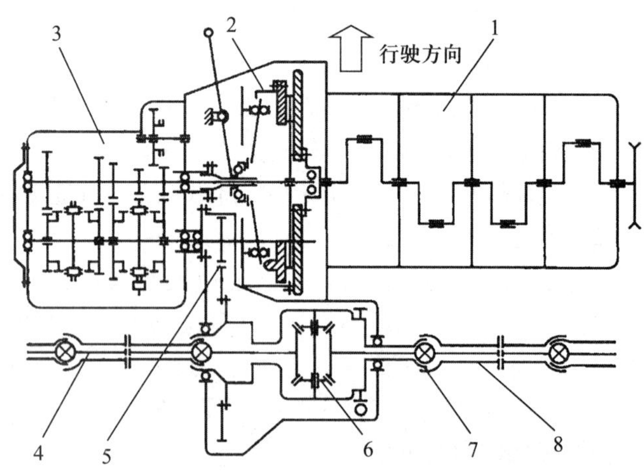

图 2-2 发动机前置前轮驱动汽车传动系统

1. 发动机 2. 离合器 3. 变速器 4. 前轴 5. 主减速器 6. 差速器 7. 万向节 8. 前桥

3）发动机后置后轮驱动（RR）。发动机后置可使前轴不易过载，并能更充分地利用车厢面积，还可有效地降低车身地板的高度或充分利用汽车中部地板下的空间安置行李，也有利于减轻发动机的高温和噪声对驾驶员的影响。其缺点是发动机散热条件差，行驶中的某些故障不易被驾驶员察觉。远距离操纵也使操纵机构变得复杂、维修调整不便。但由于优点较为突出，在大型客车上应用得越来越多，如图 2－3 所示。

4）发动机中置后轮驱动（MR）。发动机中置后轮驱动即发动机中置，后轮作为驱动轮的汽车，是大多数运动型轿车和方程式赛车所采用的形式。此外，某些大、中型客车也采用该形式。这种布置能实现前后轴载荷理想的分配，如图 2－4 所示。

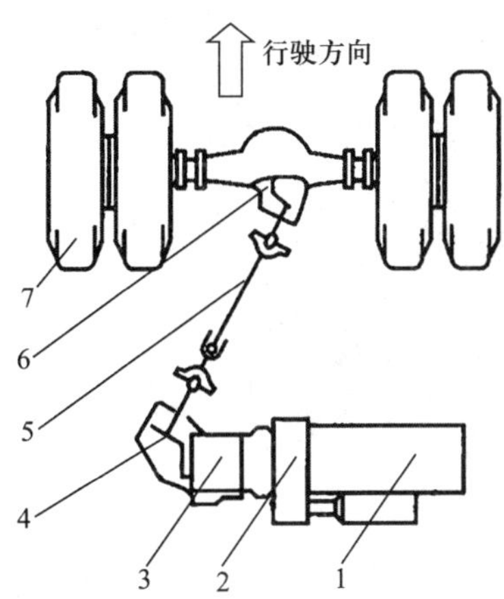

图 2－3　发动机后置后轮驱动汽车传动系统

1. 发动机　2. 离合器　3. 变速器　4. 角传动装置　5. 传动轴　6. 后桥驱动　7. 后驱动轮

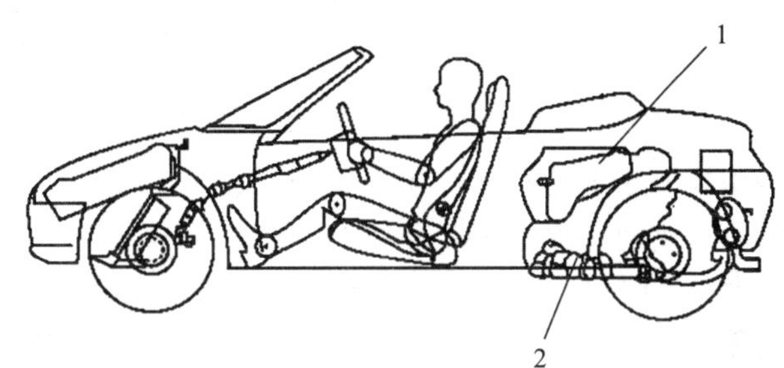

图 2－4　发动机中置后轮驱动汽车传动系统

1. 发动机　2. 传动系统

5）全轮驱动的传动系统（nWD）。其与两轮驱动传动系统差别是在变速器与后驱动桥之间增设分动器，其主要功能是将变速器输出的动力分配到各驱动桥上，使得车辆的所有车轮都作为驱动轮，进一步增大驱动转矩。分动器与变速器结构类似，主要由齿轮变速机构和操纵机构两部分组成。四轮驱动形式（4WD）应用最为广泛，主要用于越野车，如图 2－5 所示。同理，前后轮驱动拖拉机上亦设有分动器。

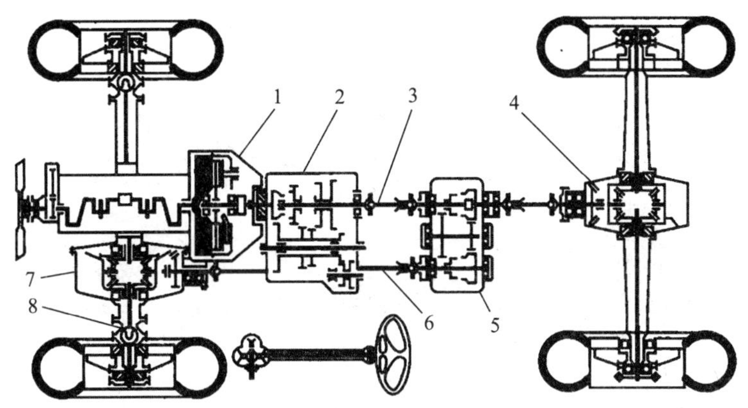

图 2－5　四轮驱动汽车传动系统

1. 离合器　2. 变速器　3、6. 万向传动装置　4、7. 主减速器和差速器　5. 分动器　8. 等角速万向节

(2) 液力式传动系统

液力传动系统分为液力机械式和静液式两种。

1) 液力机械式传动系统。该系统是液力和机械传动的组合运用，以液体为传动介质，利用液体在主动元件和从动元件之间循环流动过程中动能的变化来实现动力的传递。其结构较复杂，造价较高，但由于其操纵的方便性和挡位选择的合理性，被广泛用于轿车和部分重型汽车以及大型拖拉机。

2) 静液式传动系统。又称容积式液压传动系统，如图 2-6 所示，是通过液体传动介质的静压力能的变化来实现动力传递的。即发动机的机械能通过液压泵转换成液压能，然后由液压马达又转换为机械能。其造价较高，但具有传动系统布置灵活的特点，广泛用于工程机械和军用车辆。

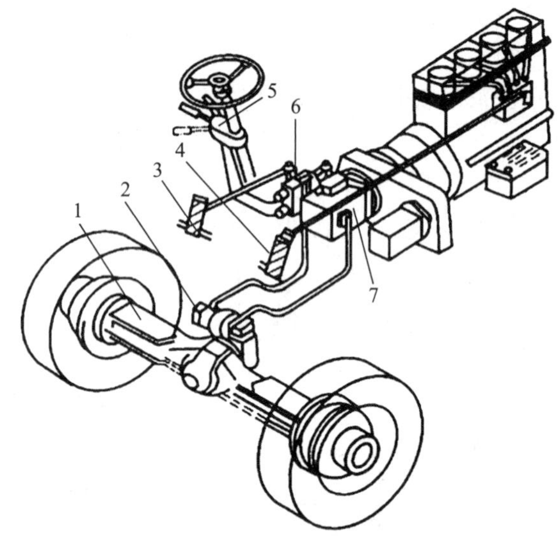

图 2-6 静液式传动系统

1. 驱动桥 2. 液压马达 3. 制动踏板 4. 加速踏板 5. 变速操纵杆 6. 液压自动控制装置 7. 液压泵

(3) 电力式传动系统

电力式传动系统主要由发动机驱动发电机发电，再由电动机驱动桥（只用一个电动机，使其与传动轴或驱动桥相连接）或直接驱动电动驱动轮来驱动车辆行驶，如图 2-7 所示。电力传动系统的优点是由于从发动机到车轮只有电器连接，使汽车的布置得到简化，而且具有无级变速特性，有助于提高平均车速。此外，还具有驱动平稳、冲击力小、车辆使用寿命延长、环境污染降低的特点。其缺点是质量大、效率低、消耗有色金属较多等。

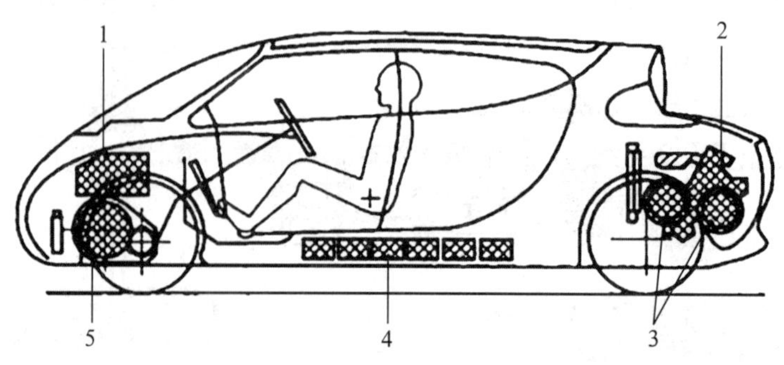

图 2-7 电力式传动系统

1. 电动机控制器 2. 发动机 3. 发电机 4. 蓄电池 5. 牵引电动机

2.2　离合器

2.2.1　功用与类型

(1) 功用

功用与类型

1）保证发动机启动和车辆起步平稳。汽车和拖拉机起步前应使变速器挂空挡，断开发动机与驱动轮之间的联系，待发动机启动并正常怠速运转后，再将变速器挂挡，然后在缓慢接合离合器的同时，逐渐加大油门，使发动机传给驱动轮的转矩逐渐增大，当驱动力足以克服车辆起步阻力时，汽车拖拉机开始行进并可逐渐加速，最终实现平稳安全起步。

2）行进中换挡或临时停车。汽车和拖拉机为了适应不断变化的工作条件和要求，变速器经常需要换用不同挡位工作。齿轮式变速器的换挡，一般是改变齿轮的啮合或其他挂挡机构，因此，换挡前必须迅速彻底分离离合器，中断发动机与传动系统的动力传递，以防止换挡时产生冲击力而破坏齿轮。通过分离离合器，还可使汽车和拖拉机临时性短暂停车。

3）传动系统的过载保护。汽车和拖拉机工作中遇上严重障碍或突然起步和紧急制动时，通过离合器的打滑或切断，可以减少传动系统的冲击载荷，避免传动系统零部件损坏。离合器在正常接合状态下，均应具有可靠传递该车辆发动机最大转矩的能力。

(2) 类型

车辆上广泛采用摩擦式离合器，按其结构和工作特点分类如下：

1）按摩擦片数目分为单片式、双片式和多片式。单片式离合器分离彻底，从动部分转动惯量小；双片式和多片式接合平顺，但分离不易彻底，从动部分转动惯量较大，且不易散热。

2）按摩擦表面工作条件分为干式和湿式。湿式离合器一般用液压泵的液压油来冷却摩擦表面，带走热量和磨屑，以提高离合器使用寿命。

3）按压紧装置的结构分为弹簧压紧式、杠杆压紧式和液力压紧式。虽然目前普遍采用弹簧压紧式，但液力压紧式正在越来越多地被采用，它具有操纵轻便和不需调整等优点。杠杆压紧式又有带补偿弹簧和不带补偿弹簧两种。

4）按离合器在传动系统中的作用分为单作用式和双作用式。双作用离合器中主离合器控制传动系统的动力，副离合器控制动力输出轴的动力。主、副离合器只用一套操纵机构按顺序操纵的称为联动双作用离合器，主、副离合器分别用两套操纵机构操纵的称为双联离合器。

2.2.2　组成与工作原理

组成与工作原理

(1) 摩擦式离合器组成

摩擦式离合器依靠摩擦表面之间的摩擦力来传递转矩。因此，它由主动部分、从动部分、压紧机构和操纵机构四部分组成，如图 2-8 所示。

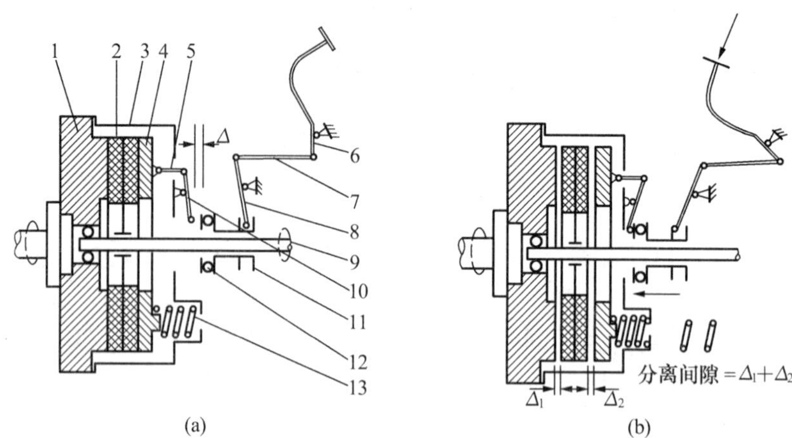

图 2-8 弹簧压紧式离合器基本组成与工作原理

(a) 接合状态 (b) 分离状态

1. 飞轮 2. 从动盘 3. 离合器盖 4. 压盘 5. 分离拉杆 6. 踏板 7. 调节拉杆 8. 拨叉 9. 离合器轴 10. 分离杠杆 11. 分离轴承座套 12. 分离轴承 13. 离合器弹簧

1) 主动部分。包括飞轮 1、离合器盖 3 和压盘 4 [图 2-8 (a)]，它与发动机曲轴一起旋转。离合器盖用螺钉固定在飞轮上，压盘一般通过凸台或传动片与离合器盖连接，由飞轮带动旋转。分离或接合离合器时，压盘做少量的轴向移动。

2) 从动部分。包括从动盘 2 和离合器轴 9。从动盘安装在飞轮与压盘之间，从动盘通过毂孔内花键与离合器轴连接，可做少量轴向移动。离合器轴连接到变速器的主动轴上。

3) 压紧机构。由装在压盘 4 与离合器盖 3 之间的螺旋弹簧 13 或膜片弹簧组成。若干螺旋压紧弹簧一般均匀分布在压盘的圆周上。

4) 操纵机构。由分离轴承 12、分离轴承座套 11、分离杠杆 10、分离拉杆 5、踏板 6、调节拉杆 7 和拨叉 8 等组成。分离轴承座套活套在离合器轴上，可轴向移动。分离杠杆以某种方式支承在离合器盖上，通过分离拉杆 5 与压盘连接。踏下踏板 6 可操纵压盘右移 [图 2-8 (b)]，使离合器传动分离。

(2) 工作原理

现以图 2-8 中的弹簧压紧式离合器为例说明其工作原理：

当离合器从动盘 2 被压紧弹簧 13 紧压在飞轮与压盘之间时，分离杠杆头部与分离轴承端面之间留有间隙 Δ，此称之为自由间隙。

当踏下踏板 6 时，通过调节拉杆 7 和拨叉 8，使分离轴承沿轴向左移并推压分离杠杆，使其绕支点摆动，继而拉动压盘并使弹簧压缩。由于压盘右移且不再压紧从动盘，这时摩擦面之间出现间隙 $\Delta_1+\Delta_2$，称之为分离间隙。这时离合器处于分离状态，如图 2-8 (b) 所示，传动系统的动力被切断。离合器分离时应迅速果断，以减少摩擦副不应有的磨损，并保证分离彻底。

当踏板逐渐松开时，被压紧的弹簧随之逐渐伸展，通过压盘又将从动盘压紧在飞轮表面上，离合器又处于接合状态，如图 2-8 (a) 所示。由于这种离合器经常处于接合状态，故又称为常压式摩擦离合器。

离合器的接合应允许有一个过程，随着弹簧对压盘压力的逐渐加大，摩擦表面间的摩擦力矩也逐渐加大。当摩擦力矩尚未达到汽车或拖拉机机组构成的阻力矩之前，从动部分仍然不动，并迫使主动部分的转速下降，此时，主动部分与从动部分摩擦副之间存在着相对滑摩。当离合器的摩擦力矩增长到能克服车辆构成的阻力矩时，从动部分开始转动，主动部分转速还会进一步下降，从动部分与主动部分摩擦副之间继续相对滑摩。当摩擦力矩继续增长到超过阻力矩时，从动部分增速，直到主、从动部分转速一致，滑摩过程才完全结束，两者连接成一整体，共同增速到接近主动部分原来的转速为止。这时离合器传递的转矩等于车辆的阻力矩。

离合器接合时的滑摩过程，一方面使车辆能平顺起步，减少冲击，另一方面却造成摩擦副的磨损，且大量产生的热量使离合器温度升高，弹簧退火变软，摩擦片的摩擦系数下降，甚至使摩擦片烧损，缩短离合器的使用寿命。虽然缩短滑摩时间可以减少滑摩功率损失，但如果踏板松放过快，则会产生很大的惯性力，造成冲击及诸多不良后果。

在离合器分离过程中，踏板总行程为自由行程与工作行程之和。自由行程用以消除各连接杆件运动副间隙和自由间隙，与摩擦面分离间隙对应的行程叫工作行程。

当从动盘摩擦片磨损变薄时，自由间隙变小，踏板自由行程也随之变小。若自由间隙过小或等于零，意味着摩擦片再稍有磨损，分离杠杆的端头会顶住分离轴承端面，使弹簧压紧力减小，造成离合器打滑。自由间隙不宜过大，由于踏板总行程是一定的，若自由行程增加，则工作行程就减小，这将使离合器分离不彻底。为了保证适当和均匀的自由间隙，离合器上设有相应调整机构。此外，如果分离杠杆端头不在同一平面，会导致分离时压盘倾斜而影响彻底分离。

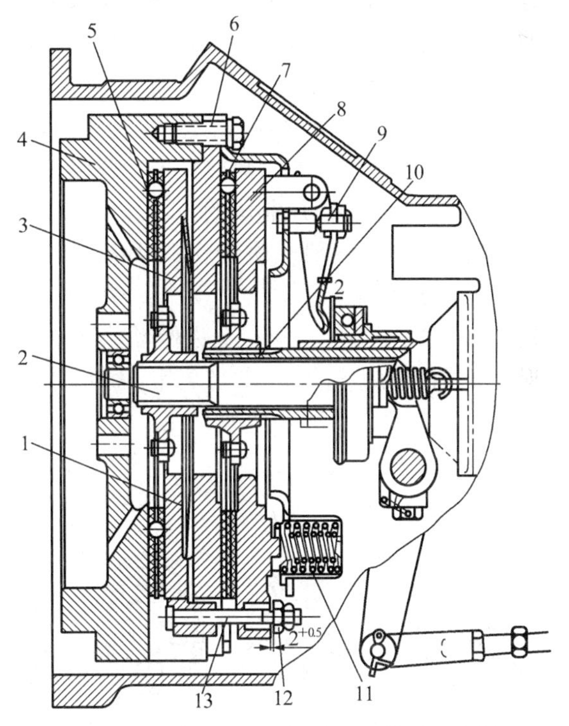

图2-9 东风-50型拖拉机双作用离合器

1. 蝶形弹簧 2. 副离合器轴 3. 前压盘 4. 飞轮 5. 副离合器从动盘 6. 隔板 7. 主离合器从动盘 8. 后压盘 9. 调整螺钉 10. 主离合器轴 11. 主离合器弹簧 12. 限位螺母 13. 联动销

基本构件

2.2.3 基本构件

以图2-9所示东风-50型拖拉机离合器为例，将摩擦式离合器基本构件综合介绍如下。

(1) 主动部分

主动部分主要由压盘和离合器盖组成。

1）压盘。无论离合器接合还是分离，压盘都必须通过一定的连接方式和飞轮一起旋转，且自身还应该能做轴向移动。传递发动机转矩时，压盘和飞轮一起带动从动盘转动。

为了保证压盘一定的热容量，压盘应具有足够质量。其摩擦表面要有较低的表面粗糙度，以减少摩擦片的磨损。压盘一般用灰铸铁制成，应保证有足够的刚度以防止变形。为了加强通风散热，压盘上往往开有径向通风孔。

2）离合器盖和飞轮。离合器盖常采用定位销和螺钉与飞轮固定在一起，并保持良好的对中。它不仅可以传递发动机的部分转矩，而且用来支撑离合器压紧弹簧和分离杠杆。因此，要求它有足够的刚度，保证操纵部分的传动效果。汽车和拖拉机的离合器盖常用3～5 mm厚的低碳钢板冲制成比较复杂的形状。为加强离合器的冷却，离合器盖上开有许多通风窗口。

（2）从动部分

从动部分主要由从动盘和离合器轴组成。

1）从动盘。从动盘分为带扭转减振器的从动盘和不带扭转减振器的从动盘，一般由从动片、摩擦片和从动盘毂组成。

① 从动片。从动片的质量应尽可能小，并使其质量分布尽可能靠近旋转中心，以减小从动盘转速变化时引起的惯性力。从动片通常用1.3～2.0 mm厚的钢板冲压而成。为使离合器接合平顺，车辆起步平稳，从动片的结构应使其具有轴向弹性，使主动盘（飞轮和压盘）和从动片之间的压力逐渐增长。具有轴向弹性的从动片有整体式、分开式和组合式三种。

② 摩擦片。摩擦片的工作条件比较恶劣，要求它能长期稳定地工作。目前广泛采用的石棉塑料摩擦片是由耐热性及化学稳定性较好的石棉与黏合剂（如酚醛树脂）及其他辅助材料混合热压制成的。

③ 从动盘毂。一般从动盘毂都用内花键与离合器花键轴连接，使从动盘可在轴上做轴向移动。

在有的离合器中，为了避免传动系统产生共振，并使车辆起步平稳，采用带扭转减振器的从动盘（图2-10），从动片和从动盘毂之间是通过减振弹簧传递转矩的。

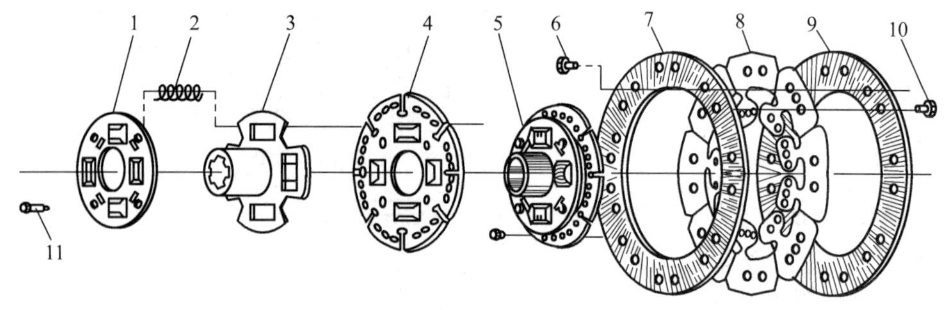

图2-10 带扭转减振器的从动盘

1. 减振盘 2. 减振弹簧 3. 从动盘毂 4. 从动片 5. 从动片与从动盘毂总成 6. 铆钉 7、9. 摩擦片 8. 波形弹簧片 10. 摩擦片铆钉 11. 限位销

另外，在减振盘和从动盘毂之间还装有减振摩擦片。当传动系统发生扭转振动时，靠减振摩擦片与它们之间的摩擦吸收能量，起到阻尼作用。

2）离合器轴。离合器轴通常是带有花键的传动轴，其前端支承在飞轮中心的轴承上，后端支承在离合器壳体上的轴承中。

（3）压紧装置

离合器压紧装置有弹簧压紧式、杠杆压紧式和液压压紧式三类。汽车和拖拉机的离合器广泛采用弹簧压紧式和膜片弹簧压紧式压紧装置。

如图 2－9 所示，对于圆周均布螺旋弹簧的离合器，其弹簧轴线与离合器轴线平行，弹簧压紧力随摩擦片磨损而逐渐降低。对单片离合器而言，在摩擦片磨损至更换新片之前压紧力可不调整，但双片离合器摩擦片磨损量是单片离合器的 2 倍，致使压紧力下降更多，可能严重降低离合器传递转矩的能力。一般通过飞轮与离合器盖之间的垫片厚度和数量来调整。

如图 2－11 所示，膜片弹簧是用薄弹簧钢板冲压成形的空心无底截锥体，锥面均布若干通透径向槽。径向槽部分像一圈瓣片，前部呈梯形，其根部较窄，当离合器分离时起弹性分离杠杆的作用。当沿膜片弹簧的轴线方向施加载荷时，膜片弹簧便逐渐受压变平，这种弹性变形构成膜片弹簧的作用。

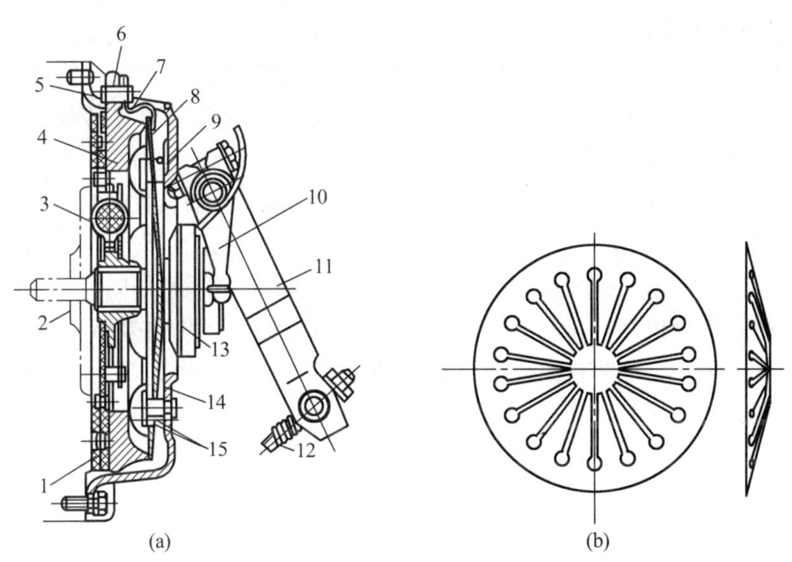

图 2－11　微型汽车的膜片弹簧离合器

（a）膜片弹簧离合器　（b）膜片弹簧

1. 从动盘　2. 飞轮　3. 扭转减振器　4. 压盘　5. 压盘传动片　6. 固定铆钉　7. 分离弹簧钩　8. 膜片弹簧　9. 膜片弹簧固定铆钉　10. 分离叉　11. 分离叉臂　12. 操纵索组件　13. 分离轴承　14. 离合器盖　15. 膜片弹簧钢丝支承圈

又如图 2－12（a）所示，正确安装后的膜片弹簧离合器，其钢丝支承圈 6 压向膜片弹簧 3，迫使膜片弹簧发生一定的弹性变形，即锥角适度变小，由此膜片弹簧外端对压盘 1 产生足够的压紧力，使离合器处于接合状态。当操纵离合器使分离轴承 7 左移时，如图 2－12（b）所示，膜片弹簧被压在钢丝支承圈上，并以此为支点迫使该膜片弹簧变形呈反锥形，以致膜片弹簧外端右移，并通过分离弹簧钩 5 拉动压盘右移，使离合器处于分离状态。

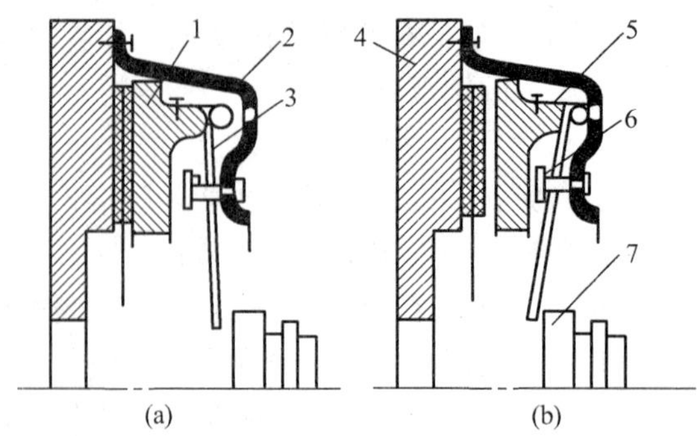

图 2-12 膜片弹簧离合器的结构及工作原理

1. 压盘 2. 离合器盖 3. 膜片弹簧 4. 飞轮 5. 分离弹簧钩 6. 膜片弹簧钢丝支承圈 7. 分离轴承

2.2.4 操纵机构

操纵机构

离合器操纵机构是保证离合器可靠分离与平顺接合的一套专门机构。按照分离离合器所需操纵能源，离合器操纵机构分为人力式和气压助力式两类。

(1) 人力式操纵机构

按所用传动装置的形式，人力式操纵机构又分为机械式和液压式两种。

1）机械式操纵机构。机械式操纵机构分为绳索传动装置和杆系传动装置。绳索传动装置的结构特点是离合器踏板和分离叉之间用绳索连接，结构简单，布置方便，不受车身和车架变形的影响，但其寿命短，传递的力小。杆系传动装置的结构简单，制造容易，工作可靠，但其关节较多，因而摩擦损失较大，而且它的工作还会受到车身或车架形状的影响，当离合器需要远距离操纵时，较难合理安排杆系，如图 2-13（a）所示。

2）液压式操纵机构。液压式操纵机构主要由主缸、工作缸及管路系统组成，如图 2-13（b）所示，其具有摩擦阻力小、质量小、布置方便、接合柔和等优点，并

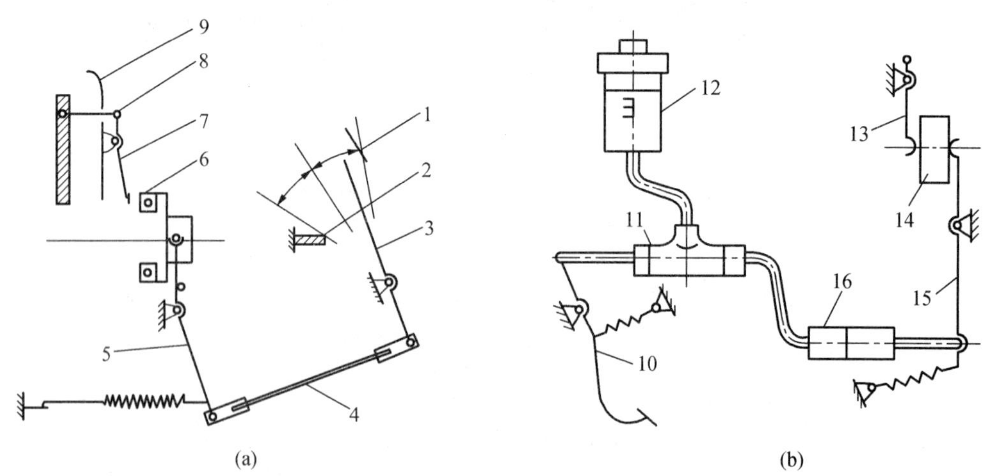

图 2-13 离合器操纵机构

（a）机械式 （b）液压式

1、10. 脚踏板 2. 限位块 3. 脚踏板杠杆 4. 拉杆组 5、15. 分离拨叉 6、14. 分离轴承 7、8、13. 分离杠杆 9. 离合器盖 11. 主油缸 12. 储液室 16. 工作油缸

且车身和车架变形不会影响其正常工作，因此应用较为广泛。

(2) 气压助力式操纵机构

在中型以上的汽车上，为了减小离合器压紧力，在机械式和液压式操纵机构中常采用弹簧式和气压式两种形式的助力器。气压助力器主要由踏板、操纵阀、工作缸、储气筒和管路等组成。为了使驾驶员能随时感知并控制离合器分离或接合的程度，气压助力器的输出力必须与踏板力和踏板行程成一定的递增函数关系。此外，当气压助力系统失效时，应保证仍能借人力操纵离合器。

2.3 机械式变速器

2.3.1 功用与类型

(1) 功用

1）改变发动机和驱动轮的传动比，扩大驱动轮转矩和转速变化范围，使之适应各种工况的需要，而且使发动机尽量工作在有利的工况下。

2）实现倒挡，在发动机旋转方向不变的前提下，使拖拉机及汽车能倒退行驶。

3）实现空挡，即在发动机运转的情况下，拖拉机及汽车能较长时间停车，或便于发动机启动和动力输出。

(2) 类型

1）根据传动比的设置不同，变速器分为有级式、无级式和综合式三类。有级式采用齿轮传动，具有若干定值传动比；无级式采用电力或液力传动，其传动比在一定范围内可按无限多级变化；而综合式变速器是由液力变矩器和齿轮式有级变速器组成的液力机械式变速器，其传动比可在最大值和最小值之间的几个间断的范围内做无级变化。

2）根据操纵方式的不同，变速器分为手动式、自动式和半自动式三类。手动操纵式变速器依靠驾驶员直接操纵变速杆进行换挡。自动操纵式变速器只需要驾驶员通过加速踏板控制车速。半自动操纵式变速器可分为两种形式，一种是常用的几个挡位自动操纵，其余挡位由驾驶员直接操纵；另一种是驾驶员预先用按钮选定所需挡位，再通过加速踏板接通电磁装置或液压装置实现换挡。

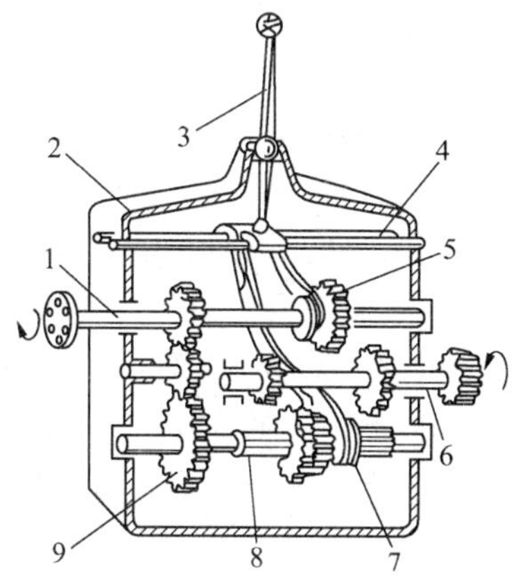

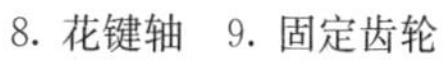
图 2-14 普通齿轮变速器的构造

1. 输入轴 2. 箱体 3. 变速杆 4. 拨叉轴 5. 主动齿轮 6. 输出轴 7. 拨叉 8. 花键轴 9. 固定齿轮

齿轮箱

2.3.2 手动变速器

(1) 齿轮箱

齿轮式变速传动机构是一个装有两根或两根以上齿轮轴，轴上装有传动比不同的可以轴向滑移的若干齿轮，使之与对应的齿轮啮合，实现变扭变速的作用。

普通齿轮变速器主要由箱体、齿轮、齿轮轴、变速杆及拨叉等组成，如图 2-14 所示。根据传

动形式要求的不同，普通齿轮变速器有两轴式、三轴式和组合式三种。

1）两轴式变速器。两轴式变速器主要由输入轴和输出轴组成，且两轴相互平行。动力从输入轴输入，经一对齿轮传动后，直接由输出轴输出。图 2-15 为某型号轿车的两轴式变速器传动机构简图。

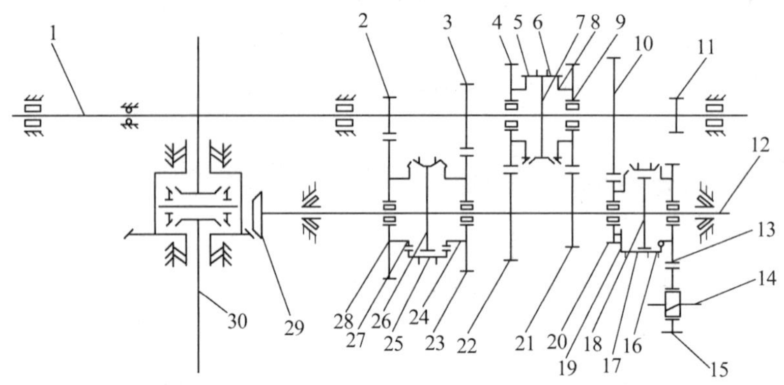

图 2-15　某型号轿车变速器传动机构

1. 输入轴　2、3、4、9、10. 一、二、三、四、五挡主动齿轮　5、8、16、19、24、27. 同步器锁杯　6、17、25. 同步器接合套　7、18、26. 同步器花键毂　11、13. 倒挡主、从动齿轮　12. 输出轴　14. 倒挡齿轮轴　15. 倒挡中间齿轮　20、21、22、23、28. 一、二、三、四、五挡从动齿轮　29. 主减速器主动锥齿轮　30. 半轴

该变速器具有五个前进挡和一个倒挡。在输入轴 1 上，从左到右分别依次为一、二、三、四、五挡和倒挡的主动齿轮，其中三、四挡主动齿轮通过轴承空套在输入轴上，其间设有与输入轴固定连接的同步器花键毂 7。在输出轴 12 上，从左到右分别是与输入轴上主动齿轮对应啮合的从动齿轮，其中齿轮 28、23、20、13 均通过轴承空套在输出轴上，且齿轮 28 与 13 之间和齿轮 20 与 13 之间，分别设有与输出轴固定连接的同步器花键毂 26 和 18。倒挡主动齿轮 11、倒挡中间齿轮 15 和倒挡从动齿轮 13 位于同一回转平面内。

可见，当变速器操纵机构将三个同步器接合套都位于同步器花键毂中央时，变速器处于空挡状态。当变速器操纵机构将同步器接合套 25 向左或向右推动与相应的接合齿圈接合时，可以得到一挡或二挡；向左或向右移动同步器接合套 6 时，可得到三挡或四挡；向左或向右移动同步器接合套 17 时，可得到五挡或倒挡。

2）三轴式变速器。三轴式变速器主要由第一轴（输入轴）、中间轴和第二轴（输出轴）。第一轴与中间轴上有一对常啮合齿轮。当第二轴上的接合套分别与中间轴上的不同固定齿轮啮合时，可得到不同的挡位。

在特殊情况下，第二轴上的某一齿轮向前移动，与第一轴相应齿轮啮合时，可得到直接挡。由于汽车上经常工作的是直接挡，因此最适合于采用这种变速器。

某型号汽车变速器各挡位传动路线如下：

图 2-16 为变速器的空挡位置。当第一轴旋转时，通过齿轮 2 带动中间轴及其上的各齿轮旋转，但由于从动齿轮 6、7 和 11 是以滚针轴承装在第二轴上的，即空套在第二轴上，故第二轴不被驱动。

一挡：使齿轮12左移与齿轮18啮合。动力由第一轴依次经齿轮2、齿轮23、中间轴15、齿轮18、齿轮12传到第二轴。

二挡：使接合套9右移与齿圈10啮合。动力经齿轮2、齿轮23、中间轴15、齿轮20、齿轮11、齿圈10、接合套9、花键毂24传到第二轴。

三挡：使接合套9左移与齿圈8啮合。动力经齿轮2、齿轮23、中间轴15、齿轮21、齿轮7、齿圈8、接合套9、花键毂24传到第二轴。

四挡：使接合套4右移与齿圈5啮合。动力经齿轮2、齿轮23、中间轴15、齿轮22、齿轮6、齿圈5、接合套4、花键毂25传到第二轴。

五挡：使接合套4左移与齿圈3啮合。动力从第一轴经齿轮2、齿圈3、接合套4、花键毂25直接传到第二轴，传动比为1，此挡称为直接挡。

倒挡：使齿轮12右移与齿轮17啮合。动力经齿轮2、齿轮23、中间轴15、齿轮18、齿轮19、齿轮17、齿轮12传到第二轴。由于增加了一个中间轮，故第二轴的旋转方向与第一轴相反，车辆倒向行驶。

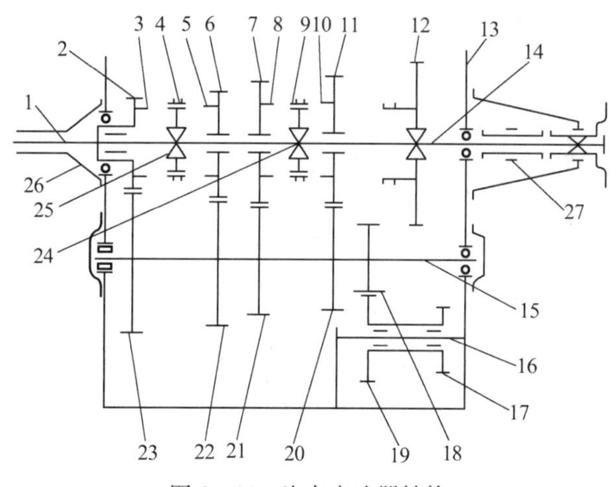

图2-16 汽车变速器结构

1. 第一轴 2. 第一轴常啮合传动齿轮 3. 第一轴齿轮接合齿圈 4、9. 接合套 5. 四挡齿轮接合齿圈 6. 第二轴四挡齿轮 7. 第二轴三挡齿轮 8. 三挡齿轮接合齿圈 10. 二挡齿轮接合齿圈 11. 第二轴二挡齿轮 12. 第二轴一、倒挡滑动齿轮 13. 变速器壳体 14. 第二轴 15. 中间轴 16. 倒挡轴 17、19. 倒挡中间齿轮 18. 中间轴一、倒挡齿轮 20. 中间轴二挡齿轮 21. 中间轴三挡齿轮 22. 中间轴四挡齿轮 23. 中间轴常啮合传动齿轮 24、25. 花键毂 26. 第一轴轴承盖 27. 车速里程表传动齿轮

3）组合式变速器。组合式变速器通常由挡位数较多的主变速器和仅有高低两个挡位的副变速器串联而成，我国自行设计的拖拉机多采用此种形式。通过增加拖拉机前进挡位数，可保证各作业项目的作业质量和适应不同的作业条件。

图2-17为组合式变速器传动机构简图。该变速器传动机构的中间部分为三轴式主变速器，它具有3个前进挡和1个倒挡；右边为行星齿轮传动构成的副变速器，它具有高、低两挡。因此，该组合式变速器共有2×(3+1)挡，即6个前进挡和2个倒挡。

主、副变速器的挡位分别由主、副变速操纵机构控制，并要求先使用副变速杆，选定所需低挡或高挡，后使用主变速杆选择所需挡位。副变速器处于低挡时，可获得

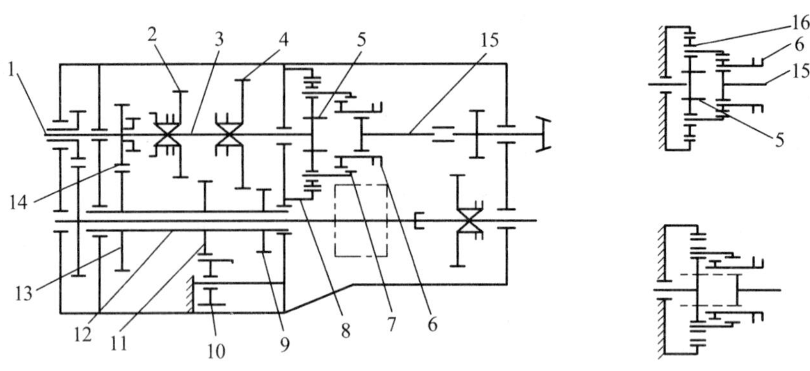

图 2-17 组合式变速器传动机构

1. 第一轴 2. 二、三挡滑动齿轮 3. 第二轴 4. 倒挡滑动齿轮 5. 太阳轮 6. 啮合套 7. 行星齿轮架 8. 内齿圈 9. 一挡主动齿轮 10. 倒挡齿轮 11. 二挡主动齿轮 12. 中间轴 13. 中间轴常啮合齿轮 14. 第一轴常啮合齿轮 15. 传动齿轮轴 16. 行星齿轮

一、二、三前进挡和倒一挡；副变速器处于高挡时，可获得四、五、六前进挡和倒二挡。

（2）同步器

同步器

目前，汽车拖拉机的齿轮变速器换挡方式有滑移齿轮式、接合套式、同步器式 3 种。小型拖拉机采用滑移齿轮式，大中型拖拉机采用接合套式，汽车采用同步器式。

1）接合套式换挡装置。图 2-18 为无同步器的变速器三、四挡齿轮传动示意。它是通过操纵机构轴向移动套在花键毂 4 上的接合套 3，使其内齿圈与齿轮 5 或齿轮 2 端面上的外接合齿圈啮合，从而获得高速挡或低速挡。

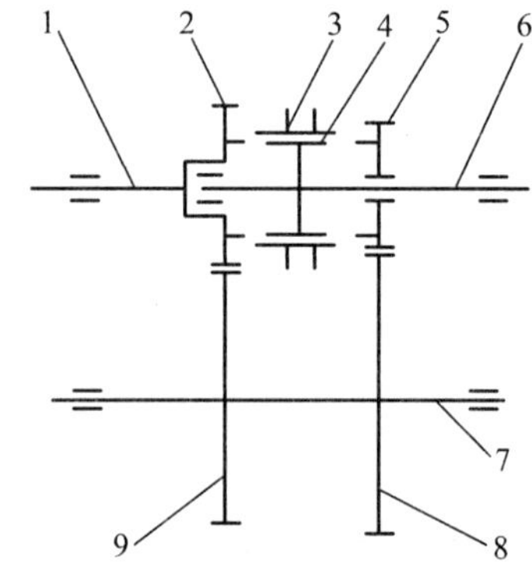

图 2-18 无同步器的变速器三、四挡齿轮传动

1. 输入轴 2. 输入轴四挡齿轮 3. 接合套 4. 花键毂 5. 输入轴三挡齿轮 6. 输出轴三挡齿轮 7. 输出轴四挡齿轮 8. 输出轴

① 从低速挡（三挡）换入高速挡（四挡）。变速器在三挡工作时，接合套 3 与齿轮上的接合齿圈接合，二者的圆周速度相等。从三挡换入四挡，首先驾驶人应先分离离合器，随即通过变速杆使接合套 3 右移，进入空挡位置。在接合套 3 与齿轮 5 刚脱开时，仍然是接合套转速等于花键毂转速，即 $n_3=n_4$。由于齿轮 2 的转速永远比齿轮 5 的转速高，即齿轮 2 转速 $n_2>n_4$，得到 $n_2>n_3$。若此时接合套 3 与齿轮上的接合齿圈啮合，就会发生打齿现象。

此时，由于变速器处于空挡，发动机传给传动系统的动力被切断，接合套 3 和齿轮的转速及其待接合花键齿的圆周速度都将下降。接合套 3 因通过传动系统与整个汽车连在一起，惯性很大，故 n_3 下降较慢，而齿轮 2 只与中间轴及其齿轮，第一轴和离合器从动盘相连，惯性很小，故 n_2 下降较快，当 $n_3=n_2$ 时，便可平顺地换入四挡。

② 从高速挡（四挡）换入低速挡（三挡）。变速器在四挡工作以及刚从四挡换入

空挡时，接合套3与齿轮2的花键齿的转速相等，即 $n_3=n_2$，同时 $n_2>n_4$，故 $n_3>n_4$。进入空挡后，由于 n_4 下降比 n_3 快，故无法实现 $n_3=n_4$，即停留在空挡的时间越长，两者转速的差值将越大。为了使接合套3与齿轮5的转速相同，驾驶人应在分离离合器并将接合套3左移到空挡之后重新接合离合器，同时踩一下加速踏板，提高发动机连同第一轴的转速，使齿轮6的转速高于接合套的转速，即 $n_4>n_3$，然后再分离离合器，当 $n_4=n_3$ 时，可顺利地让接合套3与齿轮的接合齿圈结合，换入三挡。

上述相邻挡位互相转换时应采取的不同操作步骤，也适用于滑移齿轮换挡的情况。

由此可见，用接合套或滑动齿轮换挡，尤其从高速挡向低速挡的换挡操作比较复杂，而且容易产生轮齿或花键齿间的冲击，为了解决这一问题，现代的汽车上一般在变速器换挡装置上设置了同步器。

2）同步器结构与工作原理。同步器有常压式、惯性式和自行增力式等多种形式，目前广泛采用惯性式同步器。惯性式同步器是依靠摩擦作用来实现同步的。按锁止同步器中接合套轴间移动的零件不同可分为锁环式和锁销式两种。其中，锁环式惯性同步器应用广泛。

① 主要结构。如图2-19所示，锁环式惯性同步器主要由接合套7、花键毂15、锁环4和8、滑块5、定位销6和弹簧16等组成。

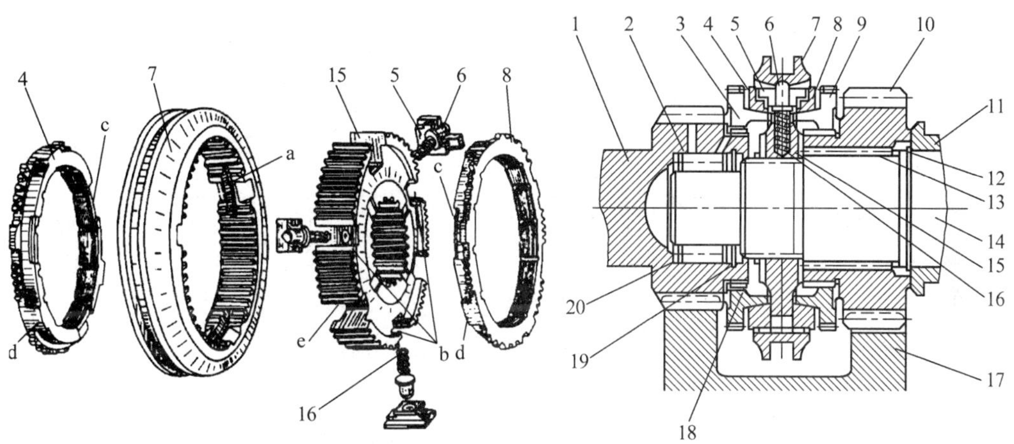

图2-19　锁环式惯性同步器

1. 第一轴　2、13. 滚针轴承　3. 六挡接合齿圈　4、8. 锁环（同步环）　5. 滑块　6. 定位销　7. 接合套　9. 五挡接合齿圈　10. 第二轴五挡齿轮　11. 衬套　12、18、19. 卡环　14. 第二轴　15. 花键毂　16. 弹簧　17. 中间轴五挡齿轮　20. 挡圈

a. 凹槽　b. 轴向槽　c. 缺口　d. 凸起　e. 通槽

花键毂以其内花键套装在第二轴的外花键上，并用卡环18轴向定位。两个锁环分别安装在花键毂的两端及六挡接合齿圈3和五挡接合齿圈9之间。锁环内锥面与接合齿圈端部外锥面保持接触，并且在锁环内锥面上加工了细密的螺纹槽，以使配合锥面间的润滑油膜招致破坏，提高锥面摩擦系数，增加配合锥面间的摩擦力。锁环外缘上有非连续的花键齿，其齿的断面形状和尺寸与接合齿圈、花键毂外缘上花键齿均相同，并且接合齿圈和锁环上的花键齿与接合套面对的一端均有倒角（锁止角），该倒

角与接合套内花键齿端倒角一样。锁环端部沿圆周均布了三个缺口 c 和三个凸起 d。在花键毂外缘上均布的三个轴向槽 b 内分别安装了可沿槽移动的三个滑块。滑块中部的通孔中安插的定位销在压缩弹簧的作用下，将定位销推向接合套，并使其球头部分嵌入接合套内缘的凹槽 a 中，以保证在空挡时接合套处于正中位置。滑块两端伸入锁环缺口，锁环上的凸起伸入花键毂上的通槽 e，凸起沿圆周方向的宽度小于通槽的宽度，且只有凸起位于通槽的中央位置时，接合套的齿才有可能与锁环的齿进入啮合。

② 工作原理。如图 2－20 所示为变速器由低挡换入高挡（五挡换入六挡）时，该同步器的工作过程。

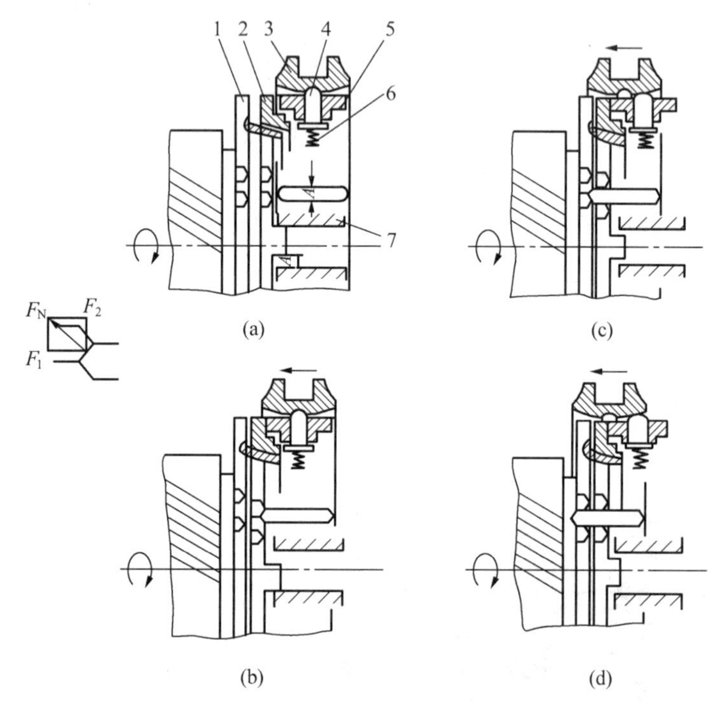

图 2－20 锁环式惯性同步器工作过程

1. 六挡接合齿圈 2. 锁环（同步环） 3. 接合套 4. 定位销 5. 滑块 6. 弹簧 7. 花键毂

a. 空挡位置。如图 2－20（a）所示，当接合套刚从五挡换入空挡时，它与滑块均处于中间位置，并靠定位销定位。此时锁环与接合齿圈之间的配合锥面并不接触，即锁环具有轴向自由度。由于锁环上凸起的一侧与花键毂上通槽的一侧相互靠合，故花键毂推动锁环同步旋转。可见，与第二轴相关的花键毂及锁环、接合套，以及与第一轴相关的六挡接合齿圈，均在自身及其所连的一系列运动件的惯性作用下，继续按原方向旋转。设接合齿圈、锁环和接合套的转速分别为 n_1、n_2 和 n_3，此时 $n_2=n_3$，$n_1>n_3$，则 $n_1>n_2$。

b. 力矩形成与锁止过程。若要挂入高挡（六挡），务必通过变速器操纵机构，将接合套向左拨动，同时通过定位销带动滑块向左移动。当滑块左端面与锁环缺口端面接触时，继而推动锁环移向接合齿圈，促使具有转速差（$n_1>n_2$）的两锥面接触，产生摩擦力矩 M_f。此时接合齿圈通过 M_f 带动锁环相对于接合套和花键毂超前转过一个角度，直至锁环凸起与花键毂通槽的另一侧接触时，锁环又开始与花键毂和接合套同步旋转。同时，接合套的齿与锁环的齿相互错开约半个齿厚，从而使接合套齿端倒角和锁环齿端倒角正好相互抵触，导致接合套不能继续向左移动进入啮合。

显然，如要接合齿圈与锁环齿圈实现接合，务必要求锁环相对接合套后退一定角度。由于驾驶员始终对接合套施加了向左的轴向推力 F_1，致使作用在锁环倒角面上的法向力 F_N 产生了切向分力 F_2，如图 2-20 中受力图所示。F_2 形成了使锁环相对接合套向后倒转的拨环力矩 M_b。由于 F_1 使锁环与接合齿圈配合锥面的持续压紧，M_f 迫使接合齿圈迅速减速，以尽快与锁环同步。因接合齿圈做减速旋转，根据惯性原理所产生的惯性力矩的方向与旋转方向相同，且通过摩擦锥面作用在锁环上，阻碍锁环相对接合套向后倒转。

由此可见，接合齿圈与锁环以及接合套在同步之前，两个方向相反的力矩作用在锁环上，即拨环力矩 M_b 和惯性力矩（摩擦力矩）M_f。若 $M_b > M_f$，则锁环可相对接合套向后倒转一定角度，以便接合套进入啮合；若 $M_b < M_f$，则锁环阻止接合套进入啮合。正是因为待接合齿圈及与其联系的一系列零件的惯性力矩的大小决定锁环的锁止作用，故称其为惯性式同步器。

基于一定的轴向推力 F_1，惯性力矩 M_f 的大小取决于接合齿圈与锁环配合锥面锥角的大小；拨环力矩 M_b 的大小取决于锁环和接合套齿端倒角（锁止角）的大小。因此，在设计同步器时，需要选择适当锥角和锁止角，以保证达到同步之前始终是 $M_f > M_b$。这样，驾驶员施加在接合套上的轴向推力 F_1 无论有多大，锁环都能有效阻止接合套进入啮合。

c. 同步换挡。当驾驶员继续对接合套施加轴向推力时，锥面间的摩擦力矩就会迅速使接合齿圈的转速降到与锁环的转速相等，即二者相对角速度为零，惯性力矩不复存在。但由于轴向推力 F_1 的作用，两摩擦锥面仍紧密结合，此时在拨环力矩 M_b 的作用下，锁环连同接合齿圈及与其所连的所有零件一起相对于接合套向后倒转一定角度，使锁环凸起转到正对花键毂通槽中央，接合套与锁环二者的花键齿不再抵触，即锁止现象消失。在驾驶员所施轴向推力的作用下，接合套克服弹簧阻力。压下定位销继续左移，直至与锁环花键齿圈完全啮合，如图 2-20（c）所示。

此时，轴向推力 F_1 不再作用于锁环，则锥面间摩擦力矩随之消失。而驾驶员还要持续向左拨移接合套，倘若又出现了接合套花键齿与接合齿圈花键齿抵触的情况，如图 2-20（c）所示，则与上述分析类似，通过作用在接合齿圈花键齿端倒角面上的切向分力，使接合齿圈及其相联系的零件相对接合套转动一定角度，最终使接合套与接合齿圈完全啮合，完成低挡向高挡的转换，如图 2-20（d）所示。

（3）分动器

分动器

1）功用。在多轴驱动汽车或拖拉机上的变速器之后一般装有分动器。其功能是将变速器输出的动力分配到各驱动桥上，并进一步增大转矩。

2）结构。分动器由齿轮传动机构和操纵机构两部分组成。

① 齿轮传动机构。如图 2-21 所示为三个输出轴式分动器，其结构如图 2-22 所示。分动器单独安装在车架上，其输入轴 1 通过万向传动装置与变速器第二轴连接。输出轴 8、12 和 17 分别经万向传动装置连接后驱动桥、中驱动桥和前驱动桥。

图 2-21 中表示的是分动器的空挡位置。将接合套 4 左移与齿轮 15 的接合齿圈

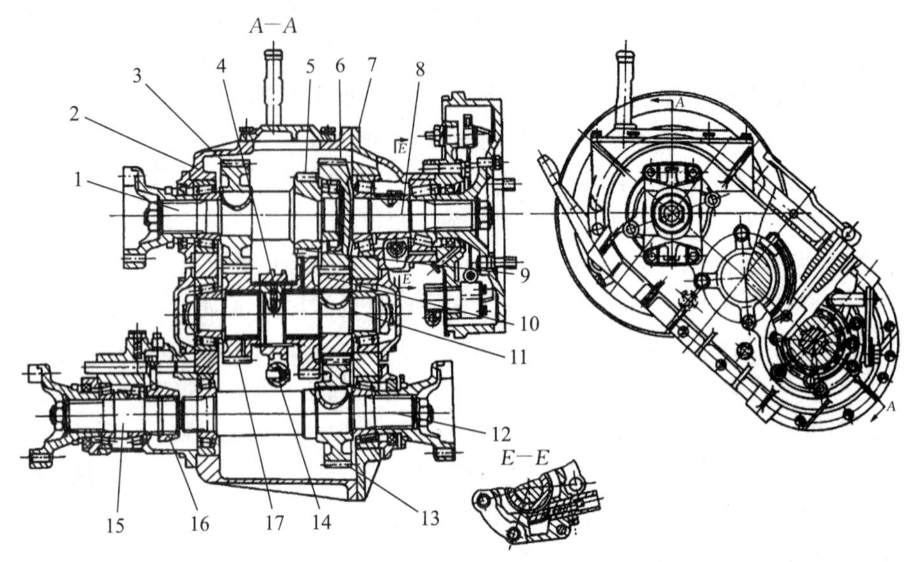

图 2-21 三个输出轴式分动器

1. 输入轴 2. 分动器壳 3、5、6、9、10、13、15. 齿轮 4. 换挡接合套 7. 分动器盖 8. 后桥输出轴 11. 中间轴 12. 中桥输出轴 14. 换挡拨叉轴 16. 前桥接合套 17. 前桥输出轴

接合后，从输入轴 1 传来的动力，经齿轮 3、15 和中间轴 11 传到齿轮 10，然后再分别经齿轮 6 和 13 传到输出轴 8 和 12。若接合套 16 与轴 12 接合，则动力还可从轴 12 传给前桥输出轴 17。分动器的这一挡位为高速挡，传动比为 1.08。由于齿轮 6 和 13 齿数相同，故轴 8、12 和 17 转速相等。

将接合套 4 右移与齿轮 9 的接合齿圈接合时，动力从输入轴经齿轮 5 和 9 传到中间轴 11 和齿轮 10，然后再分别传到输出轴 8、12 和 17。这一挡为低速挡，传动比为 2.05。

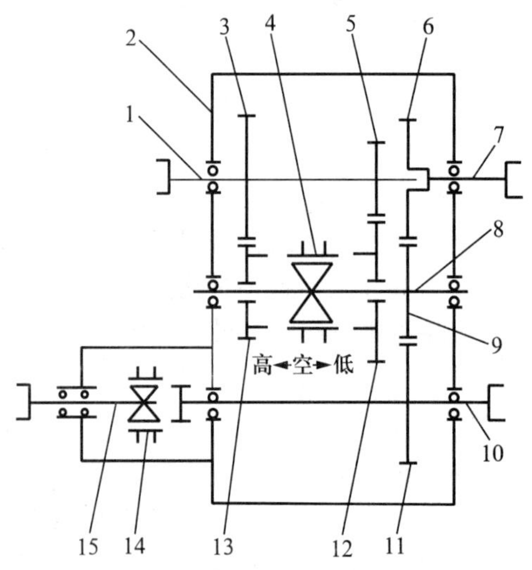

图 2-22 三个输出轴式分动器结构

1. 输入轴 2. 分动器壳 3、5、6、9、11、12、13. 齿轮 4. 换挡接合套 7. 后桥输出轴 8. 中间轴 10. 中桥输出轴 14. 前桥接合套 15. 前桥输出轴

当分动器挂入低速挡工作时，其输出转矩较大，为避免中、后桥超载，此时前桥必须参与驱动，分担一部分载荷。因此，分动器的操纵机构必须保证先挂前桥，后挂低挡；先摘低挡，后摘前桥。

② 操纵机构。分动器的操纵机构由操纵杆、杠杆机构、拨叉轴、拨叉、自锁及互锁装置等组成。

如图 2-23 所示为一种越野汽车分动器的操纵机构。轴 4 通过两个支承臂 10 固定在变速器盖上。分动器的两个操纵杆 1 和 2 位于变速器变速杆的右侧。换挡操纵杆

1以其中部的孔松套在轴4上，其下端借传动杆5与分动器内换挡拨叉轴相连。前桥操纵杆2的中部固定在轴4的一端。在轴4的另一端固定着摇臂9，其臂端经传动杆8与前桥接合套的拨叉轴相连。操纵杆2的下端装有螺钉3。驾驶员如要挂低速挡，只需将换挡操纵杆1的上端推向前方。此时前桥操纵杆2绕轴4逆时针转动，其下端便推压螺钉3，带动操纵杆2向接前桥的方向转动。这就使得挂入低挡时，前桥即已接上。但当操纵杆1被扳到空挡或高速挡位置时，并不能带动操纵杆2回位而摘下前桥。同理，当将操纵杆2的上端拉向后方以便摘下前桥时，螺钉3则向前推压操纵杆1使之先退出低速挡位置，但并不妨碍退出低速挡后再接前桥。

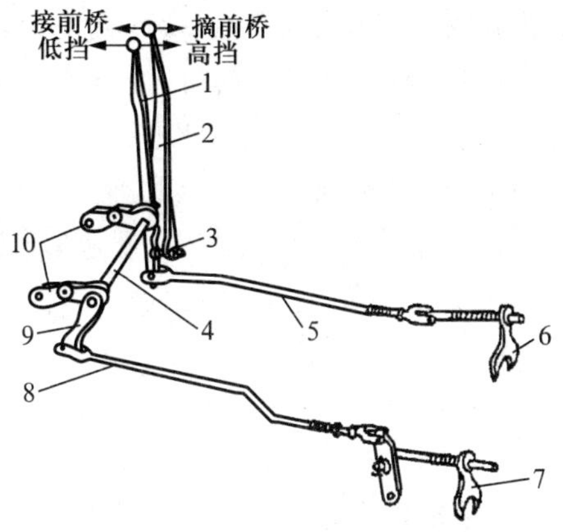

图2-23 汽车分动器操纵机构

1. 换挡操纵杆 2. 前桥操纵杆 3. 螺钉 4. 轴 5、8. 传动杆 6. 换挡拨叉 7. 前桥接合套拨叉 9. 摇臂 10. 支承臂

(4) 操纵机构

根据汽车拖拉机使用条件，变速器操纵机构用以保证驾驶员准确可靠地使变速器挂上需要的任一挡位工作，并可随时使之退回到空挡。

操纵机构

操纵机构可以分为直接操纵式和远距离操纵式两种形式。直接操纵式操纵机构的变速器布置在驾驶人座位附近，变速杆可以直接从驾驶室底板伸出，由驾驶人直接操纵。而变速器布置在离驾驶人座位较远时，则需要在变速杆与拨叉等内部操纵机构之间加装一套传动机构或辅助杠杆，构成远距离操纵的形式。

机械式变速器的操纵机构通常由换挡机构和锁止机构两大部分组成。

1）换挡机构。换挡机构一般由变速杆、拨块、拨叉、拨叉轴以及锁止装置等组成，多装于变速器上盖或侧盖内。图2-24为某型号六挡变速器操纵机构示意图。变速杆12用球铰安装在变速器盖顶部的球座内，球节上面用弹簧（图中未画出）压紧。固定于变速器盖的锁钉伸入球节的纵槽内，防止变速杆转动，而不影响它的摆动。拨叉轴7、8、9和10的两端均支承在变速器盖的相应孔中，可以轴向滑动。所有的拨叉和拨块都以弹性销固定在相应的拨叉轴上。三、四挡拨叉2的上端有拨块，拨叉2和拨块3、4、14的顶部有凹槽。变速器处于空挡时，各凹槽在横向平面内对齐。叉

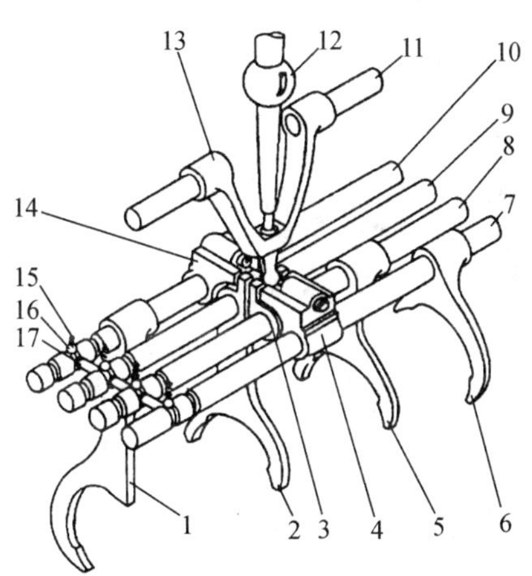

图2-24 六挡变速器操纵机构

1. 五、六挡拨叉 2. 三、四挡拨叉 3. 一、二挡拨块 4. 倒挡拨块 5. 一、二挡拨叉 6. 倒挡拨叉 7. 倒挡拨叉轴 8. 一、二挡拨叉轴 9. 三、四挡拨叉轴 10. 五、六挡拨叉轴 11. 换挡轴 12. 变速杆 13. 叉形拨杆 14. 五、六挡拨块 15. 自锁弹簧 16. 自销钢球 17. 互锁销

形拨杆 13 下端的球头伸入这些凹槽中，选挡时可使变速杆绕其中部球形支点横向摆动，则其下端推动叉形拨杆 13 绕换挡轴 11 的轴线转动，从而使叉形拨杆下端球头对准与所选挡位相应的拨块凹槽，然后使变速杆纵向摆动，带动拨叉轴及拨叉向前或向后移动，即可实现挂挡。以此类推，亦可实现换挡和退回到空挡。

2）锁止装置。锁止装置一般包括自锁装置、互锁装置、联锁装置和倒挡锁止装置。

① 自锁装置。其功用是保证滑动齿轮或接合套在工作时处于全齿宽啮合，不工作时完全脱开啮合，在工作中不会自行脱挡或挂挡。多数变速器的自锁装置由自锁钢球 1 和自锁弹簧 2 组成，如图 2-25 所示。

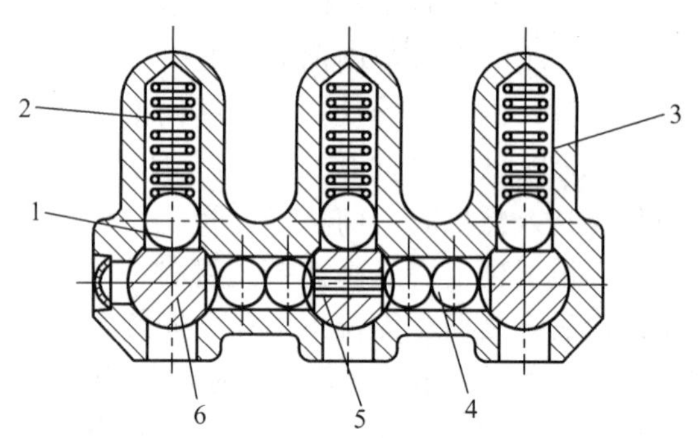

图 2-25 变速器的自锁和互锁装置

1. 自锁钢球 2. 自锁弹簧 3. 变速器盖（前端）
4. 互锁钢球 5. 互锁销 6. 拨叉轴

每根拨叉轴的上表面沿轴向分布有三个凹槽，当任一根拨叉轴连同拨叉轴向移动到空挡或某一工作挡的位置时，必有一个凹槽正好对准自锁钢球 1，于是自锁钢球在自锁弹簧 2 的压力作用下嵌入该槽内，拨叉轴的轴向位置即被固定，从而拨叉连同接合套（或滑动齿轮）也被固定在空挡或某一工作挡位上，不能自行脱出。换挡时，驾驶员必须通过变速杆对拨叉轴施加一定的轴向力，克服弹簧的压力将钢球由拨叉轴的凹槽中挤出，拨叉轴和拨叉方能再进行轴向移动。拨叉轴上表面相邻两凹槽之间的距离，等于为保证滑动齿轮（或接合套）全齿宽啮合或完全退出啮合所需的拨叉移动的距离。

② 互锁装置。其功用是防止换挡时同时移动两根拨叉轴而同时挂上两个挡。

图 2-25 所示的互锁装置由互锁钢球 4 和互锁销 5 组成。每根拨叉轴在朝向互锁钢球的侧表面上均制出一个深度相等的凹槽。任一拨叉轴处于空挡位置时，其侧面凹槽都正好对准钢球 4。钢球装在变速器盖 3 前端的横向孔中。两个互锁钢球直径之和正好等于相邻两轴表面之间的距离加上一个凹槽的深度。中间拨叉轴上两个侧面凹槽之间有孔相通，孔中有一根可以滑动的互锁销 5，销的长度等于拨叉轴直径减去一个凹槽的深度。

互锁装置的工作情况如图 2-26 所示。当变速器处于空挡位置时，所有拨叉轴的侧面凹槽同钢球和互锁销都在一条直线上。当移动中间拨叉轴时［图 2-26（a）］，

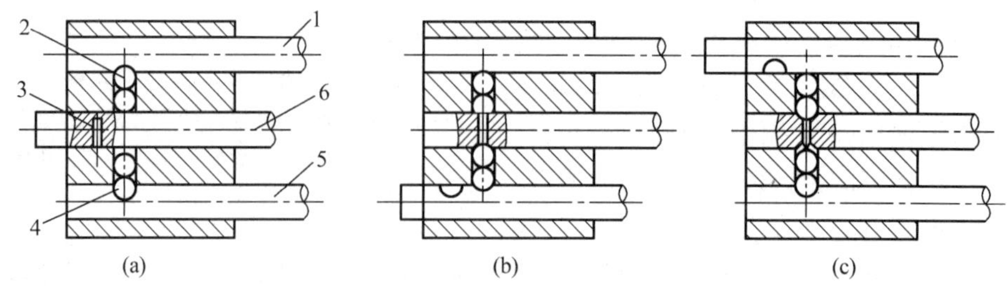

图 2-26 互锁装置工作情况

1、5、6. 拨叉轴 2、4. 互锁钢球 3. 互锁销

轴 6 两侧的内钢球从其侧面凹槽中被挤出，而两外钢球 2 和 4 则分别嵌入拨叉轴 1 和 5 的侧面凹槽中，因而将轴 1 和 5 锁定在其空挡位置。若要移动拨叉轴 5，则应先将拨叉轴 6 退回到空挡位置［图 2 - 26（b）］。于是在移动拨叉轴 5 时，钢球 4 便从轴 5 的凹槽中挤出，同时通过互锁销 3 和其他钢球将拨叉轴 6 和 1 均锁定在空挡位置。同理，当移动拨叉轴 1 时，则拨叉轴 6 和 5 被锁定在空挡位置［图 2 - 26（c）］。由此可知，当驾驶人用变速杆移动某一拨叉轴挂挡时，互锁装置便自动地将其他所有的拨叉轴锁定在空挡位置，从而保证只能挂一个挡。

③ 联锁装置。如图 2 - 27 所示，有的拖拉机上为了保证换挡时必须首先彻底分离离合器，故在离合器操纵机构与变速器操纵机构之间设置了联锁机构。

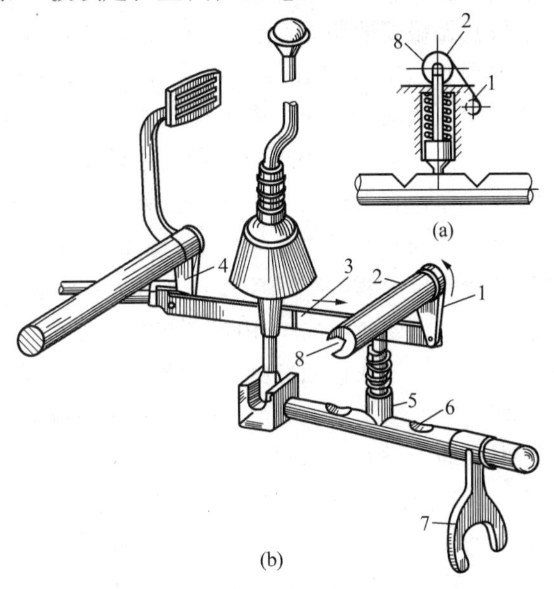

图 2 - 27　变速器联锁装置

（a）离合器分离　（b）离合器接合

1. 摆动杠杆　2. 联锁轴　3. 拉杆　4. 离合器踏板　5. 锁定销　6. 换挡滑杆　7. 拨叉　8. 铣槽

在离合器踏板（或操纵杆）4 上用拉杆 3 连接着摆动杠杆 1，摆动杠杆 1 固定在可以转动的联锁轴 2 上。联锁轴 2 上沿轴向制有铣槽 8，当离合器踏板完全踩下，也就是离合器分离时，通过拉杆 3 推动联锁轴 2，使其上的铣槽 8 正好对准锁定销 5 的上端。此时锁定销 5 才可能被顶起，换挡滑杆 6 才可能被拨动，实现换挡［图 2 - 27（a）］。

当离合器接合时［图 2 - 27（b）］，联锁轴 2 上的铣槽 8 将转过去，而用其圆柱面顶住锁定销 5 的上端，使之插入滑杆上 V 形槽的锁定销 5 不能向上移动，这时换挡滑杆 6 也就不能被拨动，自然就不能换挡。

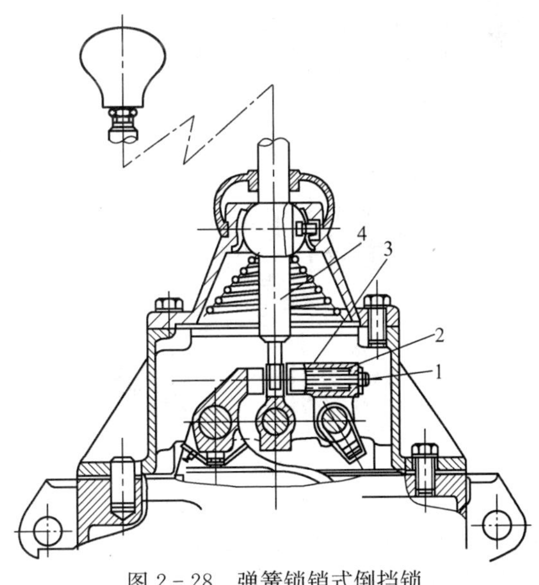

图 2 - 28　弹簧锁销式倒挡锁

1. 倒挡锁销　2. 倒挡锁弹簧　3. 倒挡拨块　4. 变速杆

如图 2 - 28 所示为五挡变速器中常用的弹簧锁销式倒挡锁，它由一挡和倒挡拨块 3 中的倒挡锁销 1 和弹簧 2 组成。锁销在弹簧的作用下伸进拨块 3 的凹槽中，驾驶员要挂一挡或倒挡时，必须用较大的力使变速杆 4 的下端压缩弹簧 2，将锁销推向右方后，才能使变速杆下端进入拨块 3 的凹槽内，以拨动一挡和倒挡拨叉轴而挂入一挡或倒挡。由此可见，有倒挡锁后驾驶人必须对变速杆施加更大的力才能挂入倒挡，对驾驶员具有提醒注意的作用，从而可避免误挂倒挡。

④ 倒挡锁止装置。其功用是避免车辆在起步时或在前进行驶中误挂倒挡。

2.3.3 无级变速与双离合变速器

(1) 无级变速器

无级变速器

无级变速器（continuously variable transmission，CVT）采用传动带和工作直径可变的主、从动轮相配合来传递动力，可以实现传动比的连续改变，从而得到传动系统与发动机工况的最佳匹配。常见的无级变速器有液力机械式无级变速器和金属带式无级变速器，其中金属带式无级变速器应用广泛。

无级自动变速器主要包括主动轮组、从动轮组、金属带和油泵等基本部件。其关键部件金属带由两束金属环和多个金属片构成。

无级自动变速器的工作原理如图 2－29 所示，主动轮组和从动轮组都由可动盘和固定盘组成，与油缸靠近的一侧带轮可以在轴上滑动，另一侧则被固定。可动盘与固定盘都是锥面结构，它们的锥面形成 V 形槽来与 V 形金属传动带啮合。发动机输出轴输出的动力首先传递到无级自动变速器的主动轮，然后通过 V 形传动带传递到从动轮，最后经减速器、差速器传递给车轮来驱动汽车。工作时通过主动轮与从动轮的可动盘做轴向移动来改变主动轮、从动轮锥面与 V 形传动带啮合的工作半径，从而改变传动比。可动盘的轴向移动量是由驾驶人根据需要通过控制系统自动调节主动

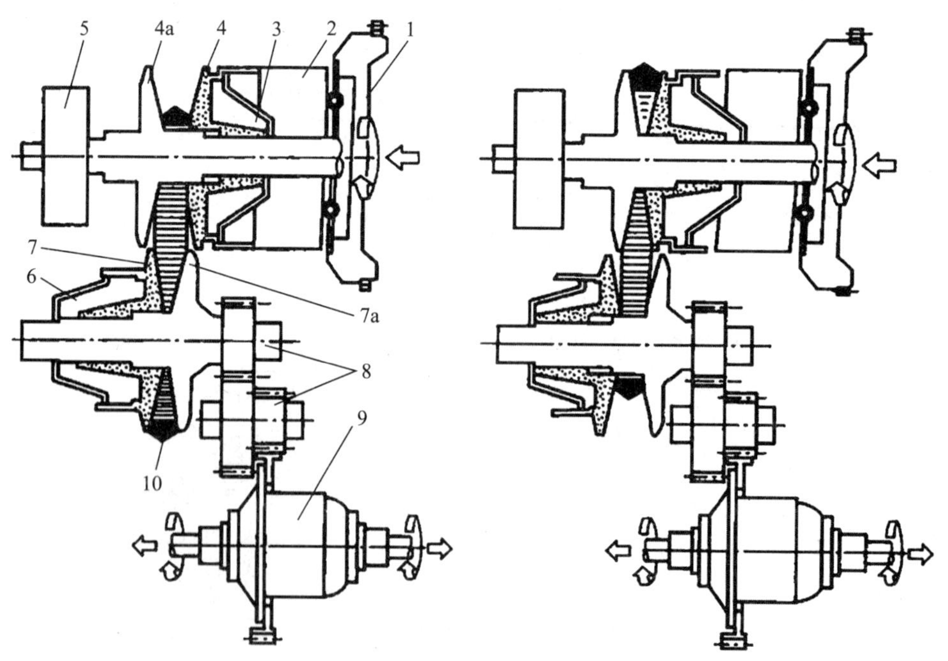

图 2－29 无级变速器的工作原理

1. 发动机飞轮 2. 离合器 3. 主动工作轮液压控制缸 4. 主动工作轮可动部分 4a. 主动工作缸固定部分 5. 液压泵 6. 从动工作轮液压控制缸 7. 从动工作轮可动部分 7a. 从动工作轮固定部分 8. 中间减速器 9. 主减速器与差速器 10. 金属带

轮、从动轮油泵油缸压力来实现的。由于主动轮和从动轮的工作半径可以实现连续调节，从而实现了无级自动变速。

（2）双离合变速器

双离合变速器

双离合自动变速器（dual clutch transmission，DCT）内含两台自动控制的离合器，由电子控制及液压推动，能同时控制两台离合器的动作，一个离合器控制单数挡位齿轮，另一个离合器控制双数挡位齿轮。

双离合自动变速器的传动结构如图 2-30 所示。它由两个离合器、齿轮变速箱、自动换挡机构和电控液压控制系统组成。当变速器运作时，一组齿轮被啮合，而接近换挡时，下一组挡段的齿轮已被预选，但离合器仍处于分离状态；当换挡时，一台离合器将使用中的齿轮分离，同时另一台离合器啮合已被预选，在整个换挡期间能确保最少有一组齿轮在输出动力，从而不会出现动力中断的状况。为配合以上运作，DCT 的传动轴在运动时被分为两部分，一为实心的传动轴，另一为空心的传动轴。实心的传动轴连接了一、三、五及倒挡，而空心的传动轴则连接二、四、六挡，两台离合器各自负责一根传动轴的啮合动作，发动机的动力便会由其中一根传动轴做出无间断的传送。

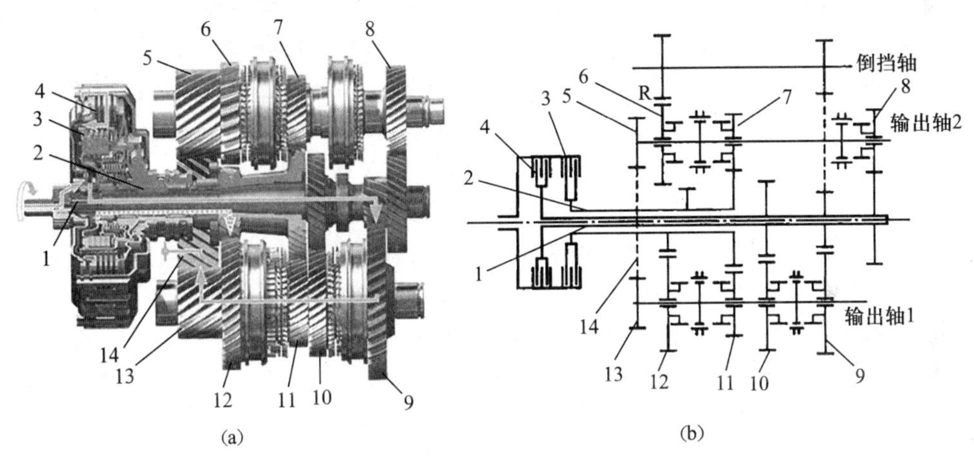

图 2-30 双离合自动变速器的传动结构

1. 内输入轴 2. 外输入轴 3. 离合器 C_2 4. 离合器 C_1 5. 主减速器主动齿轮 6. 倒挡齿轮 7. 六挡齿轮 8. 五挡齿轮 9. 一挡齿轮 10. 三挡齿轮 11. 四挡齿轮 12. 二挡齿轮 13. 主减速器主动齿轮 14. 主减速器从动齿轮

如图 2-30（b）所示，车辆处于停车状态时，离合器 C_1、C_2 都不分离，不传递动力。当车辆起步时，自动换挡机构将挡位切换为一挡，然后离合器 C_1 接合，车辆开始起步运行，控制过程与 AMT（机械式自动变速箱）类似。此时离合器 C_2 处于分离状态，不传递动力。当车辆加速接近二挡的换挡时，由 ECU 控制自动换挡机构将挡位提前换入二挡。当达到二挡换挡点时离合器 C_1 分离，同时离合器 C_2 开始接合，两个离合器交替切换，直到离合器 C_1 完全分离，离合器 C_2 完全接合，整个换挡过程结束。车辆进入二挡运行后，车辆自动变速器电控单元可以根据相关传感器信号判断车辆当前的运行状态，进而确定车辆即将进入运行的挡位是升挡还是降挡，而一挡和三挡均连接在离合器 C_1 上，因为该离合器处于分离状态，不传递动力，故可以指令自动换挡机构十分方便地预先换入即将进入工作的挡位，当车辆运行达到换挡点时，只需要将正在工作的离合器 C_2 分离，同时将另一个离合器 C_1 接合，配合好两个离合器的切换时序，则整个换挡动作全部完成。车辆继续运行时，其他挡位的切换过程也类似。

双离合自动变速器的动力传递通过两个离合器连接两根输入轴，相邻各挡的从动齿轮交错地与两输入轴齿轮啮合，配合两离合器的控制，能够实现在不切断动力的情况下转换传动比，从而缩短换挡时间，有效提高换挡品质。双离合自动变速器既继承了手动变速器传动效率高、安装空间紧凑、质量轻、便宜等许多优点，又实现了换挡过程不中断动力。

2.4 液力机械式变速器

自动变速器

2.4.1 自动变速器

自动变速器是指在汽车、拖拉机行驶过程中，变速器的操纵和换挡全部或者部分实现自动化控制的变速器。自动变速器可分为液力式和液力机械式两类，其中后者又可分为全液式自动变速器和电控式自动变速器两种。目前，液力机械式自动变速器被越来越多的汽车尤其是轿车所采用。

（1）结构组成

液力机械式自动变速器一般主要由以下四部分构成：

1）液力传动装置。液力传动装置有液力耦合器和液力变矩器。目前越来越多地采用液力变矩器，因其在传递动力的同时能自动增大输出轴的转矩。

2）辅助变速机构。辅助变速机构有行星齿轮式变速器和平行轴齿轮变速器。前者应用较广泛，一般由 2、3 排行星齿轮组成，实现 2～5 个速比，因而使输出轴转矩进一步增大，车辆的行驶适应能力进一步提高。同时，行星齿轮变速器是常啮合传动，无冲击，加速性能好，结构紧凑，操作简便。

3）液压控制系统。根据车辆实际工况的需要，驾驶人利用该系统使相关离合器和制动器在一定的条件下实现行星齿轮系统自动换挡。

4）电子控制装置。该装置是为改善和提高全液式自动变速器的性能，针对液压控制系统而增设的控制装置，使变速器成为电控式自动变速器。

（2）传动装置

液力
变矩器-1

1）液力变矩器。普通液力变矩器由可转动的泵轮和涡轮以及固定不动的导轮这三个基本元件组成，如图 2－31 所示。在液力变矩器的泵轮和涡轮之间安装有导轮，并与泵轮和涡轮保持一定的轴向间隙，导轮通过导轮固定套固定在变速器壳体上。在装配所有工作轮后，形成的环状体的断面称为变矩器循环圆。

液力变矩器正常工作时，发动机曲轴带动变矩器壳体旋转，变矩器壳体带动泵轮转动，泵轮的叶片将油液带动起来，在油液动能的作用下，油液冲击涡轮叶片；储存在液力变矩器循环圆内腔的油液，除了绕其轴线做圆周运动外，还在循环圆内循环流动［图 2－31（b）中箭头所示方向］，故可将转矩从泵轮传至涡轮。

液力
变矩器-2

液力变矩器不仅能传递转矩，而且能在泵轮转矩不变的情况下，随着涡轮转速的不同自动地改变涡轮所输出的转矩值，即“变矩”。

液力变矩器之所以能起变矩作用，就是因为在结构上比耦合器多了一个导轮机构。在液体循环流动过程中，固定不动的导轮给涡轮反作用力矩，使涡轮输出的转矩不同于泵轮输入的转矩。

液力
变矩器-3

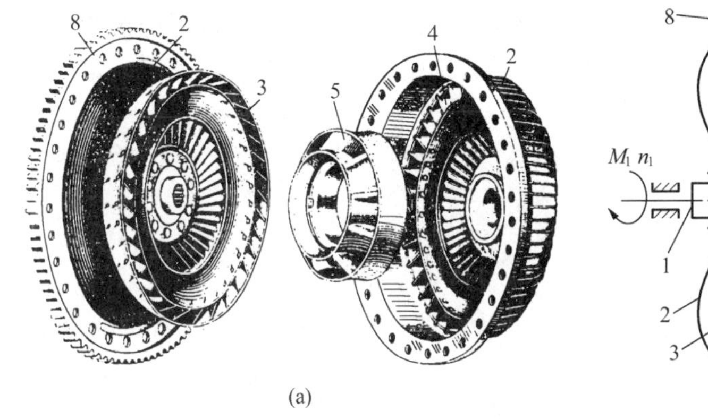

图 2－31 三元件液力变矩器结构

1. 发动机曲轴 2. 变矩器壳体 3. 涡轮 4. 泵轮 5. 导轮 6. 导轮固定套管 7. 输出轴 8. 启动齿圈

2）行星齿轮变速器。液力变矩器虽能在一定范围内自动、无级地改变传动比和转矩比，但变速范围不宽，变矩比不大，且存在传动能力与传动效率之间的矛盾，难以满足车辆所需工况的使用要求，故在汽车上广泛采用的是液力变矩器与齿轮式变速器组成的液力机械式变速器。与变矩器配合使用的齿轮式变速器多数是行星齿轮变速器。

行星齿轮
变速器-1

行星齿轮变速器的行星齿轮机构通常由多个行星排组成，其工作原理可用最简单的单排行星齿轮机构说明。

行星齿轮
变速器-2

如图 2－32 所示，单排行星齿轮机构由太阳轮 1、内齿圈 2、行星齿轮 4 和行星齿轮架 3 四个基本元件组成。太阳轮 1 位于中心位置，亦称为太阳轮。几个行星齿轮 4 通过滚针轴承和行星齿轮轴 5 安装在行星齿轮架 3 上。行星齿轮一般均匀布置在太阳轮周围，同时与太阳轮 1 和齿圈 2 啮合。

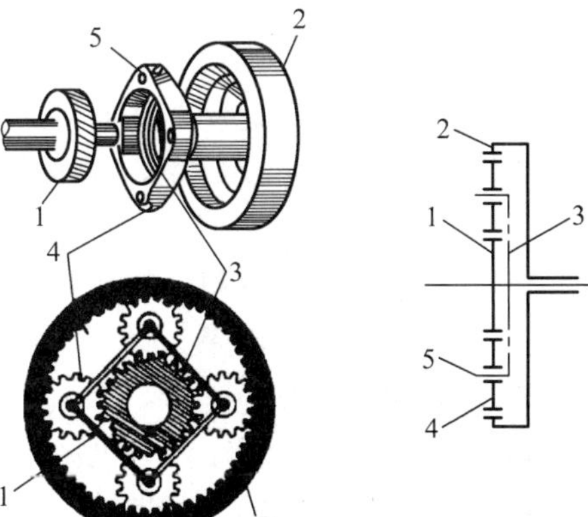

图 2－32 单排行星齿轮机构

1. 太阳轮 2. 环形内齿圈 3. 行星齿轮架
4. 行星齿轮 5. 行星齿轮轴

行星齿轮机构属转轴式齿轮系统，工作时行星齿轮轴随行星架一起绕太阳轮转动。因此，行星齿轮除绕行星齿轮轴自转外，同时还绕太阳轮公转，这种齿轮系传动比的计算方法与定轴式齿轮系不同。单排行星齿轮机构的传动比可由其运动特性方程式求出，方程式如下：

$$n_1+an_2-(1+a)n_3=0 \quad (2-1)$$

式中 n_1——太阳轮转速；

n_2——齿圈转速；

n_3——行星架转速；

a——行星齿轮机构参数，它等于齿圈齿数 z_2 与太阳轮齿数 z_1 之比，因 $z_2>z_1$，故 $a>1$。

由式（2-1）可知，在太阳轮、齿圈和行星架这三个元件中，可任选两个分别作为主动件和从动件，而使另一元件固定不动，则整个行星齿轮机构即以一定的传动比传递动力。下面分别讨论四种情况。

① 太阳轮 1 为主动件，行星齿轮架 3 为从动件，齿圈 2 固定。此时特性方程中 $n_2=0$，则传动比为

$$i_{13}=\frac{n_1}{n_3}=1+a=1+\frac{z_2}{z_1} \quad (2-2)$$

② 齿圈 2 为主动件，行星齿轮架 3 为从动件，太阳轮 1 固定。此时特性方程中 $n_1=0$，则传动比为

$$i_{23}=\frac{n_2}{n_3}=\frac{1+a}{a}=1+\frac{z_1}{z_2} \quad (2-3)$$

③ 太阳轮 1 为主动件，齿圈 2 为从动件，行星架 3 固定。此时特性方程中 $n_3=0$，传动比为

$$i_{12}=\frac{n_1}{n}=-a=-\frac{z_2}{z_1} \quad (2-4)$$

式中 n_1 与 n_2 符号相反，表示齿圈 2 的转向与太阳轮 1 转向相反，属倒挡减速运动情况。

④ 若 $n_1=n_2$，则

$$n_3=\frac{n_1+an_1}{1+a}=n_1 \quad (2-5)$$

当 $n_2=n_3$ 或 $n_1=n_3$ 时，同样可得 $n_1=n_2=n_3$。由此可知，若使三个元件中的任两个元件连成一体转动，则第三个元件的转速必然与前二者转速相等，即行星齿轮机构中各元件之间没有相对运动，从而形成直接挡传动，传动比 $i=1$。

如果所有元件都不受约束，即都可以自由转动，则行星齿轮机构完全失去传动作用。

由多排行星齿轮机构组成的行星齿轮变速器，其传动比也可根据上述单排行星齿轮机构特性方程式推导出来。

（3）工作原理

图 2-33 为某型号轿车液力机械变速器的工作原理。它由一个具有两个导轮的综合式变矩器和一个具有两个前进挡的双排行星齿轮变速器组合而成。变速器各挡的传动路线如图 2-34 所示。

1）空挡。直接挡离合器 2 处于分离状态，低速挡制动器 3 和倒挡制动器 5 都松开，此时两排行星齿轮机构的各元件均不受约束而可以自由转动，故行星齿轮变速器

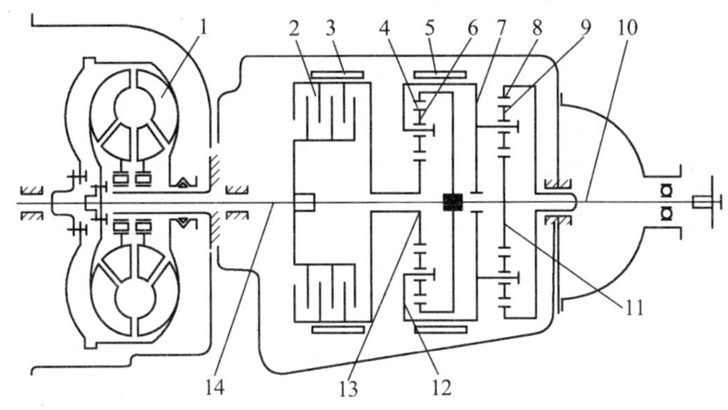

图2－33　某型号轿车液力机械变速器工作原理

1. 液力变矩器　2. 直接挡离合器　3. 低速挡制动器　4. 前排齿圈　5. 倒挡制动器　6. 前排行星齿轮　7. 后排行星架　8. 后排齿圈　9. 后排行星齿轮　10. 变速器第二轴　11. 后排太阳轮　12. 前排行星架　13. 前排太阳轮　14. 变速器第一轴

不能传递动力，即处于空挡位置。

2）低速挡。离合器2分离，倒挡制动器5松开，低速挡制动器3箍紧制动鼓，使前排太阳轮13固定不动。液力变矩器输出的动力，一部分从前排齿圈4经行星架传给后排行星齿轮9，另一部分直接经后排太阳轮11传到后排行星齿轮9，然后两部分汇合由后排齿圈8传给变速器第二轴10。该挡传动比为1.72。

3）直接挡。制动器3和5均放松，离合器2接合。此时前排太阳轮13与第一轴14和前排齿圈4连成一体，行星架也连接着，即 $n_{13}=n_{12}=n_{8}$。因和行星架7是前后两排共用的，后排太阳轮11又与前排齿圈4制成一体，故后排行星齿轮机构也连接着，即 $n_{9}=n_{11}=n_{8}$。变速器第二轴10与后排齿圈8以花键连接，因此，变速器第一轴14与第二轴10便成为一体来转动，传动比为1。

4）倒挡。倒挡制动器5收紧，倒挡制动鼓和行星架即被固

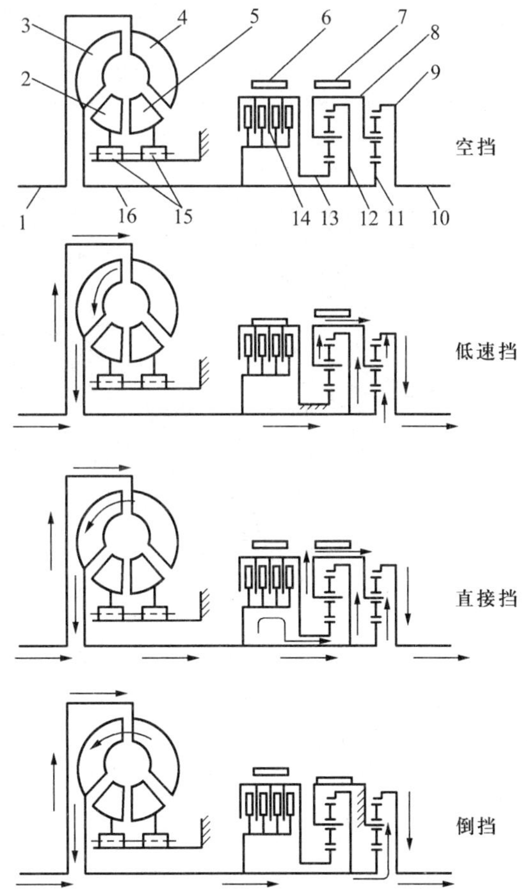

图2－34　轿车液力机械变速器各挡传动路线

1. 发动机曲轴　2. 第一导轮　3. 涡轮　4. 泵轮　5. 第二导轮　6. 低速挡制动器　7. 倒挡制动器　8. 行星架　9. 后排齿圈　10. 变速器第二轴　11. 后排太阳轮　12. 前排齿圈　13. 前排太阳轮　14. 直接挡离合器　15. 单向离合器　16. 变速器第一轴

定。离合器 2 分离，低速挡制动器 3 松开。此时前排太阳轮 13 可以自由转动，即前排行星齿轮机构不起传动作用。动力由第一轴 14 传给后排太阳轮 11。因行星架固定，故动力由后排齿轮 9 输出，旋转方向与后排太阳轮 11 相反，即倒挡齿轮运转，其传动比为 2.39。

(4) 自动操纵系统

液力机械变速器的自动操纵是指车辆在行驶过程中，只要驾驶员按行驶需要控制加速踏板，变速器即可根据发动机负荷和车辆行驶速度的变化自动地换入不同挡位工作。

自动操纵系统的组成包括动力源、执行机构和控制机构三大部分。前两大部分均为液压式，故整个自动操纵系统可按控制机构的形式分为液控液压式和电控液压式两种。

1）液控液压式自动操纵系统。如图 2－35 所示为红旗 CA7560 型轿车液控液压式自动操纵系统。其基本组成及功用概括如下：

① 动力源。动力源通常是指被液力变矩器驱动的液压油泵 7 及油液集滤器 6、油液细滤器 5、油液冷却器 4 等相关辅助部件。一是向液力变矩器提供工作油液，二是向执行机构和控制机构提供压力油，三是向行星齿轮变速器提供润滑油。

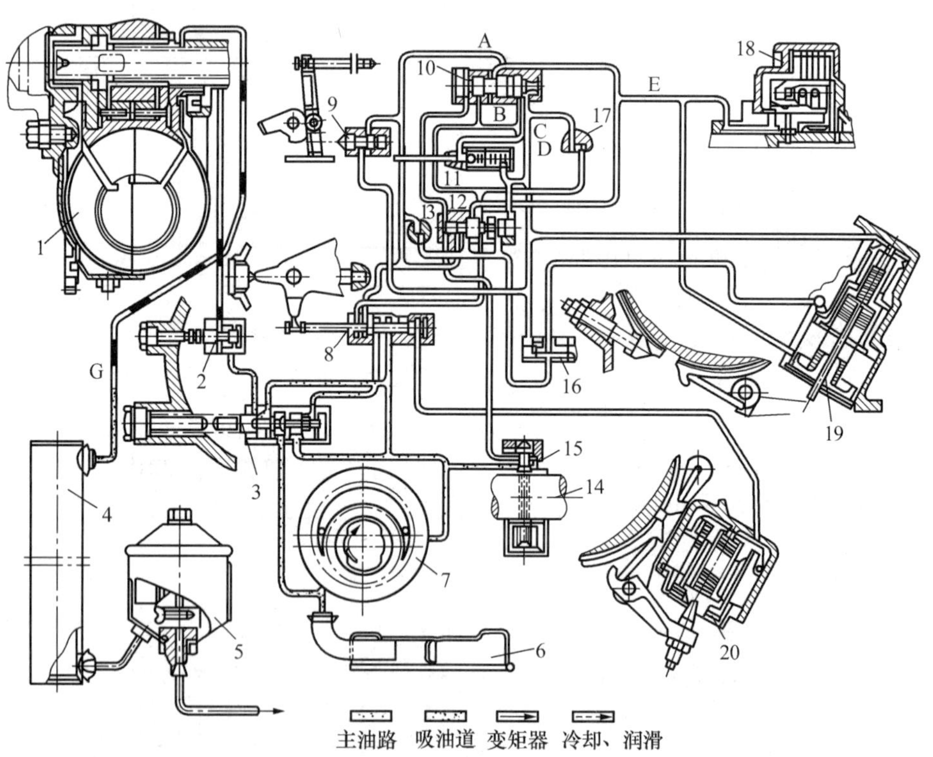

图 2－35 红旗 CA7560 型轿车自动变速器液压操纵系统（空挡油路）

1. 变矩器 2. 变矩器阀 3. 主油路调压阀 4. 油液冷却器 5. 油液细滤器 6. 油液集滤器 7. 液压油泵 8. 手控制阀 9. 节气门阀 10. 换挡阀 11. 强制低挡阀 12. 缓冲阀 13. 低挡阀片 14. 变速器输出轴 15. 离心调速阀（速控液压阀） 16. 低挡限流阀 17. 低挡单向阀 18. 直接挡离合器 19. 低速挡制动器 20. 倒挡制动器

② 执行机构。执行机构包括直接挡离合器 18、低速挡制动器 19 和倒挡制动器 20 及其液压操纵的油缸、活塞等。它是根据车辆行驶条件的变化，通过换挡控制机构，使相应换挡离合器和制动器的油缸充油或卸压，实现离合器和制动器的接合或分离，以此改变行星齿轮机构的传动方式和传动比，达到变换变速器挡位的目的。

③ 控制机构。控制机构包括换挡信号装置、主油路压力调节装置和换挡控制装置三部分。换挡信号装置含节气门阀 9 和离心调速阀 15；主油路压力调节装置即主油路调压阀 3；换挡控制装置含换挡阀 10、手控制阀 8、强制低挡阀 11、缓冲阀 12 和低挡限流阀 16 等。控制机构用于将驾驶员的选挡信号、节气门开度（即发动机负荷）、车辆行驶速度等传感器发出的信号转变成液压（或电）控制信号，通过此信号精确调节油泵输出压力，并控制通往执行机构的油路，实现变速器挡位平顺变换。

2）电控液压式自动操纵系统。图 2－36 所示为自动变速器电子控制自动操纵系统。其主要组成及功用概括如下：

① 传感器。传感器包括节气门开度、车速、变速器油温、冷却液温度等传感器，以及空挡、制动、强制降挡、超速挡、模式选择等开关。其作用是用以检测节气门开度、车速、液温等状态信号，并将它们以电信号形式输入到电子控制单元。

② 电子控制单元（ECU）。电子控制单元一般采用微处理器，其作用是根据各传感器提供的电信号，确定换挡规律及锁定离合器的时间，并通过发出的指令控制执行元件。

③ 执行元件。执行元件是位于自动变速器控制阀体中的电磁阀，其作用是根据电子控制单元发出的指令使其接通或者断开，实现对换挡阀油路的控制，从而改变作用在阀体上的油压，进而实现对离合器和制动器的控制，以利换挡变速。

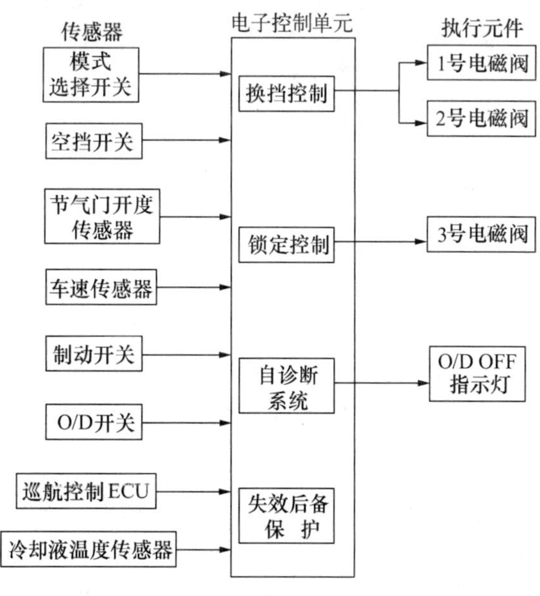

图 2－36　电子控制自动操纵系统

2.4.2 负载换挡变速器

负载换挡变速器也称为动力换挡变速器，其可在不中断发动机与驱动轮之间的动力传递的情况下进行换挡。在大功率拖拉机上得到应用，解决了手动换挡变速箱在田间作业时频繁停车换挡引起的生产效率低和作业质量差的问题。

负载换挡变速箱分为部分负载换挡和全部负载换挡两种。前者通常是在传统齿轮式变速箱之前加一个负载换挡装置，实现几个速度区段内的负载换挡；后者则是所有的挡位都是负载换挡。

（1）结构组成

负载换挡变速器主要由齿轮式变速器、液压控制的换挡离合器、传感器、电子控制系统组成。它是在传统定轴式或行星式动力换挡变速器的基础上，应用电子技术和自动变速理论，以电子控制单元为核心，通过液压执行系统控制摩擦结合元件的分离与接合、选换挡操作以及发动机节气门的调节，来实现不切断动力情况下的拖拉机自动换挡控制。

如图 2－37 所示为美国迪尔－4020 型拖拉机的全负荷换挡变速器，它由三组离合器（C_1、C_2、C_3）、四组制动器（B_1、B_2、B_3、B_4）和三排行星机构构成，其中离合器和制动器为液压操纵。

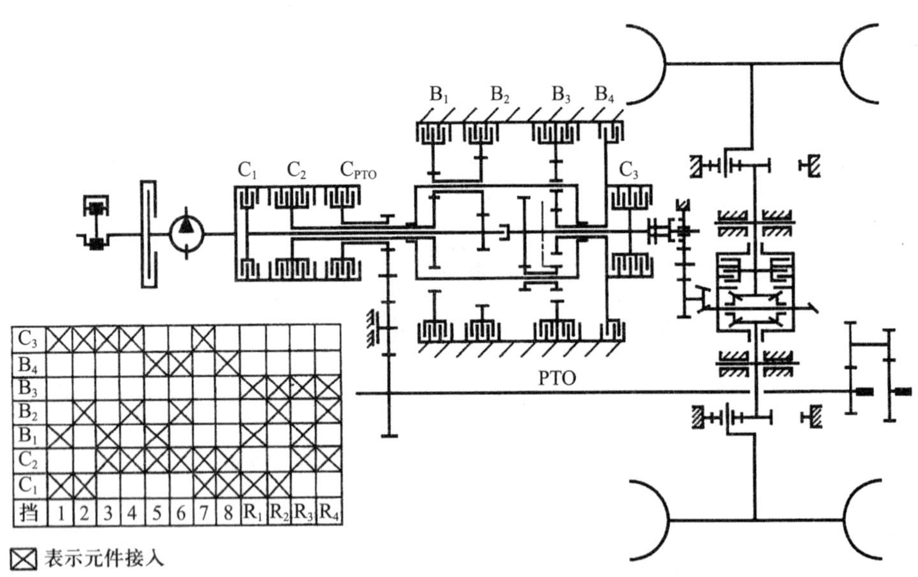

C_3	☒	☒	☒	☒			☒					
B_4					☒	☒		☒				
B_3									☒	☒	☒	☒
B_2		☒		☒		☒				☒		☒
B_1	☒		☒		☒				☒		☒	
C_2			☒	☒	☒	☒	☒	☒			☒	☒
C_1	☒	☒					☒	☒	☒	☒		
挡	1	2	3	4	5	6	7	8	R_1	R_2	R_3	R_4

☒ 表示元件接入

图 2－37 美国迪尔－4020 型拖拉机的全负荷换挡变速器

C_1、C_2、C_3. 离合器 B_1、B_2、B_3、B_4. 制动器

（2）工作原理

动力换挡自动变速器工作时，由驾驶员通过油门踏板、制动踏板和换挡手柄向变速器控制器表达意图，发动机转速、作业速度、挡位、油门开度等传感器实时监测拖拉机的作业状况，并将相应的电信号输入电子控制单元，电子控制单元按存储在其中的设定程序模拟熟练驾驶员的驾驶规律（最佳换挡规律、发动机油门的自适应调节规

律等），通过选换挡液压执行机构对换挡离合器的接合及分离进行控制，以实现发动机和变速器的最佳匹配，从而获得优良的作业性能和迅速换挡能力。

2.5　万向传动装置与驱动桥

2.5.1　万向传动装置

（1）功能与应用

功能与应用

万向传动装置的功用是在轴线相交且相对位置经常发生变化的两轴间传递动力，一般由万向节和传动轴组成，有时加装中间支撑。

万向传动装置在汽车上主要用于连接变速器与驱动桥，连接变速器与分动器，连接转向驱动桥中的减速器与转向驱动轮等。在拖拉机上主要用于动力输出轴与农机具之间的动力传递。

1）变速器与驱动桥之间。在发动机前置后轮驱动的汽车上，变速器常与发动机、离合器连成一体支承在车架上，而驱动桥则通过弹性悬架与车架连接（图 2－38）。变速器输出轴轴线与驱动桥的输入轴轴线很难布置得重合，并且在汽车行驶过程中，由于不平路面的冲击等因素，弹性悬架系统产生振动，使两轴相对位置经常变化。故变速器的输出轴与驱动桥输入轴不可能刚性连接，而必须采用两个万向节和一根传动轴组成的万向传动装置［图 2－39（a）］。在变速器与驱动桥距离较远的情况下，应将传动轴分成两段［图 2－39（b）］，即主传动轴 3 和中间传动轴 5，其间用 3 个万向节 2，且在中间传动轴后端设置了中间支撑 6。这样，可避免因传动轴过长而使自振频率降低和高转速下产生共振；同时提高了传动轴的临界转速和工作可靠性。

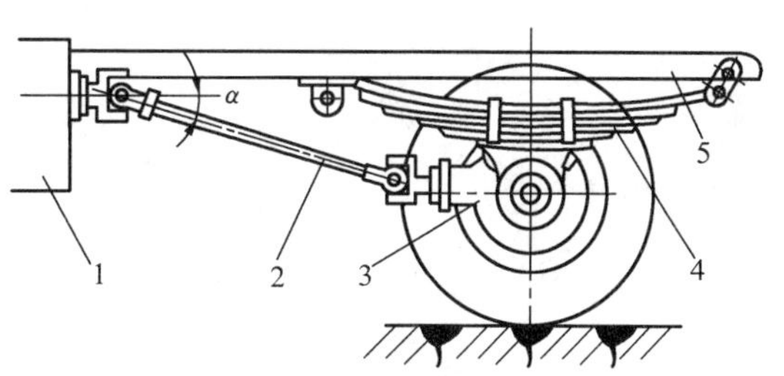

图 2－38　变速器与驱动桥之间的万向传动装置
1. 变速器　2. 万向传动装置　3. 驱动桥
4. 后悬架　5. 车架

2）变速器与分动器之间。对于双轴驱动的越野汽车［图 2－39（c）］来说，当变速器 1 与分动器 7 分开布置时，虽然它们都支承在车架上，在设计时，使其轴线重合，但为了消除制造、装配误差以及车架变形对传动的影响，在其间也常设有万向传动装置（中间传动轴 5）。为了传递动力，在分动器与转向驱动桥之间又设置了前桥传动轴 9。在二轴驱动的越野汽车中，中、后桥的驱动形式有两种，即贯通式［图 2－39（d）］和非贯通式［图 2－39（e）］。若采用非贯通式结构，其后桥传动轴 11 也必须设置中间支撑 14，并常将其固定在中驱动桥桥壳上。

3）转向驱动桥中的减速器与转向驱动轮之间。对于转向驱动桥来说，前轮既是转向轮又是驱动轮。作为转向轮，要求它能在最大转角范围内任意偏转某一角度；作为驱动轮，则要求半轴在车轮偏转过程中不间断地把动力从主减速器传到车轮。因此转向驱动桥的半轴不能制成整体而要分段，且用万向节连接，以适应汽车行驶时半轴各段的交

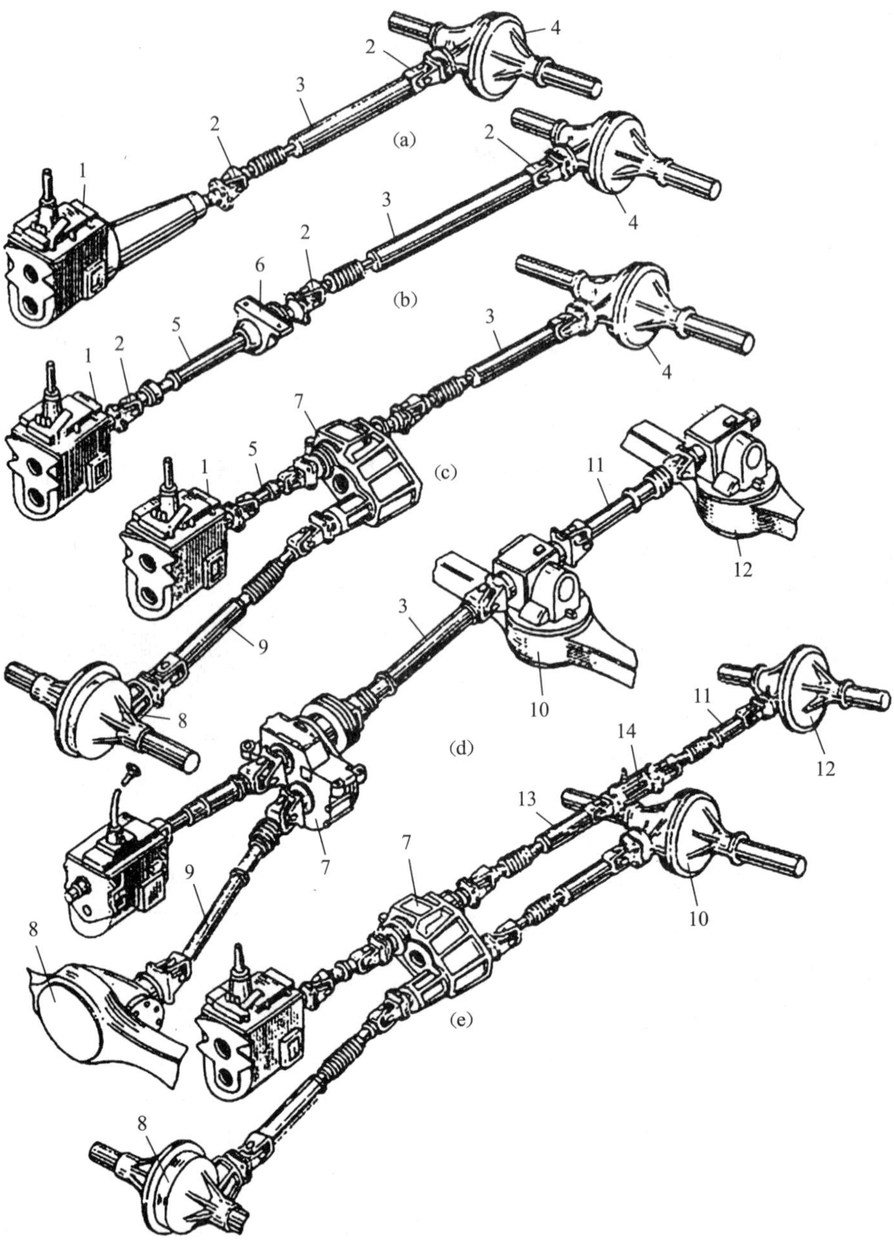

图 2-39 万向传动装置在汽车传动系统中的应用与布置

1. 变速器 2. 十字轴万向节 3. 主传动轴 4. 驱动桥 5. 中间传动轴 6、14. 中间支撑 7. 分动器 8. 转向驱动桥 9. 前桥传动轴 10. 中驱动桥 11. 后桥传动轴 12. 后驱动桥 13. 后桥中间传动轴

角不断变化的需要，若采用独立悬架，则在靠近主减速器处也需要有万向节［图 2-40 (a)］；若前驱动轮用非独立悬架，只需在转向轮附近装一个万向节［图 2-40 (b)］。万向传动装置除用于汽车的传动系统外，还可用于动力输出装置和转向操纵机构。

(2) 万向节

万向节是实现转轴之间变角度传递动力的部件，按万向节扭转方向是否有明显的弹性，可分刚性万向节和挠性万向节两类。刚性万向节靠零件的铰链式连接传递动

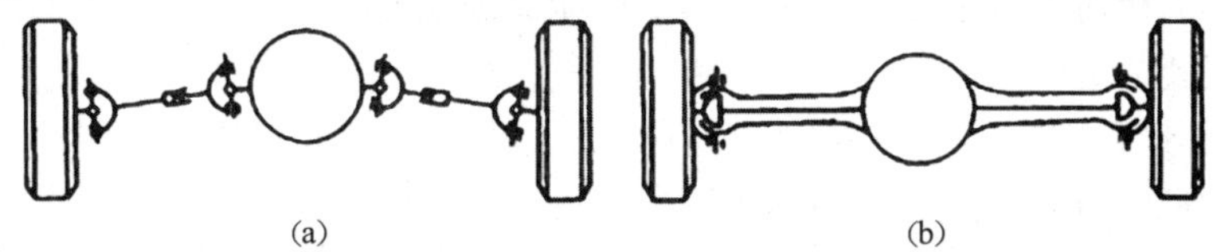

图 2-40 万向传动装置在汽车驱动桥中的应用与布置

力，而挠性万向节则靠弹性零件传递动力，且有一定的缓冲减振作用。刚性万向节又可分为不等速万向节、准等速万向节和等速万向节。

万向节-1

1）不等速万向节。在车辆传动系统中采用较多的是十字轴万向节。这种万向节结构简单，工作可靠，效率高，且两传动轴之间的夹角允许达到 15°～20°。但其缺点是当两轴夹角 α 不为零的情况下，不能等角速传递动力。

万向节-2

图 2-41 所示为汽车上常用的十字轴式刚性万向节。两万向节叉 2 和 6 上的孔分别活套在十字轴 4 的两对轴颈上。当主动轴转动时，从动轴既可随之转动，又可绕十字轴中心在任意方向摆动。为了减少摩擦损失，提高传动效率，在十字轴轴颈和万向节叉孔间装有滚针 8 和套筒 9 组成的滚针轴承，轴承靠固定在万向节叉上的盖 1 轴向定位。为了润滑轴承，十字轴上做成中空的，并有油路通向轴颈。为避免润滑油流出及尘垢进入轴承，在十字轴轴颈内端套着带有金属座圈的毛毡油封 7（或橡胶油封）。带弹簧的安全阀 5 的作用是，在十字轴内腔润滑油压力超过允许值时，安全阀被顶开而使润滑油外溢，使油封不致因油颈接触而外溢，不致因油压过高而损坏。

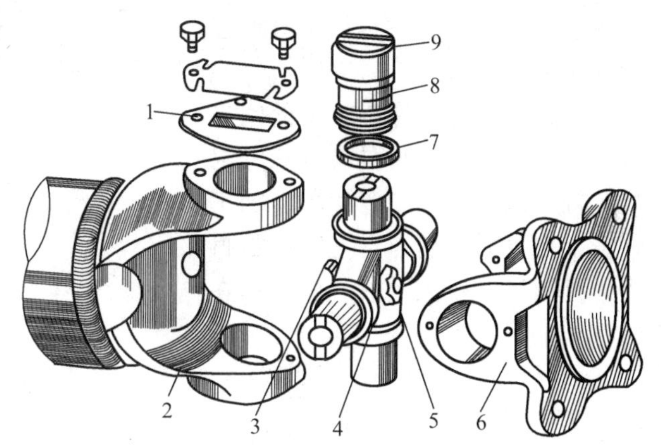

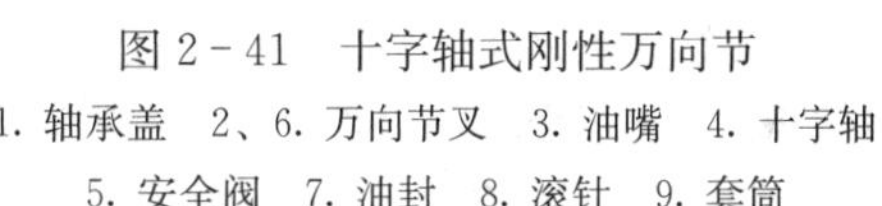
图 2-41 十字轴式刚性万向节
1. 轴承盖 2、6. 万向节叉 3. 油嘴 4. 十字轴
5. 安全阀 7. 油封 8. 滚针 9. 套筒

万向节-3

欲使具有一定交角的两轴实现等角速度传动，根据运动学分析得知，应将两个十字轴万向节按如图 2-42 所示的方式安装，并使第一个万向节两轴间夹角 α_1 与第二个万向节两轴间夹角 α_2 相等；第一个万向节的从动叉与第二个万向节的主动叉处于同一平面。这样使第一万向节的不等速效应有可能被第二万向节的不等速效应所抵消，从而可使输出叉轴 4 与输入叉轴 1 的角速度相等。

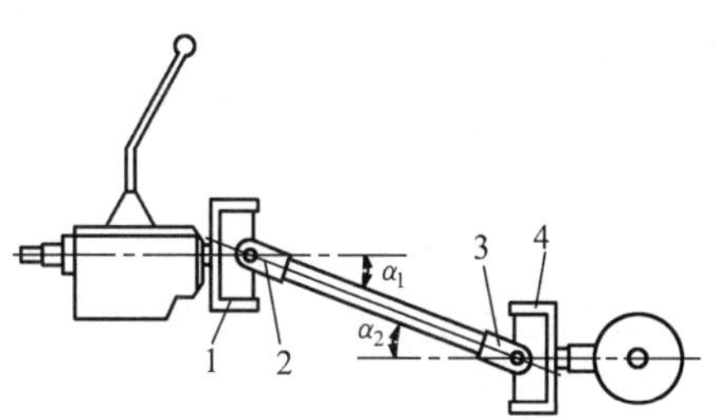

图 2-42 双万向节等速传动布置
1、3. 主动叉 2、4. 从动叉

但车辆驱动轮采用非独立悬架时，由于弹性悬架的振动，使得变速器输出轴与驱

动桥输入轴的相对位置不断变化，以致不可能保证任何时候 $\alpha_1=\alpha_2$，因而两轴间的传动等速性只能是近似的。

2）准等速万向节。准等速万向节是根据上述双万向节实现等速传动的原理而设计成的。常见的有双联式和三销轴式万向节。

① 双联式万向节。双联式万向节实际上是一套传动轴长度减缩至最小的双万向节等速传动装置。如图 2-43 中的双联叉 2 相当于两个在同一平面上的万向节叉：欲使轴 1 和轴 3 的角速度相等，应保证 $\alpha_1=\alpha_2$，为此在双联式万向节的结构中装有分度机构，以尽量保证双联叉的对称线平分所连两轴的夹角。

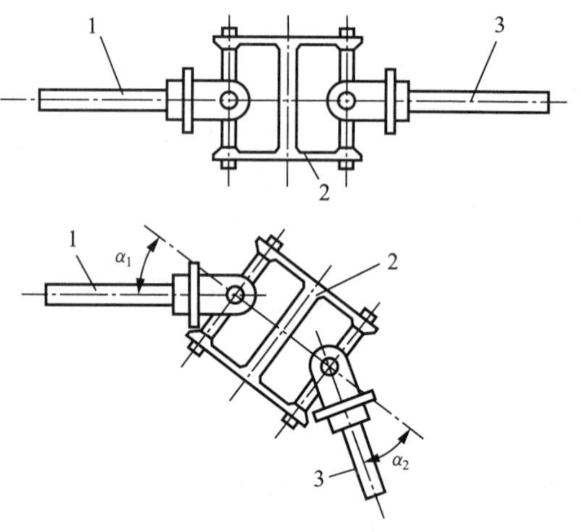

图 2-43 双联式万向节

1、3. 轴 2. 双联叉

双联式万向节允许有较大的间夹角（一般可达 50°），且具有轴承密封性好、效率高、制造工艺简单、加工方便、工作可靠等优点，但零件数目较多，外形尺寸较大，故一般多用在越野汽车上。

② 三销轴式万向节。是由双联式万向节演变而来的准等速万向节。图 2-44 所示汽车转向驱动桥中的三销轴式万向节，主要由两个偏心轴叉 1 和 3、两个三销轴 2 和 4 以及六个轴承、密封件等组成。其最大特点是允许相邻两轴有较大的交角，最大可达 45°。在转向驱动桥中采用这种万向节可使汽车获得较小的转弯半径，提高了汽车的机动性。其缺点是所占空间较大。

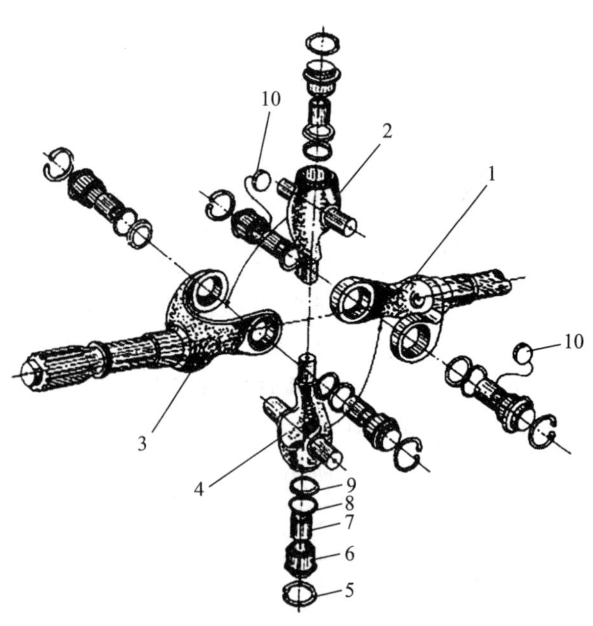

图 2-44 三销轴式万向节

1. 主动偏心轴叉 2、4. 三销轴 3. 从动偏心轴叉 5. 卡环 6. 轴承座 7. 衬套 8. 毛毡圈 9. 密封罩 10. 推力垫片

3）等速万向节。等速万向节的基本原理是从结构上保证万向节在工作过程中，其传力点永远位于两轴交角的平分面上。如图 2-45 所示为一对大小相等的锥齿轮传动示意图。两齿轮的接触点 P 位于两齿轮

轴线交角 α 的平分面上，由 P 点到两轴的垂直距离都等于 r，P 点处两齿轮的圆周速度是相等的，故两个齿轮旋转的角速度也相等。同理，若万向节的传力点在其交角变化时，始终位于两轴交角的平分面上，则可使两万向节叉保持相等的角速度，实现等速传动。

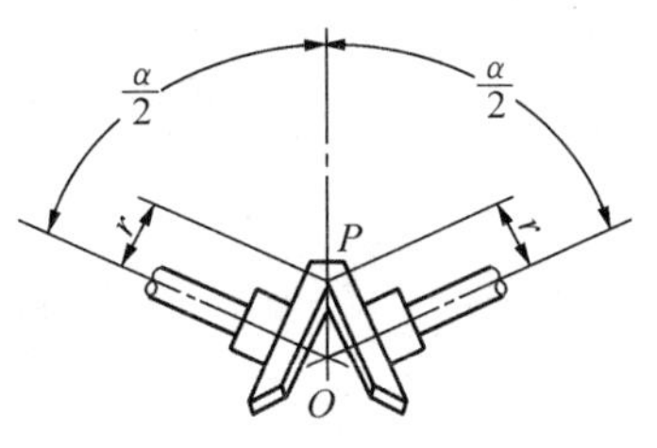

图 2－45　等速万向节传动基本原理

目前，较广泛使用的等速万向节有球笼式万向节和球叉式万向节两种。

① 球笼式万向节。其结构如图 2－46 所示，星形套 7 以内花键与主动轴 1 相连接，其外表面有 6 条弧形凹槽，形成内滚道。球形壳 8 的内表面有相应的 6 条弧形槽，形成外滚道。6 个钢球分别装在各条凹槽中，由保持架 4 将其保持在一个平面内。动力由主动轴 1 经钢球 6、球形壳 8 输出。

球笼式万向节在结构上能保证传力钢球在工作时始终位于主、从动轴交角的平分面上，从而使得从动轴与主动轴能以等角速度旋转。

球笼式万向节在工作时，不论传动方向如何，6 个钢球全部传力，并且在两轴的最大交角为 42°时仍可传递转矩，同时其结构紧凑，承载能力强，拆装方便，因而越来越得到广泛应用。

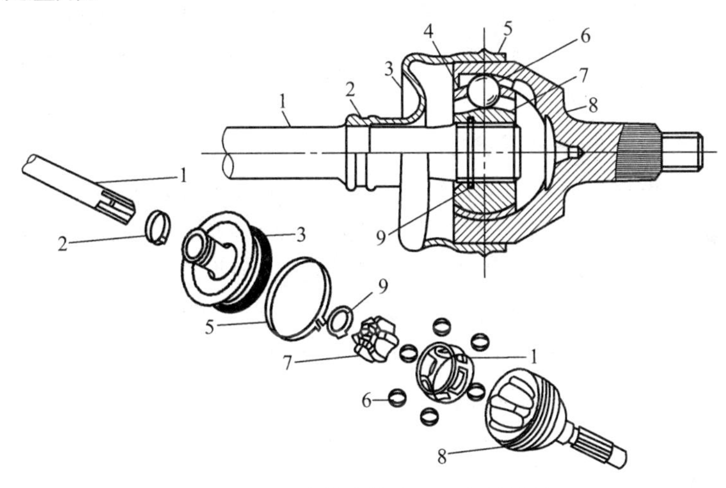

图 2－46　球笼式等速万向节的结构

1. 主动轴　2、5. 钢带箍　3. 外罩　4. 保持架（球笼）　6. 钢球　7. 星形套（内滚道）　8. 球形壳　9. 卡环

② 球叉式万向节。其结构如图 2－47（a）所示，在轴 1 和轴 2 的一端都做有一个叉子，两个叉子相互垂直放置，两叉间嵌进四个传力钢球 6，在两叉中心嵌入一个定心钢球 5，传动时两个叉子绕着定心钢球 5 转动一个角度。

为达到等角速传递动力的目的，在每个叉子上都做有四个曲槽，如图 2－47（b）所示。轴 1 叉子的曲槽半径为 R_1（图中只画出两个曲槽，另两个在背面，投影与之重合），曲槽中心为 O_1，轴 2 叉子的曲槽半径 R_2，中心为 O_2；而万向节的中心为 O 点。O_1、O_2 与 O 点不重合，当叉子装配起来之后［图 2－47（c）］，两个叉子凹槽的中心线是以 O_1、O_2 为圆心的两个半径相等的圆，而圆心 O_1、O_2 与万向节中心 O 的

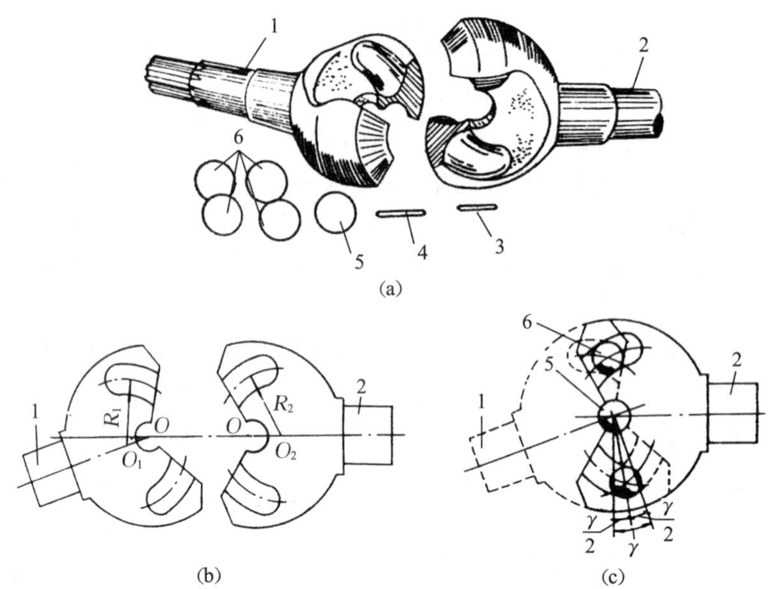

图 2-47　球叉式等速万向节及其工作原理

1、2. 轴　3. 销锁　4. 销　5. 定心钢球　6. 传力钢球

距离相等，曲槽半径 R_1、R_2 相等，因此在两轴以任何角度相交的情况下，传力钢球中心都位于两圆的交点上，亦即所有传力钢球都位于角平分面上，因而保证了等角速转动。

球叉式万向节只有两个钢球参与传力，当反转时，则是另外两个钢球参与传力，因此钢球与曲槽之间的压力较大，磨损较快，影响使用寿命。其优点是结构紧凑、简单。球叉万向节允许最大交角为 32°～33°，较好地满足了转向驱动桥的要求，使用广泛。

4）挠性万向节。挠性万向节依靠其中弹性件的弹性变形来保证在相交两轴间传动时不发生机械干涉。六角形橡胶圈、橡胶盘、橡胶金属套管等是常用的弹性件。因为弹性件的弹性变形量有限，所以挠性万向节一般适用于两轴间夹角不大（3°～5°）和有微量轴向位移的万向传动场合。它具有结构简单、无须润滑，能吸收传动系统中的冲击载荷和衰减扭转振动等优点。

（3）传动轴

传动轴

在常见的轻中型货车中，连接变速器与驱动桥的传动轴部件由传动轴及其两端焊接的花键轴和万向节叉组成。为了得到较高的强度和刚度，传动轴多做成空心的，一般用厚度为 1.5～3.0 mm 的薄钢板卷焊而成。超重型货车的传动轴则直接采用无缝钢管。在转向驱动桥、断开式驱动桥或微型汽车的万向传动装置中，通常将传动轴制成实心轴。

在汽车行驶过程中，变速器与驱动桥的相对位置经常变化，为避免运动干涉，传动轴用由滑动叉和花键轴组成的滑动花键连接，以适应传动轴长度的变化。为减少磨损，还装有用以加注润滑脂的润滑脂嘴、油封、堵盖和防尘套。

在传动轴高速旋转时，由于质量不均衡引起的离心力将使传动轴发生剧烈振动。因此，当传动轴与万向节装配后必须进行动平衡。传动轴过长时，自振频率降低，易产生共振。故常将其分为两段并加中间支撑，如图 2-48 所示。

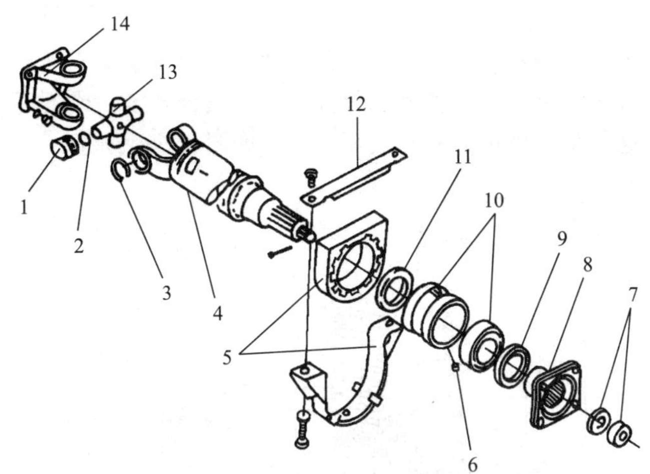

图 2-48 某型号汽车分解后中间传动轴与中间支撑总成

1. 十字轴滚针轴承总成 2. 防尘圈 3. 卡簧 4. 中间传动轴总成 5. 中间支撑总成 6. 直通润滑脂嘴 7. 垫圈及螺母 8. 中间传动轴凸缘 9. 中间支撑油封 10. 中间支撑轴承及轴承座 11. 中间支撑油封总成 12. 中间支撑上盖板 13. 十字轴 14. 传动轴凸缘叉

2.5.2 驱动桥

(1) 功用与类型

汽车拖拉机的驱动桥是指变速器与驱动轮之间除万向节及传动轴以外的所有传动部件和壳体的总称。驱动桥的功用如下：一是将传动装置传来的发动机转矩通过主减速器、差速器、半轴等传到驱动车轮，实现降速增大转矩；二是通过主减速器锥齿轮副或双曲面齿轮副改变转矩的传递方向；三是通过差速器实现两侧车轮差速作用，保证内、外侧车轮以不同转速转向；四是通过桥壳体和车轮实现承载及传力作用。

驱动桥组成如图 2-49 所示，一般由主减速器、差速器（或转向机构）、半轴、最终传动和桥壳等零部件组成。经万向节传动装置输入驱动桥的转矩首先传到主减速器 5，经差速器 4 分配给左右半轴 3，最后提高半轴外端的凸缘盘传至驱动车轮的轮

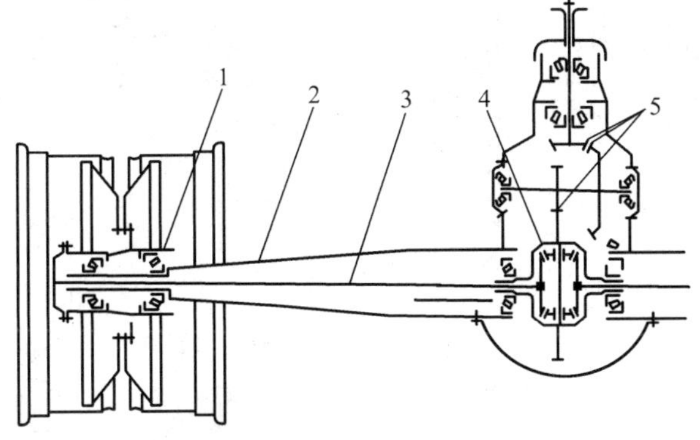

图 2-49 整体式驱动桥

1. 轮毂 2. 驱动桥壳 3. 半轴 4. 差速器 5. 主减速器

毂 1。驱动桥壳 2 由主减速器和半轴套管组成。这种驱动桥壳为整体刚性结构，故称为整体式驱动桥。

现在有的汽车采用独立悬架，其驱动轮可独立地相对车架或车身上下跳动。主减速器壳固定在车架或车身上，驱动桥壳分段并通过铰链连接，或不再有除主减速器壳外的其他部分，这种驱动桥称为断开式驱动桥，如图 2 - 50 所示。

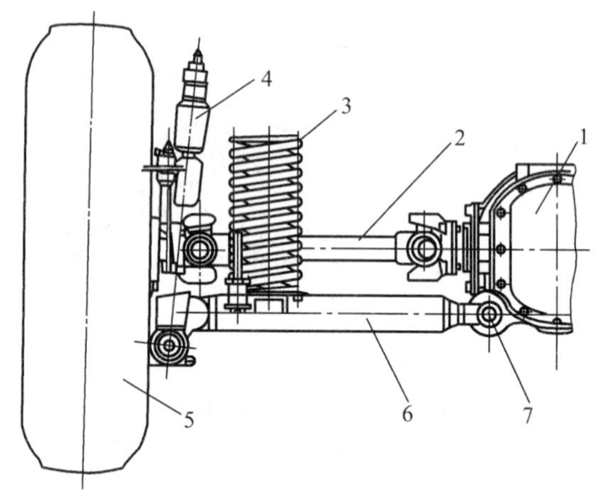

图 2 - 50 断开式驱动桥

1. 主减速器 2. 半轴 3. 弹性元件 4. 减振器 5. 车轮 6. 摆臂 7. 摆臂轴

如图 2 - 51 所示，拖拉机驱动桥常称为后桥，它由中央传动 1（视同汽车主减速器）、差速器 2 、最终传动 3 、半轴和桥壳等组成。轮式拖拉机后桥分为内置式和外置式两种。前者的左右最终传动与中央传动和差速器寓于同一后桥壳体内 [图 2 - 51 (a)]。此种后桥结构紧凑，因驱动轮可在半轴上移动，故能无级调节轮距，但加大了桥壳尺寸，使离地间隙减小。后者的左右最终传动具有各自独立的壳体，并分置在左右驱动轮处 [图 2 - 51 (b)]。此种后桥壳既能获得较大的离地间隙，改变最终传动壳体与后桥壳体的相对位置，还可同时改变离地间隙和拖拉机轴距，但不能无级调节轮距。

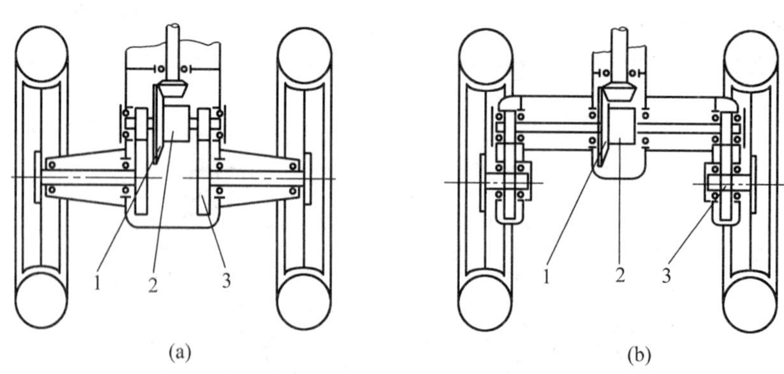

图 2 - 51 轮式拖拉机后桥结构

1. 中央传动 2. 差速器 3. 最终传动

如图 2 - 52 所示，履带式拖拉机后桥由中央传动 1、转向离合器 2 和最终传动 3 等组成。中央传动和转向离合器寓于后桥壳体中，左右最终传动及其壳体位于左右驱动轮附近。转向离合器既是传动部件又是转向系统的组成部分。

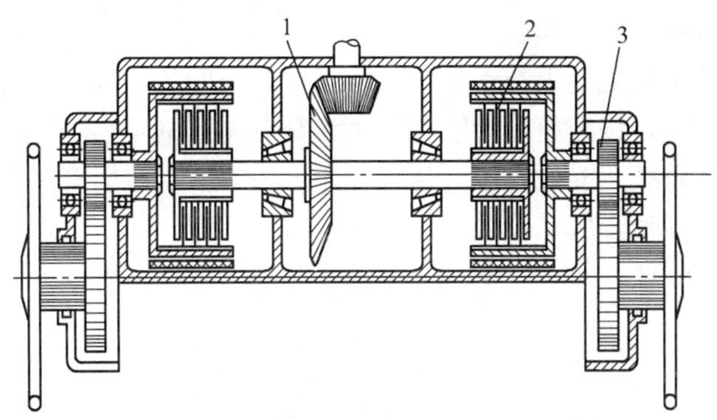

图 2-52 履带式拖拉机后桥结构

1. 中央传动 2. 转向离合器 3. 最终传动

(2) 主减速器

主减速器

主减速器的功用是把变速器传来的转矩进一步放大，并相应降低转速。目前，汽车发动机和变速器多数采用纵置，还必须通过锥齿轮主减速器改变转矩的方向，以适应行驶需要。根据不同的使用要求，主减速器有不同的结构形式。

按齿轮传动副的数目分，有单级式和双级式。目前，轿车、小型客车、轻型和中型货车一般采用单级主减速器；大型和重型货车不仅要求较大的主减速比，还要求较大的离地间隙，故多采用双级主减速器。

按齿轮传动比挡数分，有单速式和双速式。单速式的传动比是固定的；双速式有供驾驶员选择的两个传动比，以适应不同工作条件。国产拖拉机一般采用单速式主减速器。

按齿轮传动副的结构形式分，有圆柱齿轮式、锥齿轮式和准双曲面齿轮式。圆柱齿轮式又可分为定轴轮系和行星齿轮系，适用于发动机横置的汽车。对于大多发动机纵置的汽车来说，其主减速器采用螺旋锥齿轮或准双曲面齿轮，分别如图 2-53（a）和（b）所示。与螺旋锥齿轮比较，准双曲面齿轮工作稳定性更好，机械强度更高，同时允许主动齿轮轴线相对从动齿轮轴线偏移，若主动齿轮轴线向下偏移，在保证必需离地间隙的情况下，可使车辆质心降低，提高行驶稳定性。但为了减少摩擦、提高

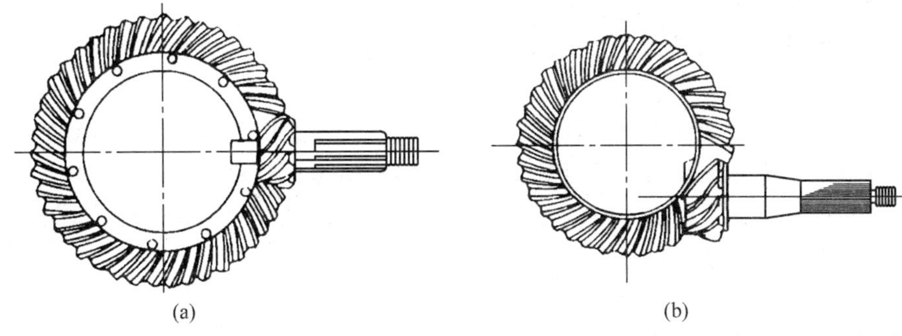

图 2-53 主动齿轮和从动齿轮轴线位置

（a）螺旋锥齿轮传动，轴线交叉 （b）准双曲面齿轮传动，轴线下偏移

效率，必须采用含防刮伤添加剂的准双曲面齿轮油及合理可靠的润滑油路。

1）单级减速主减速器。单级减速主减速器如图 2－54 所示，通常由一对锥齿轮组成。此种形式机构简单、体积小、质量轻、传动效率高，得到了广泛采用，但因主动小锥齿轮的最少齿数受到限制，如传动比太大，会使从动锥齿轮及其壳体结构尺寸大，造成离地间隙小，机械通过性能差。主、从动锥齿轮必须保证正确的相对位置，以减少磨损，提高效率，降低噪声，延长寿命。为此，在结构上应保证两齿轮有足够的支承刚度和必要的啮合调整装置。

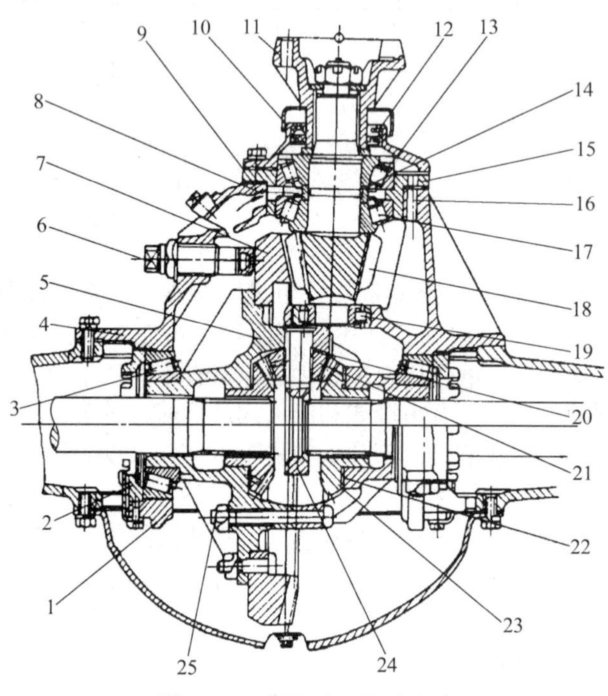

图 2－54 单级减速主减速器

1. 差速器轴承盖 2. 轴承调整螺母 3、13、17. 圆锥滚子轴承 4. 主减速器壳 5. 差速器壳 6. 支承螺栓 7. 从动锥齿轮 8. 进油道 9、14. 调整垫片 10. 防尘罩 11. 叉形凸缘 12. 油封 15. 轴承座 16. 回油道 18. 主动锥齿轮 19. 圆柱滚子轴承 20. 行星齿轮垫片 21. 行星齿轮 22. 半轴齿轮推力垫片 23. 半轴齿轮 24. 行星齿轮轴（十字轴） 25. 螺栓

为保证主动锥齿轮有足够的支承刚度，主动锥齿轮 18 与轴支承一体，前端支承在互相贴近小端相向的两个圆锥滚子轴承 13、17 上，后端支承在圆柱滚子轴承 19 上，形成跨置式支承。

装配主减速器时，圆锥滚子轴承应有一定的装配预紧度，即在消除轴承间隙的基础上，再给予一定的预紧力。其目的是减少在锥齿轮传动过程中产生的轴向力所引起的齿轮轴的轴向位移，以提高轴的支承刚度，保证锥齿轮副的正常啮合。但也不能过紧，若过紧则传动效率低，且加速轴承磨损。

2）双级减速主减速器。根据发动机特性和汽车使用条件，当要求主减速器具有较大的减速比时，若仍采用单级主减速器，则不能保证具有足够的离地间隙而影响车辆的通过性。因此，需要采用两对齿轮减速的双级主减速器，如图 2－55 所示。

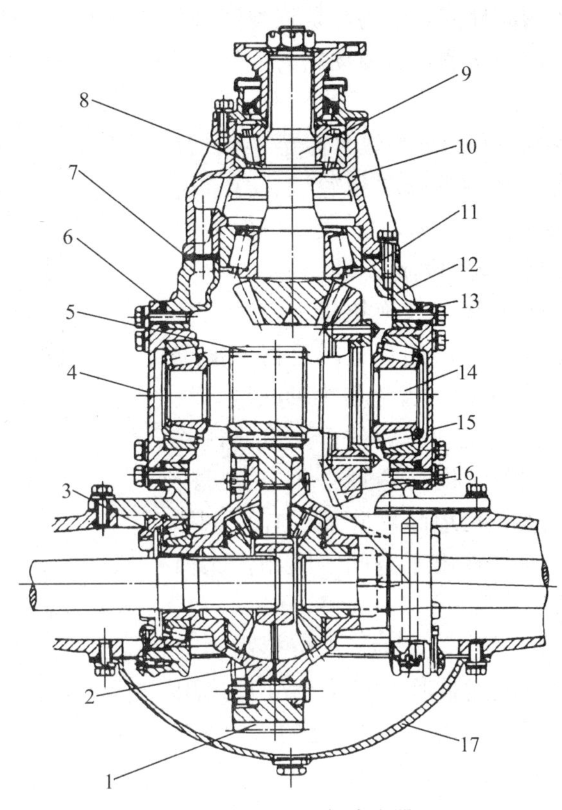

图 2-55　双级主减速器

1. 第二级从动齿轮　2. 差速器壳　3. 调整螺母　4、15. 轴承盖　5. 第二级主动齿轮　6、7、8、13. 调整垫片　9. 第一级主动齿轮轴　10. 轴承座　11. 第一级主动齿轮　12. 主减速器壳　14. 中间轴　16. 第一级从动锥齿轮　17. 后盖

一般双级主减速器中主动锥齿轮与轴制成一体，采用悬臂式支承。即主动锥齿轮轴支承在位于齿轮同一侧的两个相距较远的圆锥滚子轴承上，而主动锥齿轮悬伸在轴承之外。这种支承形式的结构比较简单，但支承刚度不如跨置式。主动锥齿轮轴多用悬臂式支承的原因有两点：一是第一级齿轮传动比较小，相应的从动锥齿轮直径较小，因而在主动锥齿轮外端要再加一个支承，布置上很困难；二是因传动比小，主动锥齿轮及轴颈尺寸有可能做得较大，同时尽可能将两轴承间的距离加大，同样可得到足够的支承刚度。

主动锥齿轮轴轴承预紧度通过增减调整垫片 8 的厚度来实现。中间轴圆锥滚子轴承预紧度则分别靠增减两侧轴承盖与主减速器壳之间的调整垫片 6 和 13 的厚度来实现。支承差速器壳的圆锥滚子轴承的预紧度通过拧动调整螺母 3 来实现。

为方便锥齿轮副的啮合调整，两锥齿轮的轴向位置均可适当移动。增减轴承座和主减速器壳之间调整垫片 7 的厚度，可改变主动锥齿轮的轴向位置。对于从动锥齿轮，若减少左轴承盖处的调整垫片 6，并随即将减下的垫片全都加到右轴承盖处的调整垫片 13 中，则使从动锥齿轮右移，反之亦反。若左右两组垫片的减量和增量不等，必将破坏事先调好了的中间轴轴承的预紧度。

3）轮边减速器。有的重型汽车、越野车和大型客车，不仅要求有较大的主传动比，而且要求有较大的离地间隙。为此，将类似双级主减速器中的第二级减速齿轮机构做成同样两套，分设在车辆两侧驱动轮的近旁，此称为轮边减速器。第一级仍称为主减速器。

如图 2－56 所示，第一级将动力传至半轴后，接着经太阳齿轮、行星齿轮、行星齿轮轴、行星齿轮架和轮毂，最终传至车轮。在此，太阳齿轮为主动件，行星架为从动件，齿圈固定不动。

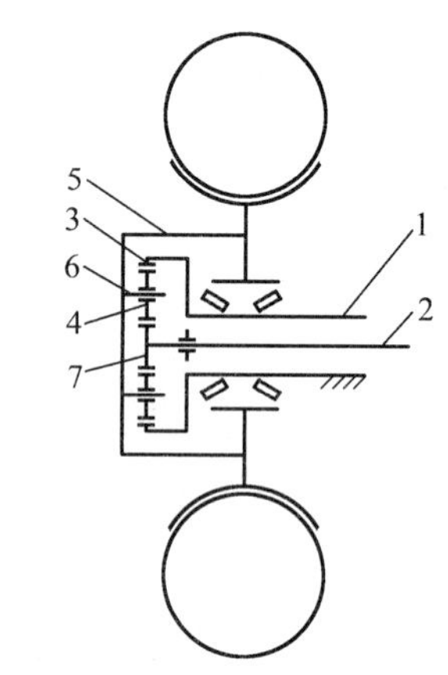

图 2－56 行星齿轮式轮边减速器
1. 半轴套管 2. 半轴 3. 齿圈
4. 行星齿轮 5. 行星齿轮架
6. 行星齿轮轴 7. 太阳齿轮

在同级越野车、大型客车和拖拉机上，还经常采用一对外啮合圆柱齿轮组成的轮边减速器（拖拉机中称为最终传动）。其主动小齿轮与半轴联结，从动大齿轮与轮毂联结。当主动齿轮位于上方时，驱动桥离地间隙增大，有利于提高越野车和拖拉机的通过性；反之，驱动桥壳离地高度降低，有利于降低客车地板的高度，但往往由于空间的限制，此种轮边减速器的传动比是有限的。

4）双速主减速器。有些汽车为了充分提高动力性和经济性，采用的主减速器具有可供驾驶员选用的两挡传动比。图 2－57 所示为一种常见的结构形式，该双速主减速器由一对圆锥齿轮和一个行星齿轮机构组成。

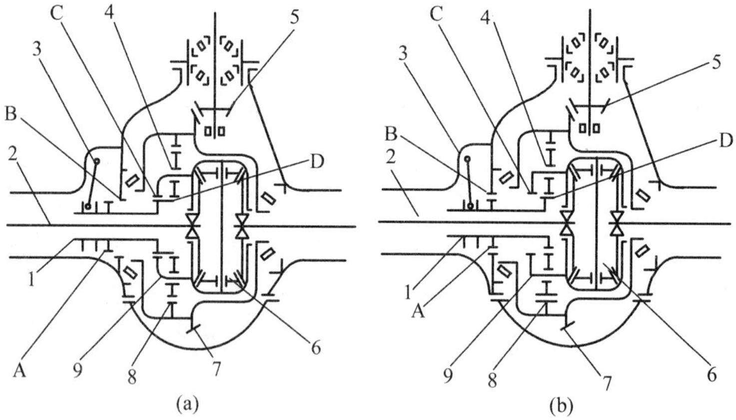

图 2－57 行星齿轮式双速主减速器工作原理
(a) 高速挡单级传动 (b) 低速挡双级传动
1. 接合套 2. 半轴 3. 拨叉 4. 行星齿轮 5. 主动锥齿轮 6. 差速器
7. 从动锥齿轮 8. 齿圈 9. 行星齿轮架

行星齿轮架 9 与差速器 6 的壳体刚性联结，齿圈 8 与从动锥齿轮 7 联成一体。动力由锥齿轮副经行星齿轮机构传递给差速器 6，最后通过半轴 2 传递给驱动桥。接合套 1 滑套在左半轴上，且接合套上有短齿接合齿圈 A 和长齿接合齿圈 D（即太阳齿轮）。

在通常行驶条件下采用高挡传动，此时拨叉 3 将接合套 1 拨至左边［图 2－57 (a)］。可见，接合套上短齿接合齿圈 A 与主减速器壳上的固定齿圈 B 分离，长齿接合齿圈

D与行星齿轮4和行星架的内齿圈C同时啮合。致使行星齿轮不能自转，行星齿轮机构失去作用，差速器壳体与从动锥齿轮7同速转动。故此主减速器高速挡的主传动比仅为从动锥齿轮齿数与主动锥齿轮齿数之比。

当行驶条件变化而要求车辆具有较大驱动力时，驾驶员通过气动或电动操纵系统，由拨叉将接合套推至右边［图2-57（b）］。可见，接合套上短齿接合齿圈A与齿圈B接合，即接合套与主减速器壳联成一体；长齿接合齿圈D与齿圈C分离，仅与行星齿轮啮合。致使太阳齿轮D被固定，齿圈8为主动件，行星齿轮架为从动件。

5）贯通式主减速器。如图2-58所示为一些多轴越野汽车所用的贯通式驱动桥布置方式。前面（或后面）两驱动桥的传动轴串联，传动轴从距分动器较近的驱动桥中穿过，并通往另一驱动桥。因此，通常将这种布置方案中的驱动桥称为贯通式驱动桥。

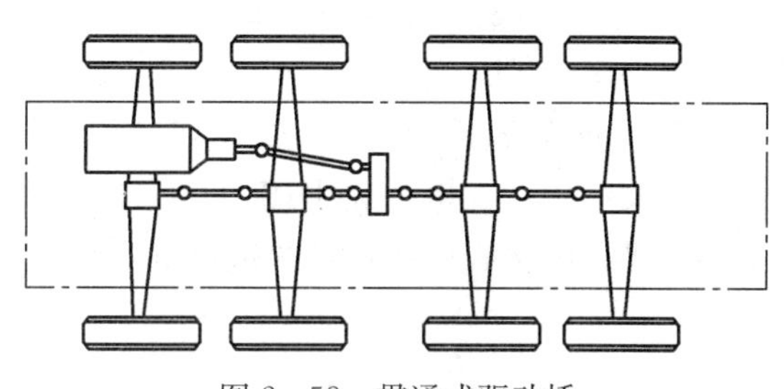

图2-58 贯通式驱动桥

（3）驱动轮轴与半轴

最终传动为外置式时，驱动轮安装在最终传动从动齿轮的轴上，此轴称为驱动轮轴。若驱动轮安装在与差速器半轴齿轮相连接的轴上或内置式最终传动从动齿轮的轴上，则称此轴为半轴。按结构布置和受力情况，半轴可分为四种：全浮式、四分之三浮式、半浮式和不浮式。

驱动轮轴与半轴

1）全浮式半轴。全浮式半轴如图2-59所示，半轴一端用花键与装在差速器壳内的半轴齿轮连接，而差速器壳通过锥轴承装在后桥壳内，使半轴呈“浮动支承”而不承受弯矩，作用在大锥齿轮上的力引起的水平弯矩和垂直弯矩都由壳体承受。半轴从另一端安装驱动轮，半轴通过轮毂和双排锥轴承支承在半轴壳上。这种结构使作用在车轮和大锥齿轮上的力所形成的弯矩都由半轴壳或后桥壳承受，半轴只受转矩。由图2-59可知，力 F_q 和 F_{yq} 通过支承轴承的对称平面不能引起弯矩，只有侧向力 F_z 能引起弯矩 $F_z \cdot r_{dq}$，而此弯矩由两轴承的支反力 F 所形成的反力矩 $F \cdot e$ 所平衡，力矩 $F \cdot e$ 则作用在半轴壳上，所以这种半轴称为全浮式半轴。

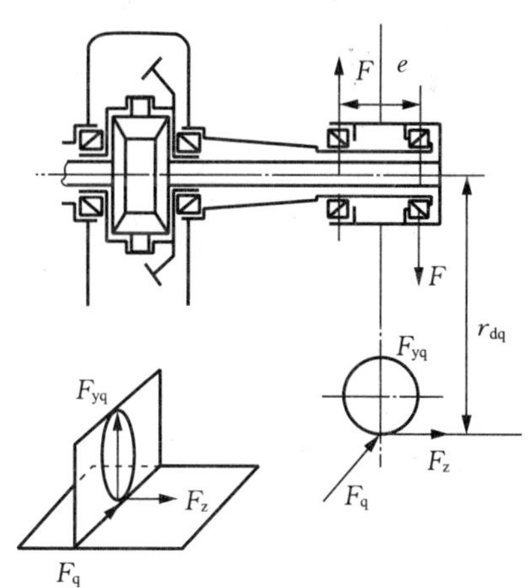

图2-59 全浮式半轴

2）四分之三浮式半轴。四分之三浮式半轴如图2-60所示。这种半轴常用在载重量较轻的汽车上。结构布置与全浮式半轴相似，不同之处是用单排圆柱滚子轴承代替双排锥轴承。因 e 值较小，反力矩 $F \cdot e$ 亦小，支承刚度不够，部分弯矩 $F_x \cdot r_{dq}$ 要传给半轴，由半轴承受。力 F_q 和 F_{yq} 也不通过轴承的对称平面而有 a 值，由此而产生的弯矩部分由半轴承受，所以称为四分之三浮式半轴。

3）半浮式半轴。半浮式半轴如图 2-61 所示。这种半轴多用在小轿车上。与上述两种半轴不同之处是车轮一端的半轴直接通过轴承支承在半轴壳上，使半轴受到所有作用在车轮上的力所形成的水平弯矩和垂直弯矩。

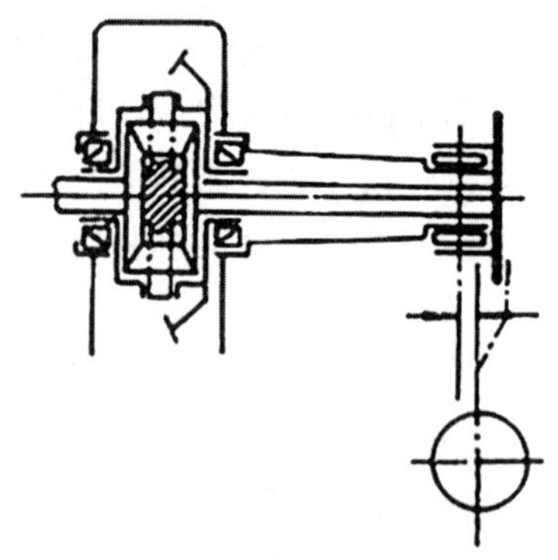
图 2-60　四分之三浮式半轴

4）不浮式半轴。不浮式半轴如图 2-62 所示。其靠近车轮的一端支承结构与半浮式半轴相同。靠近半轴齿轮的一端直接通过支承，支承在壳体上，使作用在大锥齿轮上的力形成的弯矩都由半轴承受。内置式最终传动的拖拉机一般采用这种半轴。

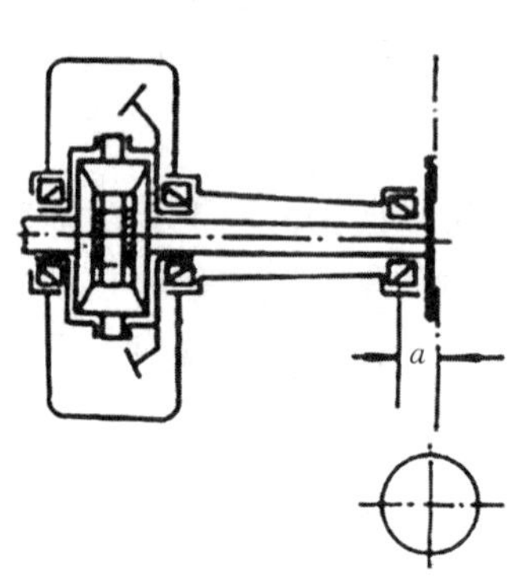

图 2-61　半浮式半轴

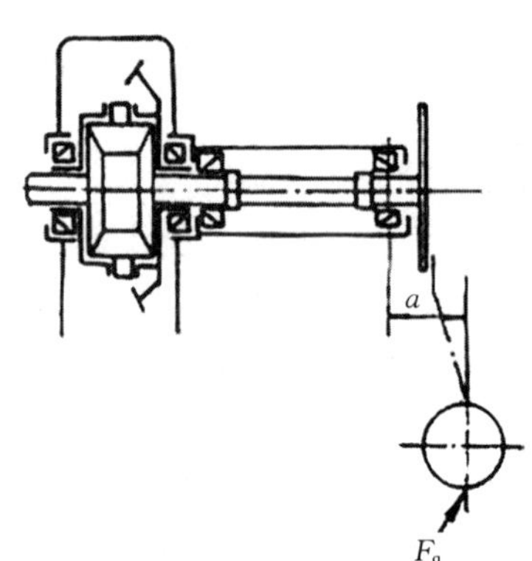

图 2-62　不浮式半轴

桥壳

（4）桥壳

驱动桥壳的功用是支承并保护主减速器、差速器和半轴等，使左右驱动车轮的轴向相对位置固定；同从动桥一起支承车架及其上的各总成质量；汽车行驶时，承受由车轮传来的路面反作用力和力矩，并经悬架传给车架。

驱动桥壳应有足够的强度和刚度，且质量要小，并便于主减速器的拆装和调整。由于桥壳的尺寸和质量一般都比较大，制造较困难，故其结构形式在满足使用要求的前提下，要尽可能便于制造；驱动桥壳从结构上可分为整体式桥壳和分段式桥壳两类。

1）整体式桥壳。图 2-63 所示为某型号汽车的整体式桥壳。为增加强度和刚度，两端压入无缝钢管制成的半轴套管。半轴套管 1 压入后桥壳 2 中。桥壳上有通气塞，保证高温下的通气，保持润滑油品质和使用周期。这种整体铸造桥壳刚度大、强度高，易铸成等强度梁形状，但因质量大，铸造品质不易保证，适用于中、重型汽车，多用于重型汽车上。

2）分段式桥壳。分段式桥壳一般分为两段，由螺栓 1 将两段联成一体（图 2-64）。它由主减速器壳 10 和两个半轴套管 4 及凸缘盘 8 等组成。分段式桥壳比整体式桥壳

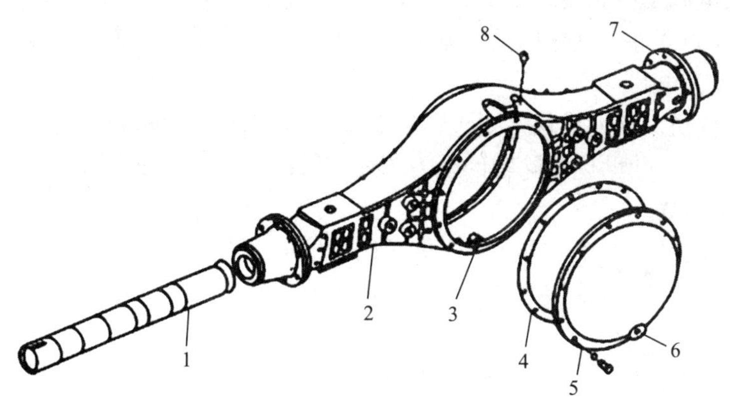

图 2-63　某型号汽车的整体式桥壳

1. 半轴套管　2. 后桥壳　3. 放油孔　4. 后桥壳垫片　5. 后盖　6. 油面孔　7. 凸缘盘　8. 通气塞

易于铸造，加工简便，但维修不便。当拆检主减速器时，必须把整个驱动桥从汽车上拆卸下来，目前已很少采用。

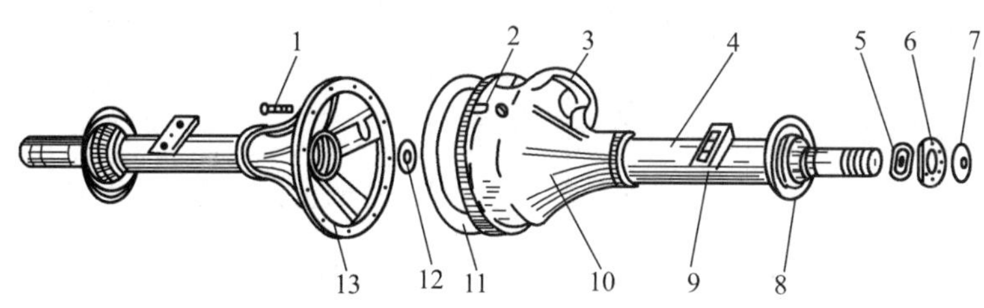

图 2-64　分段式驱动桥壳

1. 螺栓　2. 注油孔　3. 主减速壳颈部　4. 半轴套管　5. 调整螺母　6. 止动垫片　7. 锁紧螺母　8. 凸缘盘　9. 弹簧座　10. 主减速器壳　11. 垫片　12. 油封　13. 壳盖

2.6　电力式传动

2.6.1　动力蓄电池式

动力蓄电池式

动力蓄电池式（纯电动）汽车的传动系统可以不需设置离合器和变速器。车速控制由控制器通过电机调速系统改变电机的转速来实现。当汽车行驶时，由蓄电池输出电能（电流）通过控制器驱动电机运转，电机输出的转矩经传动系统带动驱动轮转动。

（1）基本结构

动力蓄电池式汽车的电力驱动控制系统主要由电力驱动主模块、车载电源及控制模块、辅助模块三大部分组成。

1）电力驱动主模块。电力驱动主模块主要包括中央控制单元、驱动控制器、电机和机械传动装置等。其作用是将储存在蓄电池中的电能高效地转化为驱动车轮的动能，并能够在汽车减速制动时将车轮的动能转化为电能充入蓄电池。

2）车载电源及控制模块。车载电源及控制模块主要包括蓄电池电源、能量管理系统和充电控制器等。其作用是向电机提供驱动电能，监测电源使用情况以及控制充电机向蓄电池充电。

3）辅助模块。辅助模块主要包括辅助动力源、动力转向单元、驾驶室显示操纵台和辅助装置等。辅助模块除辅助动力源外，依据不同车型而不同。

（2）传动形式

按电力驱动系统的组成和布置形式不同，纯电动汽车分为机械传动型、无变速器型、无差速器型和电动轮型四种类型，如图 2-65 所示。

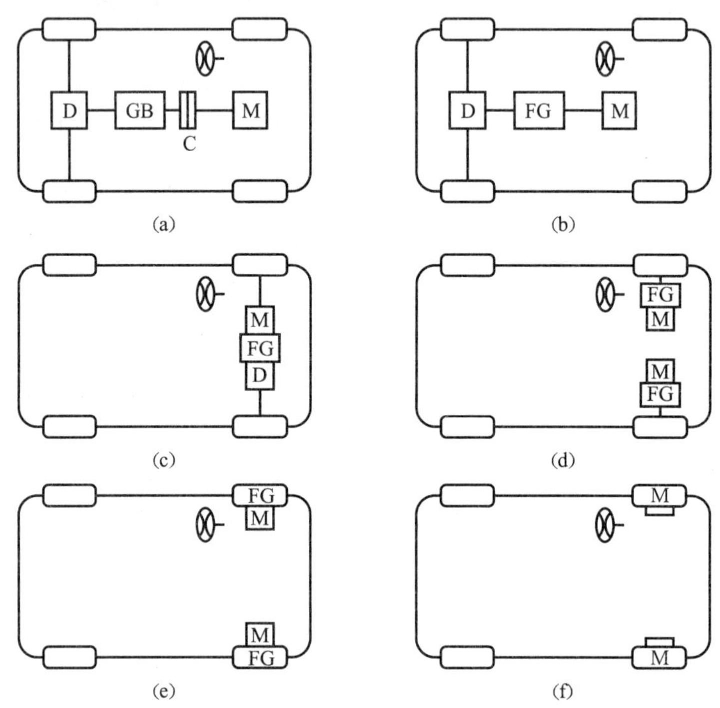

图 2-65　纯电动汽车传动形式

M. 电动机　C. 离合器　D. 差速器　FG. 固定速比减速器　GB. 变速器

1）机械传动型纯电动汽车。机械传动型纯电动汽车如图 2-65（a）所示。它由发动机前置后轮驱动的燃油汽车发展而来，保留了内燃机汽车的传动系统，只是把内燃机换成了电动机。这种结构可以提高纯电动汽车的启动转矩及低速时的后备功率，对驱动电动机要求低，可选择功率较小的电动机。

2）无变速器型纯电动汽车。无变速器型纯电动汽车如图 2-65（b）所示。这种驱动系统的最大特点是取消了离合器和变速器，采用固定速比减速器，通过电动机的控制实现变速功能。这种结构的优点是机构传动装置的质量较轻、体积较小，但对电动机的要求较高，不仅要求有较高的启动转矩，还要求有较大的后备功率，以保证纯电动汽车的起步、爬坡、加速等动力性能。

无变速器型纯电动汽车的另外一种结构如图 2-65（c）所示。这种结构与发动机横向前置、前轮驱动的燃油汽车的布置方式类似。它把电动机、固定速比减速器和

差速器集成为一个整体，两根半轴连接驱动车轮。这种结构在小型电动汽车上应用很普遍。

3）无差速器型纯电动汽车。无差速器型纯电动汽车如图2-65（d）所示。这种结构采用两个电动机，通过固定速比减速器分别驱动两个车轮，每个电动机的转速可以独立调节。当汽车转向时，由电子控制系统实现电子差速，因此，电动机控制系统比较复杂。

4）电动轮型纯电动汽车。电动轮型纯电动汽车如图2-65（e）所示。将电动机直接装在驱动轮内（也称为轮毂电动机），可进一步缩短电动机到驱动车轮之间的动力传递路径，但需要增设减速比较大的行星齿轮减速器，以便将电动机转速降低到理想的车轮转速。这种结构对控制系统控制精度和可靠性的要求较高。

电动轮型纯电动汽车的另一种结构如图2-65（f）所示。该结构采用低速外转子电动机，去掉了减速齿轮，将电动机的外转子直接安装在车轮的轮缘上。这种结构的电动机与驱动车轮之间无任何机械传动装置，无机械传动损失，空间利用率最大。这种电动机直接驱动车轮形式对电动机的性能要求最高，要求其具有较高的启动转矩和较大的后备功率。

2.6.2　燃料电池式

燃料电池式

(1) 基本结构与类型

燃料电池汽车的动力系统主要由燃料电池（发动机）、辅助动力源、DC/DC变流器、DC/AC逆变器、驱动电机和动力电控系统等组成。

1）燃料电池。在燃料电池汽车所采用的燃料电池中，为保证质子交换膜燃料电池组的正常工作，除以质子交换膜燃料电池组为核心外，还装有氢气供给系统、氧气供给系统、气体加湿系统、反应生成物处理系统、冷却系统和电能转换系统等。只有这些辅助系统匹配恰当和正常运转，才能保证燃料电池发动机正常运转。

2）辅助动力源。在燃料电池汽车上，燃料电池是主要电源，另外还配备有辅助动力源。根据燃料电池汽车的设计方案不同，其所采用的辅助动力源也有所不同，可以用辅助蓄电池组、飞轮储能器或超级电容等共同组成双电源或多电源系统。

3）DC/DC变流器。燃料电池汽车采用的电源有各自的特性，燃料电池只提供直流电，电压和电流随输出电流的变化而变化。燃料电池不能接受外部电源的充电，电流的方向只是单向的。燃料电池汽车采用的辅助电源（蓄电池和超级电容）在充电和放电时，也是以直流电的形式流动，但电流的方向是可逆性流动。燃料电池汽车上各种电源的电压和电流受工况变化的影响呈不稳定状态。

为了满足驱动电机对电压和电流的要求及对多电源电力系统的控制，在电源与驱动电机之间用单片机控制，以实现对燃料电池汽车的多电源综合控制，保证燃料电池汽车的正常运行。燃料电池汽车的燃料电池需要装配单向DC/DC变流器，蓄电池和超级电容需要装配双向DC/DC变流器。

4）驱动电机燃料电池。汽车用的驱动电机主要有直流电机、交流电机、永磁电机和开关磁阻电机等。驱动电机必须与整车进行匹配。

5）动力电控系统燃料电池。汽车的动力电控系统主要由燃料电池发动机管理系统、蓄电池管理系统、动力控制系统及整车控制系统组成。

根据混合型燃料电池电动汽车中燃料电池和蓄电池的电路结构，可将混合型燃料电池电动汽车分为串联式和并联式两种，分别如图 2-66（a）和（b）所示。

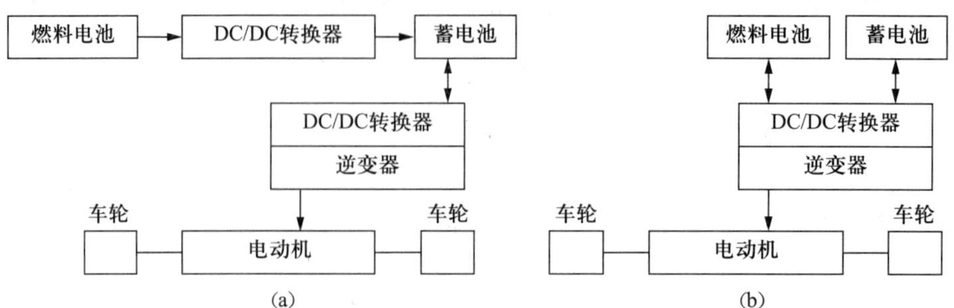

图 2-66 串联式和并联式燃料电池电动汽车动力系统
（a）串联式 （b）并联式

1）串联式燃料电池电动汽车。其动力系统的构成如图 2-66（a）所示。其燃料电池相当于车载发电装置，通过 DC/DC 转换器进行电压转换后对蓄电池充电，再由蓄电池向电动机提供驱动车辆的全部电力。该电动汽车的特点与普通的串联式混合动力汽车相似，优点是可采用小功率的燃料电池，但要求蓄电池的容量和功率要足够大，且燃料电池发出的电能需要经过蓄电池的电化学转换过程，从中有能量的转换损失。目前，串联形式的燃料电池电动汽车较为少见。

2）并联式燃料电池电动汽车。其动力系统的构成如图 2-66（b）所示。它由燃料电池和蓄电池共同向电动机提供电力。根据燃料电池与蓄电池能量大小配置的不同，又可将其分为大燃料电池型和小燃料电池型两种。大燃料电池型主要由燃料电池提供电力，蓄电池的容量较小，只是在电动汽车起步、加速、爬坡等行驶工况时协助供电，并在车辆减速与制动时进行能量回收；小燃料电池型则必须采用大容量的蓄电池，由蓄电池提供主要电力，而燃料电池只是协助供电。并联式是目前燃料电池电动汽车采用较多的形式。

（2）传动形式

目前燃料电池电动汽车多采用燃料电池＋蓄电池的混合动力模式。在电动汽车起步、加速、匀速、滑行、减速、制动等不同的行驶工况时，燃料电池的工作模式是不同的，大体可分为燃料电池模式、混合动力模式、蓄电池模式、能量回馈模式等，如图 2-67 所示。

1）燃料电池模式。当燃料电池电动汽车工作在燃料电池模式时，电动机的电力全由燃料电池提供。当蓄电池在非充足电状态（SOC＜1）且燃料电池的电能供给电动机后尚有富余时，燃料电池还可向蓄电池充电，如图 2-67（a）所示。燃料电池电动汽车在低负荷、匀速、滑行等行驶工况时，通常工作在燃料电池模式。

2）混合动力模式。混合动力模式是指燃料电池和蓄电池共同提供电动机所需电力的工作方式，如图 2-67（b）所示。在燃料电池电动汽车加速行驶、高速行驶、上坡、超车成重载的情况下，当燃料电池输出的电功率已不能满足驱动车辆所需的功率时，由蓄电池提供瞬时能量来补充燃料电池电动汽车加速、上坡的动力需要，或由

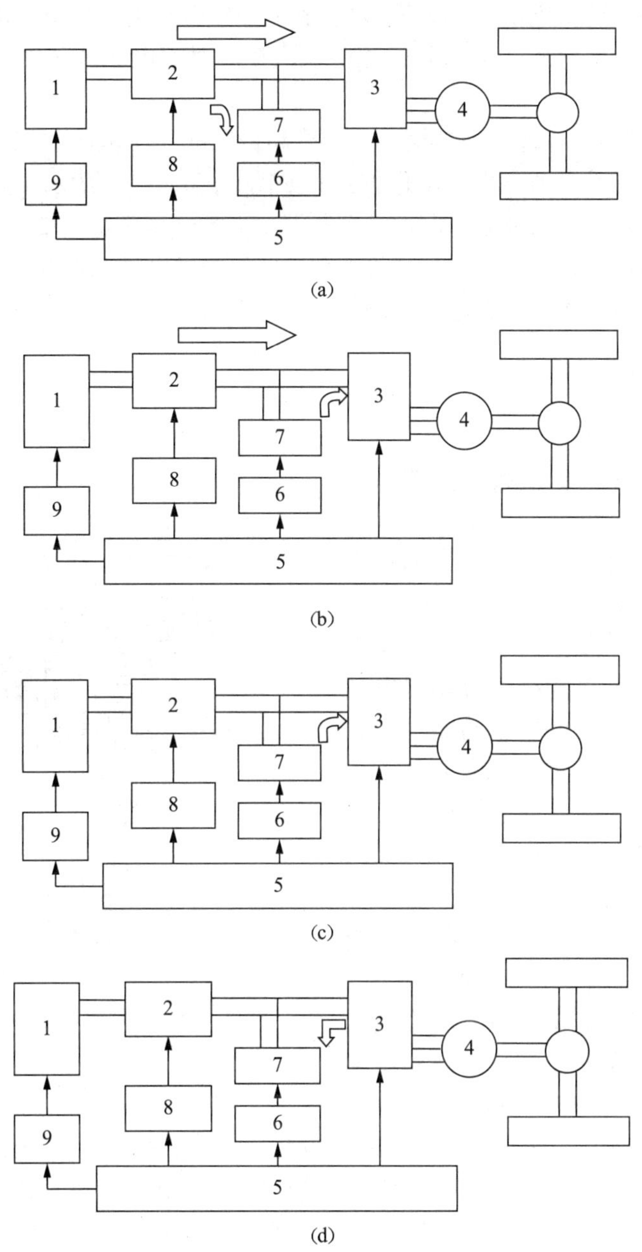

图 2－67　燃料电池电动汽车的工作模式

（a）燃料电池模式　（b）混合动力模式　（c）蓄电池模式　（d）能量回馈模式

1. 燃料电池　2. DC/DC 转换器　3. 电动机控制器　4. 电动机　5. 整车控制器　6. 蓄电池能量管理　7. 蓄电池　8. DC/DC 电子控制器　9. 燃料电池控制器

蓄电池持续地协助燃料电池供电，以满足燃料电池电动汽车在持续高速或重载下对电源持续电功率输出的需求。

3）蓄电池模式。蓄电池模式是指燃料电池停止输出电能，车辆单独由蓄电池提供电力，如图 2－67（c）所示。当燃料电池还未启动，而蓄电池的 SOC 值大于最小临界值时，由蓄电池提供电动汽车起步时所需的电能。此外，当燃料耗尽或燃料电池

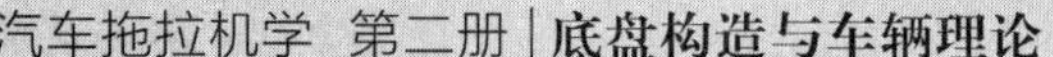

电堆发生故障时，若蓄电池的SOC值大于最小临界值，则也可由蓄电池短时间内独立供电。工作在蓄电池模式的燃料电池电动汽车，对蓄电池容量和输出功率的要求较高。

4）能量回馈模式。能量回馈模式是指电动机工作在发电机状态，将车辆的动能转换为电能，并向蓄电池充电的工作方式，如图2-67（d）所示。在燃料电池电动汽车下坡、遇红灯减速及非紧急制动等情况下，当蓄电池又处于非充足电状态（SOC值在最大临界值以下）时，控制器就将电动机转换为发电机工作方式，将车辆的动能转换为电能，通过向蓄电池充电来实现能量回馈。

混合动力式

2.6.3 混合动力式

(1) 基本结构

混合动力汽车一般是传统内燃机汽车的替代和延伸，继承和沿用了很大部分内燃机汽车的驱动系统。混合动力汽车的基本结构如图2-68所示。

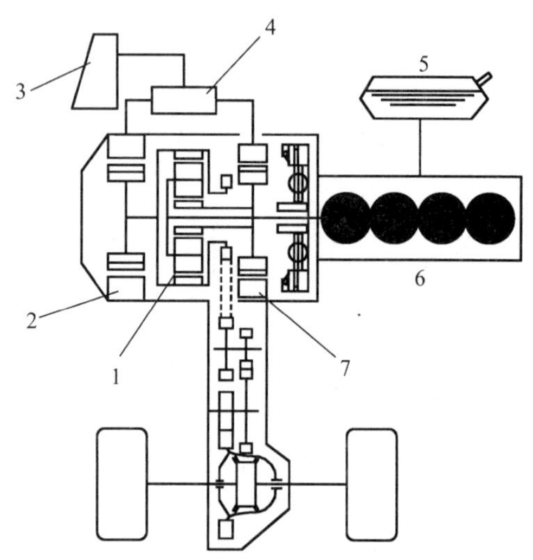

图2-68 混合动力汽车的基本结构

1. 动力合成器 2. 电动机 3. 蓄电池组 4. 功率转换器 5. 油箱 6. 发动机 7. 发电机

1）发动机。内燃机是现今应用于汽车最主要的动力装置。在混合动力电动汽车中，内燃机将是主要驱动能量来源的第一选择。然而，混合动力电动汽车工作与传统汽车不同，混合动力汽车中的发动机需要较长时间以高功率运转，而不需要频繁改变功率输出。但是到目前为止，专为混合动力汽车设计和控制的发动机系统还没有得到充分的开发。

2）电动机。混合动力汽车的电动机作为辅助动力来降低燃料的消耗和实现低污染，或在纯电动驱动模式时实现“零污染”。混合动力汽车可以采用直流电动机、交流感应电动机、永磁电动机和开关磁阻电动机等。随着混合动力汽车的发展，已经很少采用直流电动机，多数采用了感应电动机和永磁电动机，开关磁阻电动机的应用也得到重视。

3）蓄电池组。混合动力电动汽车上具有两个蓄电池系统，一个是12 V直流蓄电池系统，它主要是为车上常规的用电设备提供电压；另一个是电压更高的直流蓄电池系统，它给电动机提供电能，同时还能存储电动机发电所产生的直流电。高压直流蓄电池系统储电量和电压随混合动力系统的要求而变化，一般电压从36 V到600 V不等。

4）功率转换器。功率转换器的主要作用是将来自蓄电池的直流电转换成驱动电动机的电源，反之亦然。

5）动力合成器。动力合成器有时也称为动力分配器。在并联式混合动力汽车中，其一方面将发动机和电动机的两条动力传递路线合成为一条动力传递路线，最后驱动汽车行驶；另一方面将发动机的转矩分解为两条路线，一条路线用于驱动车辆行驶，另一条路线用于向蓄电池充电。在混联式混合动力汽车中，发动机输出的功率一部分通过动力合成器分配给传动装置，另一部分功率则分配给发电机发电。发电机输出的电能输送给电动机或蓄电池组。电动机从蓄电池组或发电机获取电能，产生驱动力，通过动力合成器传递给驱动桥。

6）混合动力控制系统。混合动力控制系统接收操纵装置发出的控制信号，通过中央控制器与各种控制模块，向内燃机的驱动系统或电动机驱动系统发出单独驱动指令或混合驱动指令，来获得不同的驱动模式，按照驾驶人的意图，实现混合动力汽车的启动、行驶、加速、爬坡和制动时驱动模式转换的控制。

（2）传动形式

目前世界各国研究开发的混合动力汽车根据其动力传动系统的配置和组合方式不同，分为串联式、并联式、混联式和复合式。

1）串联式混合动力汽车。串联式混合动力（图2-69）是混合动力汽车中结构最简单的一种，发动机输出的机械能全部通过发电机转化为电能。转化后的电能一部分用来给蓄电池充电，另一部分经由电动机和传动装置驱动车轮。和燃油汽车比较，它是一种发动机辅助型的电动汽车，主要目的是增加车辆行驶里程，结构较为简单，但需要三个动力装置：发动机、发电机和电动机。图中功率转换器具有电功率耦合器的作用，控制从蓄电池组和发电机至电动机的功率流，或反向控制从电动机到蓄电池组的功率流。

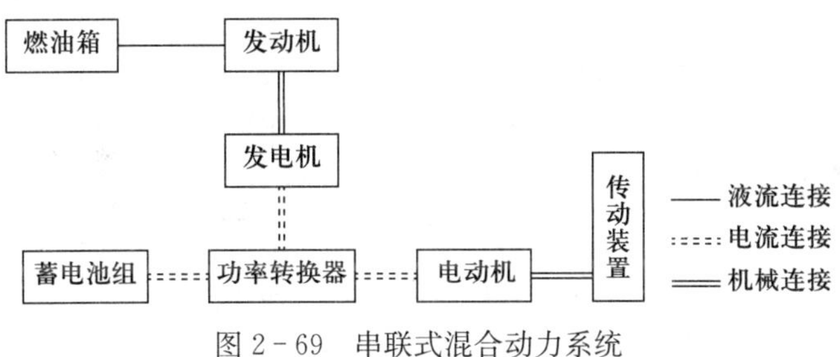

图2-69 串联式混合动力系统

2）并联式混合动力汽车。并联式混合动力汽车（图2-70）采用发动机和电动机两套独立的驱动系统驱动车轮。发动机和电动机通过动力合成器实现发动机单独驱动、电力单独驱动、发动机和发电机混合驱动三种工作模式。从某种意义上讲，它是电力辅助型的燃油汽车，目的是降低排放和燃油消耗。当发动机提供的功率大于驱动车辆所需的功率或者再生制动时，电动机工作在发电机状态，将多余的能量充入蓄电池。与串联式混合动力汽车比较，它只需两个驱动装置——发动机和电动机，而且在蓄电池放完电之前，如果要得到相同的性能，并联式比串联式混合动力汽车的发动机

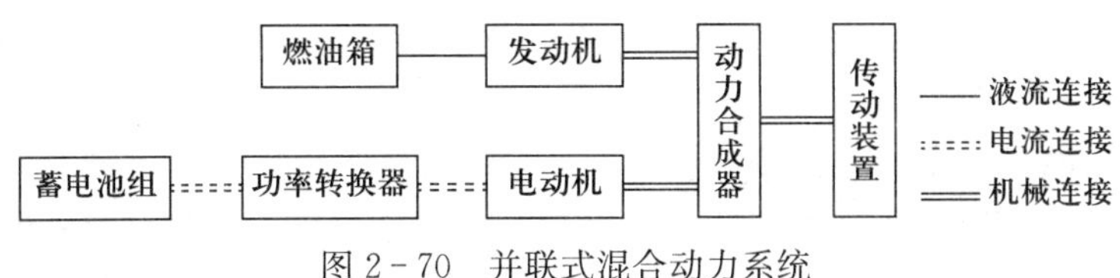

图2-70 并联式混合动力系统

和电动机的体积要小。

3）混联式混合动力汽车。混联式混合动力汽车（图 2－71）在结构上综合了串联式和并联式的特点，与串联式相比，它增加了机械动力的传递路线，与并联式相比，它增加了电能的传输路线，结构复杂、成本高。混联式混合动力汽车同时具有串联式和并联式的优点，随着控制技术和制造技术的发展，一些现代混合动力汽车倾向于选择这种结构。

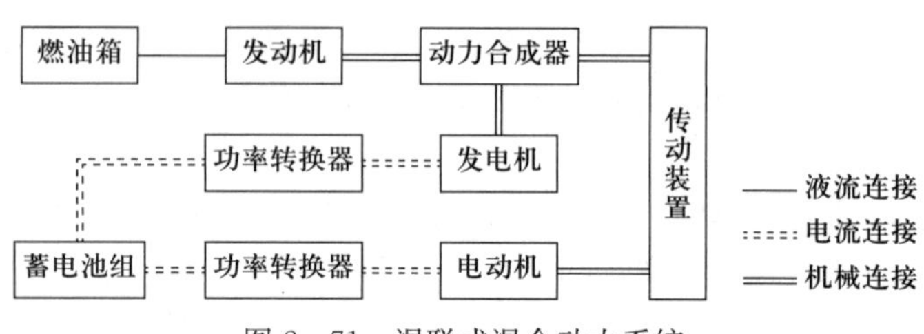

图 2－71 混联式混合动力系统

4）复合式混合动力汽车。复合式混合动力汽车（图 2－72）是在混联式基础上发展起来的，简单地说，就是在混联式混合动力系统的基础上将原来的从动轴改装成由电动机驱动的驱动轴。它可以是前轮由混合动力驱动，后轮由电驱动，也可以是前轮由电驱动，后轮由混合动力驱动。采用这种双向流动的功率流驱动方式的汽车拥有比混联式混合动力汽车更多的运行模式，可以根据行驶需要更合理地进行变换。其结构比混联式的更加复杂，成本更高，控制难度更大。

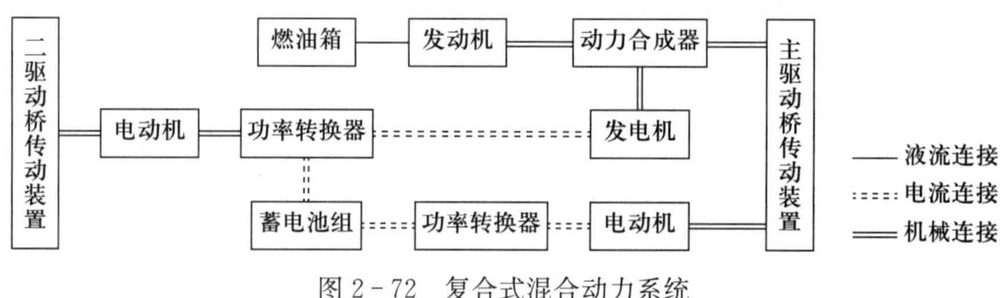

图 2－72 复合式混合动力系统

复习与思考

1. 汽车上为什么要设置离合器？试述摩擦式离合器的组成和工作过程。
2. 摩擦式离合器为什么要定期检查调整？
3. 什么是双轴式、三轴式和组合式变速器？
4. 同步器有何功用？试说明惯性式同步器的工作原理。
5. 分动器的功能是什么？为什么分动器中的常啮合齿轮要为斜齿轮，轴采用圆锥滚子轴承支承？
6. 行星齿轮式和定轴式动力换挡变速器各有什么特点？各自适宜哪些场合？
7. 在汽车上采用液力机械变速器与普通机械变速器相比有何优缺点？

8. 球笼式与球叉式万向节在应用上有何差别？为什么？

9. 什么叫驱动桥？驱动桥由哪些部分组成？

10. 主减速器如何调整？调整目的是什么？

11. 半轴主要有哪几种类型？各有什么特点？

12. 动力蓄电池式汽车的电力驱动控制系统组成及各组成部分的作用是什么？

13. 燃料电池电动汽车传动形式及其原理是什么？

14. 混合动力汽车传动形式及其原理是什么？

现代汽车之父：卡尔·本茨

与汽车同行

第 3 章

行　驶　系　统

3.1　概述

概述

3.1.1　功用与类型

(1) 功用

汽车拖拉机行驶系统主要完成如下功用：

1）将发动机传到驱动轮上的驱动转矩变为推动车辆行驶的驱动力，并使驱动轮的转动变成车辆在地面上的移动。

2）传递并承受路面作用于车轮上的各向反力及其形成的力矩。

3）尽可能缓和不平路面对车身造成的冲击和振动，保证车辆行驶过程平稳，且与车辆转向系统配合工作，实现车辆行驶方向的正确控制，以保证车辆操纵稳定性。

4）支承车辆的全部重力。

(2) 类型

行驶系统一般分为轮式、履带式和半履带式 3 种类型，如图 3－1 所示。

(a)　(b)　(c)

图 3－1　汽车拖拉机行驶系统的类型

(a) 轮式　(b) 履带式　(c) 半履带式

1）轮式行驶系统。在良好的路面条件下，采用轮式行驶系统可提高行驶速度，减少摩擦，降低能耗，所以，汽车拖拉机大多采用轮式行驶系统。轮式拖拉机有时在水田作业采用刚性水田轮，以提高作业时的驱动性能。

2）履带式行驶系统。在行驶条件差的田间，采用履带式行驶系统可以提高驱动性能与通过性能，减小对土壤的压实，履带式行驶系统又可分为金属履带系统和柔性履带系统，与金属履带相比，柔性履带可以在道路上以正常速度行驶，质量更轻，具有更低的噪声和振动，目前农用拖拉机与收割机上多采用柔性履带系统。

3）半履带式行驶系统。有些在雪地或沼泽地行驶的车辆和一些拖拉机的改型，其前桥装有车轮或滑橇式车轮，用来实现转向，而后桥装有履带，即所谓的半履带行驶系统，以减小车辆对地面的压强，防止车辆下陷，提高通过能力。

3.1.2　组成

(1) 汽车行驶系统的组成

汽车行驶系统由汽车车架与汽车行走装置组成，包括车桥、车轮和悬架。行走装置直接与路面接触，产生对汽车的推力，同时汽车行驶的路面又通过行走装置对汽车产生作用，如图 3-2 所示。

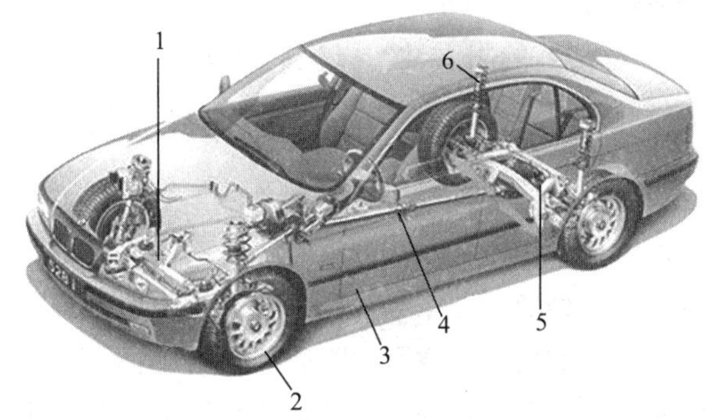

图 3-2　汽车行驶系统的组成（轮式）

1. 从动桥　2. 车轮　3. 车架　4. 传动轴　5. 驱动桥　6. 悬架

(2) 拖拉机行驶系统的组成

轮式拖拉机行驶系统一般由车架、前桥和车轮组成。在后驱的拖拉机上，装在后面左、右驱动半轴上的两个车轮称为驱动轮，用以传递发动机的转矩，驱动拖拉机行驶。装在前轴上的两个车轮称为转向轮，一般不传递动力，但可相对机体偏转一个角度，使拖拉机转向。如果前轮也传递发动机的动力，则这种拖拉机称为四轮驱动拖拉机。

3.2　车轮

3.2.1　功用

车轮的主要功用是：支承整车；缓和由路面传来的冲击力；通过轮胎同路面间存在的附着作用来产生驱动力和制动力；汽车拖拉机转弯行驶时产生平衡离心力的侧抗力；保证汽车拖拉机正常转向行驶的同时，通过车轮产生的自动回正力矩，使汽车拖拉机保持直线行驶方向；承担越障任务，提高通过性。

轮辋

如图 3-3 所示，车轮一般主要由轮胎、轮辋（轮圈）和轮盘（辐板）等组成。轮盘与轮辋的连接形式有焊接、铆接和螺栓连接三种。汽车车轮或拖拉机前轮的轮盘与轮辋一般是焊接的。而拖拉机驱动轮的轮盘多数用螺栓装配在轮辋的连接凸耳上，以便用来调整拖拉机的轮距。轮盘一般用螺栓连接在车桥的轮毂上。

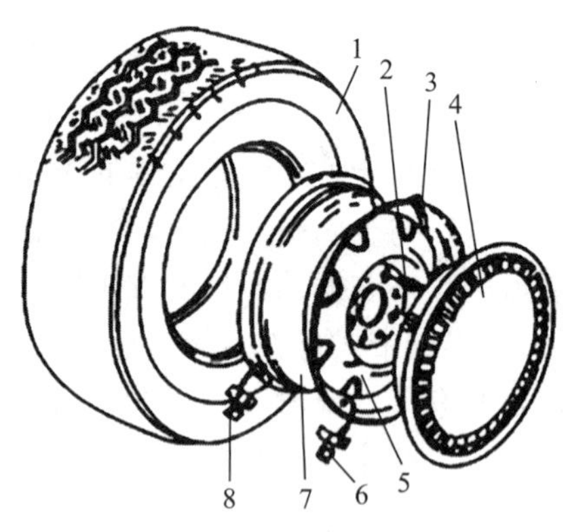

图 3-3　车轮的结构

1. 轮胎　2. 螺栓　3. 气门嘴　4. 车轮装饰罩　5. 辐板　6. 平衡块定位弹簧　7. 轮辋　8. 平衡块

3.2.2　一般轮胎

轮胎-1

(1) 轮胎

1）轮胎的作用。轮胎安装在轮辋上，直接与路面接触，它的作用如下：

① 与悬架共同来缓和汽车拖拉机行驶时所受到的冲击并衰减由此产生的振动，以保证良好的乘坐舒适性和行驶平顺性。

② 保证车轮和路面有良好的附着性，以提高汽车拖拉机的牵引性、制动性和通过性。

轮胎-2

③ 承受汽车拖拉机的重力。

因此，轮胎必须具有适宜的弹性和承受载荷的能力。同时，在其与路面直接接触的胎面部分，应具有用以增强附着作用的花纹。

轮胎-3

此外，在车轮滚动时，轮胎在所承受的重力和由于道路不平而产生的冲击载荷作用下受到压缩。消耗于压缩的功，在载荷去除后并不能完全回收，有一部分消耗于橡胶的内摩擦，使得轮胎发热。温度过高将严重影响橡胶的性能和轮胎的组织，从而大大增加轮胎的磨损而缩短使用寿命。从试验和理论分析中可知，轮胎发热的程度随轮胎的结构、内部压力、载荷、行驶速度和所传递转矩大小而改变。这些因素在轮胎设计、制造和使用时，必须充分考虑，以不断提高轮胎使用性能和使用寿命。

2）轮胎的分类。按胎体结构不同，轮胎可分为充气轮胎和实心轮胎。现代汽车和拖拉机绝大多数采用充气轮胎。实心轮胎目前仅应用于沥青混凝土路面的干线道路上行驶的低速汽车。

按组成结构不同，充气轮胎又分为有内胎轮胎和无内胎轮胎两种。按胎内的空气压力大小，充气轮胎可分为高压胎、低压胎和超低压胎三种。一般气压为 0.5～0.7 MPa 者为高压胎，0.15～0.45 MPa 者为低压胎，0.15 MPa 以下者为超低压胎。

① 有内胎的轮胎。有内胎的充气轮胎由内胎、外胎和垫带等组成（图 3-4）。

内胎是一个环形粗橡胶管，上面装有气门嘴以便充入或排出空气。为使内胎在充气状态下不产生皱褶，其尺寸应稍小于外胎内壁尺寸。垫带是一个环形橡胶带，安装在内胎与轮辋之间，防止内胎被轮辋及外胎的胎圈擦伤和磨损。外胎是保护内胎不受外来损害的高强度且有一定弹性的外壳，它直接与地面接触。

根据其胎体中帘线排列方向的不同，外胎可分为普通斜线外胎和子午线外胎。

a. 普通斜线外胎。普通斜线外胎的外胎由胎圈、缓冲层、胎面和帘布层等组成，如图 3-5 所示。

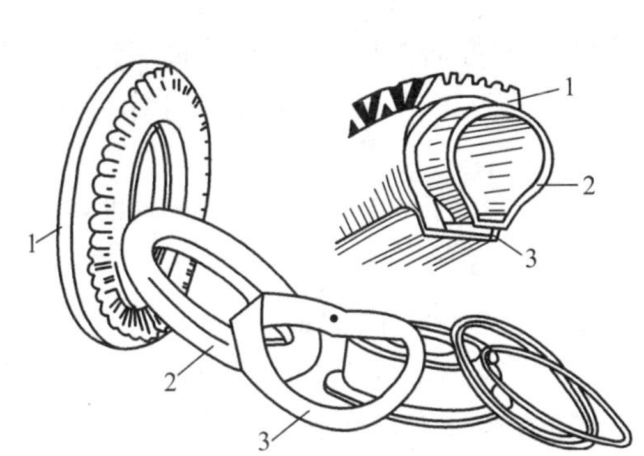

图 3-4 有内胎轮胎的组成

1. 外胎 2. 内胎 3. 垫带

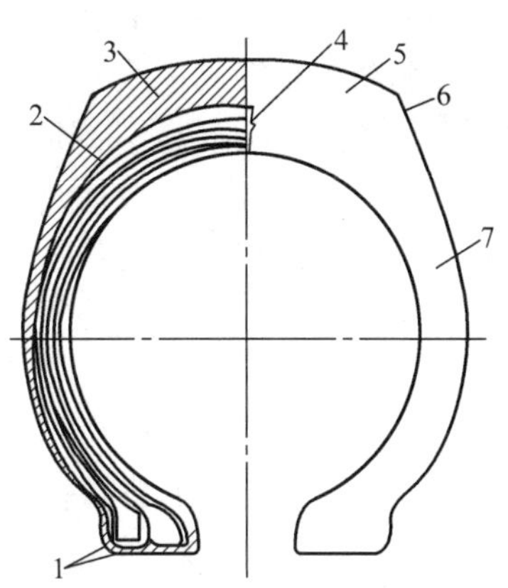

图 3-5 普通斜线外胎的结构

1. 胎圈 2. 缓冲层 3. 胎面 4. 帘布层 5. 胎冠 6. 胎肩 7. 胎侧

帘布层是外胎的骨架，也称胎体。其主要作用是承受负荷，保持外胎的形状和尺寸。通常由多层挂胶帘线用橡胶黏合而成。帘布层的帘线按一定角度交叉排列（图 3-6)。普通斜线外胎的帘线与轮胎横断面（子午断面）的交角一般为 52°～54°。帘线料可以是棉线、人造丝、尼龙或钢丝等。缓冲层位于胎面和帘布层之间，其作用是加强胎面和帘布层的结合，防止紧急制动时胎面从帘布层上脱离，缓和汽车行驶时路面对轮胎的冲击和振动。缓冲层一般由稀疏的帘线和富有弹性的橡胶制成。

胎面是外胎的外表面，包括胎冠、胎肩和胎侧。胎冠与路面接触，直接承受冲击和磨损，保护帘布层和内胎免受机械损伤。为使轮胎与路面之间有良好的附着性能，胎面上制有各种凹凸花纹（图 3-7)。普通花纹的特点是花纹细而浅，花块接地面积大，适用于较好路面。其中纵向花纹轮胎的滚动阻力小，防侧滑和散热性好，噪声小，高速行驶性能好，但甩石性和排水性较差。横向花纹轮胎的耐磨性能好，不易夹石子。越野花纹的沟槽深而宽，花块接地面积小，防滑性能好。花纹有八字形、人字形和马牙形等。安装八字形和人字形花纹轮胎时，花纹“八”字和“人”字尖端的指

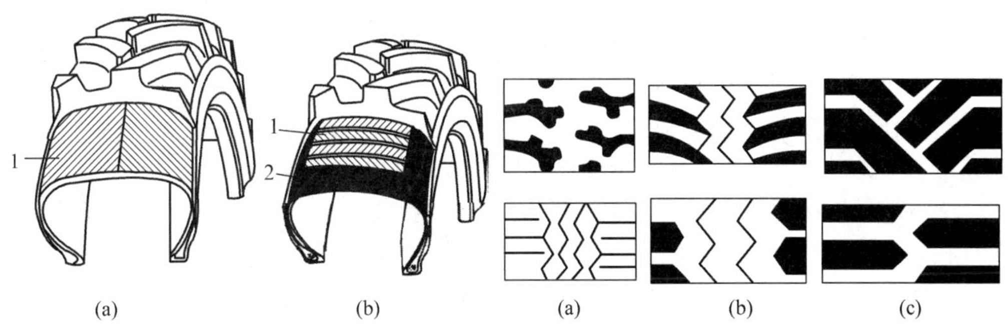

图 3-6 轮胎帘布层和缓冲层帘线的排列

(a) 普通斜线外胎 (b) 子午线外胎

1. 帘布层 2. 缓冲层

图 3-7 轮胎的花纹

(a) 普通花纹 (b) 混合花纹 (c) 越野花纹

向要与汽车前进时车轮旋转方向一致，以提高排泥性能。混合花纹介于普通花纹和越野花纹之间。

胎圈的作用是使外胎牢固地装在轮辋上，有较大的刚度和强度，由钢丝圈、帘布层包边和胎圈包布组成。

b. 子午线外胎。子午外线胎帘布层帘线排列方向与轮胎子午断面一致（即与胎面中心线成 90°）。各层帘线彼此不相交［图 3-6（b）］。帘线这种排列使其强度被充分利用，故它的帘布层数比普通轮胎可减少近一半。

带束层（类似缓冲层）通常采用强度较高、拉伸变形很小的织物或钢丝作为帘线。帘线与子午断面交角较大（70°～75°）。

因为子午线外胎帘线排列方式使其在圆周方向上只靠橡胶来联系，行驶时，由于切向力的作用，周向变形势必较大。有的具有带束层，带束层帘线与帘布层帘线成三向交叉，且层数较多，就形成一条刚性环带束在胎体上，使胎面的刚度和强度大为提高。所以，子午线外胎切向变形较小，但胎侧较软，易变形。

子午线外胎与普通斜线外胎相比，具有更优越的使用性能：耐磨性好，使用寿命长，比普通胎长 30%～50%；滚动阻力小，节约燃料（滚动阻力可减小 25%～30%，油耗可降低 8%左右）；附着性能好，承载能力大，缓冲能力强，不易被刺穿，并且质量较轻。

② 无内胎的轮胎。无内胎轮胎在外观上与有内胎轮胎近似，所不同的是它没有内胎及垫带，压缩空气直接充入外胎内，由轮胎和轮辋保证密封。

图 3-8 所示内胎轮胎内壁上有一层硫化橡胶密封层，厚 2～3 mm，密封层正对着胎面的内壁上，还黏附着一层未硫化橡胶的特殊混合物制成的自黏层。当轮胎穿孔时，自黏层能自行将孔黏合。在胎圈外侧有一层橡胶密封层，用以增加胎圈与轮辋贴合的气密性。轮辋底部倾斜且漆层均匀。气门嘴直接固定在轮辋上，其间用橡胶衬垫密封。

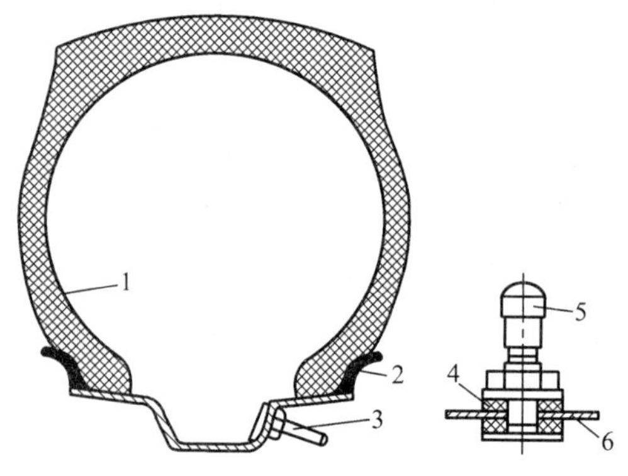

图 3-8 无内胎轮胎

1. 硫化橡胶密封层 2. 胎圈橡胶密封层 3. 气门嘴 4. 橡胶密封垫 5. 气门嘴帽 6. 轮辋

无内胎轮胎只在爆破时才会失效，而穿孔时漏气缓慢，仍能继续安全行驶。由于没有内胎，故摩擦生热少，散热快，工作温度低，使用寿命长，适于高速行驶。此外，其结构简单，质量小，维修方便。

无内胎轮胎必须配用深式轮辋，其几何形状精度较高，目前在轿车上应用广泛，工程机械和拖拉机上的应用还较少。

轮胎上装有充放气的气门嘴，其构造如图 3-9 所示。它有一个金属座筒 7，气门嘴的底部的凸缘 10 经内胎上的狭孔插入内胎中。用编织物和橡胶衬垫加强了内胎孔的边缘并紧密地包住座筒，由螺母 8 将它夹紧在两个垫片 9 之间，使气门嘴严密地装在轮胎上。轮胎安装在车轮上时，气门嘴被固定在轮辋上的孔内。座筒 7 里面装有带密封衬套3的气门芯。衬套3的环形槽内嵌有橡胶密封圈。当拧入螺母2时，密封圈即被压紧在座筒的锥形凹座上。座筒外面旋上一个带橡胶密封罩的盖1，其柄部可以作为拧出气门芯螺母2的扳手。衬套3下面装有橡胶阀门4。当轮胎被充气时，阀门4被空气压力压下，充气完毕后，套在杆5上的弹簧6便将它紧密地压在阀座上。

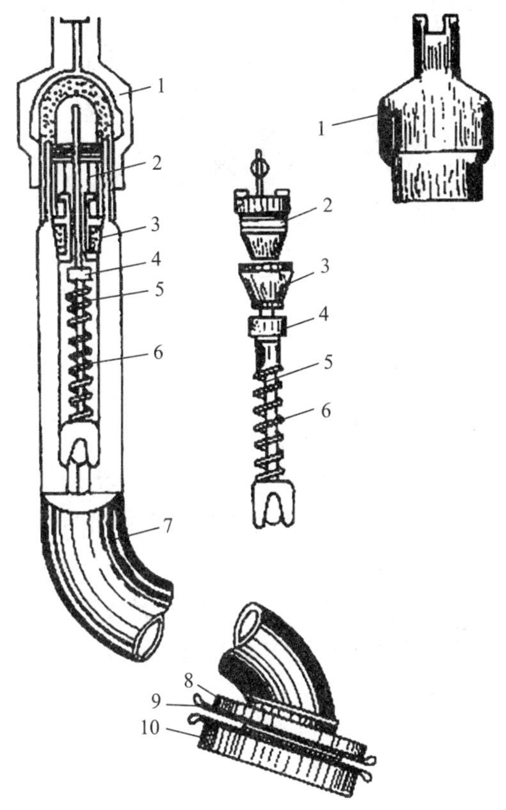

图3-9 气门嘴

1. 盖 2. 螺母 3. 衬套 4. 阀门 5. 杆 6. 弹簧 7. 座筒 8. 螺母 9. 垫片 10. 凸缘

3）轮胎规格的表示方法。一般用轮胎的外径 D、轮辋的直径 d、断面宽度 B 和断面高度 H 的公称尺寸来表示轮胎的公称尺寸，如图3-10所示。公称尺寸的单位有英制、公制和公英制混合三种。轮胎的其他性能用字母表示。目前常用的表示方法如下：

高压胎一般用两个数字中间加"×"号表示，可写成 $D \times B$。由于 B 约等于 H，故选取轮辋直径 d 时可按 $d = D - 2B$ 来计算。例如34×7表示轮胎外径 D 为34 in（864 mm），断面尺寸为7 in（178 mm），中间"×"表示为高压胎。

低压胎亦用两个数字中间加"-"号表示，写成 $B-d$。例如9.00-20，第一个数字表示轮胎断面宽为9 in（228 mm）；第二个数字表示轮辋直径为20 in（508 mm）；中间的"-"表示低压胎。而公制可写成228-508，混合制则为228-20。

轮胎的层级用"PR"表示。它不代表实际的层数，而是表示可承受的载荷。一般标在轮辋直径后，用"-"相连。例如：9.00-20-12PR，表示可承受相当12层棉帘线的负荷。有的在层级后面又标明帘线材料类型，我国的代号：M表示棉线，R表示人造丝，N表示尼龙。

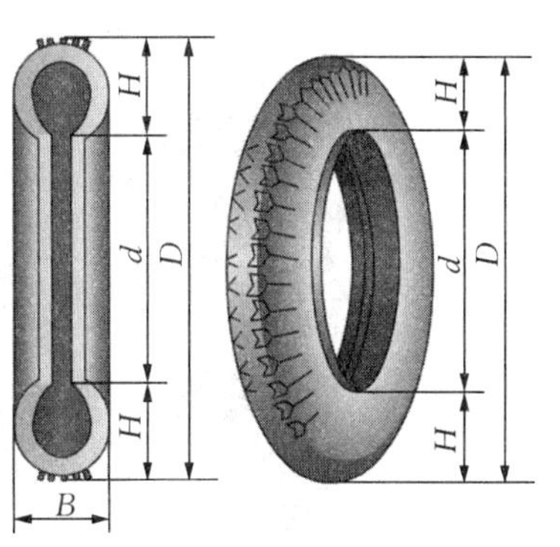

图3-10 外胎的尺寸

D. 轮胎外径 *d*. 轮辋的直径 *B*. 断面宽度 *H*. 断面高度

（2）轮辋

轮辋的功能是安装轮胎。按结构不同，轮辋可分为有深式轮辋、平式轮辋和可拆式轮辋三种形式，如图3-11所示。

1）深式轮辋。是一整体轮辋［图3-11(a)］，有带肩的凸缘，用以安放外胎的胎圈，断面中部的深凹槽是为便于外胎的拆装。深式轮辋最

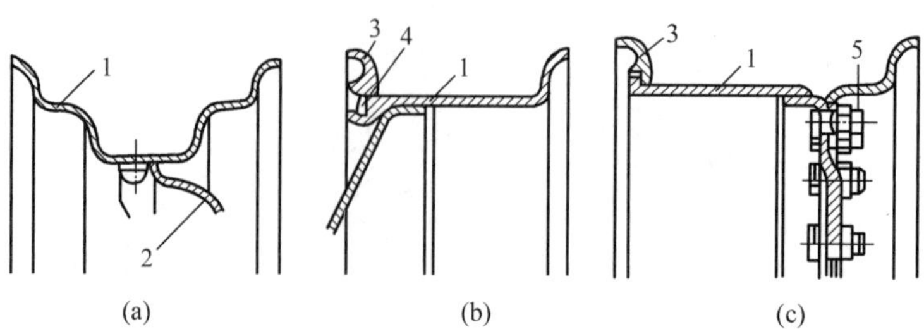

图 3-11 轮辋断面形式

(a) 深式轮辋 (b) 平式轮辋 (c) 可拆式轮辋

适于小尺寸弹性较大的轮胎，对尺寸较大、较硬的轮胎则很难装进。汽车上的车轮经常采用这种轮辋。

2) 平式轮辋。是我国载货汽车上用得较多的一种轮辋断面形式［图 3-11 (b)］。它是一边制有凸缘，一边装有整体的挡圈，并用一个开口的弹性锁圈来防止挡圈脱出。装上轮胎后，要将挡圈向内推，越过轮辋上的环形锁槽，再将弹性锁圈嵌入环槽中。

3) 可拆式轮辋。由内外两部分组成［图 3-11 (c)］，其内外轮辋的宽度可以相等，也可以不相等，二者用螺栓连成一体，安装轮胎可靠、拆卸方便，多用在越野汽车上。

3.2.3 特殊车轮

水田土壤系多层结构，上层系稻根、杂草和稀泥；中层为流质层，机械强度低，承压能力差；下层为硬底层，有较高的机械强度和承压能力。装有水田轮的拖拉机在水田中作业，其轮齿或轮胎花纹抓着硬底层，才能发挥一定的驱动力。

一般旱地用的轮式拖拉机下水田时，下陷深度较大，滚动阻力大，附着力不足，轮胎压沟严重，影响作业质量。采用水田轮在一定程度上克服了上述缺点，改善了牵引性能。目前，我国使用的水田轮主要有高花纹轮胎和塑料镶齿铁轮。

如图 3-12 (a) 所示为高花纹轮胎。它与普通轮胎相比，胎纹的高度和间距都较大，其布置角较小。这种轮胎在泥脚较浅地区能抓着硬底层，可获得较大的驱动力；平顺性较好，冲击负荷较小，拖拉机可做远距离转移。但轮胎压沟较严重，影响

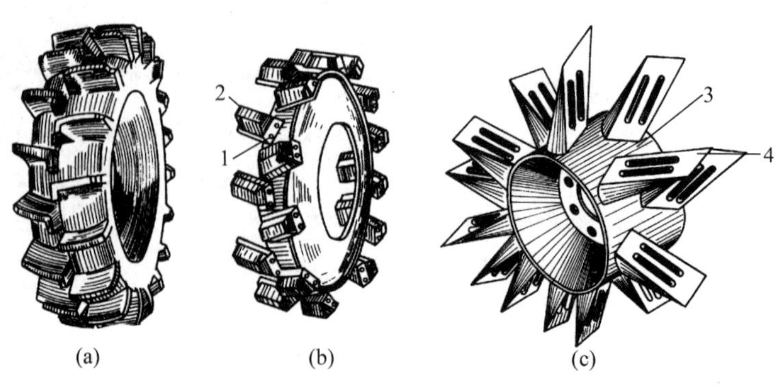

图 3-12 水田轮

1. 塑料齿 2. 轮齿座 3. 轮毂 4. 叶片

田面平整。

如图 3 - 12（b）所示为一种镶有塑料齿的铁轮。其特点是轮缘较窄，具有梯形断面的塑料齿用销钉安装在焊于轮缘的轮齿座上。这种镶齿铁轮抓土能力强，压沟不显著，附着性能好；但道路行驶平顺性差，塑料齿的寿命短。

以上两种水田轮在泥脚较浅的水田中适应性较好，但不适应深泥脚水田使用。深泥脚水田应采用如图 3 - 12（c）所示船式拖拉机所使用的楔形水田轮，或者用低接地比压的宽履带底盘。

3.3　履带

3.3.1　功用与类型

（1）功用

1）提供牵引力和稳定性。履带通过接触地面提供牵引力，使车辆能够在各种地形上移动，如泥泞、沙地、雪地等，并提供更好的稳定性。

2）减少地面压力。相比于轮胎，履带的接触面积更大，可以分散重量并减少对地面的压力，从而降低对软地面的损害。

3）均匀分布车辆重量。履带可以帮助均匀分布车辆或机器人的重量，减少对特定区域的压力，有助于防止车辆或机器人陷入或受到损坏。

（2）类型

1）铰链式履带。铰链式履带可大致分为单销履带或双销履带。

① 单销履带。单销履带的每块履带板使用一根履带销与相邻的履带板共享连接。对于轻型车辆，履带板销耳通常为 2 个或 3 个，对于重型车辆，履带板销耳通常为 4 个或 5 个。较多的销耳可以减少销轴（履带销）上的剪力和弯矩。

② 双销履带。双销履带的每块履带板有两根销轴，相邻的履带板由端连器连接，有时也称为端连器履带。双销履带几乎都是橡皮衬套式的。

铰链式履带的优点：具有更好的通过性能、更大的承载能力、更好的操控性，更适合用于重型工程机械和军用车辆等需要高度稳定性和承载能力的设备。铰链式履带的缺点：能源消耗较大，对地面损伤较大。

2）柔性履带。柔性履带由多层橡胶和带状金属支撑组成。通常由橡胶层、带状金属支撑层和内部结构组成，能够提供良好的抓地力和减震效果。

在耕地时，柔性履带式拖拉机的牵引效率在 0.26～0.67，而四轮驱动拖拉机的牵引效率在 0.2～0.4。较高的牵引效率意味着更低的燃料消耗，并且在给定的牵引力下，柔性履带式拖拉机能达到更高的车速。与相同质量的轮式拖拉机相比，履带式拖拉机的土壤压实作用更小。此外，与铰链履带式拖拉机相比，柔性履带式拖拉机可以在道路上以正常的速度行驶。

柔性履带有以下优点：质量更轻，更低的车内噪声和振动，更低的初始成本，维护保养简单，更低的外部噪声。柔性履带存在以下缺点：更难安装，容易受损，不适用于所有地形。

3.3.2 履带驱动装置组成

履带驱动装置主要由履带、驱动轮、张紧装置、导向轮、支重轮和托轮等组成，如图 3－13 所示。

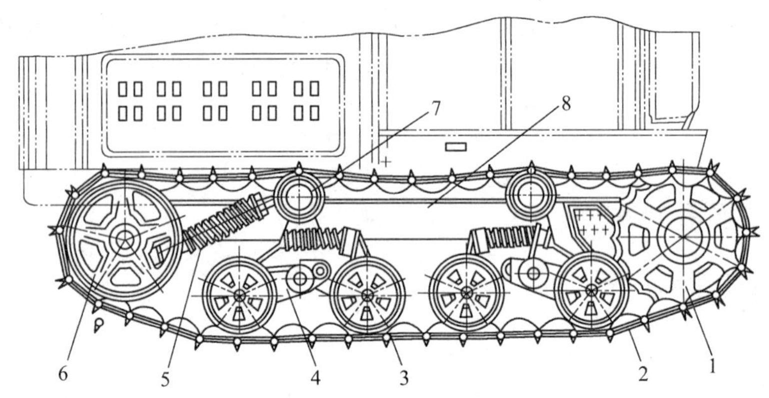

图 3－13　履带驱动装置

1. 驱动轮　2. 履带　3. 支重轮　4. 台车　5. 张紧装置　6. 导向轮　7. 拖架　8. 车架

（1）履带

履带用来将拖拉机的质量传给地面，并保证其与土壤的附着发挥足够的推进力。由于履带工作条件恶劣，所以除要求有良好的附着性能外，还要有足够的强度、刚度和耐磨性。

（2）驱动轮

驱动轮安装在最终传动的从动轴后从动毂上，将驱动转矩转换成卷绕履带的作用力，以保证拖拉机行驶。

（3）张紧装置

用来保持履带有合适的张紧度，以减少拖拉机在行驶时履带的振动和由此引起的额外功率损失；履带张紧后还可以防止它在工作时滑脱；张紧装置的缓冲弹簧可以使它兼有缓冲作用。

（4）导向轮

必须在履带运转平面内移动，它的移动方式分为摆动式和滑动式。

（5）支重轮

用来支承拖拉机的质量；并通过履带把它传给地面；支重轮在履带的导轨上滚动，并夹持履带以防止其横向滑脱；在拖拉机转向时，迫使履带在地面上滑动。

（6）托轮

用以托住上方履带，防止履带下垂过大，以减少拖拉机行驶时履带的跳动，并防止履带在上方横向滑脱。

3.4 车桥

用于连接和安装左、右车轮的车轴或车梁等零部件称为车桥，又称为车轴。其功

用是传递车架（或承载式车身）与车轮之间的各种作用力及其力矩。

根据悬架的结构形式，车桥可分为断开式和整体式两种。断开式车桥为活动关节式结构，它与独立悬架配合使用；整体式车桥的中部是刚性实心或空心梁，它多配用非独立悬架。按车轮的功能，车桥又可分为转向桥、驱动桥、转向驱动桥和支承桥四种类型。其中，转向桥和支承桥均属于从动桥。拖拉机通常以前桥为转向桥，后桥为驱动桥。普通轿车的前桥则越来越多采用转向驱动桥。

3.4.1　转向桥

（1）汽车转向桥

转向桥

转向桥利用转向节的摆动使车轮偏转一定的角度以实现汽车的转向，转向桥主要由前轴、转向节和轮毂等三部分组成，如图3-14所示。

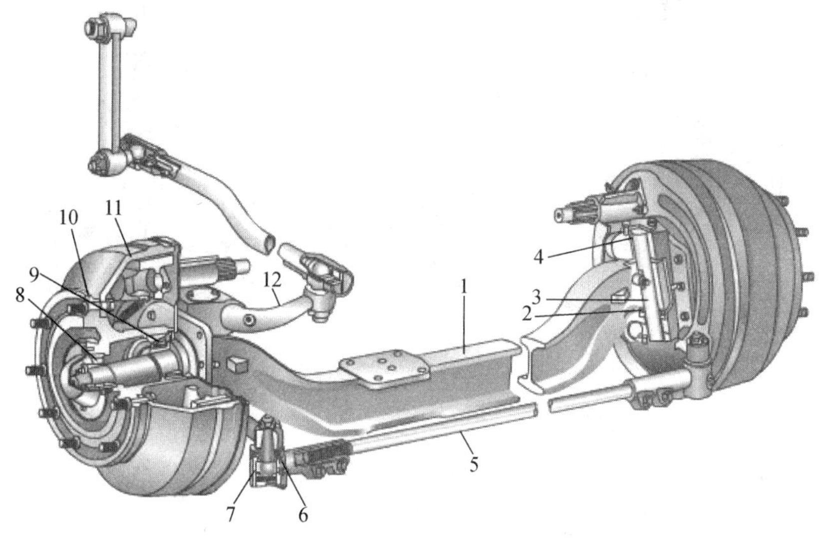

图3-14　汽车转向桥的组成

1. 前轴　2. 主销滚子推力轴承　3. 主销　4. 衬套　5. 横拉杆　6. 油封　7. 转向节　8. 轮毂外轴承　9. 轮毂内轴承　10. 轮毂　11. 制动鼓　12. 转向节臂

1）前轴。前轴经锻压制成工字形断面，提高了抗弯强度，接近两端部分略成方形，提高了抗扭强度。中部为钢板弹簧座，且向下弯曲，以便安装发动机，并使重心下降，减小传动轴的倾斜角度。两端翘起各加工成拳形。拳部有主销孔，用以安装主销。

2）转向节。转向节用主销和前轴连接，可绕主销转动，以达到前轮偏转的目的。为减小磨损，转向节上下耳的主销孔内压装有铁基粉末冶金套，并通过装在转向节上的润滑脂嘴注入润滑脂进行润滑。为使前轮偏转灵活轻便，在转向节下耳与前轴拳形部位之间装有推力轴承，转向节上耳与前轴拳形部位之间装有调整垫片，用以调整其轴向间隙。两个转向节下耳均有锥形孔，可安装与转向横拉杆相连接的转向节下臂。左转向节上耳有锥形孔，用以安装与直拉杆相连接的转向节上臂。

前轮的最大偏转角由装在转向节凸缘上的转角限位螺钉加以限制，偏转角度可用转角限位螺钉进行调整。

3）轮毂。轮毂用两套圆锥滚子轴承支承于转向节轴颈上，轴承的松紧度可用轴端的螺母调整。轮毂外端安装车轮，内端与制动鼓连接。轮毂内轴承的内侧装有油封，防止润滑油进入制动鼓。

4）主销。主销的作用是铰接前轴及转向节，使转向节绕着主销摆动以实现车轮的转向。主销的中部切有凹槽，安装时用主销固定螺栓与它上面的凹槽配合，将主销固定在前轴拳形孔中。主销与转向节上的销孔洞配合，以便实现转向。

断开式转向桥在轿车和微型客车上得到了广泛应用，断开式前桥不但具有和前述转向桥一样的承载传动能力，而且具有实现转向的功能。它与独立悬架相配置，该形式的转向桥能有效减小非承载质量，降低了发动机的质心高度，从而提高了汽车的行驶平顺性和操纵稳定性，如图 3－15 所示。

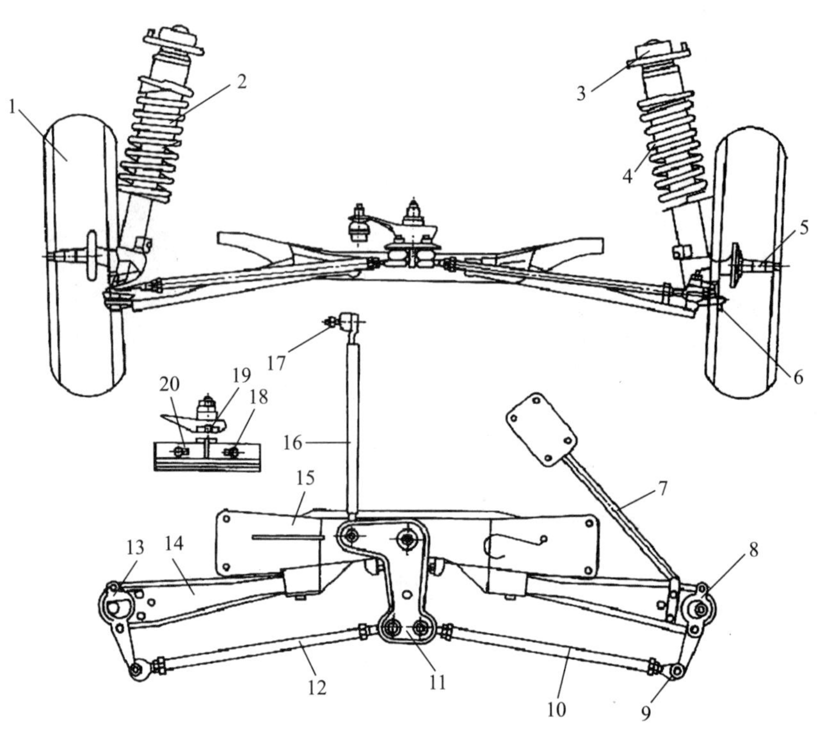

图 3－15 客车断开式转向桥

1. 车轮 2. 减振器 3. 上支点总成 4. 缓冲弹簧 5. 转向节 6. 大球头销总成 7. 横向稳定杆总成 8. 左梯形臂 9. 小球头销总成 10. 左横拉杆 11. 主转向臂 12. 右横拉杆 13. 右梯形臂 14. 悬臂总成 15. 中臂 16. 纵拉杆 17. 纵拉杆球头 18. 转向限位螺钉座 19. 转向限位杆 20. 转向限位螺钉

（2）拖拉机转向桥

后轮驱动的轮式拖拉机前桥有双前轮分置式、双前轮并置式和单前轮式 3 种，如图 3－16 所示。双前轮分置式前桥由于行驶稳定性好、轮距可调等特点，因此，一般拖拉机均采用这种前桥。双前轮并置式和单前轮式前桥由于前轮位于中间，转弯半径小，离地间隙因仅受后桥高度的限制而较大，故较适宜于高秆作物的行间作业，但稳定性较差，仅应用于少数中耕型拖拉机上。

轮式拖拉机的前桥一般由前轴、主套管总成、左右副套管总成和转向节总成等组

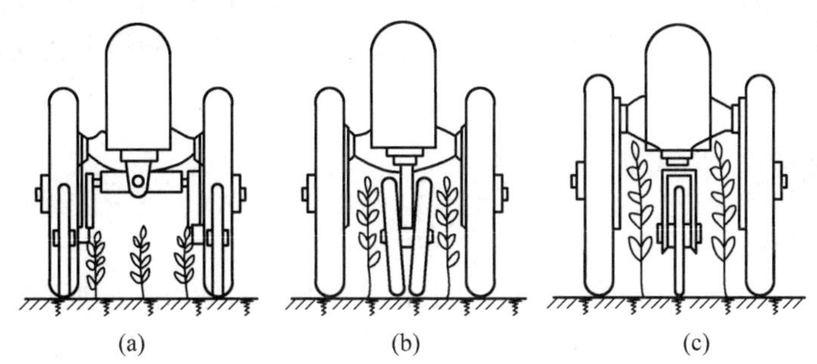

图 3-16　轮式拖拉机前桥形式

（a）双前轮分置式　（b）双前轮并置式　（c）单前轮式

成。前轴两端用来安装主销、前轮，前轴中间通过摇摆轴、连接座等与机体连接，车架前部铰接，形成拖拉机的前支撑，承受拖拉机前部的重量。除少数专用的中耕拖拉机外，一般轮式拖拉机两前轮都分置于前轴的两侧。因此，当拖拉机在不平地面上行驶时，前轴可以摆动，保证两前轮都能同时着地，其摆动幅度一般为 10°～14°。

3.4.2　转向驱动桥

四轮驱动的车辆和前轮驱动的轿车，前桥既要转向又要驱动，因此，在结构上既要有一般驱动桥所具有的主减速器、差速器、最终传动、万向节和半轴，也要有转向桥所具有的转向节和主销等，如图 3-17 所示。

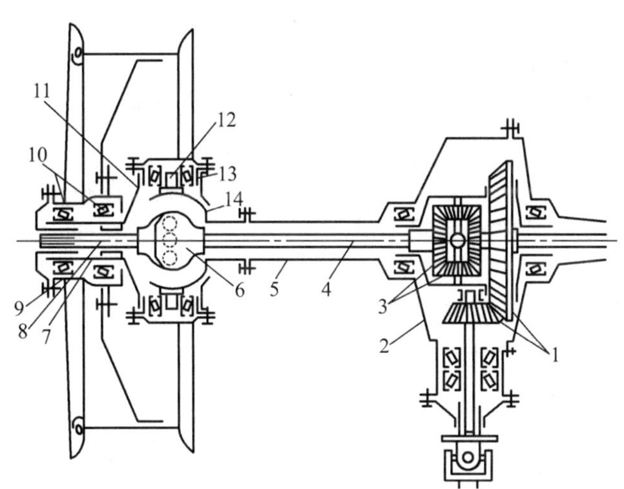

图 3-17　驱动转向桥

1. 主减速器　2. 主减速器壳体　3. 差速器　4. 内半轴　5. 半轴套管　6. 万向节　7. 万向节轴　8. 外半轴　9. 轮毂　10. 轮毂轴承　11. 万向节壳体　12. 主销　13. 主销轴承　14. 球形支座

转向驱动桥与单独的驱动桥和转向桥相比所不同的是，为了转向需要将半轴分成两段制造，称为内半轴和外半轴，二者用等角速万向节连接起来。于是，主销也被分成上下两段，分别固定在万向节的球形支座上；万向节制成空心的，以便外半轴从中穿过。万向节由万向节外壳和万向节轴组合而成。

等角速万向节的内外端有止推垫片，防止轴向窜动，以保证节销轴线通过节心，防止运动干涉。万向节壳体与上下盖之间有调整垫片，用来调整主销轴承的预紧度和保证两半轴的轴线重合。

3.4.3 车轮定位

(1) 前轮定位

前轮定位

为了保证汽车直线行驶的稳定性、操纵轻便性以及减少轮胎和机件的磨损，要求前轮和主销安装在前轴上，保持一定的相对安装位置，称为前轮定位。包括主销后倾、主销内倾、前轮外倾和前轮前束四项。

1）转向节主销后倾。主销装在前轴上，其上端向后倾斜，这种现象叫主销后倾。在纵向垂直平面内，垂线与主销轴线之间的夹角 γ 称为主销后倾角，如图 3－18 所示。主销后倾的作用主要是为了保证车辆直线行驶的稳定性，并使车辆转向后前轮有自动回正作用。

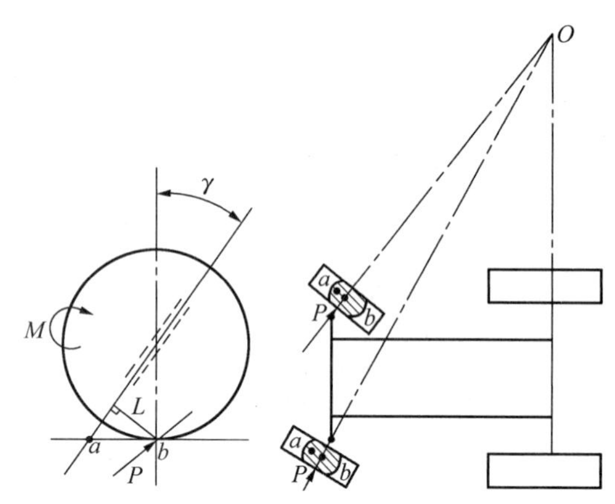

图 3－18 主销后倾

主销后倾后，主销轴线的延长线与路面的交点 a 位于轮胎与地面接触点 b 的前面。当前轮偏转而车辆绕其转向轴线 O 转向时，在前轮上就作用有一个使车辆转向的侧向力 P，此力作用在轮胎支承面的中心 b。如果主销后倾，其轴线与地面的交点 a 将位于 b 点的前方，这样，侧向力 P 将对 a 点产生一个回正力矩，其方向与车轮偏转方向相反，驱使前轮回到居中位置。前轮的这种自动回正作用，有利于保持车辆直线行驶的稳定性。因此，当车辆在行驶中遇到较小的侧向力时，前轮会在回正力矩的作用下自动回正。

车速越高，则 P 值越大；后倾角越大，则 L 值越大，前轮的稳定效应也越强，特别是在高速和大转弯时，其作用尤为突出。显然，主销后倾角越大，回正力矩也越大。但过大的回正力矩反而会使车辆在行驶中产生“晃头”现象，并且会发生转向沉重或回正过猛打手现象，所以主销后倾角应该适当。现在有不少汽车的主销不后倾，甚至少数汽车的主销还前倾，即为负值。一般汽车的主销后倾角为 0°～3°，拖拉机为 0°～5°。

2）转向节主销内倾。主销装在前轴上时，其上端略向内倾斜，这种现象称为主销内倾。在横向平面内，主销轴线与垂线之间的夹角 β 叫主销内倾角，如图 3－19 所示。

主销内倾的主要目的是使前轮具有自动回正作用，以提高其在居中位置时的稳定性，从而有利于保持汽车直线行驶的稳定性。这是因为当主销内倾后，前轮偏转时会将机体抬高。假设前轮绕主销轴线转过 180°（仅仅是为了解释问题而作的假设，实际前轮最大偏转角不超过 50°)，车轮将陷入路面"h"深，但车轮陷入路面是不可能的，实际情况是此时前轴被抬高了"h"，被抬高了的前轴在汽车重量的作用下，随时都有下落到最低位置的趋势，所以主销内倾后，前轮就可以在行驶中不因遭遇不大的侧向力而轻易发生偏转，以及在转向结束松开转向盘时，前轮能迅速回到行驶位置。

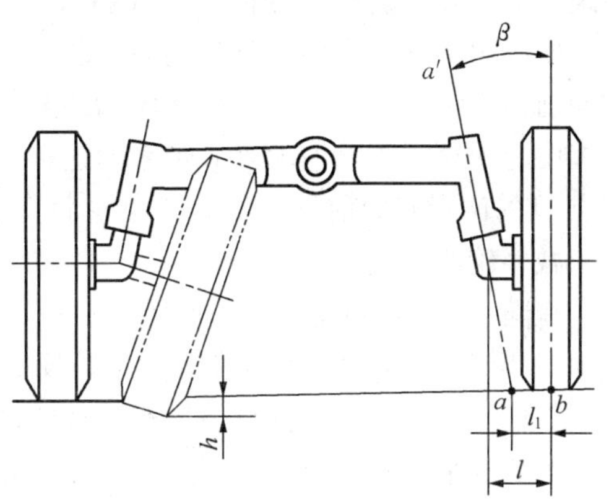

图 3-19 主销内倾

主销内倾后，由于转向时会将前轮抬起，从而转向费力沉重，要使驾驶员多费一些力，但也有使操纵省力的一方面。当前轮偏转时，作用在轮胎支承面中点 b 上的纵向阻力将对主销的轴线 aa' 产生一个阻止它偏转的阻力矩。轮胎中点 b 离主销轴线的距离越小，阻止前轮偏转的阻力矩就越小，转向操纵就越轻便。主销内倾角是由前轴在制造时其主销孔轴线的上端向内倾斜而获得的。因此，前轴弯曲变形、主销与销孔磨损变形都将引起主销内倾角的改变。一般汽车的主销内倾角 β 不大于 8°，拖拉机为 3°～9°。

综上所述，主销后倾和主销内倾均能使汽车转向时自动回正，保证直线行驶的稳定性。所不同的是，主销后倾的回正作用与车速有关，而主销内倾的回正作用与车速无关。这样，在不同的车速时，各自发挥其稳定作用。

3）前轮外倾。前轮安装在车桥上时，其旋转平面上方略向外倾斜，这种现象称为前轮外倾，如图 3-20 所示。在通过车轮轴线的垂直面内，车轮轴线与水平线之间所夹的锐角 α（也等于垂面与车轮中间平面所构成的锐角）叫前轮外倾角。

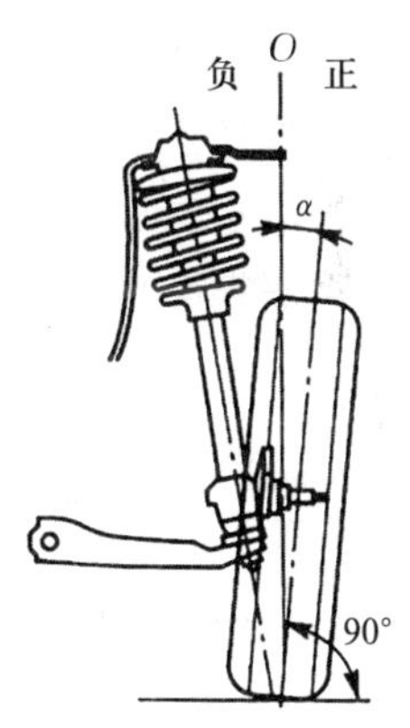

图 3-20 前轮外倾

前轮外倾的作用是避免汽车重载时车轮产生负外倾，以提高行驶的安全性。前轮外倾后，可使轮胎支承面中点到万向节主销轴线的距离进一步缩小，从而进一步减小阻止前轮偏转的阻力矩，使转向操纵轻便。同时，地面对车轮的垂直反力的轴向分力指向前轮轴的根部，使前轮始终压向内端大轴承。它可抵消前轮在转向时所承受的向外的部分轴向力，从而减轻了外端小轴承的负荷，减少前轮松脱的危险。

如果空车时，车轮正好垂直路面，则满载时车轮因承载变形后而可能出现车轮内倾。若车轮内倾，则地面对车轮的垂直反力的轴向分力指向前轮轮轴的外端，使车轮外轴承及锁紧螺母负荷增大，寿命缩短，严重时使车轮脱出。一般汽车的前轮外倾角 α 为 1°左右，拖拉机为 1.5°～4°。

4）前轮前束。前轮安装时，同一轴线上两侧车轮的旋转平面不平等，前端略向内束，这种现象称为前轮前束，如图 3-21 所示。

由于前轮外倾，前轮就好似一个滚锥，在行驶中，就有绕轮轴轴线与地面的交点 O 而向外滚开的趋势，如图 3-22 所示；另外，由于在转向梯形的球铰链等处不可避免地总会存在有间隙，因此汽车在行驶中，前轮也可能因外撇而产生向外滚开的趋势。但是由于前轴和横拉杆的约束，实际上前轮不可能向外滚开，而是由前轴强制着它向前做直线滚动，这势必增加轮胎的磨损，俗称“吃胎”，前轮前束的作用就是使锥体中心前移，消除前轮外倾带来的这种不良后果。由于前束，使前轮轴线与地面的交点 O 的位置略向前移，从而减小轮胎支承面上各点滚离直线行驶方向的倾向，有利于减轻轮胎磨损。

在同一水平高度上，车轮前后端水平距离之差（$A-B$）称为前束值，如图 3-21 所示。当 $A-B>0$ 时，前束值为正，反之为负。一般前轮前束值在 2～12 mm。

在使用过程中要对前束值进行检查和调整。在有转向梯形的汽车上，通过调整横拉杆的长度来调整前束值；而在双拉杆转向操纵机构中，则需通过调整左右拉杆的长度来实现。

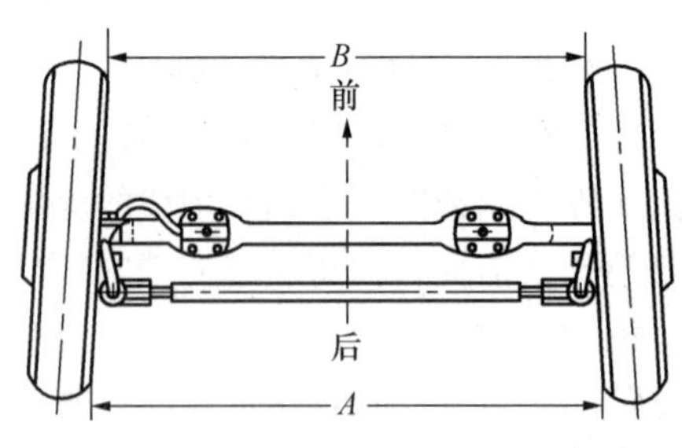

图 3-21 前轮前束

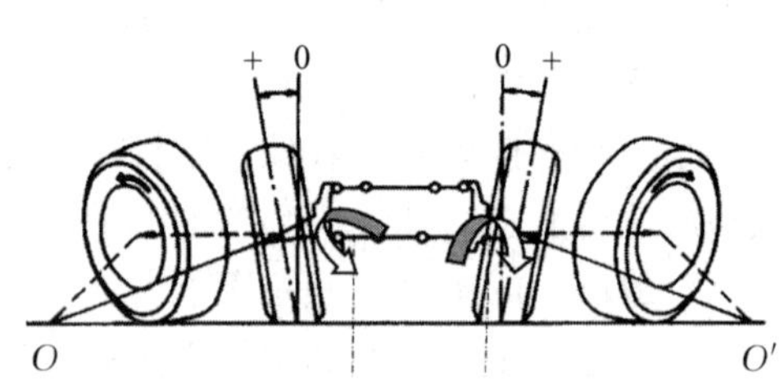

图 3-22 前轮外倾时的运动情况

（2）后轮定位

随着道路条件的改善，现代轿车的行驶速度越来越高，现在有许多高档轿车都需要设置四轮定位，即不仅要求前轮定位，还需要有后轮定位。其原因是对前轮驱动汽车和独立后悬架汽车，如果后轮定位不当，即使前轮定位良好，也会有不良的操纵性和轮胎早期磨损。后轮定位包括后轮外倾和后轮前束。

3.5 悬架

3.5.1 常规悬架

功用与类型

（1）功用与类型

汽车悬架是车架与车桥之间的一切传力装置的总称。悬架的功能如下：

1）将车架与车桥（或车轮）弹性连接在一起。

2）传递两者之间的各种作用力和力矩。

3）抑制并减小由于路面不平而引起的振动。

4）保持车身和车轮之间正确的运动关系。

5）保证汽车的行驶平顺性和操纵稳定性。

悬架一般主要由弹性元件、减振器和导向机构（稳定杆）三部分组成，如图 3-23 所示。

悬架有非独立悬架和独立悬架两大类。

非独立悬架的特点是左右车轮安装在整体式车桥两端，车桥则通过弹性元件与车架相连，如图 3－24（a）所示。当一侧车轮跳动时，要影响到另一侧车轮，因此也称相关悬架。汽车非独立式悬架主要有平行钢板弹簧式和连杆螺旋弹簧式两种。

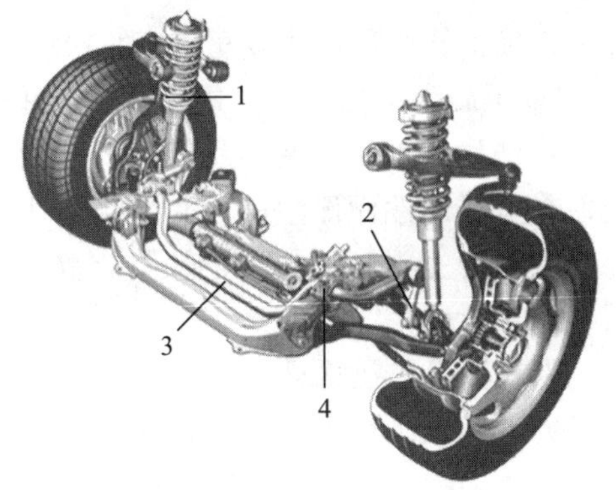

图 3－23　汽车的悬架组成

1. 弹性元件和减振器　2. 连接杆
3. 横向稳定杆　4. 横向推力杆支座

独立悬架的特点是每一侧车轮单独通过悬架与车架相连，每个车轮能独立上下运动而无相互影响，如图 3－24（b）所示。采用独立悬架时，车桥做成断开的。汽车上独立悬架的种类很多，主要有双叉式、撑杆式和摇臂式三种。

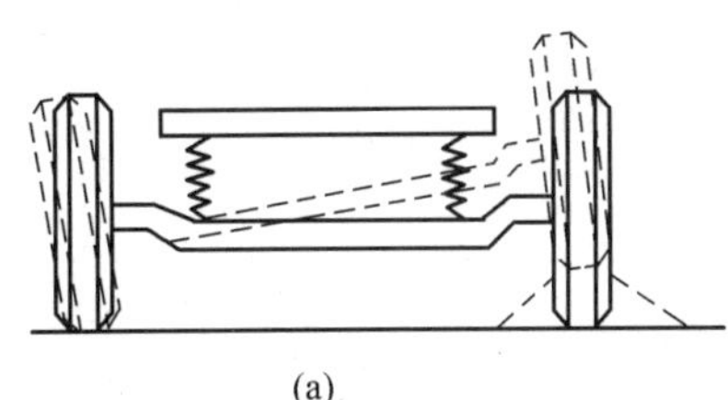

(a)

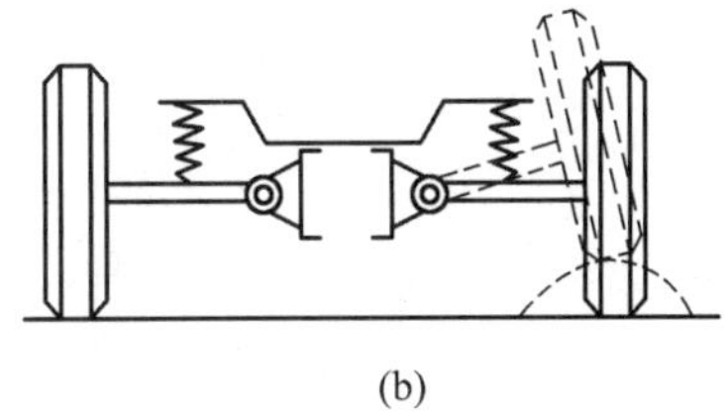

(b)

图 3－24　悬架的类型

（a）非独立悬架　（b）独立悬架

由于非独立悬架结构简单，制造和维修方便，成本低，车轮上下跳动时定位参数变化小，故在汽车上应用较广。而独立式悬架车轮接地性好，行驶平顺性和操纵稳定性均优于非独立悬架，但成本较高，仅一些进口拖拉机的前轮采用了独立悬架。

(2) 汽车悬架

1）非独立悬架。

非独立悬架

① 平行钢板弹簧式非独立式悬架。这是非独立式悬架中最为普遍的方式。用 U 形螺栓将钢板弹簧固定在装有左右车轮车轴的桥壳上，如图 3－25 所示。钢板弹簧兼起车轴定位的作用，结构简单，基本上不需要悬臂。另外，它具有耐久性，可降低高度，使驾驶室、车厢及底板平坦，适用于货车及厢式车。借助钢板弹簧连接车轮与车身，若弹簧过软，会因驱动力和制动力大而引起钢板弹簧的卷曲（弹簧卷曲会产生振动）以及车轮的弹跳现象。此

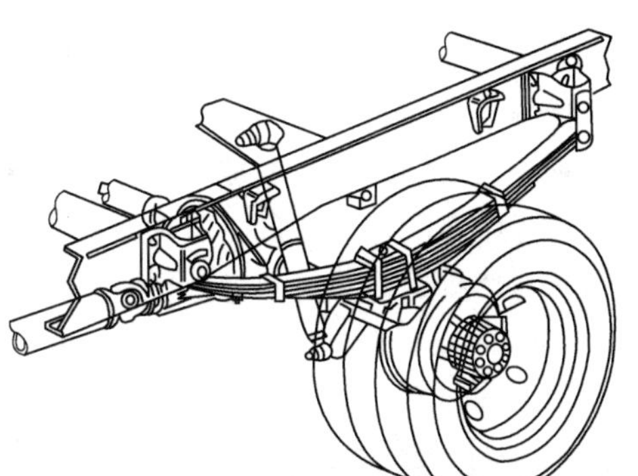

图 3－25　平行钢板弹簧式非独立悬架

外，钢板弹簧还存在着板间摩擦的缺点，有时容易传播微振。

② 螺旋弹簧式非独立式悬架。这种用螺旋弹簧代替钢板弹簧的悬架方式是为了改善乘坐舒适性而诞生的。它大多采用于前置后驱动（FR）车的后轮悬架装置，如图 3－26 所示。

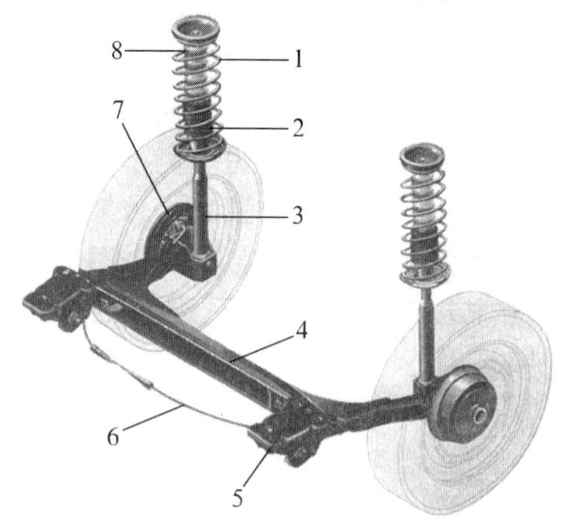

图 3－26 螺旋弹簧式非独立悬架

1. 螺旋弹簧 2. 橡胶护罩 3. 减振器 4. 后桥总成 5. 支承座 6. 手制动拉索 7. 制动器 8. 缓冲限位块

螺旋弹簧非独立悬架是一种复合式悬架。由于悬架弹簧作为弹性元件只能承受垂直载荷，所以其悬架系统要加设导向机构和减振器。在使用螺旋弹簧非独立悬架的车上，左右两个螺旋弹簧的间距应尽可能大，以提高悬架的横向刚度，同时在非独立悬架中需要安装减振器，而减振器内安装缓冲块，当车辆上下跳动时，可减少车身冲击，使车身振动衰减。

2）独立悬架。

独立悬架

① 双叉式独立悬架。双叉式悬架装置的结构和形式也是多种多样的。一般的结构是上、下两个控制臂支承有车轴的转向节，在上下控制臂之间安装减振器，如图 3－27 所示。

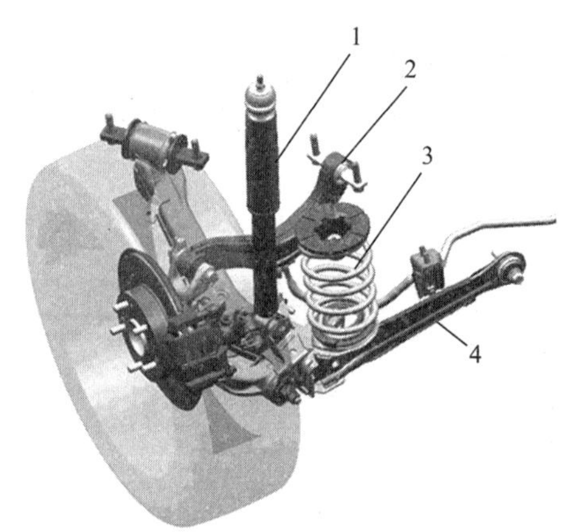

图 3－27 双叉式独立悬架

1. 减振器 2. 上控制臂 3. 螺旋弹簧 4. 下控制臂

上、下控制臂多为 A 形和 V 形，两点支承车身，这样可从前后方向稳固地支承车身。上、下控制臂长度相同时，不会由于悬架上下运动而产生外倾角的变化，但是，轮距的变化增大。一般来讲，下控制臂比上控制臂长，可以利用该长度（换言之，控制臂的支点位置）控制悬架上下活动产生的车轴方向（即轮胎方向）的变化，减少悬架上下运动时轮距的变化，以避免轮胎磨偏。

双叉式悬架的上、下控制臂可完全承受横向力，所以减振器工作平滑。这种悬架的最大特点是设计上的自由度大，即上述悬架控制臂的长度（臂的支点位置）可自由设定（若具有足够的空间），可使汽车具有突出的转弯性能、直线行驶性能及乘坐舒适性的特征，这种悬架装置的基本性能优于其他形式的悬架装置。

② 撑杆式独立悬架。因为减振器兼作悬架支柱（支撑杆），故将这种方式称为撑杆式悬架。根据发明者的名字，用于前轮时称为“麦弗逊式”撑杆式悬架，如图 3－28 所示，而用于后轮时被称为“查普曼式”撑杆式悬架，如图 3－29 所示。

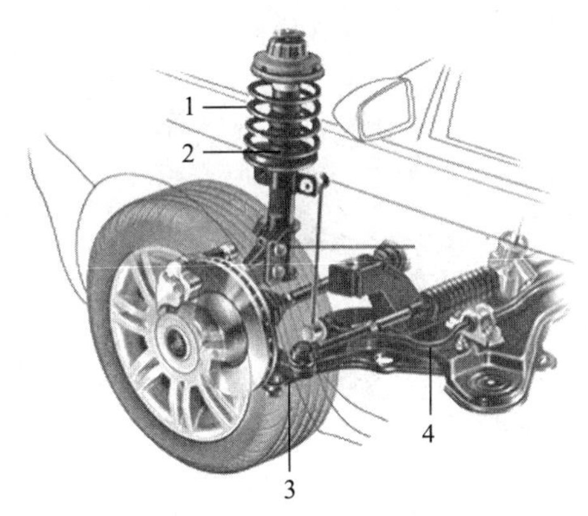

图 3-28 麦弗逊式撑杆式悬架

1. 螺旋弹簧 2. 液压减振器 3. 横摆臂 4. 横向稳定器

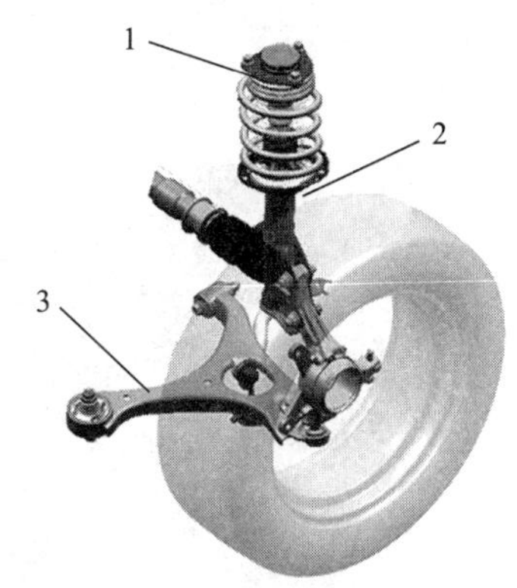

图 3-29 查普曼式撑杆式悬架

1. 螺旋弹簧 2. 液压减振器 3. 下控制臂

其结构是将装有减振器的撑杆上端安装在车身上，下端借助于控制臂与车轴连接。前悬架采用此方式时，撑杆本身还兼起主销的作用。撑杆式悬架的可伸缩减振器承受一部分横向力，所以当减振器动作时，会产生很大的摩擦力。

由于撑杆式悬架的零部件可起多种作用，所以构件数量少、质量小，可节省空间。撑杆式悬架的缺点是转弯时减振器承受横向力，在伸缩过程中产生很大的摩擦力，影响悬架系统的工作。另外，不能降低撑杆上端的安装高度，使汽车整体造型受到限制。从上述方面来看，撑杆式悬架可适用于中低档轿车。

③ 摆臂式独立悬架。摆臂式是指仅车轴中间部位的差速器固定，左右半轴在差速器外侧附近设万向节，以此为中心摆动。这种方式主要分为半后延摆臂式和全后延摆臂式两种。

所谓后延，就是“拖拉”的意思。摆动支点的枢轴位于车轴之前，车轮以此为中心一面被拖拉，一面摆动。半后延的意思是臂的回转轴倾斜，臂向后方外侧伸出的形式。这种方式的优点是平顺性好，操纵稳定性也好，设计上的自由度也大，差速器和传动轴没有上下运动，能降低车底板；缺点是车轴需要 4 个万向节，有的场合下需要 2 个伸缩万向节。

全后延摆臂式也可简称为单纵臂式，臂的回转轴与车身纵向成直角。为此，即使车轮上下运动，外倾和轮距也没有变化，平顺性好。其缺点是由于后倾有大的变化和把握方向盘的感觉受路面状况的影响，紧急制动时汽车摆动大（因为回转轴轴线为直线）。

④ 多连杆独立悬架。如图 3-30 所示，为多连杆独立悬架，可分为多连杆前悬架和多连杆后悬架系统。其中前悬架一般为 3 连杆或 4 连杆式；后悬架则一般为 4 连杆或 5 连杆式，其中 5 连杆式后悬架应用较为广泛。多连杆悬架结构相对复杂，材料成本、研发试验成本以及制造成本远高于其他类型的悬架，而且其占用空间大，中小型车出于成本和空间考虑极少使用。但多连杆式悬架舒适性能是所有悬架中最好的，操控性能也和双叉臂式悬架不相上下，高档轿车由于空间充裕且注重舒适性能和操控稳定性，所以大多使用多连杆悬架。

(3) 拖拉机悬架

1）轮式拖拉机悬架。拖拉机一般仅在前桥设置弹性悬架，但有的四轮驱动拖拉

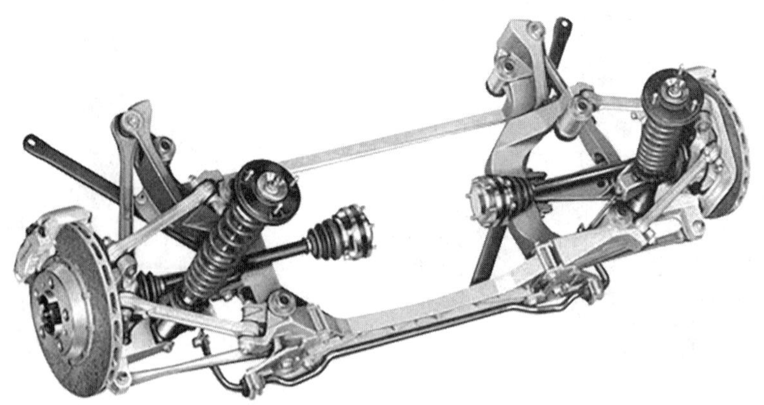

图 3-30 多连杆独立悬架

机的后桥也采用非独立悬架（纵向安置的钢板弹簧）。轮式拖拉机前桥弹性悬架有螺旋弹簧式和钢板弹簧式两大类，如图 3-31 所示。

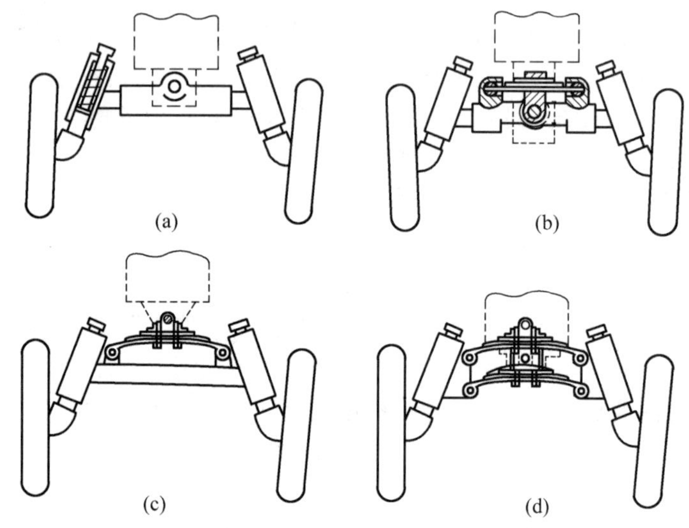

图 3-31 轮式拖拉机的弹性前悬架

（a）螺旋弹簧式 （b）机体铰接式钢板弹簧 （c）机体承载式钢板弹簧 （d）前轴式钢板弹簧

图 3-31（a）所示是将螺旋弹簧放置在转向节支架内的一种独立悬架。主销相对于转向节支架可以上下运动，由螺旋弹簧的变形来吸收冲击能量，缓和传到机体上的冲击。这种弹性悬架便于在一般的前轴基础上改造，但转向节内有相对运动，零件易磨损。

图 3-31（b）所示的类型中，前轴做成左右两半截，它们一方面各自与拖拉机机体铰接，另一方面又相互用钢板弹簧连接，钢板弹簧的中点也与机体铰接。地面对前轮的冲击通过钢板弹簧传到机体上，因而得到缓和。前轴还可连同弹簧一起绕铰接点摆动，以适应不平地形。

有的拖拉机的前轴不直接与机体铰接，而是通过钢板弹簧连接，如图 3-31（c）

所示。为了承受纵向平面内的转矩，钢板弹簧应该有前后平行的两组。或者一组钢板弹簧外还采用两根撑杆叉，其前端固定在前轴上，而后部与机体铰接。有的拖拉机没有刚性前轴，机体的前部质量直接通过上下两组钢板弹簧传给前轮，如图 3－31（d）所示。这种拖拉机的轮距只能靠翻转辐板来调节。

采用弹簧悬架可以改善驾驶人的劳动条件和延长机体的使用寿命。但对悬挂式机组采用弹性悬架后使拖拉机产生前后摆动，有时会影响机组的作业质量。

2）履带式拖拉机悬架。履带拖拉机的悬架是用以连接支重轮和机体的部件，机体的重力通过悬架传递到支重轮上，履带和支重轮在行驶过程中所受的冲击也经悬架传给机体。

履带式拖拉机悬架分为弹性悬架、半刚性悬架和刚性悬架三种类型，如图 3－32 所示。履带拖拉机的全部重量都经弹性元件传给支重轮的悬架称为弹性悬架，履带拖拉机的部分重量经弹性元件、部分重量经刚性元件传给支重轮的悬架称为半刚性悬架，履带拖拉机的全部重量都经刚性元件传给支重轮的悬架称为刚性悬架。

一般农用履带拖拉机常采用刚性悬架或半刚性悬架，工程机械一般采用半刚性悬架，高性能高速履带车辆均使用弹性悬架。

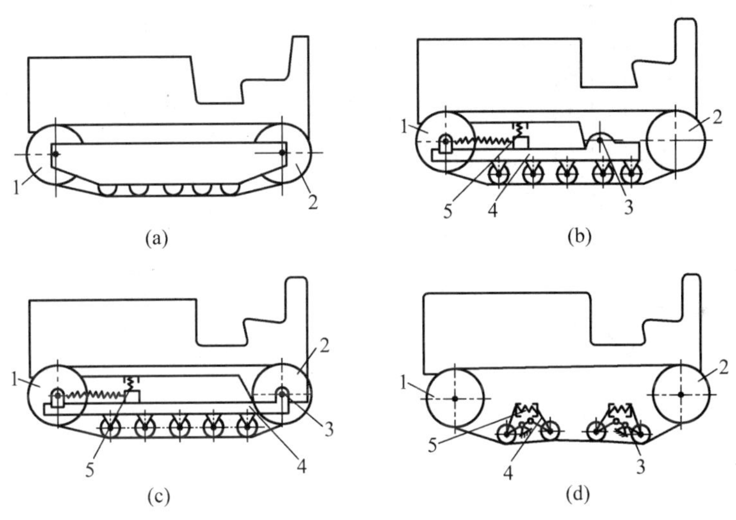

图 3－32　履带拖拉机悬架

（a）刚性悬架　（b）（c）半刚性悬架　（d）弹性悬架

1. 张紧轮（导向轮）　2. 驱动轮　3. 台车架摆轴　4. 台车架　5. 弹性元件

（4）主要元件

1）减振器。车辆在不平的道路上行驶时，车身将产生振动。为了使振动加速衰减，改善车辆行驶平顺性，一些车辆悬架系统装有减振器。

主要元件

① 减振器分类。减振器有多种类型，根据是否设置储液缸筒，分为双筒式和单筒式减振器；根据压缩行程是否工作，又可分为双向作用式和单向作用式减振器。目前，车辆上主要采用双筒双向作用式减振器。

双向作用式减振器的作用原理是采用缩小油路的方式，以产生的阻尼力来起到减振效果。当车架和车桥相对运动时，减振器内的油液反复地经一些窄小的孔隙从一个腔室流入另一腔室。此时，孔壁与油液间的摩擦及液体分子内摩擦等便形成阻尼力，从而将车身振动的机械能转化为热能而被油液和壳体吸收。阻尼力的大小可通过油液通道的面积、阀门弹簧刚度及油液的黏度等来控制。

② 减振器组成。减振器一般由几个同心缸筒、活塞和若干阀门组成，如图 3-33（a）所示。

最外面的缸筒上是防尘罩。中间缸筒为储油缸筒，内装有油液，但不装满，其下端通过底座上焊接的吊耳与车桥相连。里面的缸筒叫工作缸筒，其内装满油液，上端密封。活塞装在工作缸筒内，活塞杆穿过密封装置，上端与防尘罩和吊耳焊成一体，其下端用压紧螺母固定着活塞。活塞将工作缸分成上下两个腔。活塞上装有伸张阀和流通阀。工作缸筒下端的支座上装有压缩阀和补偿阀。流通阀和补偿阀弹簧较软，较低的油压即可使其关闭或开启；压缩阀和伸张阀弹簧较硬，需要较大的油压才能使其开启。只要油压稍降低，即可立刻关闭。

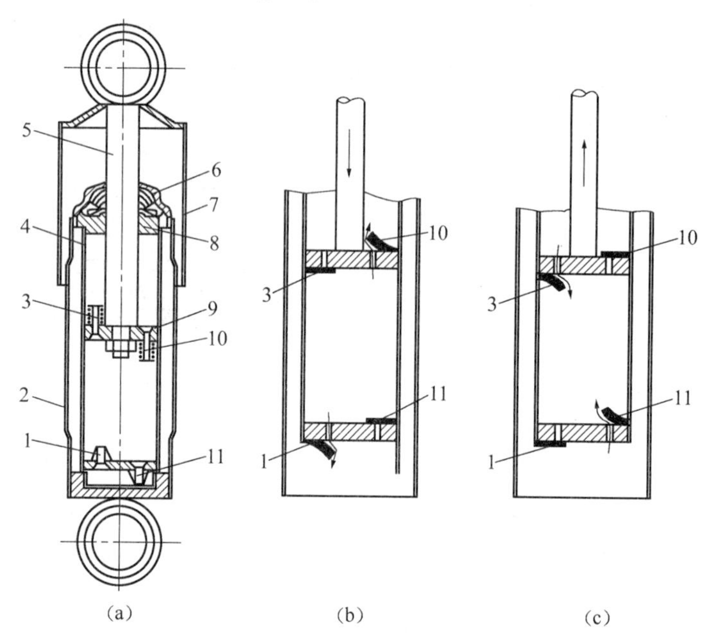

图 3-33 双向作用筒式减振器

（a）结构 （b）压缩行程 （c）伸张行程

1. 压缩阀 2. 储油缸筒 3. 伸张阀 4. 工作缸筒 5. 活塞杆 6. 油封 7. 防尘罩 8. 导向座 9. 活塞 10. 流通阀 11. 补偿阀

③ 减振器设计。减振器阻尼力越大，振动消除得越快。但阻尼力过大将导致弹簧的缓冲作用不能充分发挥，甚至使某些连接件损坏。为使减振器与弹性元件协调工作，减振器应满足以下要求：

a. 在悬架压缩行程内（车架与车桥相互靠近），减振器的阻尼力应较小，以便充分利用弹性元件的弹性来缓和冲击。

b. 在悬架伸张行程内（车架与车桥相互远离），减振器的阻尼力应较大（约为压缩行程的 2～5 倍），以求迅速减振。

c. 当车桥与车架的相对运动速度过大时，减振器应能自动加大油液通道截面积，使阻尼力始终保持在一定限度之内，避免承受过大的冲击载荷。

④ 减振器工作过程。压缩行程：车桥靠近车架，减振器受压缩，活塞下移，工作缸下腔容积减小，上腔容积增大。油液压开流通阀进入上腔。由于活塞杆占去上腔部分容积，因此，使上腔增加的容积小于下腔减小的容积，致使下腔油液不能全部流入上腔，而多余的油液则从压缩阀进入储油缸筒，如图 3-33（b）所示。这些阀的流通面积不大，因而产生一定的阻尼力。

伸张行程：车桥远离车架，减振器被拉长，活塞上移，使上腔容积减小，下腔容积增大，油液推开伸张阀流入下腔。同样，由于活塞杆的存在致使下腔产生一定的真空度，这时，储油缸筒内的油液在真空吸力的作用下打开补偿阀流入下腔，如图 3-33（c）所示。油液流经这些阀时便产生了阻尼力。

由于伸张阀弹簧刚度和预紧力比压缩阀的大，且伸张行程油液通道截面也比压缩行程的小，所以，减振器在伸张行程所产生的最大阻尼力远远超过了压缩行程的最大阻尼力。

2）弹性元件。悬架中的弹性元件主要有钢板弹簧、螺旋弹簧、扭杆弹簧、气体弹簧、油气弹簧和橡胶弹簧 6 种。

① 钢板弹簧。钢板弹簧由若干片宽度一致、厚度相等而长度不等的半椭圆形合金弹簧钢板组合而成，如图 3-34 所示。由于钢板弹簧具有多种功能，结构简单，工作可靠，因此在车辆中得到广泛应用。

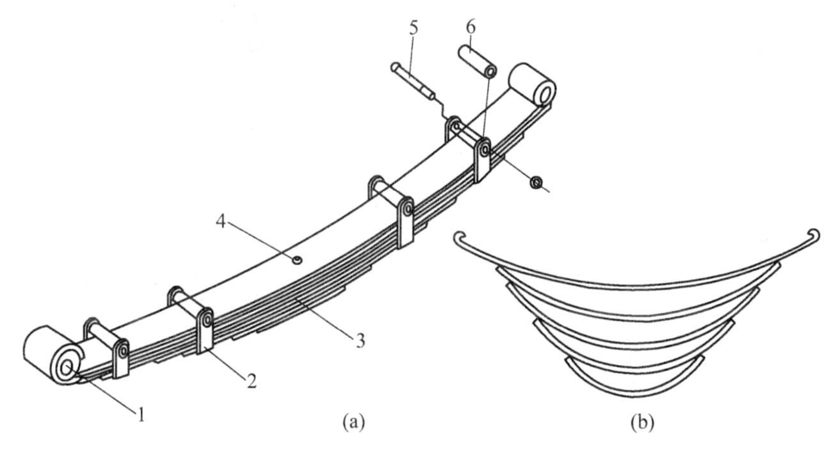

图 3-34 钢板弹簧

（a）装配后的钢板弹簧 （b）自由状态下的钢板弹簧

1. 卷耳 2. 钢板夹 3. 钢板弹簧 4. 中心螺栓 5. 螺栓 6. 套管

钢板弹簧第一片最长，称为主片，其两端弯成卷耳，内装衬套，以便用销与车架连接。为增加其强度，常将第二片两端做成能包卷主片卷耳的加强卷耳。各片弹簧钢片的组合除以中心螺栓固定外，还用多个钢板夹紧固。以防止当钢板弹簧反向变形时，各片错位而互相分开，致使主片单独承载。弹簧钢板用销与固定在车架上的支架或吊耳相连。中部用中心螺栓固定在车桥上。

在载荷作用下，钢板弹簧各片之间因变形滑动而产生摩擦，摩擦可促使车架振动衰减。但是各片之间的干摩擦将使车轮所受的冲击在很大程度上传给车架，不仅降低了悬架的缓冲能力还加速了弹簧的磨损。为此，在装合钢板弹簧时，各片间须涂上较稠的石墨润滑脂或塑料垫片，并定期维护。

② 螺旋弹簧。螺旋弹簧广泛应用于独立悬架，特别是前轮独立悬架中，结构如图 3-35 所示。

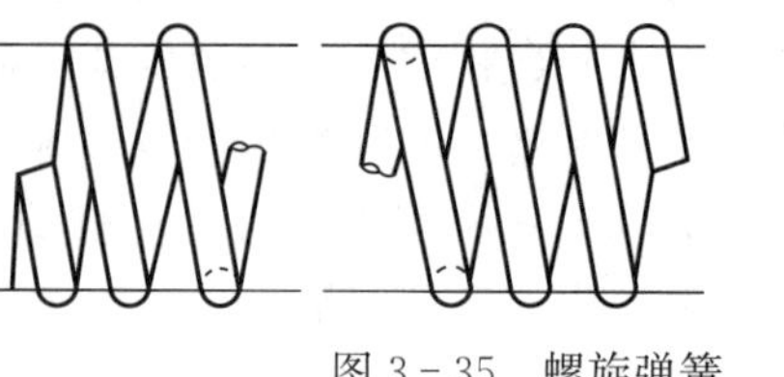

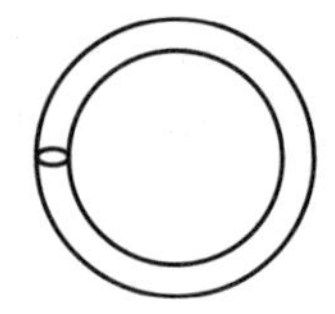

图 3-35 螺旋弹簧

螺旋弹簧与钢板弹簧比较，具有无须润滑、不忌泥污、安装所需的纵向空间小、弹簧质量小等优点。螺旋弹簧本身没有减振作用，因此在螺旋弹簧悬架中必须另装减振器。此外，它只能承受垂直载荷，故必须装设导向机构以传递垂直力以外的各种力和力矩。螺旋弹簧用弹簧钢棒料卷制而成，可做成刚度不变的等螺距或变刚度、变螺距的弹簧。

③ 扭杆弹簧。扭杆弹簧本身是一根由弹簧钢制成的杆，如图 3-36 所示。扭杆断面通常为矩形、管形、片形，它的一端固定在车架上，另一端固定在悬架的摆臂上，摆臂则与车轮相连。当车轮跳动时，摆臂便绕着拉杆轴线摆动，使扭杆产生扭转弹性变形，借以保证车轮与车架的弹性联系。与钢板弹簧相比，扭杆弹簧质量较小，不需润滑。

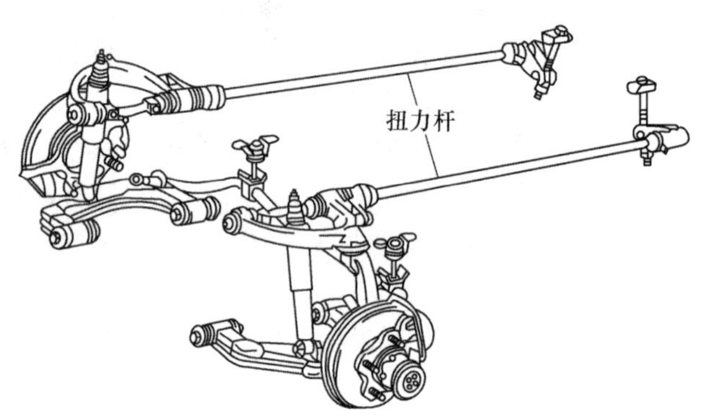

图 3-36 扭杆弹簧

扭杆弹簧用铬钒合金弹簧钢制成并做喷丸、防腐和预制处理，其表面经加工后很光滑，从而提高扭杆弹簧的使用寿命。预制扭杆时，通过扭转诱导杆的外层部分形成负方向的预应力，释放后，外层呈现负方向的剪切应力和扭转，内层呈现正方向的剪切应力和扭转。左、右扭杆的预加扭转的方向都应与扭杆安装在车上后承受工作载荷时扭转方向相同，以便减少工作时的实际应力，延长扭杆弹簧的使用寿命。左、右扭杆刻有不同标记，不能互换。

④ 气体弹簧。气体弹簧是在一个密封的容器中充入压缩气体（0.5～1 MPa），利用气体的可压缩性实现其弹簧作用的元件。这种弹簧的刚度是可变的，因为作用在弹簧上的载荷增加时，容器内的定量气体受压缩，气压升高，则弹簧的刚度增大；反之，当载荷减小时，弹簧内的气压下降，刚度减小，故它具有较理想的弹性特性。气体弹簧有囊式和膜式两种，如图 3-37 所示。

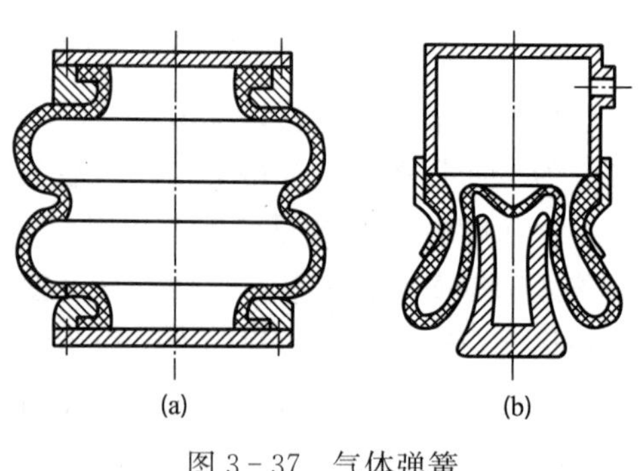

图 3-37 气体弹簧
(a) 囊式 (b) 膜式

⑤ 油气弹簧。油气弹簧以气体（一般用惰性气体、氮气）作为弹性介质，而用油液作为传力介质。它一般由气体弹簧和相当于液力减振器的液压缸所组成。油气弹簧有单气室、双气室及两级压力式等形式。

单气室油气弹簧如图 3 - 38 所示，又分为油气分隔式和油气不分隔式。单气室油气分隔式弹簧如图 3 - 39 所示。

油气弹簧除了能减缓车轮的冲击振动外，还可利用油压作用使车身上下动作，是一种特殊的悬架装置。即使在路况差的路面上及极限载荷状态和坡道等状态下行驶，车身也能保持水平。

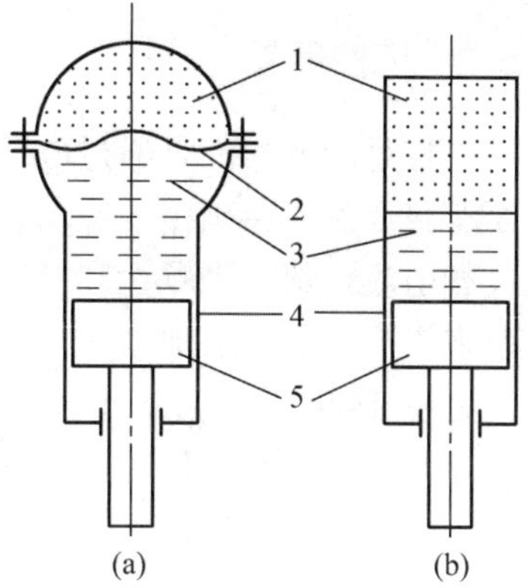

图 3 - 38　单气室油气弹簧

(a) 油气分隔式　(b) 油气不分隔式

1. 气体　2. 油气隔膜　3. 油液　4. 工作缸　5. 活塞

⑥ 橡胶弹簧。橡胶弹簧是利用橡胶本身的弹性来起弹性元件作用。它可以承受压缩和扭转载荷，如图 3 - 40 所示。其特点是单位质量的蓄能量较金属弹簧大，隔声性能好，橡胶弹簧多用作悬架副簧和缓冲块，也有在悬架中作主簧的。

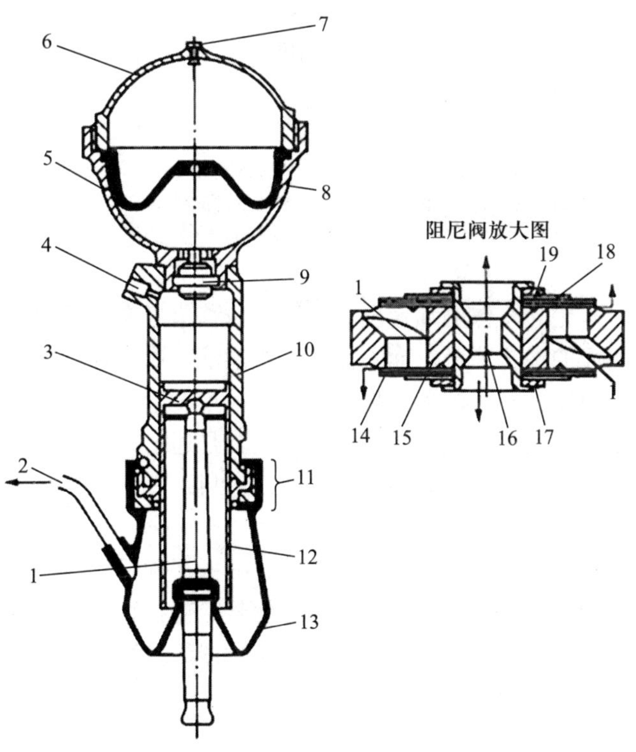

图 3 - 39　单气室油气分隔式弹簧

1. 悬架活塞杆　2. 油溢流口　3. 活塞　4. 加油口　5. 橡胶油气隔膜　6. 上半球室　7. 充气螺塞　8. 下半球室　9. 减振器阻尼阀　10. 工作缸　11. 密封装置　12. 活塞导向缸　13. 防护罩　14. 伸张阀　15. 阀体　16. 油液节流孔　17. 伸张阀限位挡片　18. 压缩阀　19. 压缩阀限位挡片

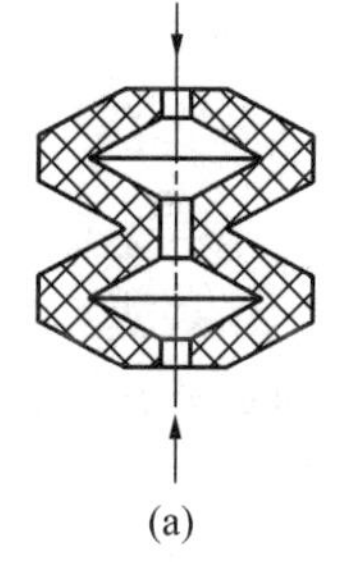

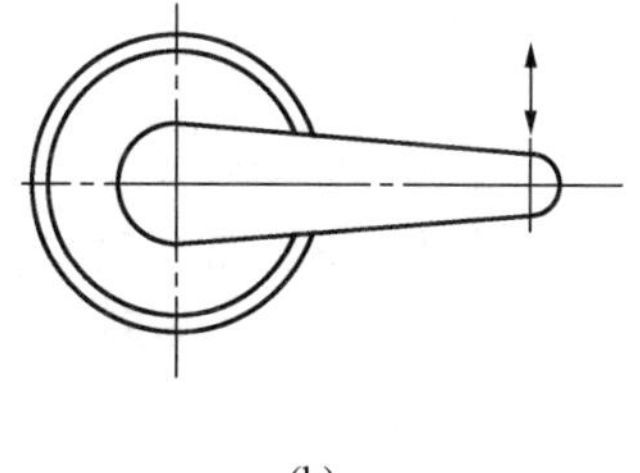

图 3 - 40　橡胶弹簧

(a) 受压缩载荷

(b) 受扭转载荷

3.5.2 电控悬架

电控悬架的目的是通过电子控制技术来调节悬架的刚度、减振器阻尼、悬架高度甚至车身姿态，突破传统被动悬架的局限，使车辆悬架特性与行驶的道路状况、地形状况相适应，保证平顺性和操纵性这两个相互排斥的性能要求，也可以通过调整车身姿态来提高车辆的坡地适应性（如丘陵山地拖拉机）。

电控悬架的基本功能有车高调整、衰减力控制、弹簧刚度控制、侧倾角刚度控制等。根据有无力发生器，可将电控悬架分为半主动悬架和主动悬架两大类，如图 3－41 所示。

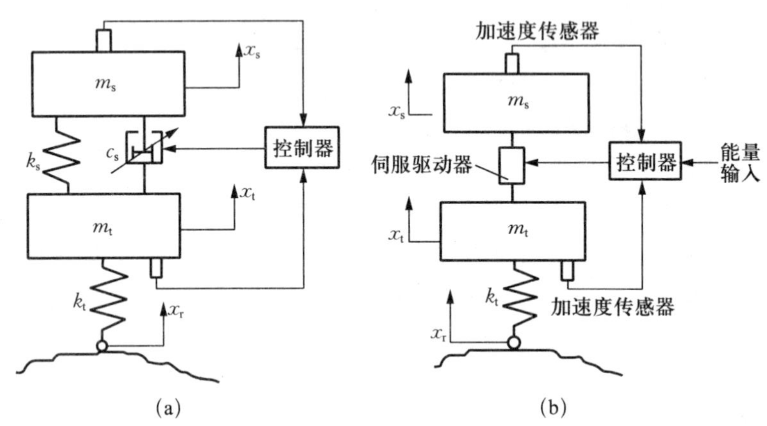

图 3－41 电控悬架类型

（a）半主动悬架 （b）主动悬架

m_s. 1/4 车体质量 m_t. 非簧载质量 c_s. 从动悬架阻尼系数 k_s. 从动悬架刚度系数
k_t. 轮胎刚度系数 x_r. 地面扰动输入 x_s. 车位位移 x_t. 非簧载质量位移

（1）半主动悬架

半主动悬架是根据路面冲击、车轮与车体的加速度、速度及位移信号来实时调节悬架的阻尼系数，消耗来自不平路面的冲击能量，而不需要提供能量，以这种方式来改善悬架缓冲性能。半主动悬架无力发生器，即无源控制，结构简单、造价低、能量消耗小，是目前轿车上较为普遍采用的调节方式。半主动悬架通常是通过改变液压缸上下两腔节流口的过流面积来调节悬架的阻尼系数，在结构上更接近传统的机械悬架。

还有一些车辆安装自适应变阻尼悬架系统，在这些系统中，减振器的阻尼特性以相对较低的速度发生变化。控制系统通过各种传感器采集输入信号，包括垂向、纵向和横向加速度以及侧倾角、悬架位移和方向盘角度。通过改变减振器的特性以适应不同的路面粗糙度、特殊的驾驶操纵以及驾驶员的偏好。

（2）主动悬架

主动悬架是一种有源控制方式。主动悬架是根据路面冲击、车轮与车体的加速度、速度及位移信号同时实时调节悬架的阻尼、刚度及车体高度。这种调节方式必须由外部提供能量。主动悬架实际是主动力发生器，可根据车辆的质量、地面的冲击载荷、地形条件，自动产生相应的力或者位移与其平衡，保证车辆在各种路面条件下都具有较好的适应性，相当于在不同工况下都能将悬架的刚度、阻尼系数、高度自动调节到最佳值的调节装置。

根据悬架传递运动和能量介质的不同，主动悬架又可分为油气式主动悬架（液压式）和空气式主动悬架两种。

复习与思考

1. 汽车行驶系统的作用是什么？
2. 转向桥的作用是什么？
3. 前轮定位参数有哪些？各自作用是什么？
4. 轮胎的作用是什么？
5. 为什么要推广使用子午线轮胎？
6. 悬架的作用是什么？
7. 何谓独立悬架、非独立悬架？钢板弹簧能否作为独立悬架的弹性元件？
8. 为使减振器与弹性元件协调工作，减振器应满足什么要求？
9. 简述液力减振器的工作原理。

学会变通，物尽其用

第 4 章

转　向　系　统

4.1　概述

概述

用来改变或恢复车辆行驶方向的专设机构称为车辆的转向系统，简称转向系。汽车转向系统对汽车的安全行驶非常重要。

4.1.1　功用与类型

（1）功用

转向系的功用是用来操纵车辆的行驶方向。除转弯外，由于路面条件及车辆自身技术状况，如轮式车辆两侧轮胎气压不同等因素的影响，车辆直行时也会自动偏离原来的行驶方向，这时也需要操纵转向机构来纠正方向。

（2）类型

汽车转向系统根据转向能源的不同可分为机械转向系统和助力转向系统两大类。完全靠驾驶人手动操纵的转向系统称为机械转向系统。借助动力来操纵的转向系统称为助力转向系统。助力转向系统又可分为液压助力转向系统和电动助力转向系统。

1）机械转向系统。机械转向系统以驾驶人的体力作为转向能源，其中所有传动件都是机械的。机械转向系统由转向操纵机构、转向器和转向传动机构三大部分组成。

机械转向系统的组成如图 4－1 所示。当汽车转向时，驾驶人对转向盘 1 施加的转向力矩通过转向轴 2、转向万向节 3 和转向传动轴 4 输入转向器 5。经转向器放大后的力矩和减速后的运动传到转向摇臂 6，再经过转向直拉杆 7 传给转向节臂 8。使左万向节和它所支承的左转向轮偏转。通过转向梯形，使右转向节 13 及其支承的右转向轮随之同向偏转相应角度。转向梯形由固定在左、右万向节上的梯形臂 10、12 和两端与梯形臂作球铰链连接的转向横拉杆 11 组成。从转向盘到转向传动轴的一系列零部件属于转向操纵机构，由转向摇臂至转向梯形的一系列零部件（不含万向节）均属于转向传动机构。

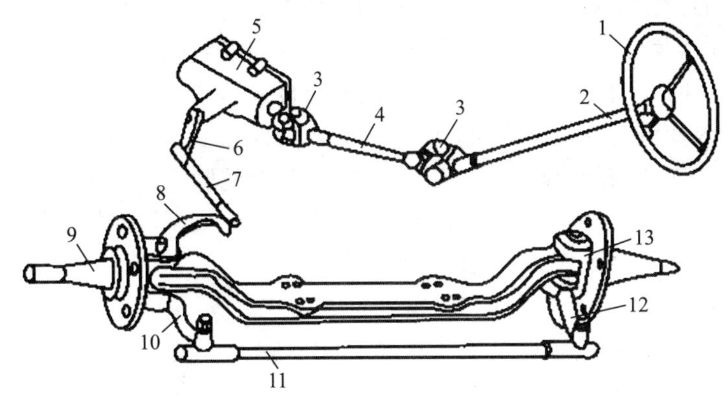

图4-1　机械转向系统的组成

1. 转向盘　2. 转向轴　3. 转向万向节　4. 转向传动轴　5. 转向器　6. 转向摇臂
7. 转向直拉杆　8. 转向节臂　9. 左前轴　10、12. 梯形臂　11. 转向横拉杆　13. 右转向节

转向盘在驾驶室的安置位置与各国交通法规规定车辆靠道路左侧还是右侧通行有关。包括我国在内的大多数国家或地区规定车辆右侧通行，相应地应将转向盘安置在驾驶室左侧。这样，驾驶人的左方视野较广阔，有利于两车安全交会。相反，在一些规定车辆靠左侧通行的国家或地区使用的汽车上，转向盘则安置在驾驶室右侧。

2）助力转向系统。助力转向系统是兼用驾驶人体力、发动机动力或电动机动力作为转向能源的转向系统。在正常情况下，汽车转向所需的能量只有一小部分由驾驶人提供，而大部分是由动力转向装置提供的。但在动力转向装置失效时，一般还能由驾驶人独立承担汽车转向任务。因此，助力转向系统是在机械转向系统的基础上加设一套转向加力装置而形成的。

① 液压式助力转向系统。图4-2所示为一种液压式助力转向系统的组成和液压

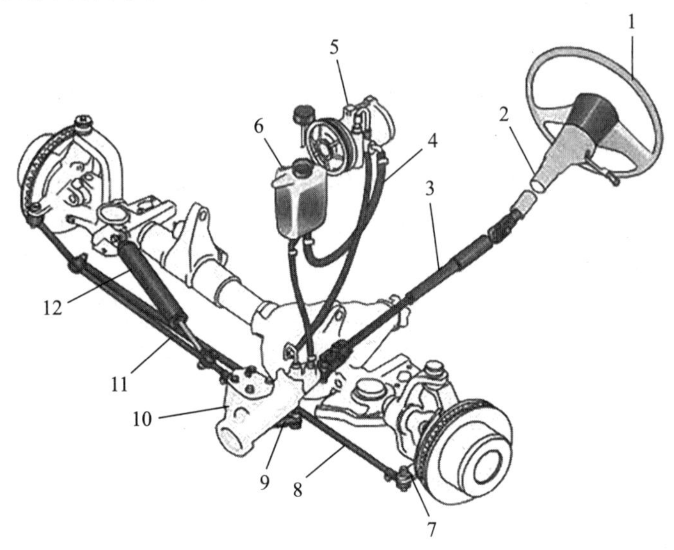

图4-2　液压式助力转向系统组成和液压转向加力装置管路布置

1. 转向盘　2. 转向轴　3. 转向中间轴　4. 转向油管　5. 转向液压泵　6. 转向油罐　7. 转向节臂
8. 转向横拉杆　9. 转向摇臂　10. 整体式转向器　11. 转向直拉杆　12. 转向减振器

转向加力装置的管路布置。其中属于转向加力装置的部件是转向液压泵 5、转向油管 4、转向油罐 6 以及位于整体式转向器 10 内部的转向控制阀及转向动力缸等。当驾驶人转动转向盘 1 时，通过机械转向器使转向横拉杆 8 移动，并带动万向节臂，使转向轮偏转，从而改变汽车的行驶方向。与此同时，转向器输入轴还带动转向器内部的转向控制阀转动，使转向动力缸产生液压作用力，帮助驾驶人进行转向操作。由于转向加力装置的作用，驾驶人只需采用较小的转向力矩就能实现转向轮偏转。

② 电动助力转向系统。简称 EPS（electronic power steering system），在机械转向机构基础上，增加了信号传感器、电子控制单元和转向助力机构，如图 4－3 所示。

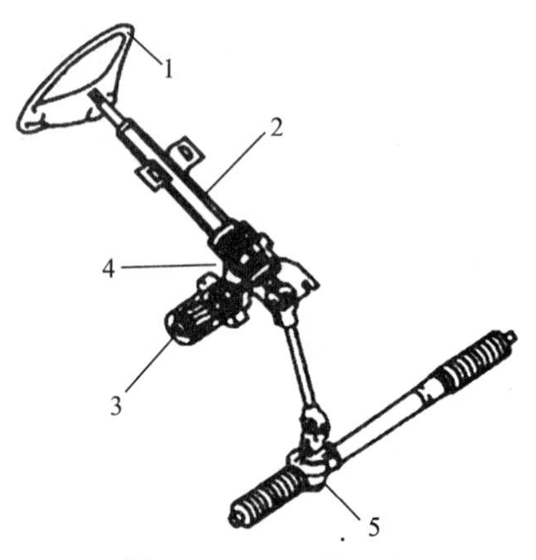

图 4－3　EPS 的组成

1. 转向盘　2. 转向轴及柱管　3. 助力电动机　4. 减速机构　5. 机械转向器

EPS 利用电动机作为助力装置，根据车速和转向参数等因素，由电子控制单元完成助力控制，其原理可概括如下：当操纵转向盘时，装在转向盘轴上的转矩传感器不断地测出转向轴上的转矩信号，该信号与车速信号同时输入到电子控制单元。电子控制单元根据这些输入信号确定助力转矩的大小和方向，即选定电动机的电流和转动方向，调整转向辅助动力的大小。电动机的转矩由电磁离合器通过减速机构减速增矩后加在汽车的转向机构上，使之得到一个与汽车工况相适应的转向作用力。

4.1.2　转向方式

车辆之所以能够在转向机构的操纵下实现转向，是由于转向动作使地面与行走装置之间的相互作用产生了与转向方向一致的转向力矩，克服阻止车辆转向的阻力矩而实现的。转向方式有三种：一是靠车辆的轮子相对车身偏转一个角度来实现，二是靠改变行走装置两侧的驱动力来实现，三是既改变两侧行走装置的驱动力又使轮子偏转。汽车与大多数轮式拖拉机采用第一种转向方式，履带拖拉机和无尾轮手扶拖拉机采用第二种转向方式，有尾轮手扶拖拉机及轮式拖拉机在某种情况下（如在田间作业时）采用第三种转向方式。

轮式车辆主要采用偏转车轮的方式实现转向。偏转车轮转向具体实现方式有四种，如图 4－4 所示。即前轮偏转、后轮偏转、前后轮同时偏转和折腰转向。汽车、轮式拖拉机和农用运输车一般均采用偏转前轮的方式进行转向。转向系统的具体结构随车辆行走系统的类型、采用的转向方式而不同。

4.1.3　转向原理

（1）轮式车辆转向理论分析

1）运动学分析。轮式车辆顺利完成转向的基本要求是各车轮做纯滚动。为了满足这一要求，车辆在转向时各车轮轴心线应通过同一瞬心轴线，此轴线垂直于地面，

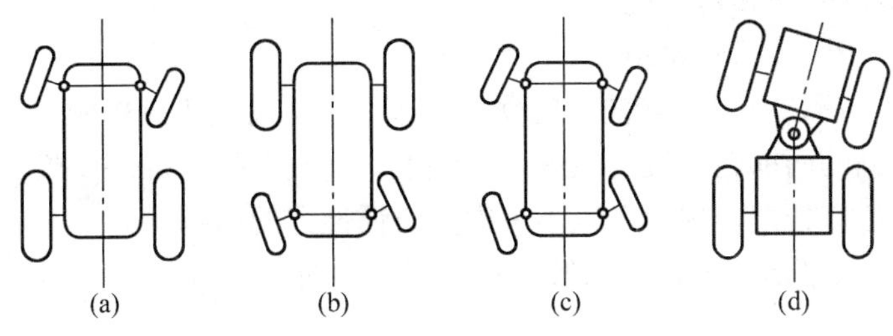

图 4-4　偏转车轮转向的几种形式

（a）偏转前轮　（b）偏转后轮　（c）偏转前后轮　（d）折腰转向

其投影点如图 4-5 中 O 点所示，水平投影车辆转向时车身绕瞬心 O 点转动。因车辆转向时的转弯半径 R 随前轮偏转角 α（β）的变化而变化，所以称 O 点为瞬时转向中心。

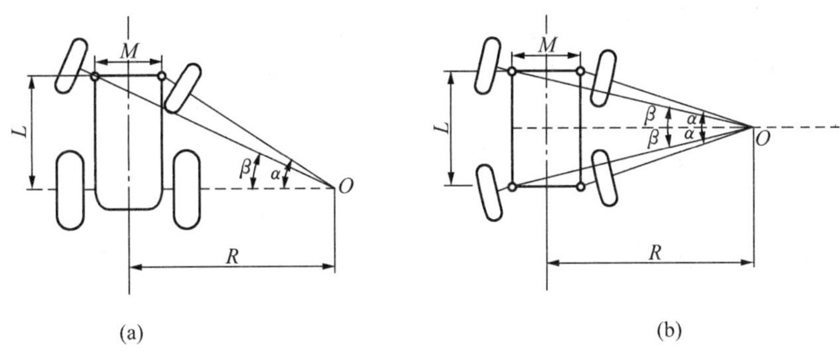

图 4-5　轮式车辆转向过程

（a）前轮转向　（b）四轮异相位转向

根据转向时各车轮纯滚动的要求，对于后轮驱动的 4×2 轮式车辆，转向时必须满足以下三个条件：

① 通过驾驶人员的操纵来实现前轮的偏转，车轮的偏转的程度决定了车辆的转弯半径。

② 两前轮做纯滚动，要求内侧前轮偏转角 α 比外侧前轮偏转角 β 要大，内、外侧前轮偏转角 α 和 β 的关系为

$$\cot\beta-\cot\alpha=M/L \tag{4-1}$$

该式即为阿克曼公式。

式中　M——两转向节立轴与前轮轴心线交点之间距离；

　　　L——车辆前后轴距。

若为前、后轮同时异相位偏转转向，如图 4-5（b）所示，则式（4-1）为

$$\cot\beta-\cot\alpha=M/(2L) \tag{4-2}$$

③ 转向时，两个驱动轮在同一时间内走过的路程是不相等的，外侧驱动轮转得要快，而内侧驱动轮转得慢，即

$$\frac{n_2}{n_1}=\frac{R+0.5B}{R-0.5B} \tag{4-3}$$

式中　n_1、n_2——慢、快速侧驱动轮转速；

R——转弯半径；

B——后轴轮距。

2）动力学分析。车辆在转向时的受力比较复杂。为便于分析做以下假设：

① 四轮车辆的两前轮直接装在同一前轴上，前轴中间与机体铰接。

② 车辆是低速转向，这样可以不考虑离心惯性力的影响。

轮式车辆在水平地面上直行和低速稳定转向时的受力如图 4-6 和图 4-7 所示。

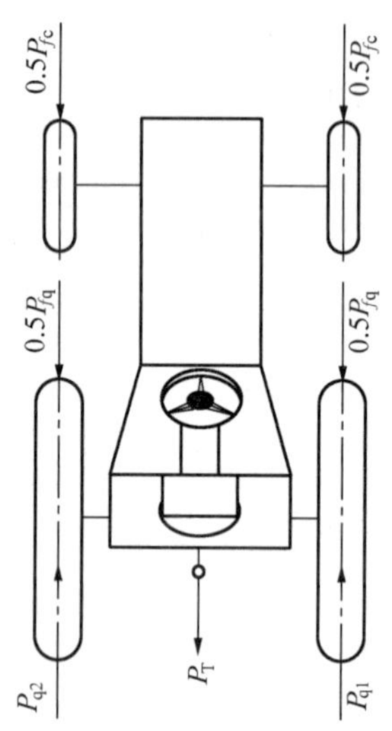

图 4-6 轮式拖拉机等速直线行驶受力

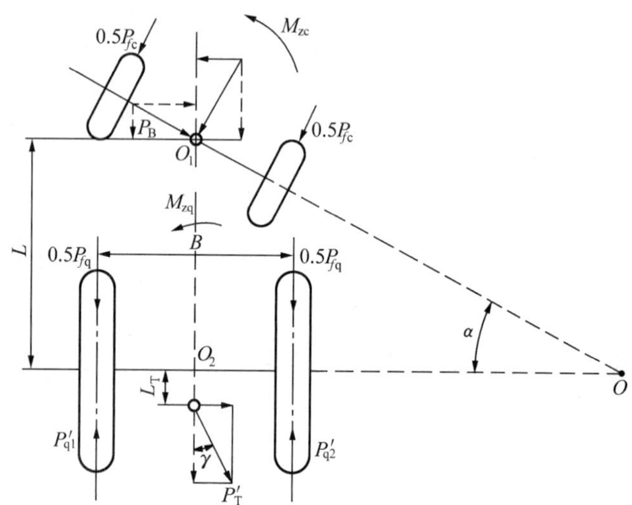

图 4-7 轮式拖拉机等速转向行驶受力

车辆直行时，其牵引平衡方程为

$$P_q = P_{q1} + P_{q2} = P_{fc} + P_{fq} + P_T \tag{4-4}$$

式中 P_q——驱动轮的总推动力，即两侧驱动轮推力 P_{q1} 与 P_{q2} 之和；

P_{fc}——前轮滚动阻力，每侧前轮滚动阻力为 $0.5P_{fc}$；

P_{fq}——驱动轮滚动阻力，每侧驱动轮滚动阻力为 $0.5P_{fq}$；

P_T——挂钩牵引阻力。

假定车辆在转向时各个车轮的滚动阻力在转向过程中与转向前相同，而且两侧前轮的偏转角均为 α。前轮通过车架在驱动轮的推动下，土壤对前轮产生的反作用力分解为轴向分力 P_B（侧向反作用力）和切向分力，即为 P_{fc}（滚动阻力，每侧前轮为 $0.5P_{fc}$）。在 P_B 和驱动轮推力作用下，克服各项转向阻力矩而使车辆实现转向。

转向时的牵引平衡方程为

$$P'_q = P_{fq} + P_{fc}\cos\alpha + P_B\sin\alpha + P'_T\cos\gamma \tag{4-5}$$

式中 P'_q——转向时驱动轮的总推力，为两侧驱动轮推力 P'_{q1} 与 P'_{q2} 之和；

P'_T——转向时挂钩牵引力；

γ——P'_T 作用线与车辆纵向对称轴线间的夹角。

车辆转向时，土壤作用于车辆并相对于 O_2 点的总转向阻力矩 M_Σ 为各项阻力矩

之和，即

$$M_{\Sigma} = M_{zc} + M_{zq} + P'_{T} L_{T} \sin \gamma + L P_{fc} \sin \alpha \quad (4-6)$$

式中　M_{zc}、M_{zq}——前、后轮的转向阻力矩；

L_T——P_T 作用点至 O_2 点的间距。

车辆转向时，地面作用于车轮的转向力矩为

$$M_B = 0.5B\ (P'_{q2} - P'_{q1}) + L P_B \cos \alpha \quad (4-7)$$

因轮式车辆后桥（驱动桥）装有差速器，能将中央传动传来的力矩近似平均地分配给两侧驱动轮，所以可以假定 $P'_{q1} = P'_{q2}$，因而上式可写成

$$M_B = L P_B \cos \alpha \quad (4-8)$$

根据稳定转向的条件，转向力矩与转向阻力矩相平衡，即

$$M_B = M_{\Sigma}$$

$$L P_B \cos \alpha = M_{zc} + M_{zq} + p'_T L_T \sin \gamma + L P_{fc} \sin \alpha \quad (4-9)$$

由此可得转向力 P_B 为

$$P_B = \frac{M_{zc} + M_{zq} + L_T P'_T \sin \gamma}{L \cos\alpha} + P_{fc} \tan \alpha \quad (4-10)$$

转向力 P_B 是土壤对偏转的前轮产生的轴向反力，因而 P_B 的大小取决于前轮和土壤间的侧向附着性能。

$$P_B \leqslant \Phi_c G_c \quad (4-11)$$

式中　Φ_c——前轮侧向附着系数，前轮胎面的纵向环状条形花纹可增大 Φ_c 值；

G_c——前轮对土壤的垂直作用力。

由此可见，拖拉机在抗压、抗剪强度弱的地面上（如水田土壤、沙滩及松软地面）转向时，因附着性能变差、转向力 P_B 不足而转向困难。对于轮式拖拉机而言，这时可以采用慢速侧驱动轮的适当制动以协助转向。

汽车、拖拉机等车辆转向会使发动机负荷增大。假定直线行驶时 $P_T = P'_T \cos \gamma$，比较车辆转向与直线行驶时的牵引平衡方程式可知，转向时内侧驱动轮推力需增大 ΔP_q，即

$$\Delta P_q = P'_q - P_q = P_B \sin \alpha - (1 - \cos \alpha)\ P_{fc} \quad (4-12)$$

由上式可知，车辆转向时，因驱动轮的驱动力增大而需要发动机的功率相应增大。

（2）履带车辆转向理论分析

1）运动学分析。履带拖拉机两侧驱动轮的驱动力矩不相等时两侧履带所产生的驱动力也不同，这就会产生转向力矩 M_B。当其大于所有转向阻力矩时，拖拉机便能绕转向瞬心轴线 O 转向，如图 4-8 所示。

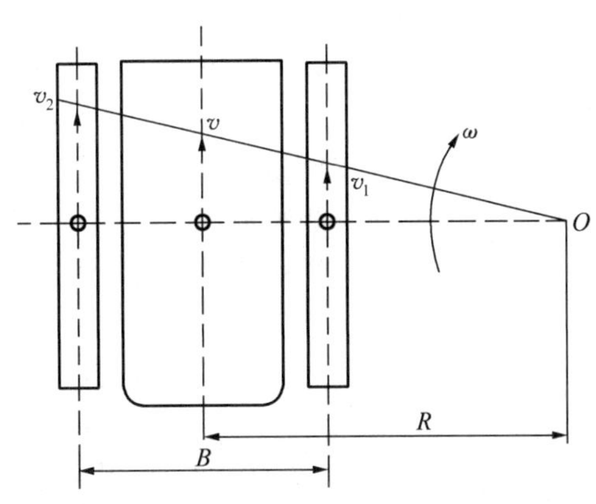

图 4-8　履带车辆转向过程

当转向半径为 R、轨距为 B、拖拉机转向角速度为 ω，快、慢侧履带的线速度分别是 v_2、v_1，则

$$\left.\begin{aligned}v_2&=(R+0.5B)\omega\\v_1&=(R-0.5B)\omega\end{aligned}\right\}\tag{4-13}$$

车辆纵向对称平面中心处的平均线速度 v 为

$$v=R\omega\tag{4-14}$$

若两侧驱动轮的角速度分别是 ω_2 和 ω_1，驱动轮的节圆半径为 r，则线速度分别是

$$\left.\begin{aligned}v_2&=r\omega_2=(R+0.5B)\omega\\v_1&=r\omega_1=(R-0.5B)\omega\end{aligned}\right\}\tag{4-15}$$

因此，履带车辆的转向角速度 ω 为

$$\omega=\frac{r\omega_2}{R+0.5B}=\frac{r\omega_1}{R-0.5B}=\frac{r\ (\omega_2-\omega_1)}{B}\tag{4-16}$$

由式（4-16）看出，拖拉机两侧驱动轮的角速度差值（$\omega_2-\omega_1$）越大，拖拉机的转向角速度 ω 越大，转向半径 R 越小。

2）动力学分析。履带拖拉机转向时的阻力矩可以认为由两部分组成：一是履带在地面上相对转动时由摩擦作用产生的阻力矩 M_{z1}；二是由牵引力 P'_T 的横向分力对相对转动中心形成的转向阻力矩 M_{z2}。即 $M_z=M_{z1}+M_{z2}$。

① 无牵引负荷。即 $P'_T=0$，在水平地面上稳定转向时，履带的转向阻力矩 $M_z=M_{z1}$，如图 4-9 所示。

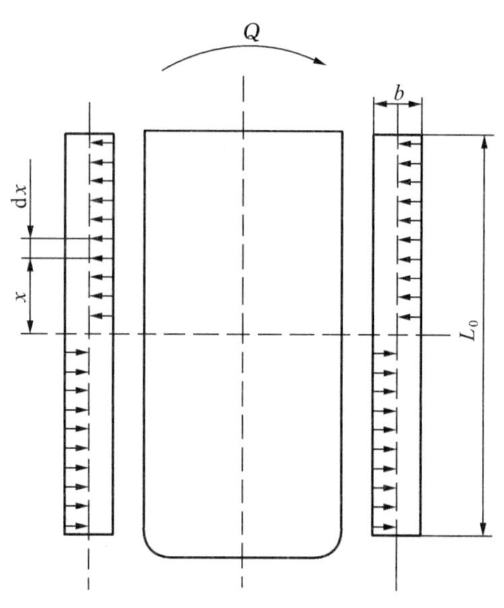

图 4-9 履带车辆无牵引负荷转向

由于 $P'_T=0$，履带的相对转动中心在履带支持面中间，履带车辆转向时的阻力矩是由履带与地面之间的摩擦、侧向挤压、剪切以及履带滑转、土壤推力作用线的横向偏移等诸多因素引起的阻力矩的合成，单独分析和计算它们对转向阻力矩的影响比较困难。一般是通过实验，测取转向阻力系数 μ 值，用转向摩擦阻力矩 M_{z1} 的形式来反映无牵引负荷时履带拖拉机转向阻力矩，使分析简化。设履带的接地压力 P_L 均匀分布，其值为

$$P_L=0.5G_s/(bL_0)\tag{4-17}$$

式中 G_s——车辆使用重量；

b——单侧履带宽度；

L_0——履带接地长度。

微小面积 $b\mathrm{d}x$ 上重量产生的摩擦力对转动极线 O_1O_2（履带接地长度的中心连线）的力矩 $\mathrm{d}M$ 为

$$\mathrm{d}M=\mu\frac{0.5G_s}{bL_0}bx\mathrm{d}x=0.5\frac{\mu G_s}{L_0}x\mathrm{d}x\tag{4-18}$$

两条履带转向阻力矩之和 M_z 为

$$M_z = M_{z1} = 4\int_0^{0.5L_0} 0.5\mu \frac{G_s}{L_0} x \mathrm{d}x = \frac{\mu G_s L_0}{4} \tag{4-19}$$

式中 μ——转向阻力系数，与土壤条件、履带结构和转向半径有关。

推导该式时，略去了履带宽度对阻力矩的影响，由式（4-19）可知：拖拉机越重，履带接地长度 L_0 越大，转向阻力矩 M_z 也越大。

② 有牵引阻力 P'_T。在水平地面稳定转向，履带拖拉机的转向阻力矩为 $M_z = M_{z1} + M_{z2}$，由于牵引阻力的影响，履带的相对转动极线位置由原来在接地长度的中心，即 $0.5L_0$ 处向后移动距离为 x_0，如图 4-10 所示。

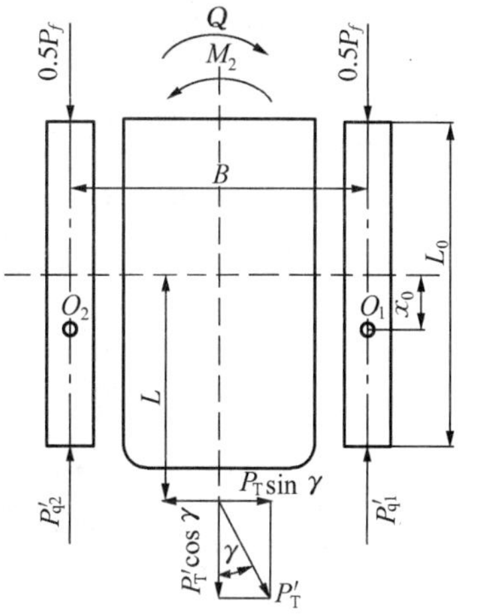

图 4-10 履带车辆带牵引负荷转向

此时由摩擦阻力引起的转向阻力矩 M_{z1} 为

$$M_{z1} = 2\left(\int_0^{0.5L_0+x_0} \mu \frac{0.5G_s}{L_0} x \mathrm{d}x + \int_0^{0.5L_0-x_0} \mu \frac{0.5G_s}{L_0} x \mathrm{d}x\right)$$

$$= \frac{\mu G_s L_0}{4}\left[1 + \left(\frac{2x_0}{L_0}\right)^2\right] \tag{4-20}$$

因 $(2x_0/L_0)^2$ 项较小而略去时，则得

$$M_{z1} = \frac{\mu G_s L_0}{4} \tag{4-21}$$

若牵引负荷 P'_T 与拖拉机纵向对称中心线夹角为 γ，则其横向分力为 $P'_T \sin\gamma$，引起的转向阻力矩 M_{z2} 为

$$M_{z2} = P'_T \sin\gamma (l - x_0) \tag{4-22}$$

式中 l——履带支承中点至挂结牵引负荷点的距离；

x_0——履带相对转动极线偏移距。

总转向阻力矩 M_z 为

$$M_z = M_{z1} + M_{z2} = \frac{\mu G_s L_0}{4} + P'_T \sin\gamma (l - x_0) \tag{4-23}$$

转向力矩 M_B 是由两侧履带土壤推力不相等而形成的，当它足以克服转向阻力矩时，即 $M_B = 0.5(P'_{q2} - P'_{q1}) > M_z$ 时，履带拖拉机便能转向。

(3) 手扶拖拉机转向理论分析

带尾轮的手扶拖拉机，尾轮除起支承作用外，还可以借助尾轮偏转后产生的侧向力协助转向。

如图 4-11 所示，手扶拖拉机直行时两侧驱动轮的土壤推力相等，即 $P_{q1} = P_{q2}$。转向时，内侧驱动轮动力被停止传递，驱动力矩为零，即 $P_{q1} = 0$，但驱动轮的滚动阻力仍为 $0.5P_f$。此时拖拉机的全部动力传递给外侧驱动轮，其驱

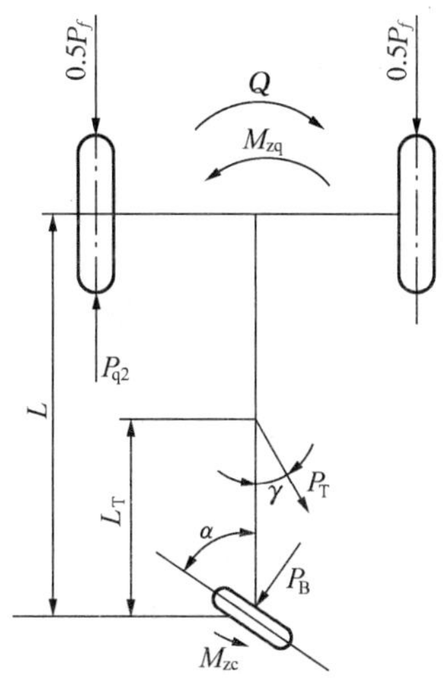

图 4-11 手扶拖拉机带牵引负荷转向

动轮驱动力矩为 M_0，驱动半径为 r_q，其驱动力 P_{q2} 为

$$P_{q2}=\frac{M_0}{r_q} \tag{4-24}$$

转向力矩 M_B 为

$$M_B=0.5B(P_{q2}-P_{q1})=0.5BP_{q2}=0.5B\frac{M_0}{r_q} \tag{4-25}$$

当尾轮偏转 α 角时，土壤对尾轮作用一侧向力 P_B，该力对驱动桥中心的作用力臂为 $L\cos\alpha$，即力矩 $P_BL\cos\alpha$ 时有助于拖拉机转向。总转向力矩为

$$M_B=0.5B\frac{M_0}{r_q}+P_BL\cos\alpha \tag{4-26}$$

总转向阻力矩 M_Σ 为

$$M_\Sigma=M_{zc}+M_{zq}+P_T(L-L_T)\sin\gamma \tag{4-27}$$

式中 M_{zc}、M_{zq}——尾轮和驱动轮转向阻力矩；

L、L_T——驱动桥和牵引点至尾轮轮轴中心的距离；

P_T——牵引阻力；

γ——转向时牵引力阻力与拖拉机纵向轴线间的夹角。

 4.2 偏转车轮转向系统

4.2.1 基本组成

偏转车轮转向系统-1

偏转车轮转向系统-2

偏转车轮转向系统-3

偏转车轮转向系统-4

偏转车轮转向系统由转向操纵机构、转向器、转向传动机构和差速器等组成。转向操纵机构、转向器和转向传动机构统称为转向机构，其功用是将人的操纵变成相应的转向轮轮偏距，并保证内、外侧转向轮的偏转角满足阿克曼公式，转向机构组成如图 4-12 所示。

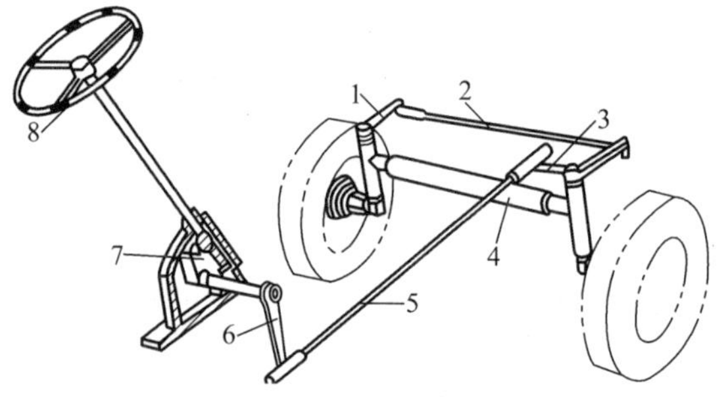

图 4-12 偏转车轮转向系统

1. 转向节臂 2. 横拉杆 3. 转向拉杆 4. 前轴 5. 纵拉杆 6. 转向摇臂 7. 转向器 8. 方向盘

差速器在传动过程中，可使两侧驱动轮以不同的转速转动。根据转向操作的主要动力来源不同，转向机构可分为机械转向机构和动力转向机构两大类。机械转向机构是以驾驶员的操纵力为转向动力，通过转向传动机构的机械传动使转向轮偏转。动力转向机构是由发动机驱动的液压系统或电动系统（即转向加力装置）提供。

转向传动机构通常有两种形式：转向梯形式和双拉杆式。大多数汽车、拖拉机和四轮农用运输车等轮式车辆通常采用前者，只有一些中、小型轮式拖拉机采用后者。

4.2.2 转向操纵机构与转向器

(1) 转向操纵机构

转向操纵机构有方向盘和操纵杆两类，除一些履带车辆外，大部分采用方向盘。方向盘又称转向盘，在空转阶段中的角行程称为自由行程。单从转向操纵灵敏而言，方向盘的转动和转向轮的偏转应同步开始并同步终止，然而实际是不可能的，也不要求这样。一是因为在整个转向系中各传动件之间都必然存在着装配间隙，而且这些间隙将随着使用过程中的零件磨损而增大。方向盘的自由行程就是用以消除各传动件之间的间隙。二是方向盘的自由行程对缓和路面对转向轮的冲击，减轻驾驶员的过度紧张是有利的。但方向盘的自由行程不宜过大，以免影响转向操纵的灵敏性。一般来说，轮式车辆方向盘的自由行程为20°～30°，汽车等高速车辆偏小，而轮式拖拉机速度低，而且大部分时间是从事农田作业，方向盘的自由行程偏大一些。

(2) 转向器

转向器的功用是将方向盘的转动通过传动副变为转向摇臂的摆动，改变力的传递方向并增力，再通过转向传动机构拉动转向轮偏转。转向器实质上是一个减速器，用来放大作用在方向盘上的操纵力矩。

汽车、拖拉机等轮式车辆对转向器的基本要求是：应有较大的传动比，以使操向省力；具有较高的传动效率；适当的传动可逆性，以便地面情况适当地反馈到方向盘上来，操作人员能够获得“路感”；传动间隙应能调整，以控制方向盘的自由间隙在规定的范围，保持操纵的灵敏性。

转向器传动效率是指转向器的输出功率与输入功率之比。由转向操纵机构（方向盘及转向轴）输入，转向摇臂输出的情况下求得的传动效率为正效率，而传动方向相反时求得的效率则称为逆效率。不同形式的转向器，其正效率都应在规定值以上，但逆效率则可能相差很大，逆效率的大小代表了转向器的传动可逆性程度。逆效率高的转向器很容易将转向传动机构传来的地面对转向轮的作用力传到转向轴和方向盘上，故称为可逆转向器，可逆转向器有利于转向后前轮和方向盘自动回正，但因路感太强使操纵方向盘费力。逆效率很低的转向器称为不可逆转向器。不可逆转向器难以使转向轮转向后自动回正及获得一定的路感。因此，对转向器要求有一定的可逆性，即从操纵省力、转向轮自动回正和传递适当路感这三个因素综合考虑。

1）球面蜗杆滚轮式转向器。如图4－13所示，其传动副是一个球面蜗杆和带有几个滚轮构成。

2）螺杆螺母循环球式转向器。简称循环球式，如图4－14所示，是目前国内外应用广泛的一种转向器。这种转向器一般有两级传动副，第一级是螺杆螺母循环球，因钢球夹入螺杆螺母之间，变滑动摩擦为滚动摩擦，提高了传动效率；第二级是齿条齿扇传动副或滑块曲柄指销传动副。转向螺母外有两根钢球导管9，每根导管的两端分别插入螺母侧面的一对通孔中，导管内装满了钢球22。这样两根导管和螺母内的螺旋形管状通道组成两根各自独立的封闭钢球流道。

3）螺杆曲柄指销式转向器。简称为曲柄指销式转向器，如图4－15所示。该转向器的传动副以转向蜗杆5为主动件，其从动件是装在摇臂轴2上曲柄4端部的指

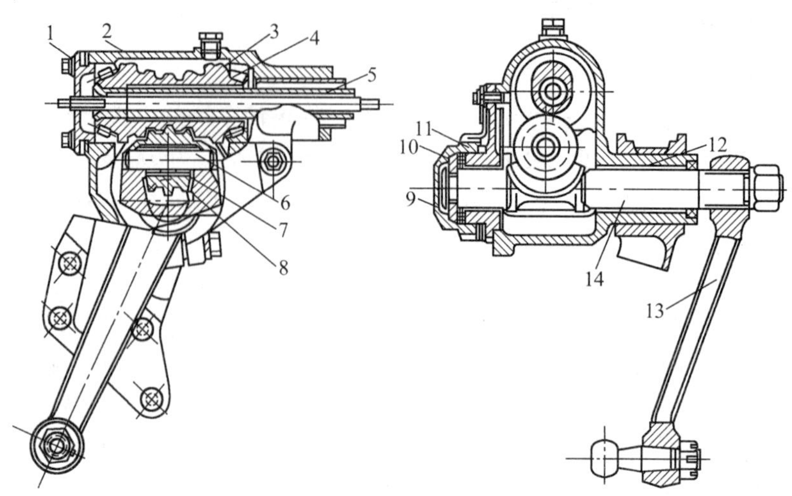

图 4-13 球面蜗杆滚轮式转向器

1. 下盖 2. 壳体 3. 球面蜗杆 4. 锥轴承 5. 转向轴 6. 滚轮轴 7. 滚针 8. 三齿滚轮 9. 调整垫片 10. U形垫圈 11. 螺母 12. 铜套 13. 摇臂 14. 摇臂轴

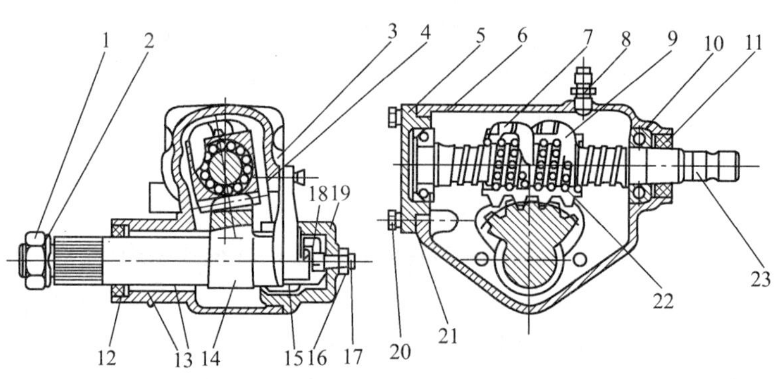

图 4-14 螺杆螺母循环球式转向器

1. 螺母 2. 弹簧垫圈 3. 转向螺母 4. 壳体垫片 5. 壳体底盖 6. 壳体 7. 导管卡子 8. 加油螺塞 9. 钢球导管 10. 轴承 11、12. 油封 13、15. 滚针轴承 14. 摇臂轴 16. 锁紧螺母 17. 调整螺钉 18、21. 调整垫片 19. 侧盖 20. 螺栓 22. 钢球 23. 转向螺杆

销。曲柄销插在蜗杆的螺旋槽中。转向时蜗杆转动，使曲柄销绕摇臂轴做圆弧运动，同时带动摇臂轴转动。

4）齿轮齿条式转向器。20 世纪 70 年代起在轿车中兴起了齿轮齿条转向机构，它由方向盘、转向轴、万向节、转动轴、转向器、转向传动杆和转向轮等组成，如图 4-16 所示。方向盘操纵转向器内的齿轮转动，齿轮与齿条紧密啮合，推动齿条左、右移动，通过传动杆带动转向轮摆动，从而改变轿车行驶的方向。

4.2.3 转向传动机构

转向传动机构的功用是将转向器摇臂输出的摆动传到转向轮，使转向轮按一定的变化规律偏转和回位。目前常用的转向传动机构主要有两种：一种由转向梯形机构和

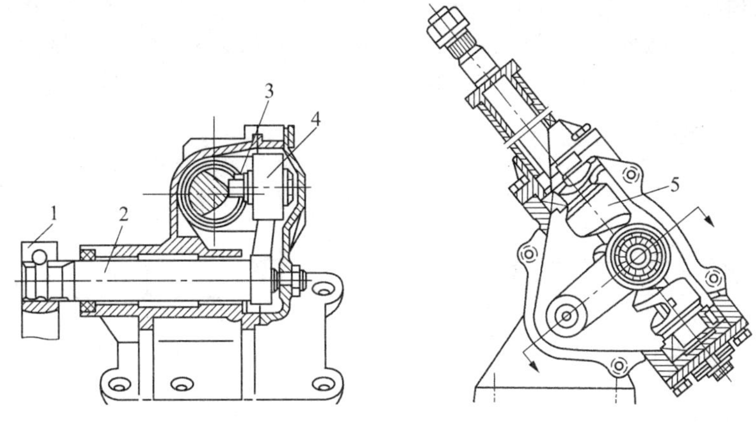

图 4-15 曲柄指销式转向器

1. 垂臂 2. 垂臂轴 3. 锥形销 4. 曲柄 5. 蜗杆

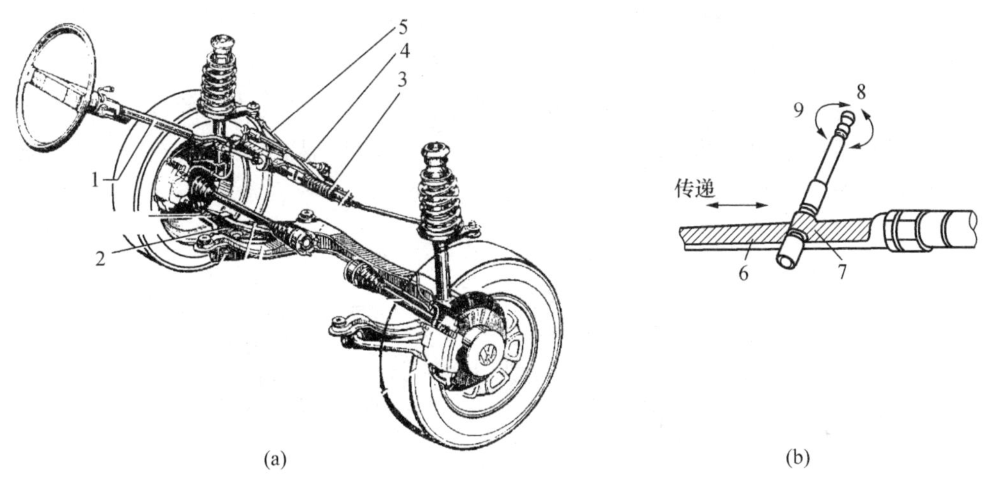

图 4-16 齿轮齿条式转向器使用及基本结构

(a) 齿轮齿条式转向器在车辆上的使用 (b) 基本结构

1. 安全转向柱 2. 悬挂臂 3. 齿轮齿条式转向器 4. 转向减振器 5. 横拉杆 6. 齿条 7. 小齿轮 8. 转向轴 9. 开式转向拉杆

其他一些杆件组成；另一种由两个转向摇臂和纵拉杆以及其他一些杆件所组成，即双拉杆转向传动机构。转向传动机构的组成和布置因转向器位置和转向轮悬架类型而异。

(1) 转向梯形结构

与非独立悬架配用的转向梯形传动机构如图 4-17 所示。包括转向摇臂 2、转向纵拉杆 3、转向节臂 4 和转向梯形。在车桥仅为转向桥的情况下，由转向横拉杆 6、左右梯形臂 5 和前桥组成的转向梯形一般布置在前桥之后，称为后置梯形。在发动机位置较低或转向桥兼作驱动桥的情况下，有时为避免运动干涉，往往将转向梯形布置在前桥的前面，称为前置梯形。若转向摇臂不是前后摆动，而是在与前进方向垂直的平面内左右摆动，则可将纵拉杆 3 横置，并借助球头销直接带动转向横拉杆 6，从而推动两侧梯形臂转动并带动车轮偏转。

当转向轮独立悬挂时，每个转向轮都需要相对于车架做独立运动，因而转向桥必须是断开式的。与此相应，转向传动机构中的转向梯形也必须分成两段或三段，如图 4-18 所示，并且由平行于路面的平面中摆动的转向摇臂直接带动或通过转向直拉杆和转向节臂带动。

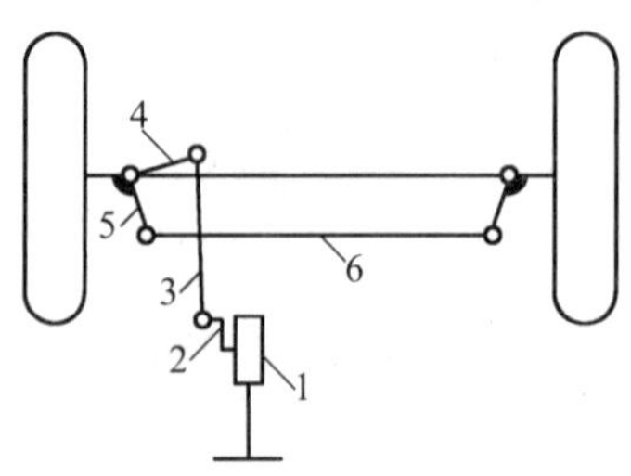

图 4-17 配合非独立悬架的转向传动机构

1. 转向器 2. 摇臂 3. 纵拉杆 4. 节臂 5. 梯形臂 6. 横拉杆

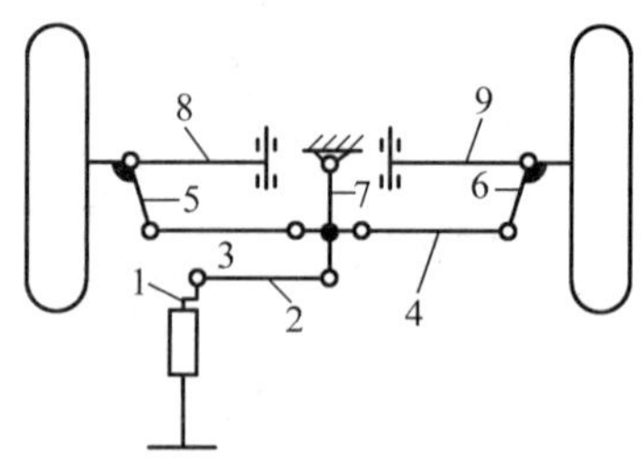

图 4-18 配合独立悬架转向传动机构

1. 摇臂 2. 直拉杆 3、4. 左右横拉杆 5、6. 左右梯形臂 7. 摇杆 8、9. 悬架左右摆臂

(2) 双拉杆式

转向纵拉杆与转向节臂及横拉杆之间都是通过球形铰链相连接的，从而使它们之间可以做相对的空间运动，以免发生运动干涉。纵拉杆结构上一般具有缓冲及磨损补偿功能，如图 4-19 所示。

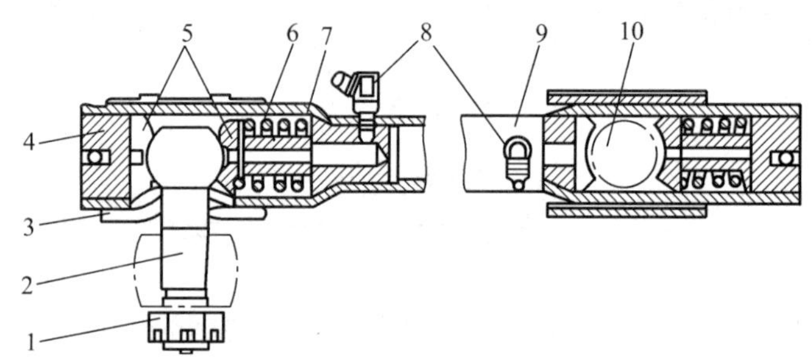

图 4-19 转向纵拉杆结构

1. 螺母 2. 球头销 3. 防尘罩 4. 螺塞 5. 球头座 6. 弹簧 7. 弹簧座 8. 油嘴 9. 纵拉杆体 10. 转向节臂球头

双拉杆转向传动机构由左右两个转向摇臂、两侧纵拉杆和左右两侧转向节臂组成。当转动方向盘时，转向器的左右两个转向摇臂做相反方向的摆动，通过左右两纵拉杆分别操纵左右转向节臂使前轮发生偏转，依靠各传动件的合理长度和位置来满足无侧滑滚动的要求。与转向梯形相比，可使两转向轮偏转角更接近纯滚动的要求，同时可获得较大偏转角，机构布置容易，但结构复杂。

4.2.4 差速器

差速器的功用是根据汽车、拖拉机行驶需要，在传递动力的同时，使内、外侧驱动轮能以不同的转速旋转，以便车辆转弯或适应由于轮胎及路面差异而造成的内外侧驱动轮转速差。

两侧驱动轮之间的差速器称为轮间差速器。在某些多轮驱动的越野汽车和四轮驱动拖拉机上，在前、后驱动桥之间或各驱动桥之间还装有轴间差速器，用以消除功率循环现象。

(1) 简单差速器

1) 运动学分析。差速器基本结构及工作原理如图 4-20 所示。

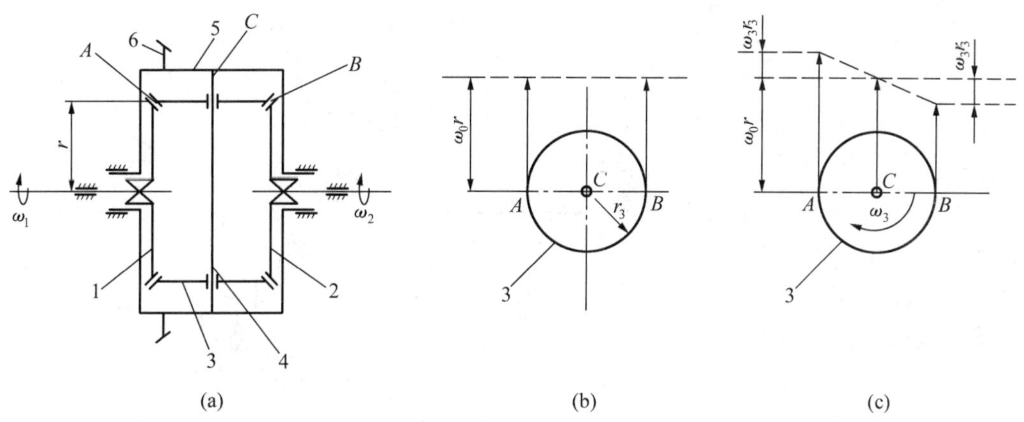

图 4-20　差速器运动原理

1、2. 半轴齿轮　3. 行星齿轮　4. 行星齿轮轴　5. 差速器壳体　6. 主减速器从动齿轮

差速传动机构一般多用锥形行星齿轮式。差速器壳体 5 与行星齿轮轴 4 连成一体，形成行星架，因它与中央传动或主减速器的从动齿轮 6 固连，故为主动件，设其角速度为 ω_0；半轴齿轮 1 和 2 为从动件，其角速度为 ω_1 和 ω_2。A、B 两点分别为行星齿轮与两半轴齿轮的啮合点。行星齿轮的中心点为 C，A、B、C 点到差速器旋转轴线的距离均为 r，如图 4-20（a）所示。

当行星齿轮 3 只随行星架绕差速器旋转轴线公转时，处在同一半径 r 上的 A、B、C 三点的圆周速度都相等，如图 4-20（b）所示，其值为 $\omega_0 r$。于是有 $\omega_1=\omega_2=\omega_0$，即差速器不起差速作用，两半轴角速度等于差速器壳的角速度。

当行星齿轮除公转外，还绕本身的行星齿轮轴以角速度 ω_3 自转时，如图 4-20（c）所示，啮合点 A 的圆周速度为 $\omega_1 r=\omega_0 r+\omega_3 r_3$，啮合点 B 的圆周速度为 $\omega_2 r=\omega_0 r-\omega_3 r_3$，则

$$\omega_1 r+\omega_2 r=(\omega_0 r+\omega_3 r_3)+(\omega_0 r-\omega_3 r_3) \tag{4-28}$$

其中，$\omega_1+\omega_2=2\omega_0$ 或 $n_1+n_2=2n_0$。

式（4-28）即两半轴齿轮直径相等的对称式锥齿轮差速器的运动特性方程式。它表明：左右两侧半轴齿轮的转速之和等于差速器壳转速的两倍，而与行星齿轮转速无关。因此，在汽车转弯行驶或其他行驶情况下，都可以借助行星齿轮以相应转速自转，使两侧驱动车轮以不同转速在地面上滚动而无滑动。

由式（4-28）可知：①当任一侧半轴齿轮的转速为零时，另一侧半轴齿轮的转速为差速器壳转速的两倍；②当差速器壳转速为零（例如用中央制动器制动传动轴）时，若一侧半轴齿轮受其他外来力矩而转动，则另一侧半轴齿轮即为相同转速反向转动。

2）动力学分析。在上述差速器中，由中央传动或主减速器传来的转矩 M_0 经差速器壳、行星齿轮轴和行星齿轮传给半轴齿轮。行星齿轮相当于一个等臂杠杆，而两个半轴齿轮半径也是相等的。因此当行星齿轮没有自转时，总是将转矩平均分配给左、右两半轴齿轮，即

$$M_1=M_2=0.5M_0 \quad (4-29)$$

当两半轴齿轮以不同转速朝相同方向转动时，设左、右半轴转速分别为 n_1、n_2，且 $n_1>n_2$ 时，则行星齿轮将按图 4－21 上实线箭头 n_3 的方向绕行星齿轮轴 4 自转。

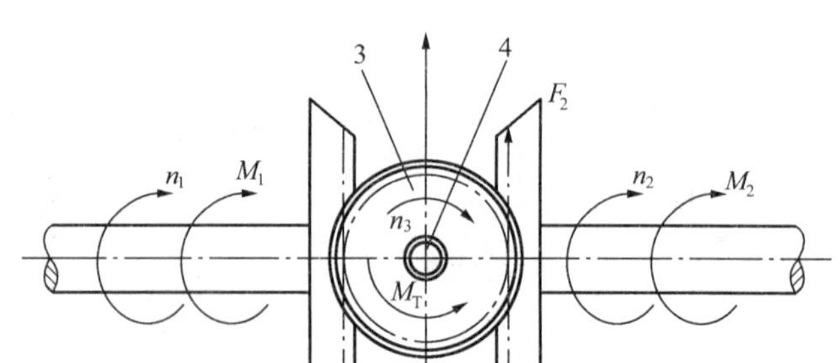

图 4－21 差速器动力分析
1、2. 半轴齿轮 3. 行星齿轮 4. 行星齿轮轴

此时行星齿轮孔与行星齿轮轴间以及齿轮背部与差速器壳之间都产生摩擦。行星齿轮所受的摩擦力矩 M_T 方向与其转速 n_4 方向相反；如图 4－21 上虚线箭头所示，此摩擦力矩使行星齿轮分别对左右半轴齿轮附加作用了大小相等、方向相反的两圆周力 F_1 和 F_2。F_1 使传到转得快的左半轴上的转矩 M_1 减小，而 F_2 却使传到转得慢的右半轴上的转矩 M_2 增加。因此，当左右驱动车轮存在转速差时，$M_1=0.5(M_0-M_T)$，$M_2=0.5(M_0+M_T)$。左、右驱动轮上的转矩之差等于差速器的内摩擦力矩 M_T。

锁紧系数 K 用来衡量差速器摩擦力矩的大小及转矩分配特性：

$$K=M_2/M_1 \quad (4-30)$$

目前广泛使用的对称式锥齿轮差速器，其内摩擦力矩很小，锁紧系数为 1.1～1.4。实际上可以认为无论左右驱动轮转速是否相等，而转矩总是平均分配的。这样的分配比例对于车辆在良好路面上直线或转弯行驶时，都是理想的。但当车辆在差的路面行驶时，却会严重影响通过能力。例如，当汽车的一个驱动车轮接触到泥泞或冰雪路面时，即使另一个车轮是在良好路面上，往往汽车仍不能前进。此时在泥泞路面上的车轮原地滑转，而在良好路面上的车轮静止不动。这是因为，在泥泞路面上车轮与地面之间附着力很小，路面只能对半轴作用很小的反作用转矩，虽然另一车轮与良好路面间的附着力较大，但因对称式锥齿轮差速器平均分配转

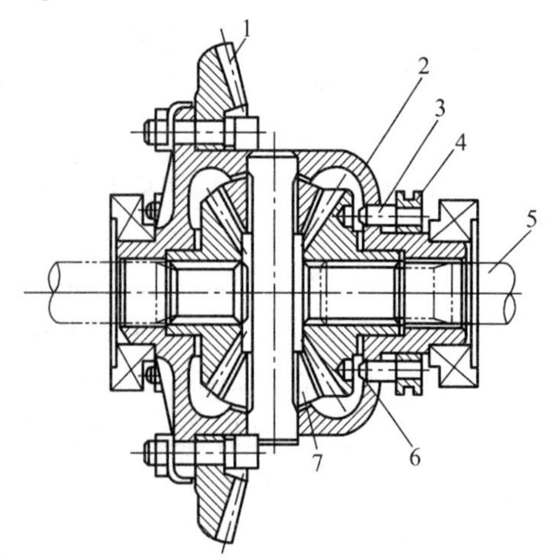

图 4－22 闭式差速器
1. 主传动大锥齿轮 2. 差速器壳体
3. 销钉 4. 差速锁滑套
5. 半轴 6. 半轴齿轮 7. 行星齿轮

矩的特点，使这一个车轮分配到的转矩只能与传到滑转的驱动轮上的很小的转矩相等。以致总的牵引力不足以克服行驶阻力，汽车便不能前进。

图4-22是一种闭式差速器的具体构造。汽车、拖拉机直线行驶时，作用于两侧驱动轮上的阻力相等，亦即作用于两侧半轴齿轮上的阻扭矩相等，因此半轴齿轮与行星齿轮轴以同样的转速转动，行星齿轮无自转。当拖拉机和汽车转弯时，地面对导向轮构成的转向力矩使内侧驱动轮受到的阻力加大，使两侧半轴齿轮受到的阻扭矩不等，从而两侧半轴齿轮作用在行星齿轮上的圆周力不等，行星齿轮自转，内侧半轴齿轮的转速降低而外侧的转速加快。

3）简单差速器性能特点。上述使两半轴输出转矩基本相等的简单差速器在实际工作中，当遇到内、外侧车轮与路面之间的附着条件相差较大时，会出现附着条件较差的驱动轮高速滑转，而附着条件较好的驱动轮不转的现象，造成总驱动力下降。使车辆通过差的路面的行驶能力受到限制。为了提高汽车在全路况下的通过能力，可采用各种形式的抗滑差速器。其共同的出发点都是在一个驱动轮滑转时，设法使大部分转矩甚至全部转矩传给不滑转的驱动轮，以充分利用这一驱动轮的附着力而产生足够的牵引力使汽车能继续行驶。轮式拖拉机上一般常采用差速锁，即把差速器锁住，消除其差速作用；汽车上常采用抗滑差速器（自锁差速器）。

（2）差速锁

简单差速器平均分配扭矩的性质对汽车、拖拉机的附着性能带来极为不利的影响。如当两侧驱动轮分别行驶在不同的路面上，两侧附着系数分别为φ_1、φ_2，且$\varphi_1>\varphi_2$。由于差轴器平均分配扭矩的性质使得两侧驱动轮的切线牵引力基本相等，即$P_{q1}=P_{q2}$，整个车辆所能发挥的最大驱动力$\sum P_q$受限于不良路面一侧驱动轮的附着性能。

$$\sum P_q = 2P_{q2} = G_q \times \varphi_2 \tag{4-31}$$

式中 G_q——车辆附着重量。

为提高车辆通过能力可采用差速锁，其结构如图4-23所示。

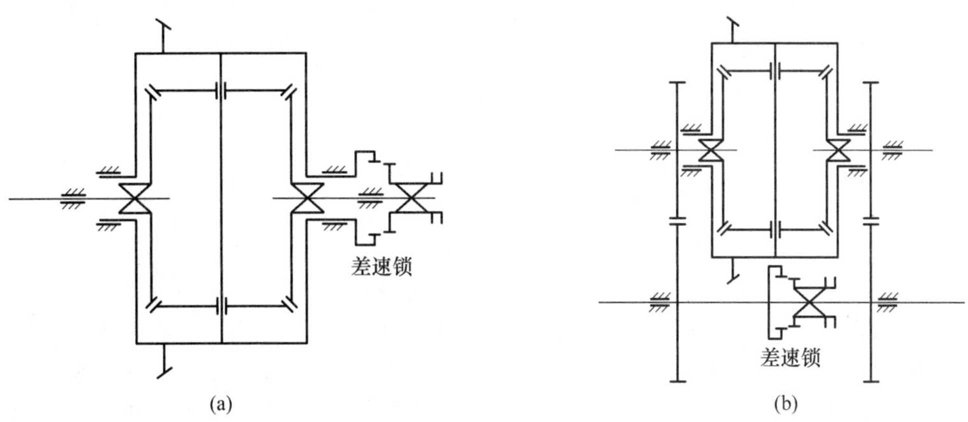

图4-23 差速锁结构

（a）半轴与差速器壳连接 （b）两半轴连接

差速锁的布置有两种形式，一种是将一根半轴与差速器壳连接，如图4-23（a）

所示；另一种是连接两半轴，如图 4-23（b）所示。差速锁上设有弹簧回位机构，只要松开操纵手柄或踏板，差速锁就自动分离。当差速锁接合时，使两半轴成一体，扭矩不再平均分配给两半轴，整个车辆的驱动力将取决于两侧驱动轮的附着力之和，即

$$\sum P_{q} = 0.5G_{q}(\varphi_{1} + \varphi_{2}) \tag{4-32}$$

这时，如遇到前述路面情况，车辆就有可能前进。使用中应特别注意及时分离差速锁，否则转弯时将造成极大困难。

(3) 自锁差速器

在简单差速器上加一个差速锁，虽然原理与结构简单，但在汽车驱动桥上的布置以及操纵不便，必须在停车时方能接合差速锁，而且过早接合与过晚分离差速锁都会使同一驱动桥的左、右驱动轮或各驱动桥之间失去差速作用，造成操纵困难。目前多数汽车采用自锁差速器。

自锁差速器有自由轮式差速器以及高摩擦自锁差速器（摩擦片式、滑块凸轮式）等，近年来在四轮驱动的轿车上，前后桥间差速器又出现了托森差速器、黏性联轴差速器等新型自锁差速器。

1）自由轮式差速器。中、重型汽车常采用牙嵌式自由轮差速器。自由轮式差速器有滚柱式、棘轮式和牙嵌式三种。图 4-24 所示为牙嵌自由轮式差速器。

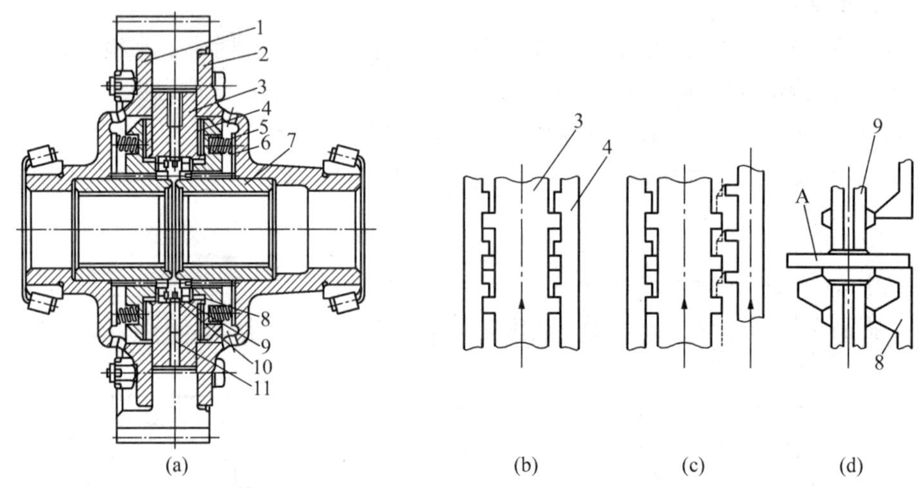

图 4-24 牙嵌自由轮式差速器

1、2. 差速器壳体 3. 主动环 4. 从动环 5. 弹簧 6. 垫圈 7. 花键毂 8. 消声环 9. 中心环 10. 卡环 11. 中心环装配孔

差速器壳体 1、2 用螺栓与主传动从动齿轮连接，主动环 3 固定在壳体 1、2 之间并随其一起转动，主动环两端面制有径向排列的牙嵌齿。在它的中间有一个可以自由转动的中心环 9，在中心环的两端面也有与主动环两侧牙嵌齿数相等的梯形齿。卡环 10 使中心环不能轴向移动。从动环 4 的端面具有相同数目的牙嵌齿（外圈）和梯形齿（内圈），并相应地与主动环 3 和中心环 9 上的齿相啮合。弹簧 5 力图使主、从动环处于接合状态。花键毂 7 的内花键与半轴连接，其外花键则与从动环相连。

汽车直线行驶时，主、从动环通过牙嵌齿将动力传给两半轴［图 4-24（b）］。转弯时，快速侧车轮的从动环开始以快于主动环的速度转动。从动环内圈的梯形齿即

沿着中心环9上的梯形齿滑动，压缩弹簧5则使快速侧从动环与主动环分开［图4-24（c）］，于是快速侧从动环独立地以快于差速器壳的转速旋转，主传动将扭矩全部传给另一侧车轮。为了避免快速侧从动环分开后产生一开一合轴向运动的情况，在从动环的牙嵌齿与梯形齿之间的凹槽中，还装有带梯形齿的消声环8［图4-24（d）］。消声环似一卡环，具有一定弹性，其缺口对着主动环上的伸长齿。当快速侧从动环与主动环分离时，消声环8与从动环上的梯形齿一起在中心环梯形齿上滑过，到齿顶彼此相对，且消声环缺口一边被主动环上的伸长齿挡住时，从动环被消声环顶住，轴向往复运动不再发生，从动环距主动环于最远的位置。

从动环转速下降到等于主动环转速时，靠消声环与环槽间的摩擦力带动消声环反向退回，从动环在弹簧的作用下又重新与主动环接合。自由轮机构不能按给定的比例将力矩分别传给两半轴，每个驱动轮的牵引力可在它与道路的附着力变化范围内变化。

2）滑块凸轮式差速器。滑块凸轮式差速器是利用滑块与凸轮之间产生较大的内摩擦力矩以提高锁紧系数的一种高摩擦自锁式差速器。这种差速器可作轴间差速器或轮间差速器。

这种差速器的锁紧系数一般可达3～6，可以在很大程度上提高车辆的通过性能，但结构复杂，加工要求高，摩擦件磨损较大。

如图4-25所示为一种双排滑块凸轮式差速器。差速器的主动件与左差速器壳2制成一体的主动套，主动套的孔中装置了两排互相交错径向排列的滑块5，每排12个滑块，两排滑块位置相互错开15°，滑块两端分别与差速器的从动件内、外凸轮与左半轴用花键连接，内凸轮与右半轴也用花键连接。滑块在孔中，径向可做自由滑动。外凸轮上有两排相互交错30°的凸轮齿，每排6个凸轮齿；内凸轮只有一排6个凸轮齿。另外，主动套上装有内、外卡环，以防止滑块从套的孔中脱出。

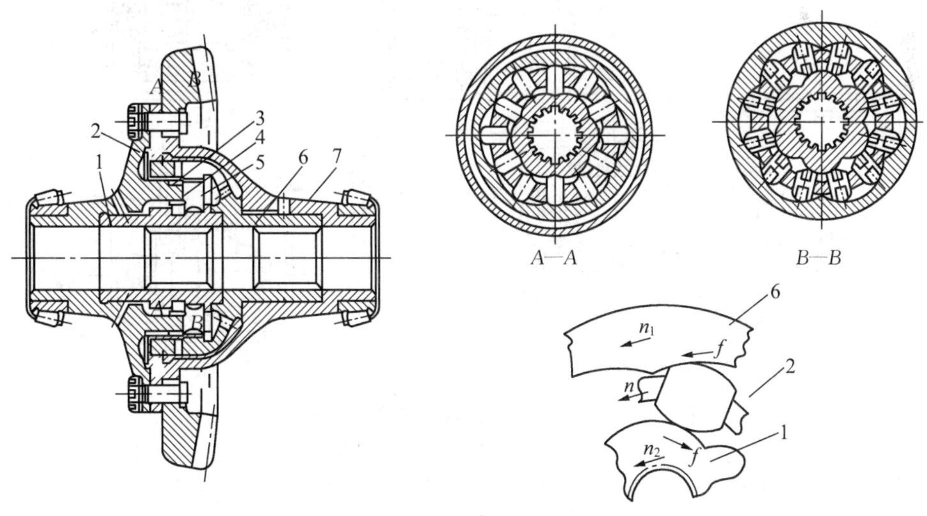

图4-25 双排滑块凸轮式差速器

1. 外凸轮 2、7. 左、右差速器壳体 3、4. 卡环 5. 滑块 6. 内凸轮

车辆直线行驶，两半轴无转速差时，内外凸轮和主动套三者的转速相同，此时转矩由差速器壳输入，经主动套及滑块内、外凸轮，分别传给左、右半轴。当车辆转弯

或一侧车轮滑转时，差速器起差速作用，滑块一方面随主动套旋转并带动内、外凸轮旋转，同时滑块在内、外凸轮间沿槽孔径向滑动，使得左、右半轴在不脱离传动的情况下实现差速。例如右转弯，这时内侧车轮转得慢，内凸轮的转速 n_1 低于主动套转速 n，即 $n_1<n$；而外侧车轮转得快，外凸轮的转速 n_2 高于主动套转速，即 $n_2>n$。滑块作用于内凸轮的摩擦力 f 的方向与内凸轮的转向相同，因此传递给内凸轮的转矩增大；而滑块作用于外凸轮的摩擦力 f 的方向与其转向相反，使传给外凸轮的转矩减小。因而左、右半轴的转矩得到重新分配，且把较多的转矩传给慢速侧的车轮。

4.3 动力与助力操纵系统

动力与助力操纵系统

为了减轻驾驶员的劳动强度，目前大、中型拖拉机以及汽车上广泛采用动力转向。采用动力转向的车辆转向所需的能量，在正常情况下，只有小部分是驾驶员提供的体能，而大部分是发动机所提供的其他动力，如液压或电力，并在驾驶员控制下，对转向传动装置或转向器中某一传动件施加不同方向的作用力，这样的转向装置统称为转向加力装置，按所用动力的多少可分为助力式和全动力式两种。

4.3.1 液压助力转向

利用液压动力，协助驾驶员操纵机械转向器，通过转向摇臂及转向传动杆系操纵导向轮偏转的为液压助力转向。图 4－26 所示为有路感反馈功能的液压转向助力器。

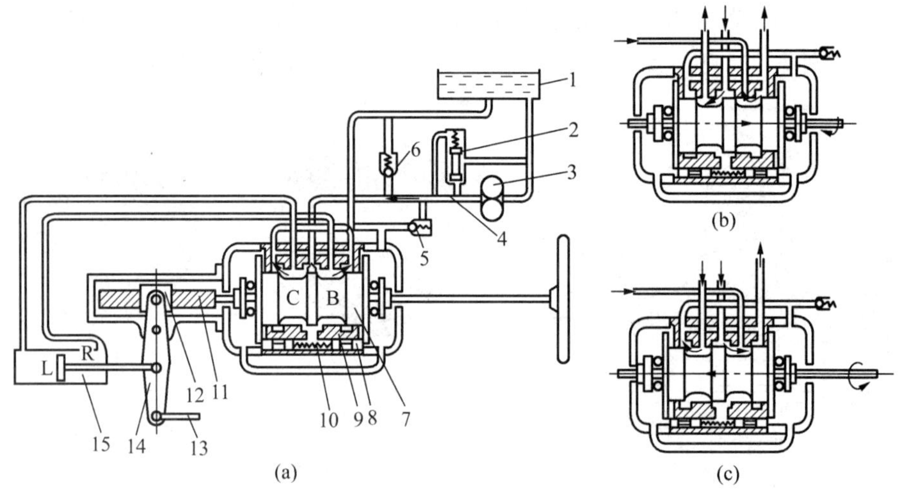

图 4－26 具有路感反馈功能的液压转向助力器

（a）直行 （b）右转弯 （c）左转弯

1. 液压油箱 2. 溢流阀 3. 齿轮泵 4. 量孔 5. 单向阀 6. 安全阀 7. 滑阀 8. 反作用柱塞 9. 阀体 10. 回位弹簧 11. 转向螺杆 12. 转向螺母 13. 纵拉杆 14. 转向摇臂 15. 油缸

方向盘不动时滑阀处于中立位置［图 4－26（a）］。向右转动方向盘时，由于前轮上的转向阻力，开始时螺母 12 不动，螺杆 11 右移，滑阀 7 也随之右移，右移的滑阀必须克服油压作用在反作用柱塞 8 上的油压力和回位弹簧 10 的张力，使滑阀 7 右移靠住阀体 9。在转向过程中，对置的反作用柱塞之间充满高压油，而油压又与转向阻力成正比，此力传到驾驶员手上，使驾驶员能感到转向阻力变化的情况，即有路感。这时，油泵来油经 C 环槽进入油缸 L 腔，推动活塞右移，R 腔内的油经 B 环槽排回油箱。活塞杆推动转向摇臂摆动，使前轮向右偏转，同时使螺杆左移，滑阀回到中立位置，这时活塞就停止在此位置不再右移，即方向盘对车轮实现伺服控制。若需连续向右转向，就应继续向右转动方向盘。

单向阀 5 布置在进油道与回油道之间。正常转向时，进油道为高压，回油道为低压，单向阀被油压和弹簧力所关闭。若油泵失效，人力转向时，进油道变为低压，回油道则由于活塞的泵油作用而具有一定的油压，在此压力差的作用下，使单向阀 5 打开，进、回油道相通，油自油缸的一腔流向另一腔，可减小人力转向时的操纵力。

4.3.2　电动助力转向

电动助力转向近年在轻型车上发展较快，相比于液压助力转向，因不需要液压油泵的常运转，故节省能量消耗，同时易于实现电子控制。如图 4－27 所示为一种电子控制电动助力转向系统。

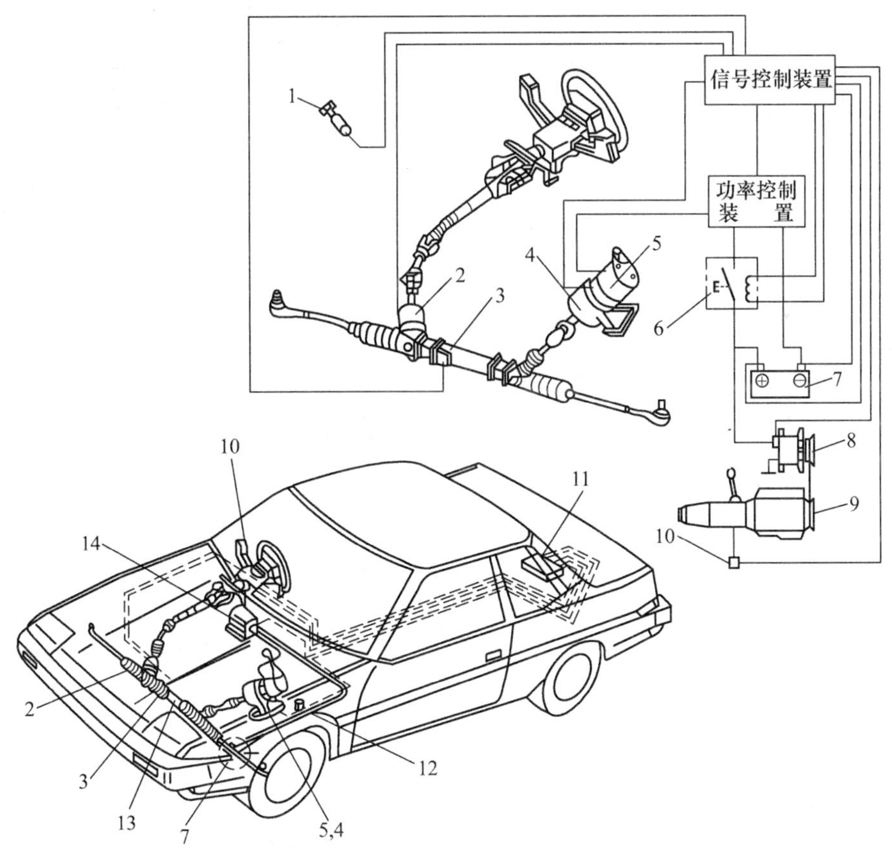

图 4－27　电动助力转向系统

1. 点火开关　2. 转矩传感器　3. 转向角传感器　4. 减速离合总成　5. 电动机　6、12. 继电器　7. 蓄电池　8. 发电机　9. 发动机　10. 车速传感器　11. ECU　13. 转向器　14. 功率控制装置电动执行部分为电动机 5、离合器与减速器共同构成的减速离合总成 4，通过橡胶底座安装在车架上。电动机输出的转矩经减速器增扭后由万向节传递至与转向齿条相啮合的辅助转向小齿轮，从而提供助推扭矩。系统中以转矩传感器 2、转向角传感器 3 和车速传感器 10 等为助力信号源。控制系统如图 4－28 所示。

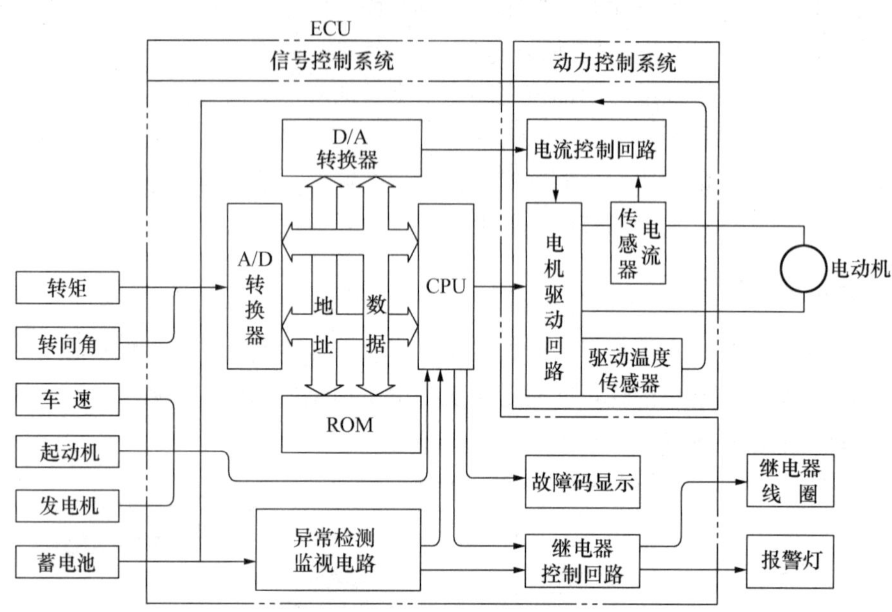

图 4－28 电动助力转向控制系统

控制系统功能为：根据转向作用力及相关信息在每一种车速下产生最优化的转向助力矩、回正力矩及瞬态响应，从而提高车辆的转向品质。在电动助力转向控制的基础上，近年又出现了电控液压转向系统和线控转向系统等，机电一体化技术高度集成，转向的性能与操控性进一步提高。

4.3.3 全液压动力转向系统

全液压动力转向是由液压转向器代替了机械式转向器，并由软管和转向油缸连接，常用于重型车辆，如工程上常用于轮式挖掘机、铲运机和大功率四轮驱动拖拉机。图 4－29 所示为折腰轮式车辆的全液压动力转向系统。

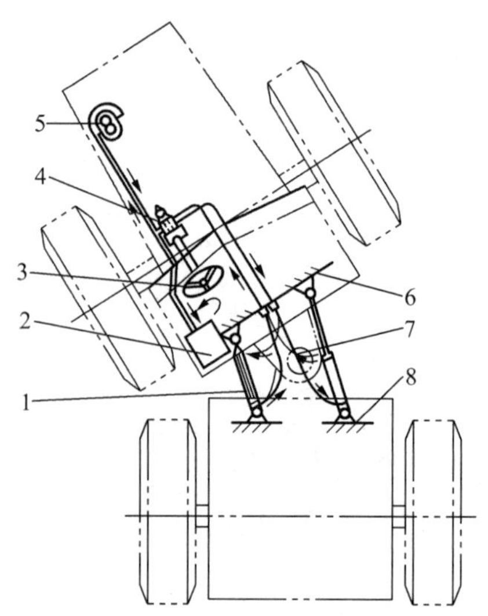

图 4－29 折腰轮式车辆全液压动力转向系统

1. 转向油缸 2. 液压油箱 3. 方向盘 4. 液压转向器 5. 油泵 6. 前车体 7. 连接销 8. 后车体

在前、后车体铰链处的两侧各有一个转向油缸，通过方向盘操纵全液压转向器时，一侧的油缸进油，另一侧的油缸排油，使前、后车架发生相对转动并实现车辆转向。

图4-30所示是全液压动力转向液压系统原理。由油泵总成1、转阀式全液压转向器总成3和转向油缸7等组成。图示位置为控制阀处于中立位置，车辆以直线或以某一定偏转角行驶，这时油缸两腔和计量泵11各齿腔均被封闭，油泵来油经单向阀2、阀体、阀套和控制阀上的油孔通道、滤清器8流回油缸9。

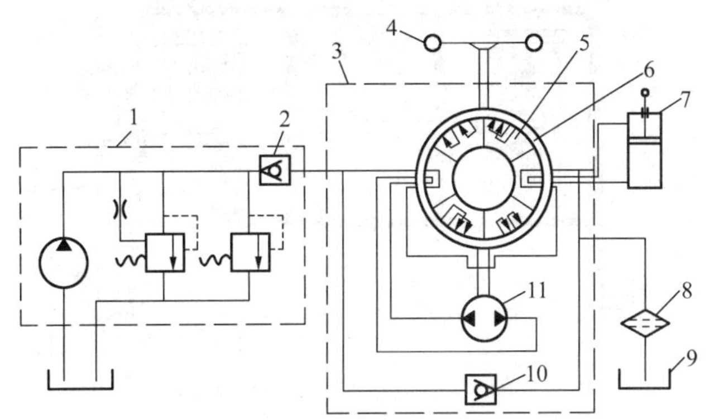

图4-30 全液压动力转向系统

1. 油泵总成 2. 单向阀 3. 转阀总成 4. 方向盘 5. 控制阀 6. 阀套 7. 转向油缸 8. 滤清器 9. 油缸 10. 止回阀 11. 计量泵

左转弯时，控制阀5在方向盘带动下逆时针转到"左"油路位置，而阀套6在计量泵的控制下暂不转动，油泵来油经单向阀2、阀体、阀套和控制阀上相应油孔通道进入计量泵，使计量泵转动，迫使一部分油液经控制阀进入转向油缸的下腔，推动活塞上移，实现向左转向。转向油缸上腔的油液经控制阀上的油道排回油箱。计量泵转动工作时，通过连接轴带动阀套逆时针转动，消除阀套与控制阀之间的转角，使控制阀又处于中立位置。右转弯时，控制阀处于"右"油路位置，工作过程与上述左转弯相反。

转向轮的偏转角取决于活塞的移动量，而活塞的移动量又取决于转子的转角，转子的转角又与方向盘同步。当液压油泵失效时，可用人力转向，此时计量泵变成手动油泵，其转向时的油流路线与动力转向时基本相同，区别是单向阀关闭，止回阀10打开，转向油缸内的油液经止回阀流回计量泵，自行循环。

这种转向器存在的主要问题是路感不明显，转向后方向盘不能自动回位，失效时手动转向比较费力。

4.4 履带车辆转向系统

履带拖拉机的转向是靠改变传给两侧履带的驱动力矩而实现的。履带拖拉机的转向系由转向机构和转向操纵机构两部分组成。常用的转向机构有离合器式、行星齿轮式和双差速器式三种。

履带车辆转向系统

4.4.1 转向离合器

转向离合器与主离合器的作用原理相同，只是由于动力经变速箱和中央传动两级增扭后，转向离合器所传递的扭矩比主离合器传递的大得多，所以它的摩擦片是多片的。转向离合器有湿式和干式两种。目前我国农用拖拉机上多采用干式、多片、常接合式摩擦离合器，如图 4-31 所示。

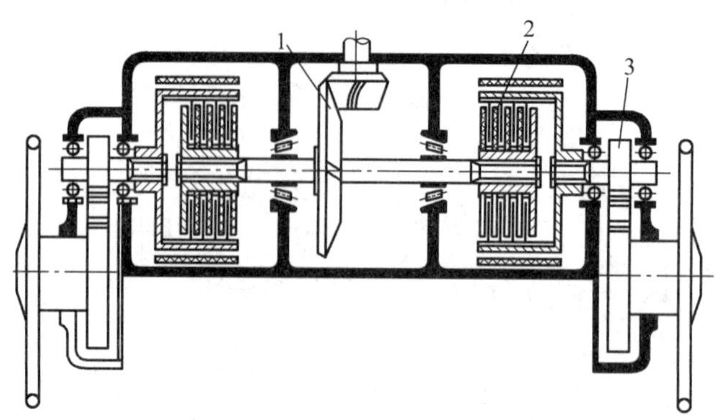

图 4-31 履带拖拉机后桥

1. 中央传动大齿轮 2. 转向离合器 3. 最终传动

干式转向离合器作用于摩擦片上的压力是靠弹簧产生的，而湿式转向离合器（用油冷却摩擦表面）作用于摩擦片上的压力是靠弹簧、液压或弹簧加液压产生的。

转向离合器的结构如图 4-32 所示。动力由中央传动大圆锥齿轮轴传给主动鼓 3，主动鼓外圆表面有许多轴向齿槽，套装多片带有内齿的主动片 5，相邻的主动片之间夹装带有外齿的从动片 4。从动片套装在内圆表面带有许多轴向齿槽的从动鼓 2 上。主动片与从动片靠多个压紧弹簧压紧在压盘 8 和主动鼓的凸缘之间。在主动片和从动片压紧的情况下，动力由主动鼓传给从动鼓，再经最终传动传到驱动轮。如欲分离离合器，操纵压盘 8 克服压盘弹簧 6 的预紧力右移即可。转向离合器在转向时不一定要全部切离动力，有时只要适当减轻压盘压力即可。

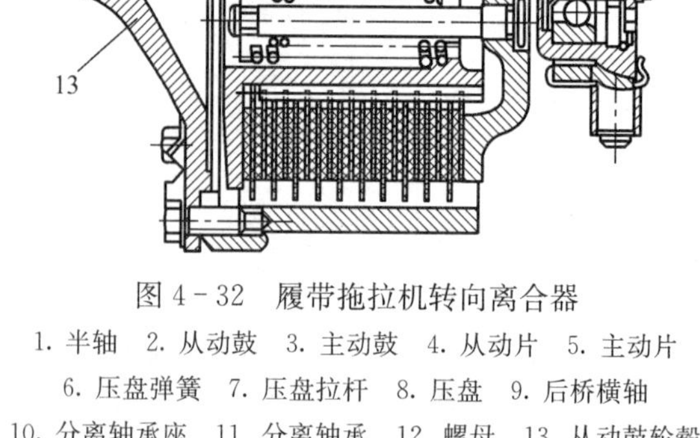

图 4-32 履带拖拉机转向离合器

1. 半轴 2. 从动鼓 3. 主动鼓 4. 从动片 5. 主动片 6. 压盘弹簧 7. 压盘拉杆 8. 压盘 9. 后桥横轴 10. 分离轴承座 11. 分离轴承 12. 螺母 13. 从动鼓轮毂

拖拉机直行时，两侧转向离合器都处于接合状态。若要拖拉机转向，如向左转弯时，扳动左侧操纵杆，使左侧离合器分离，因为左侧履带失去或减小了驱动力，右侧履带的驱动力不变，拖拉机便开始向左侧转弯。如果是拖拉机直行中的“纠偏”，则可适当地使转向离合器半联动。

如果使拖拉机转小弯或原地转弯，除彻底分离转向离合器外，还要利用左侧制动器制动，这时左侧履带不但没有驱动力，而且产生了与前进方向相反的制动力，从而增大了拖拉机的转向力矩 M_B。

4.4.2　双差速器

履带拖拉机也可采用双差速器转向机构。双差速器一般常用的结构有圆柱齿轮式和圆锥齿轮式两种。图 4-33 为双差速器的机构简图。

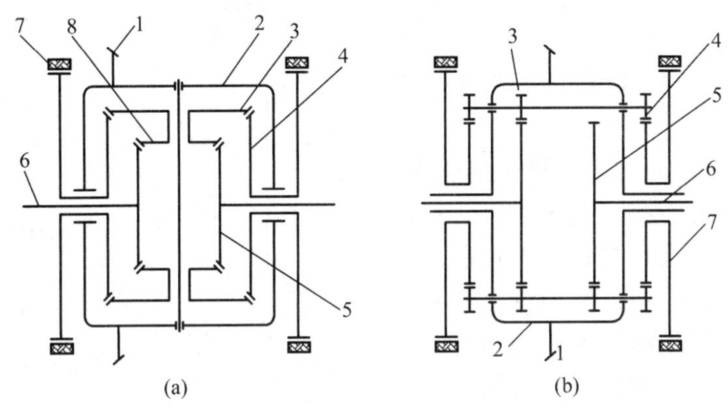

图 4-33　双差速器机构

(a) 圆锥齿轮式　(b) 圆柱齿轮式

1. 中央传动大圆锥齿轮　2. 差速器壳体　3. 外行星齿轮　4. 制动齿轮
5. 半轴齿轮　6. 半轴　7. 制动器　8. 内行星齿轮

圆锥齿轮式双差速器［图 4-33（a)］有内、外两套行星齿轮。内行星齿轮 8 与半轴齿轮 5 啮合，与普通单差速器相同。外行星齿轮 3 与制动齿轮 4 啮合，制动齿轮 4 与制动器 7 的制动鼓是连成一体的。

拖拉机直线行驶时，两边制动器都放松，外行星齿轮带动制动齿轮空转，动力经内行星齿轮 8 和半轴齿轮 5 传给驱动轮。这时双差速器只起单差速器的作用。当制动一侧制动齿轮时，就向该侧转向。这时内、外行星齿轮除随差速器壳一起转动外，外行星齿轮还沿制动齿轮滚动而产生自转，并带着内行星齿轮一起自转，使该侧驱动轮的转速降低，另一侧驱动轮的转速增高。同时，外行星齿轮将一部分扭矩传给制动齿轮而消耗在制动器上，这就使该侧履带的驱动力小于另一侧，从而实现转向。圆柱齿轮式双差速器的工作原理与圆锥齿轮式的相同。

双差速器的优点是结构紧凑，操纵方便，寿命长；转向时可以不降低拖拉机的平均速度；如果选择适当的传动比，减少制动器所消耗的动力，有助于减小转向时发动机的负荷。但在使用性能上有下列缺点：

① 拖拉机的最小转弯半径较大。因为即使制动齿轮完全制动时，半轴齿轮也不能停转，所以拖拉机不可以原地转弯，这样在田间地头转弯时就要占较大的面积。拖拉机的最小转弯半径可按下式计算：

$$R_{min}=0.5Bi_c \qquad (4-33)$$

式中　B——拖拉机轨距；

i_c——双差速器传动比，它是制动齿轮到半轴齿轮间的齿数比，通常为2.5～3。

② 由于双差速器具有与单差速器相同的运动特性，拖拉机的直线行驶性差，容易走偏。

4.4.3 单级行星齿轮式转向机构

单级行星齿轮式转向机构的工作情况与转向离合器相似，如图 4－34 所示。传给中央传动大齿轮的扭矩，经左右两套单级行星机构，分别传给左右驱动轮。

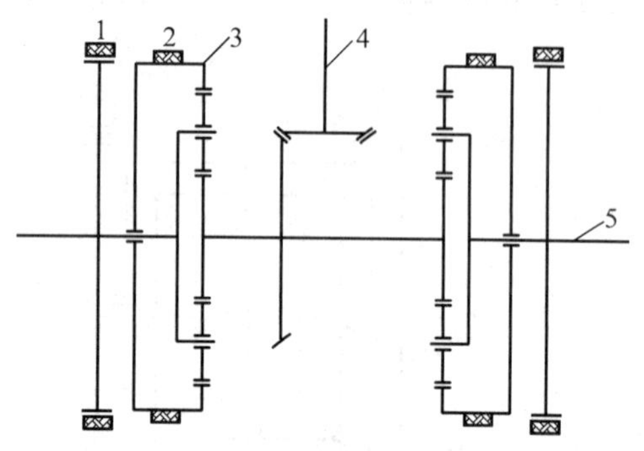

图 4－34 单级行星齿轮机构

1. 半轴制动器 2. 行星机构制动器 3. 行星机构 4. 中央传动 5. 半轴

直线行驶时，两侧行星机构制动器 2 抱紧，而半轴制动器 1 完全松开。这时主动的太阳轮带动行星轮沿着被制动的齿圈滚动，从而带动两侧的行星架和半轴，以低于太阳轮的转速同向旋转。转向时，应先将内侧的行星机构制动器逐渐放松，使该侧的齿圈渐渐转动，制动力矩渐渐减小。于是传到该侧驱动轮的扭矩逐渐减小，发动机大部分动力传至快速侧履带，形成转向力矩，实现转向。但这时慢速侧履带的驱动力仍为正值。当慢速侧行星机构制动器完全松开时，使作用于行星架上的力矩为零，故慢速侧履带的驱动力亦为零，该侧履带即成为被动的，被机架推向前进。如将行星机构制动器完全放松，然后又将半轴制动器加以制动，则该侧履带被机架推向前进时，还要克服制动器的摩擦力矩，拖拉机将以更小的半径转向。如半轴制动器完全制动住，则拖拉机将原地转弯。

 4.5 其他类型转向系统

4.5.1 手扶拖拉机转向系统

手扶拖拉机以其质量小、结构简单、灵活机动、配套方便的特点广泛应用于小规模农业生产。

手扶拖拉机从结构上分有尾轮和无尾轮两种类型。无尾轮手扶拖拉机的转向方式主要是通过改变两侧驱动轮驱动力来实现转向，在转向时驾驶员可通过对手扶架施加一定的转向力矩以协助转向。有尾轮的手扶拖拉机，通过两侧驱动轮的驱动力差，同时偏转尾轮来实现转向。手扶拖拉机的转向机构常采用牙嵌式离合器，如图 4－35 所示。

转向离合器一般设在变速箱内，由转向拨叉、转向齿轮、牙嵌式离合器转向轴以及中央传动从动齿轮和操纵部分的操向手把、拉杆、转向臂等组成。转向轴中间套装

着中央传动从动齿轮，由弹性挡圈限位，该齿轮两端和左、右两个转向齿轮的内端都有接合牙嵌，组成左、右两个牙嵌式离合器。

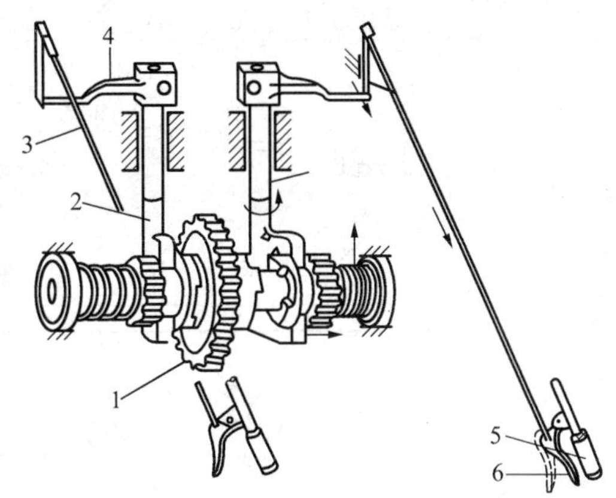

图4-35 手扶拖拉机牙嵌式转向离合器
1. 中央传动从动齿轮 2. 转向拨叉 3. 转向拉杆 4. 转向臂 5. 把套 6. 转向把手

拖拉机直行时，左、右两个牙嵌式转向离合器接合，两转向齿轮与中央传动从动齿轮嵌合在一起，将动力传给最终传动，使两驱动轮得到相等的扭矩而前进。当需要向左转向时，捏住左边转向把手，通过拉杆、转向臂拉动转向拨叉，使左侧的转向齿轮压缩弹簧向左移动，转向齿轮的接合爪与中央传动从动齿轮左侧接合爪脱离，左侧驱动轮的动力被切断而不产生驱动力，而右侧驱动轮仍照常转动，于是拖拉机向左转弯。转弯后，松开转向把手，恢复动力传递，拖拉机又开始直行。

4.5.2 汽车四轮转向系统

普通汽车的转向轮一般是前轮，而四轮转向系（4WS）则将后轮也作为转向轮。一般的两轮转向车在转弯过程中受到横向力时，后悬架及后轮胎被动变形。4WS则是主动地控制后轮的转向角（一般最大为5°）协助车辆改变行驶方向。采用4WS方式，后轮与前轮偏转方向相同时称为同相位转向；当后轮与前轮偏转方向相反时，称为逆相位转向。

普通的两轮转向系（2WS车辆），在转动方向盘使车身方向改变后，固定的后轮与车身的行进方向产生差距，出现偏离角，从而发生转弯力。因此，前轮转弯后，后轮才开始转向，车身转动方向变化大，由于质心转动惯性而使车辆缺少稳定性。4WS的同相位转向即前后轮同一方向转向，从转动方向盘起，到后轮发生转弯力的时间很短。

4WS车辆同相位转向时，车身方向与实际的行进方向没有很大的差别，在高速行驶时具有稳定感，所以它对于在高速公路行驶时改变车道，或遭受侧风以及路面倾斜等外部干扰时，司机都可以自如地操纵方向盘保证行驶路线，如图4-36所示。

4WS车辆逆相位转向时，可以转小弯，实现了缩短轴距的效果，以前需要反复倒车转弯多次才能通过的地方采用这种方式可以轻松通过。

电控4WS车辆前轮为普通的动力转向装置，后轮则由步进电机控制的助力液压缸带动，后轮转向角由计算机控制，如图4-37所示。

计算机根据转向盘的操作状态及车速计算出后轮的目标转向角，以及目标转向角与实际后轮转向角的差值，向转向电机发出指令使后轮偏转。这种方式可以精确地掌握汽车行驶状态，根据实际情况得出后轮转向角。例如，车辆低速行驶时，可控制方

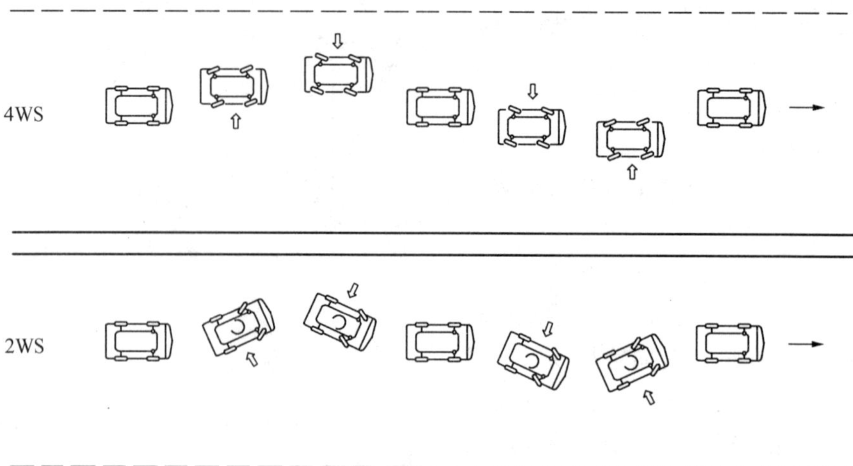

图 4-36　4WS 与 2WS 车辆高速转向过程对比

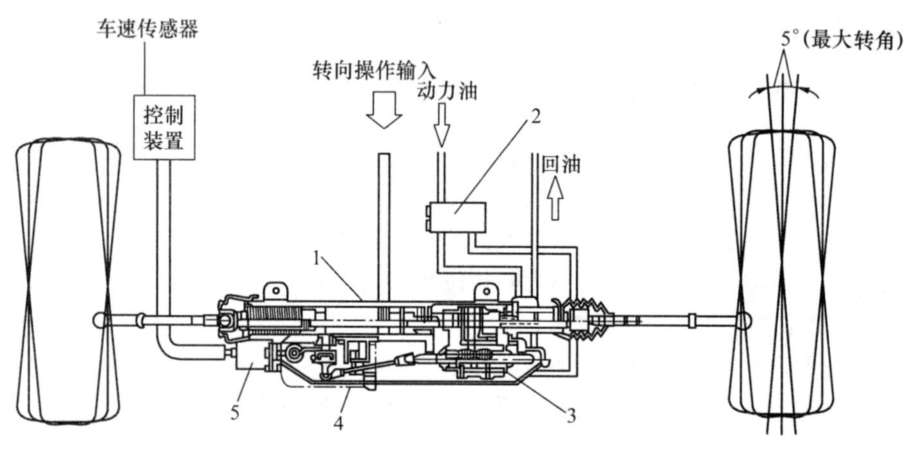

图 4-37　4WS 后转向控制箱结构

1. 助力液压缸　2. 电磁阀　3. 控制阀　4. 相位控制机构　5. 步进电机

向盘转动角度与车轮偏转角的比例，使后轮与前轮逆相位转向以便于转小弯。在中速行驶时，可减少后轮的转动，使车辆接近于 2WS 车辆的操纵性，减轻了操纵时的不自然感。而当高速行驶时，后轮与前轮进行同相位转向，适当地减少转弯时车身的转动，提高稳定性。

复习与思考

1. 汽车拖拉机的转向方式有哪几种？各自特点及适用场合是什么？
2. 用机构简图绘出偏转车轮式转向系统的组成并加以说明。
3. 电动助力转向系统包括哪些结构？

4. 机械式转向器的类型有哪些？具体的结构和优缺点是什么？
5. 液压助力转向器的工作原理是什么？
6. 绘出差速器的机构简图，并对其运动进行分析。
7. 自锁式差速器的种类都有哪些？举例说明其工作原理。
8. 常压式液压助力转向系统的工作原理是什么？
9. 电动式电子控制助力转向系统由哪些部分组成？都有哪些类型？
10. 查阅相关文献资料，论述转向控制的新技术。

敬业奉献摆渡者，把好人生方向盘

第5章

制动系统

5.1 概述

概述

5.1.1 功用与类型

(1) 功用

汽车拖拉机行驶的道路条件和交通环境非常复杂，为了保障行驶安全，汽车拖拉机在道路及不平路面行驶或会车时，必须降低车速，特别是在有可能遇到障碍物、碰撞行人及其他车辆时，需要立即降低车速或停车。

汽车拖拉机下长坡时，在重力作用下其有不断加速的趋向，此时应将车速限制在一定的安全范围之内，以保持相对稳定。拖拉机在田间作业时，可用单边制动来协助转向，并配合离合器确保安全可靠地挂接农机具。在履带式拖拉机上，制动系统是实现转向的必要机构之一。此外，对于已停驶（特别是在坡道上停驶）的汽车和拖拉机，应使之可靠地停留原地不动。

因此，制动系的功用是根据需要强制高速行驶的汽车拖拉机减速或在最短距离内停车；下坡行驶时限制车速；协助实现或实现转向；能够保证停放的汽车拖拉机原地不动，防止溜滑。

(2) 类型

为了确保汽车拖拉机安全行驶，制动系统工作应充分可靠。理想上，汽车应具备以下4种制动系统：

1）行车制动系统。主要职能是使行驶中的汽车降低速度直至安全停车。它是汽车上的主要制动系统，一般通过驾驶员踩制动踏板进行操纵，只能间歇、短时间地工作。

2）驻车制动系统。当汽车需要长时间停止不动时，一定要用机械的办法保证汽车能在外界力的干扰下（如在坡道上）驻留原地不溜车。

3）应急制动系统。为了确保在行车制动系统失效的情况下汽车仍能减速直至停车，汽车上应增设应急制动系统。

4）辅助制动系统。为了更好地保护行车制动系统，免使其过度工作而提前或意外失效（如汽车下长坡时），或为了回收制动能量，汽车上可增设辅助制动系统。在行车过程中，该系统能够降低车速或保持车速稳定，但不能将车辆紧急制停。

实际上，大部分汽车至少须具有两套制动系统，即行车制动系统和驻车制动系统。一般地，驻车制动系统都兼作应急制动系统。是否需要安装辅助制动系统，主要视车辆类型及其使用特点而定，如对于经常在山区行驶的载货汽车，辅助制动系统则必不可少。

根据制动操纵能源的不同，制动系统可分为人力制动系统、动力制动系统和伺服制动系统等。人力制动系统以驾驶员自身作为唯一制动能源，动力制动系统完全靠由发动机动力转化而成的气压或液压形式的势能进行制动，而伺服制动系统（或称作助力制动系统）则兼用人力和发动机动力进行制动。

此外，按制动能量的传输方式，制动系统可分为机械式、液压式、气压式、电磁式等。同时采用两种以上传输方式的制动系统称为组合式制动系统。

按整车制动器的独立促动管路总数目，制动系统可分为单回路、双回路和多回路制动系统。整车所有制动器共用一条促动管路的制动系统称为单回路制动系统，各制动器分别采用两个（多个）彼此隔绝的促动管路的制动系统称为双回路（多回路）制动系统。单回路制动系统中，只要有一处损坏而漏油（气），整个系统即失效。而双回路制动系统中即使其中一条回路失效，还可利用另一条回路获得一定的制动力。

5.1.2　基本原理与要求

(1) 基本原理

各种类型的制动系统，其工作原理类似，故可用一种简单的液压制动系统来说明一般制动系统工作原理。如图5-1所示，该制动系统由鼓式制动器和液压传动机构组成。车轮制动器主要由旋转部分、固定部分和张开机构组成。旋转部分是一个以内圆面为工作表面的金属制动鼓8，固定在车轮轮毂上，随车轮一起旋转。固定部分为制动底板11，制动底板用螺栓与万向节凸缘（前轮）或桥壳凸缘（后轮）固定在一起。张开机构包括轮缸活塞7和制动蹄10，在两个弧形制动蹄10的下端分别由制动底板上的两个支承销12支承，制动蹄的上端用回位弹簧13拉紧压靠在轮缸活塞上。制动蹄的外圆面上铆有摩擦片9。

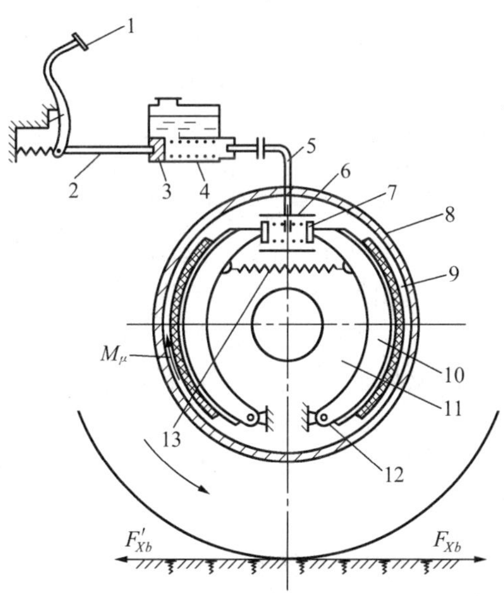

图5-1　制动系统原理

1. 制动踏板　2. 推杆　3. 主缸活塞　4. 制动主缸　5. 油管　6. 制动轮缸　7. 轮缸活塞　8. 制动鼓　9. 摩擦片　10. 制动蹄　11. 制动底板　12. 支承销　13. 制动蹄回位弹簧

液压传动机构主要由制动踏板1、推杆2、制动主缸4、制动轮缸6和油管5

等组成。制动踏板安装在驾驶室内，踏板下端与推杆铰接，推杆的另一端支承在制动主缸活塞 3 上。制动轮缸装在制动底板上，用油管与装在车架上的制动主缸相连。

不制动时，制动鼓的内圆面和制动蹄摩擦片之间留有一定的间隙（简称制动器间隙），制动鼓可以随车轮自由旋转。

制动时，驾驶人踏下制动踏板 1，带动推杆 2 推动制动主缸活塞 3 移动，使制动主缸 4 内的制动液以一定的压力经过油管 5 流入制动轮缸 6，推动轮缸活塞 7 移动，驱动两制动蹄 10 的上端绕着支承销 12 向外张开，从而使制动蹄上的摩擦片 9 压紧在制动鼓 8 的内圆面上。此时，不旋转的制动蹄就对旋转的制动鼓产生一个摩擦力矩 M_μ，其方向与车轮旋转方向相反。制动鼓将该力矩传到车轮后，由于车轮与路面间有附着作用，车轮即对路面作用一个向前的周缘力 F'_{Xb}。与此同时，路面会给车轮一个向后的反作用力 F_{Xb}，也就是车轮的制动力。各车轮上制动力的总和就是汽车受到的总制动力。制动力由车轮经车桥和悬架传给车架及车身，迫使整个汽车产生一定的减速度。制动力越大，减速度也越大。

放松制动踏板时，制动蹄在回位弹簧 13 的作用下向中央收拢，回到原位，制动鼓和制动蹄的间隙又恢复，制动力矩和制动力消失，制动作用解除。

（2）要求

为了保证汽车拖拉机在安全条件下发挥出高速行驶能力，其制动必须满足下列要求：

1）足够的制动力和可靠性。评价汽车拖拉机制动性能的指标一般有制动距离、制动减速度及制动时间。一般在水平干燥的混凝土路面上，以 30 km/h 的初速度从开始制动至停车时，制动距离应保证：轻型货车及轿车≤7 m，中型货车≤8 m，重型货车≤12 m。停车制动的坡度：轻型汽车≥25%，重型汽车≥20%。

轮式拖拉机高速行驶时，当最高速度≤20 km/h 时，制动距离≤5 m；当最高速度为 20～25 km/h 时，制动距离≤8 m，当最高速度介于 25～30 km/h 时，制动距离≤11 m。

2）操纵轻便。汽车要求施于踏板上的力：M_1 类车辆≤500 N，其他类车辆≤700 N，施于手动杆上的力介于 250～350 N，拖拉机要求施于踏板上的力≤294 N。

3）制动平顺。汽车拖拉机制动时，制动力应该逐渐增加，解除制动时，制动力应该迅速消除，车轮跳动或汽车拖拉机转向时，不应引起自行制动。

4）稳定性好。制动时，前后轮上的制动力分配应该合理，左右轮上的制动力相等，以免制动时车辆甩尾或者跑偏。对挂车的制动作用略早于主车，挂车自行脱钩时能自行进行应急制动。

5）摩擦片的抗热衰退性、双退能力好，摩擦磨损后的间隙能调整，并且能防水、防油、防尘。

5.2 制动器

5.2.1 制动器类型

制动器是制动系统产生制动力的部件，也是制动系统中用以产生阻碍车辆运动或运动趋势力的部件。目前，一般汽车所使用的制动器的制动力矩都来源于固定元件和旋转元件工作表面之间的摩擦，即摩擦式制动器。

制动器-1

制动器的类型很多，按其用途可分为车轮制动器和驻车制动器。车轮制动器按其结构形式可分为带式制动器、鼓式制动器和盘式制动器，驻车制动器可分为蹄盘式制动器和鼓式制动器。

制动器-2

带式制动器的制动元件为一条铆有摩擦片的环形钢带，旋转元件是一个称为制动鼓的金属圆筒，主要用在履带式拖拉机上。

鼓式制动器有内张型和外束型两种。内张型制动鼓的工作表面为内圆柱面，带摩擦片的制动蹄作为固定元件。制动蹄位于制动鼓内部，在一端承受促动力时，可绕另一端的支点向外旋转，压靠在制动鼓内圆面上产生摩擦力距。内张型制动器在汽车上应用广泛。外束型制动鼓的工作表面则是外圆柱面。鼓式制动器按制动器促动装置的形式可分为：轮缸式制动器，以液压制动轮缸作为制动器触动装置；凸轮式制动器，用凸轮作为制动蹄促动装置；楔式制动器，用楔作促动装置。鼓式制动器根据受力点特点又可分为简单非平衡式制动器、平衡式制动器和自动增力式制动器等。

制动器-3

盘式制动器摩擦副中的旋转元件是以端面工作的金属圆盘，统称为制动盘。盘式制动器分为钳盘式制动器和全盘式制动器两种类型。前者制动块由工作面积不大的摩擦块与其金属背板组成，每个制动器中有2～4个制动块。后者制动盘是全部工作面，可同时与摩擦面接触。钳盘式制动器按制动钳固定在支架的结构形式又可分为定钳盘式和浮钳盘式两种。钳盘式制动器散热能力强，结构热稳定性好，故被大多数轿车前轮所采用。全盘式制动器主要用于重型汽车和拖拉机上。

制动器-4

5.2.2　鼓式制动器

(1) 轮缸式制动器

1）简单非平衡式制动器。如图5-2所示，制动时，两制动蹄在相等张力 P 的作用下，分别绕各自的支承销3、4向外偏转紧压在制动鼓5上，同时旋转的制动鼓5对两制动蹄1、2分别作用法向反力 N_1 和 N_2 及相应的切向反力 F_1 和 F_2。F_1 和 F_2 绕支承销对前制动蹄作用的力矩是同向的，因此前制动蹄对制动鼓的压紧力由于 F_1 的作用而增大，即 N_1 变得更大。这种情况称为“助势”作用，相应的前制动蹄称为助势蹄。与此相反，F_2 则使后制动蹄有放松制动鼓、使 N_2 减小的趋势，故后制动蹄具有“减势”作用，被称为减势蹄。两制动蹄对制动鼓所施加的制动力矩不相等，一般助势蹄的制动力矩为减势蹄的2～2.5倍。

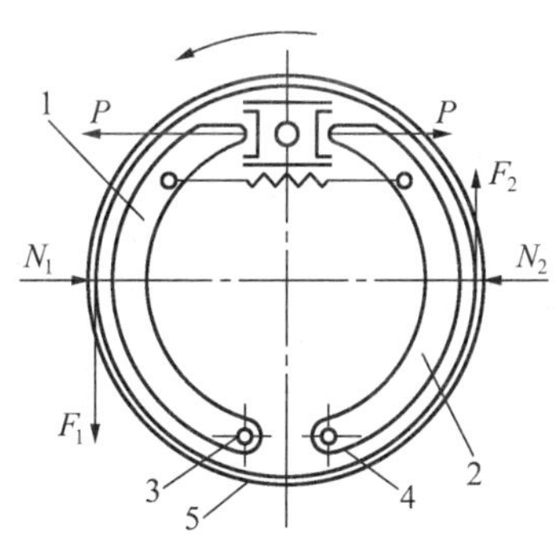

图5-2　简单非平衡式制动器
1. 前制动蹄　2. 后制动蹄
3、4. 支承销　5. 制动鼓

2）平衡式制动器。为了提高制动效能，将前后制动蹄均设计为助势蹄的制动器称为平衡式制动器。若只在前进制动时两蹄为助势蹄，倒车制动时两蹄均为减势蹄，称为单向助势平衡式制动器；在前进和倒车制动时两蹄都为助势蹄，称为双向助势平衡式制动器。

① 单向助势平衡式制动器。如图 5-3 所示，两制动蹄各用一个单向活塞制动轮缸，且前后制动蹄与其轮缸在制动底板上的布置是中心对称的，两个轮缸用油管相连使其液压相等。前进（制动鼓逆时针旋转）制动时，两蹄都是助势蹄，制动效能得到提高，并使蹄片的磨损趋于相等。但倒车制动时两蹄都是减势蹄，导致倒车时的制动效能比前进时低。

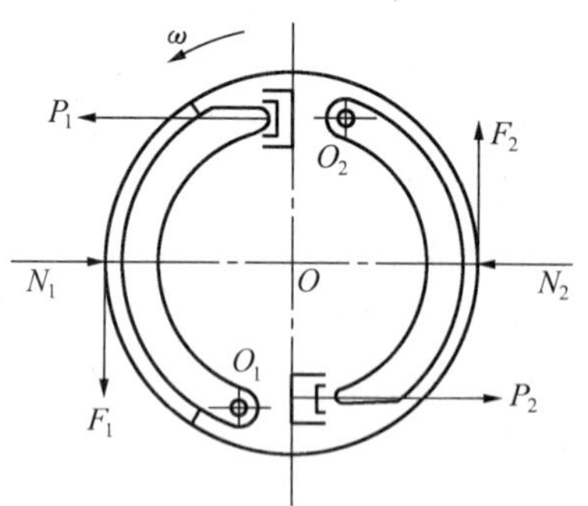

图 5-3 单向助势平衡式制动器

② 双向助势平衡式制动器。如图 5-4 所示，在对称的两个轮缸内装入两个双向活塞，制动底板上的所有固定元件、制动蹄、制动轮缸、回位弹簧等都是成对称布置，两制动蹄的两端采用浮式支承，且支点在周向位置浮动，用回位弹簧拉紧。这样汽车前进或倒车制动时均得到相同且较高的制动效能。

汽车前进制动时如图 5-4（a）所示，两个制动轮缸两端的活塞在液压作用下均张开。两个制动蹄压靠在制动鼓上。在摩擦力矩的作用下，两蹄开始都按车轮旋转方向转动，从而将两轮缸活塞其中的各一对称端支座推回，直至顶靠着轮缸端面成为刚性接触，于是两蹄便以此支座为支点均在助势的条件下工作。同理，倒车制动时如图 5-4（b）所示，两轮缸的另一端［图 5-4（b）中的 b 端］支座成为制动蹄的支点，两蹄同样为助势蹄，产生与前进制动时效能完全一样的制动作用。

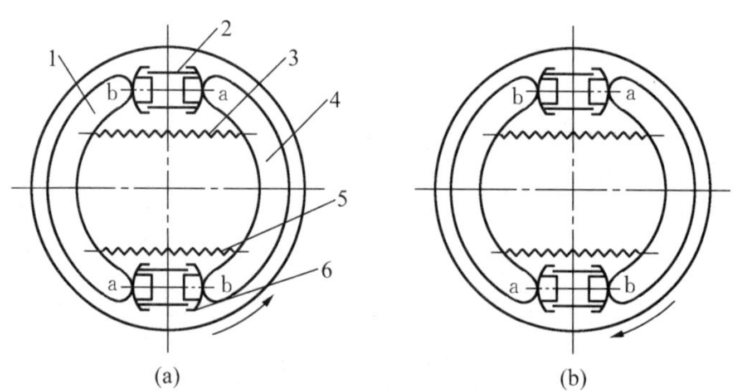

图 5-4 双向双领蹄式车轮制动器

1. 制动底板 2、6. 制动轮缸 3、5. 回位弹簧 4. 制动蹄

③ 自动增力式制动器。自动增力式制动器可分为单向自动增力和双向自动增力两种。单向自动增力是在汽车前进时起自动增力作用，使用单活塞式油缸；双向自动增力式在前进和倒车制动时都起自动增力作用，使用双活塞式油缸。

双向自动增力式制动器的结构如图 5-5 所示。前后两制动蹄 2、7 的上端两侧铆有夹板 4，用回位弹簧 3、6 将夹板 4 拉靠在支承销上，两蹄的下端由拉紧弹簧 9 拉靠在可调推杆体 8 两端直槽的底平面上，可调推杆体 8 是浮动的，制动轮缸 5 处于支承销稍下的位置。汽车前进制动时，轮缸活塞在两蹄上施加大小相等、方向相向的张

开力 F_B 和 F_s。使两制动蹄张开压向制动鼓，在摩擦力作用下制动鼓带动两制动蹄沿旋转方向转过一个不大的角度，直到后制动蹄 2 顶靠到支承销上，然后制动蹄进一步压紧。同样由于前制动蹄 7 的助势作用，经可调推杆体 8 施加于后制动蹄 2 下端的推力 F'_s 比张开力 F_s 大得多（大 2～3 倍）。可见，制动时前制动蹄只受一个张开力 F_B，而后制动蹄则除 F_B 以外还受推力，且 $F'_s>F_B$，因此后制动蹄产生的制动力矩比前制动蹄更大。

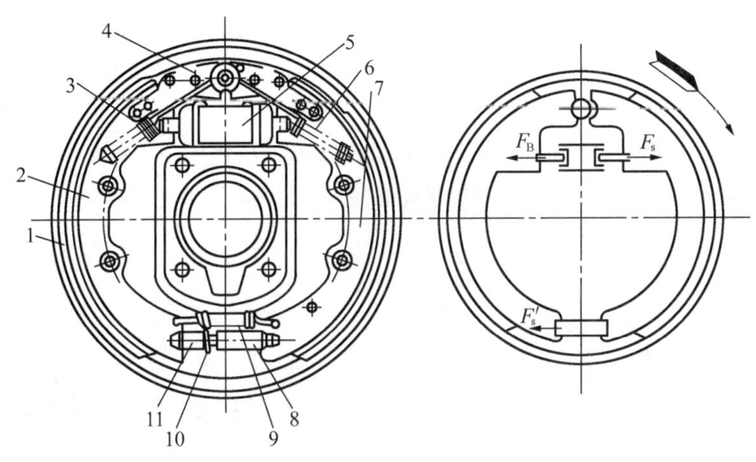

图 5－5　双向自动增力式制动器

1. 制动底板　2. 后制动蹄　3. 后蹄回位弹簧　4. 夹板　5. 制动轮缸　6. 前蹄回位弹簧　7. 前制动蹄　8. 可调推杆体　9. 拉紧弹簧　10. 调整螺钉　11. 推杆套

（2）凸轮式制动器

气压传动的制动器一般采用凸轮式机械张开装置，这种装置除了用凸轮作为张开装置外，其余部分结构与液压传动的简单非平衡式制动器大致相同。

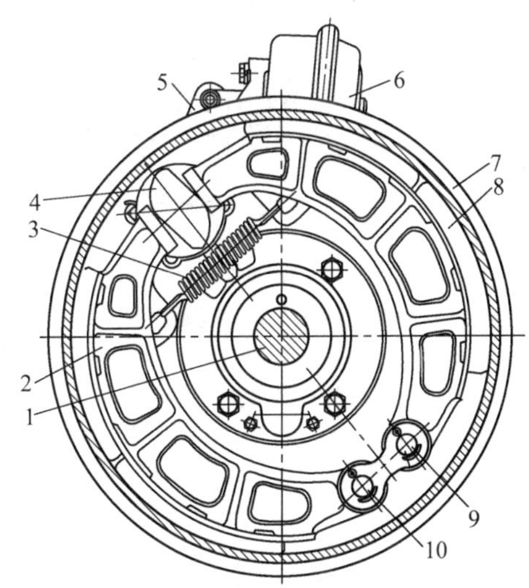

图 5－6　凸轮式制动器

1. 转向节轴颈　2. 制动蹄　3. 回位弹簧　4. 制动凸轮轴　5. 制动调整臂　6. 制动室　7. 制动底板　8. 制动鼓　9. 蹄片轴　10. 开口销

图 5－6 所示是一凸轮式制动器。不制动时，两制动蹄 2 由回位弹簧 3 将其两端拉靠在制动凸轮上。制动时，制动传动装置推动调整臂 5，调整臂 5 通过花键带动凸轮轴 4 连同凸轮转动，使两制动蹄压紧到制动鼓上而起制动作用。这种制动器开始使用时是非平衡式的，在使用过程中逐渐转化为平衡式。并且制动器的摩擦材料在使用过程中逐渐磨损，因而制动间隙要发生变化。制动间隙的调整方法有局部调整和全面调整两种。局部调整利用装在调整臂下部空腔中的蜗杆机构（图 5－7）来改变凸轮的原始位置，全面调整时还应同

时使用带偏心轴颈的蹄片轴 9。

5.2.3 盘式制动器

(1) 钳盘式制动器

1）定钳盘式制动器。定钳盘式制动器的结构如图 5-8 所示。制动钳体由内侧钳体 1 和外侧钳体 2 通过螺钉 19 连接而成。制动盘 21 伸入制动钳的两个制动块 3 之间。制动块由以石棉为基础材料加热模压制成的摩擦块和钢质背板铆合并黏结而成，通过两根导向销 15 悬装在钳体上，并可沿导向销 15 移动。内外两侧钳体 1 和 2 实际上各为一个液压油缸的缸体，其中各有一活塞 4。油缸壁上有梯形截面环槽，其中嵌入矩形截面的活塞密封圈 8。将制动钳安装到汽车上时，须将进油口防污螺塞 18 取下。再将油管接头旋入进油口，并使之压紧在垫塞 17 上。内、外侧钳体的前部有油道将两侧油缸接通。内侧油缸的油道中装有放气阀 13。

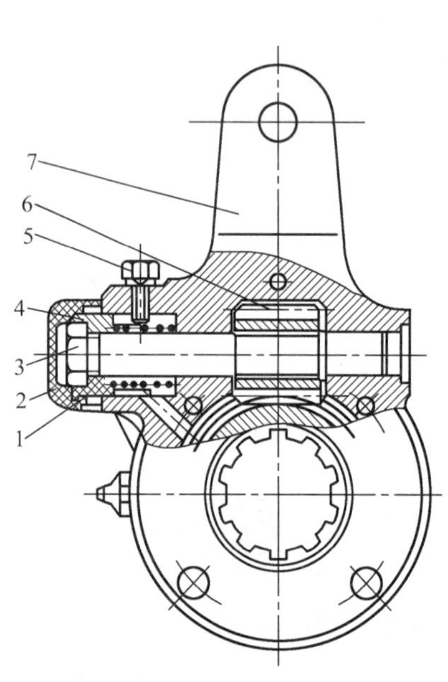

图 5-7 制动调整臂

1. 弹簧 2. 防尘罩 3. 蜗杆轴 4. 锁止套 5. 锁紧螺栓 6. 蜗杆 7. 外壳

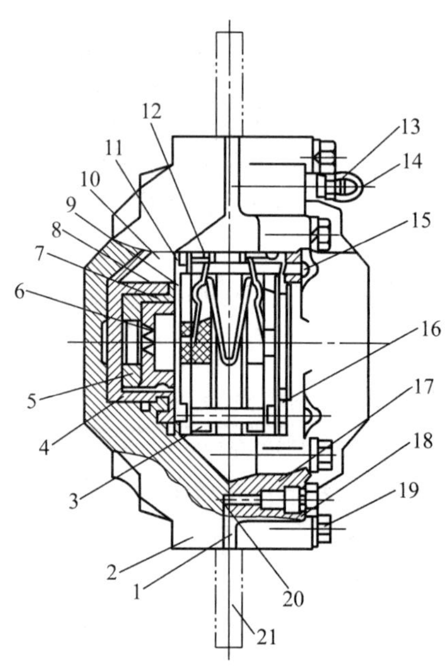

图 5-8 定钳盘式制动器结构

1. 内侧钳体 2. 外侧钳体 3. 制动块 4. 活塞 5. 活塞垫圈 6. 压圈 7. 压圈密封圈 8. 活塞密封圈 9. 橡胶防护罩 10. 护罩锁圈 11. 消声片 12. 弹簧 13. 放气阀 14. 放气阀防护罩 15. 制动块导向销 16. R 形销 17. 进油口垫塞 18. 防污螺塞 19. 螺钉 20. 橡胶垫圈 21. 制动盘

制动时，制动液被压入内外两侧油缸中。两活塞 4 在液压力作用下移向制动盘，并通过活塞垫圈和压圈将制动块压靠到制动盘上。在活塞移动过程中，橡胶密封圈 8 的刃边在摩擦作用下随活塞移动，使密封圈产生弹性变形。相应于极限摩擦力的密封圈极限变形量 Δ，变形量应等于制动器间隙为设定值时的完全制动所需活塞行程［图 5-9 (a)］。解除制动时，活塞连同垫圈和压圈在密封圈 8 的弹力作用下退回，直到密封圈变形完全消失［图 5－9（b）］。此时摩擦块与制动盘之间的间隙（制动器间隙）即为设定间隙。

若制动器存在过量间隙，则制动时活塞密封圈变形量达到极限值以后，活塞仍可在液压作用下克服密封圈的摩擦力而继续移动，直到实现完全制动。但解除制动后，制动器间隙即恢复到设定值，这是因为活塞密封圈将活塞拉回的距离仍然等于 Δ。由此可见，活塞密封圈能兼起活塞复位弹簧和一次调准式间隙自调装置的作用。

2）浮钳盘式制动器。浮钳盘式制动器的工作原理如图 5－10 所示。制动时，活动制动块 6 在液压 P_1 的作用下，由活塞 8 推靠在制动盘 4 上，同时制动钳上反作用力 P_2 推动制动钳沿定位导向销 2 移动，使外侧的摩擦片也压靠在制动盘 4 上，产生制动力。于是制动盘两边都被紧紧抱住，使其停止转动。制动盘又和车轮轮辋装在一起，所以车轮也停止了转动。

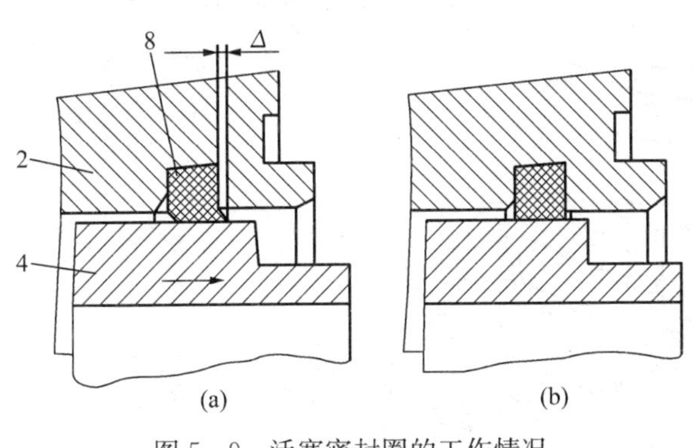

图 5－9 活塞密封圈的工作情况

2. 外侧钳体 4. 活塞 8. 活塞密封圈

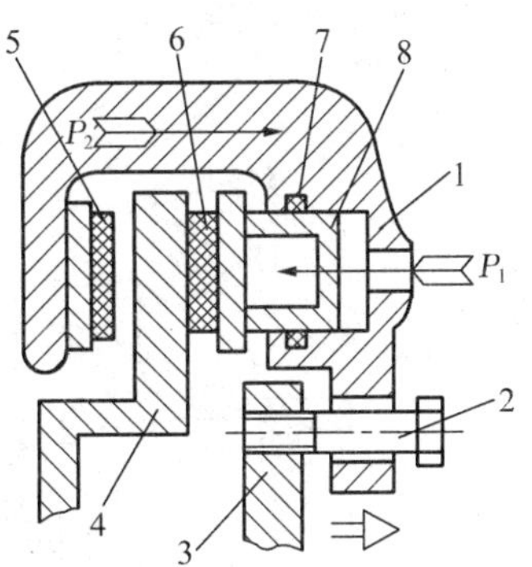

图 5－10 浮钳盘式制动器的工作原理

1. 钳体 2. 导向销 3. 制动钳安装架 4. 制动盘 5. 固定制动块 6. 活动制动块 7. 活塞密封圈 8. 活塞

解除制动时，橡胶衬套所释放出来的弹性能有助于外侧制动块离开制动盘。活塞密封圈 7 在制动时变形，解除制动时恢复原状，使活塞回位。若制动盘与制动块之间产生了过量间隙，则活塞将相对于密封圈滑移，借此实现间隙的自动调整。

此外，制动器摩擦片上装有磨损传感器，如果摩擦片磨损到最小间隙少于 2 mm 时，则自动警告灯亮，这时应检查摩擦片厚度或更换摩擦片。与定钳盘式制动器相比较，浮钳盘式制动器的单侧轮缸结构不需要跨越制动盘的油道，故不仅轴向和径向尺寸较小，还有可能布置得更接近车轮轮毂，而且制动液受热汽化的机会较少。浮钳盘式制动器现已基本取代了定钳盘式制动器。

（2）全盘式制动器

全盘式制动器装在差速器壳体轴承座 13 的箱壁与半轴壳体 7 之间（图 5－11）。在半轴上装有两组两面拥有石棉衬片的摩擦盘 8，它与半轴以花键连接，和轴一起旋转，并能沿轴向移动。在两组摩擦盘 8 之间安装着压盘 10 和 12，以外圆支承在半轴壳体 7 内的三个凸肩上，并能在较小范围内转动。在压盘 10 和 12 相对的内表面上，各开有五个沿圆周均匀分布的球面斜槽。每个槽内有一钢球 11，五根回位弹簧 9 将

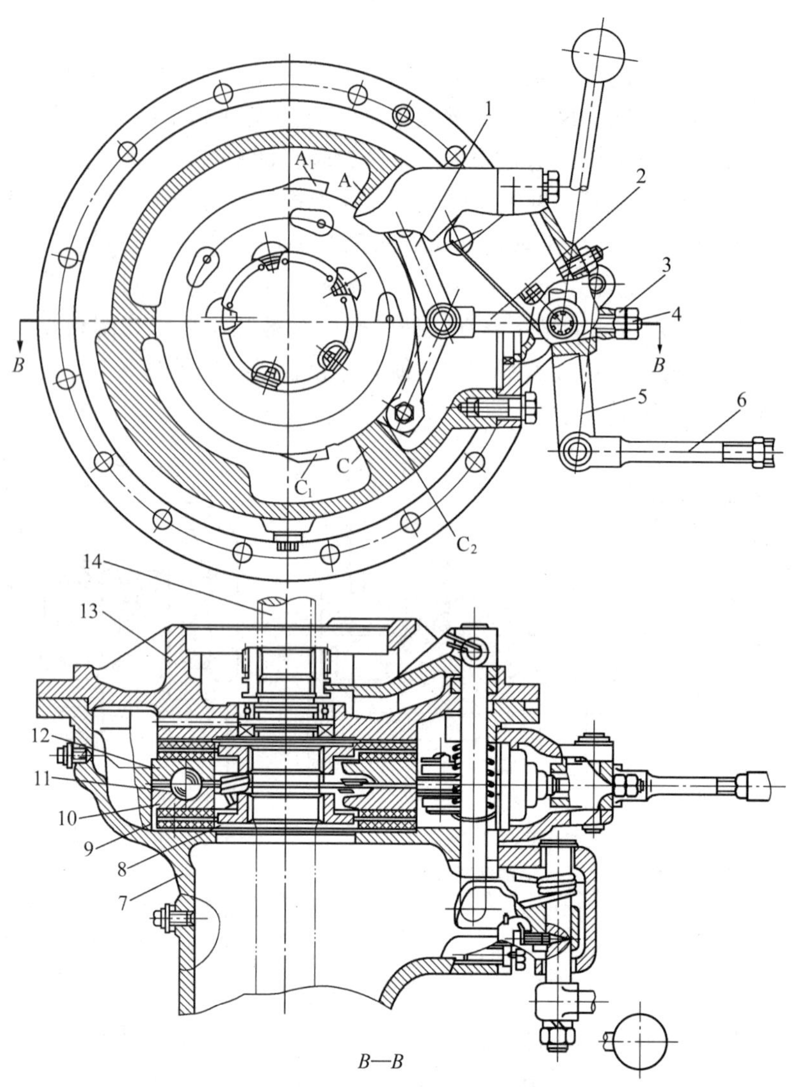

图 5 - 11 全盘式制动器

1. 斜拉杆 2. 内拉杆 3. 调整螺母 4. 锁紧螺母 5. 摇臂 6. 外拉杆 7. 半轴壳体 8. 摩擦盘 9. 回位弹簧 10、12. 压盘 11. 钢球 13. 差速器壳体轴承座 14. 半轴

两块压盘 10、12 拉拢在一起，将钢球 11 夹紧在球面斜槽的深凹处。这样，压盘 10、12 与半轴壳体 7、轴承座 13 的箱壁共同组成制动器的不旋转部分。两块压盘 10、12 各通过一根斜拉杆 1 与内拉杆 2 相连，而内拉杆 2 再通过摇臂 5、外拉杆 6 等一些杆件与制动踏板相连。外拉杆 6 的长度可以调整，以保证在非制动状态下，摇臂 5 向后倾斜 6°左右。调整螺母 3 可改变内拉杆 2 的长度，以调整制动器踏板的自由行程。

全盘式制动器的制动过程与自动助力作用原理如图 5 - 12 所示。当踩下踏板时，两压盘相对转过一个角度，相当于图上沿箭头方向相对移动一定距离。于是钢球由斜槽深凹处向浅处移动，迫使压盘产生轴向位移，直到和摩擦盘接触产生制动力矩［图 5 - 12 (b)］。

压盘在摩擦盘带动下，顺半轴旋转方向转动一个角度，相当于图上两块压盘一起

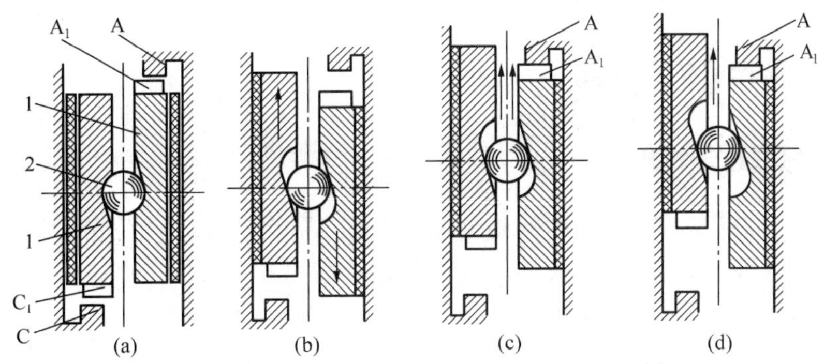

图 5-12 全盘式制动器的制动过程与自动助力的作用原理

1. 压盘 2. 钢球 A、C. 制动器壳体上的凸肩 A_1、C_1. 压盘上的凸耳

沿箭头方向移动一个距离，直到一个压盘上的凸耳 A_1 靠到凸肩 A。在这个过程中钢球和压盘的相对位置保持不变，因此制动力矩也未改变［图 5-12（c）］。当压盘的凸耳 A_1 靠住凸肩 A 后，它就不能继续转动，而另一压盘在摩擦盘的带动下继续转动。相当于图上压盘沿箭头方向继续移动迫使钢球进一步向斜槽的更浅处移动，把压盘进一步向外顶开，进一步压紧摩擦盘，从而增大了制动力矩［图 5-12（d）］。可见这种制动器是有自行助力作用的。当车辆倒退行驶时，其制动过程和自行增力的作用原理与上述分析相同。为改善全盘式制动器的性能和提高它的使用寿命，近年来国外的一些拖拉机上已采用湿式全盘式制动器。其摩擦片一般采用铜基粉末冶金材料，单位压力较高，一般可达 2 746.8 kPa。整个制动器浸在油液中，散热能力强，磨损小，制动平顺，但摩擦系数较低。在大功率拖拉机上用增加摩擦片数目来加大制动力矩，用减小各片间的间隙来保证合适的制动踏板行程。

盘式制动器的特点：摩擦表面为平面，不易发生较大变形，制动力矩较稳定；热稳定性好，受热后制动盘只在径向膨胀，不影响制动间隙；受水浸渍后，在离心力的作用下水很快被甩干，摩擦片上的剩水也由于压力高而较容易被挤出；制动力矩与汽车行驶方向无关；制动间隙小，便于自动调节间隙；摩擦片容易检查，维护和更换。不足之处是摩擦副敞开在空气中，易受灰尘侵袭，磨损较大。

(3) 蹄盘式制动器

蹄盘式制动器主要用于驻车制动，如图 5-13 所示。制动器支架 1 用螺栓固定在变速器壳体后壁。铸铁的通风式制动盘 2 用螺栓与变速器第二轴后端的凸圆相连接。制动蹄 3 通过销轴与制动蹄臂 7 和 10、支架 1 和拉杆臂 11 连接，并利用拉簧 6 和定位弹簧 8 使制动盘 2 之间保持一定间隙。

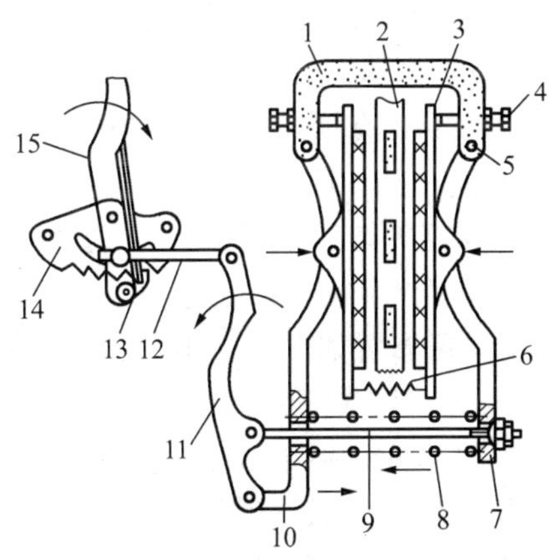

图 5-13 蹄盘式制动器及其传动机构

1. 支架 2. 制动盘 3. 制动蹄 4. 调整螺钉 5. 销 6. 拉簧 7. 后制动蹄臂 8. 定位弹簧 9. 蹄臂拉杆 10. 前制动蹄臂 11. 拉杆臂 12. 传动拉杆 13. 棘爪 14. 齿扇 15. 驻车制动杆

5.3 制动传动机构

制动传动机构-1

制动传动机构-2

5.3.1 机械式传动机构

机械传动的蹄盘式驻车制动器参见图 5-13。制动杆 15 用销轴与固定于变速器壳上的齿扇 14 及传动拉杆 12 铰接，其下端装有棘爪 13，利用棘爪拉杆和手柄上的弹簧能将制动器锁止在某一位置。

不制动时，驻车制动杆 15 处于最前位置。在定位弹簧 8 及拉簧 6 的作用下，两制动蹄摩擦片与制动盘之间保持一定间隙，制动器无制动作用。

制动时，将制动杆 15 上端沿箭头方向扳动，传动拉杆 12 前移，使拉杆臂 11 逆时针方向摆动，推动前制动蹄臂 10 后移压向制动盘 2。同时通过蹄臂拉杆 9 拉动后制动蹄臂 7 压缩定位弹簧 8，使后制动蹄前移，两制动蹄即夹紧制动盘 2，产生制动作用，并由棘爪 13 将手制动杆锁止在制动位置。解除制动时，按下制动杆上端的拉杆按钮，使下端棘爪 13 脱出，然后将制动杆扳向最前端位置，前、后两蹄在定位弹簧作用下回位到不制动位置。

5.3.2 气压式传动机构

气压制动操纵系统是发展最早的一种动力制动系统。气压制动系统的制动能源是空气压缩机产生的压缩空气，而驾驶人仅控制制动能源。气压制动系统的供能装置和传能装置都是气压式的，其控制装置大多由踏板机构和制动阀等元件组成，也有的在踏板机构和制动阀之间串联液压式操纵传动装置。驾驶人通过控制踏板的行程，调整气体压力的大小而获得不同制动强度的制动力。

气压制动系统踏板行程较短，操纵轻便，制动力较大，但结构复杂，制动不如液压式柔和，在中、重型汽车上应用广泛。

(1) 组成与工作原理

一重型汽车的双回路气压制动传动机构的布置如图 5-14 所示。它由气源和控制机构两部分组成。气源部分包括单缸空气压缩机、调压装置、双针气压表、前后桥储气筒、气压过低报警装置、油水放出阀和取气阀、安全阀等部件。控制装置包括制动踏板、拉杆、并列双腔制动阀等。

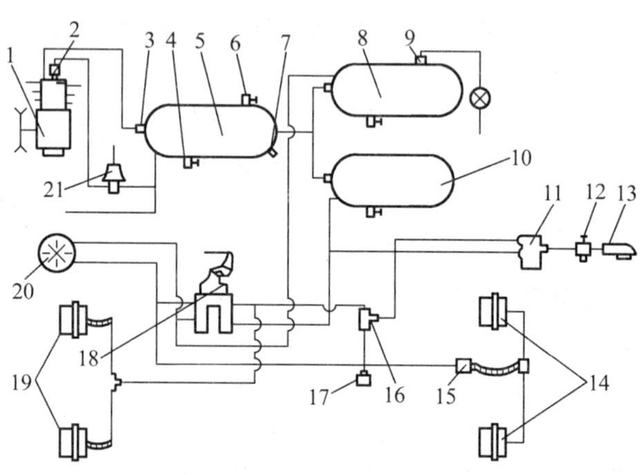

图 5-14 气压制动回路

1. 空气压缩机 2. 卸荷阀 3. 单向阀 4. 放水阀 5. 湿储气筒 6. 取气阀 7. 安全阀 8. 后桥储气筒 9. 气压过低报警开关 10. 前桥储气筒 11. 挂车制动控制阀 12. 分离阀 13. 连接头 14. 后轮制动气室 15. 快放阀 16. 双通单向阀 17. 制动灯开关 18. 制动控制阀 19. 前轮制动气室 20. 气压表 21. 调压阀

工作时，空气压缩机 1 产生的压缩空气经单向阀 3 先进入湿储气筒5进行清洁、干燥，然后分别进入相互独立的前、后桥储气筒8、10。前桥储气筒10与并列双腔式制动控制阀18的右腔室相连以控制前轮制动；后桥储气筒8与制动控制阀18的左腔室相连以控制后轮制动，并通过管路与气压表20及调压阀21相连。后桥制动回路装有膜片快放阀15，可使后桥制动器迅速解除制动。双指针气压表中白针指示后桥储气筒气压，红针指示后桥制动管中的气压。

当踏下制动踏板时，拉杆带动制动控制阀18使之工作，前、后桥储气筒8、10的压缩空气便通过制动控制阀18的右腔和左腔进入前、后轮制动气室19、14，使前、后轮制动。与此同时，通过前、后制动回路之间并联的双通单向阀16接挂车制动控制阀11，将湿储气筒5与通向挂车的通路切断，使挂车进行放气制动。

(2) 主要部件

1) 空气压缩机。空气压缩机用以产生制动所用的压缩空气，其结构有单缸式和双缸式两种。空气压缩机通常固定在气缸体或气缸盖的一侧，由发动机通过风扇带轮和V带驱动，或者由发动机曲轴的正时齿轮通过齿轮机构驱动。图5－15所示为单

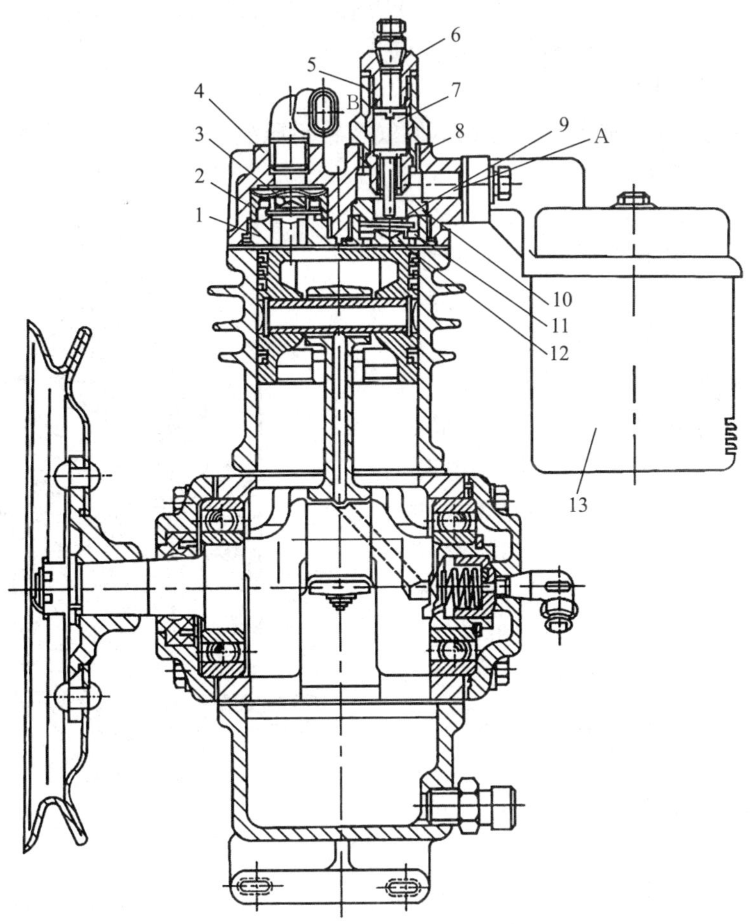

图5－15　单缸风冷式空气压缩机

1. 排气阀座　2. 排气阀门导向座　3. 排气阀门　4. 气缸盖　5. 卸荷装置壳体　6. 定位塞　7. 卸荷柱塞　8. 柱塞弹簧　9. 进气阀门　10. 进气阀座　11. 进气阀弹簧　12. 进气阀门导向座　13. 进气滤清器　A. 进气口　B. 排气口

缸风冷式空气压缩机，由发动机通过风扇带轮和V带驱动，支架上有三道滑槽，可通过调整螺栓移动空气压缩机的位置，从而调整传动带的松紧度。

空气压缩机具有与发动机类似的曲柄连杆机构。铸铁制成的气缸体下端用螺栓与曲轴箱连接，缸筒外铸有散热片。铝制气缸盖用螺栓紧固于气缸体上端面，其间装有密封缸垫。缸盖上的进、排气室都装有一个方向相反的片状阀门，进气阀门经进气口A与进气滤清器相通，排气阀门经排气口B与储气筒相通。

发动机工作时，空气压缩机曲轴随之转动，带动活塞做上下往复运动。当活塞下移时，在气缸内真空度作用下，进气阀门开启，外界空气经进气滤清器自进气口A和进气阀门被吸入气缸。活塞上行时，气缸内空气被压缩，压力升高，顶开排气阀门经排气口B充入储气筒。

在空气压缩机进气阀门的上方设置有卸荷装置，由调压阀进行控制。卸荷装置壳体内镶嵌着套筒，其中装有卸荷柱塞和柱塞弹簧。在空压机向储气筒正常充气过程中，柱塞上方的卸荷气室经调压阀通大气。柱塞被弹簧顶到上极限位置时，其杆部与进气阀门之间保留一定间隙，卸荷装置不起作用。当储气筒内气压超过规定值时，卸荷装置才起作用。空气压缩机的曲轴主轴颈、连杆轴颈和活塞销采用压力润滑，活塞及气缸壁则采用飞溅润滑。

2）调压阀。调压阀的作用是调节供气管路中压缩空气的压力，使之保持在规定的压力范围内，且在过载时实现空压机的卸荷空转，以减少发动机的功率损失。

调压阀在回路中的连接方法有两种：

1）调压阀与空压机和储气筒并联。当系统的空气压力达到规定值时，调压阀使空压机的进气阀开启，卸荷空转。

2）调压阀串联在空压机和储气筒之间。当系统的空气压力达到规定值时，调压阀将多余的压缩空气直接排入大气，空压机卸荷空转。图5-16为某型号汽车的膜片式调压阀。该调压阀与储气筒并联，由膜片组、阀门组、调压弹簧及壳体等组成。膜片的外缘被夹于上盖1和壳体10之间，构成膜片上、下两腔。膜片上腔经上盖上的通气孔B与大气相通，而下腔经滤芯通过管接头9与湿储气筒相通。

调压阀的工作分为正常供气和卸荷空转两种工作情况。

当调压阀膜片5下腔的气体压力小时，空心管6下端靠紧排气阀8，并使排气阀门打开，此时空压机正常向储气

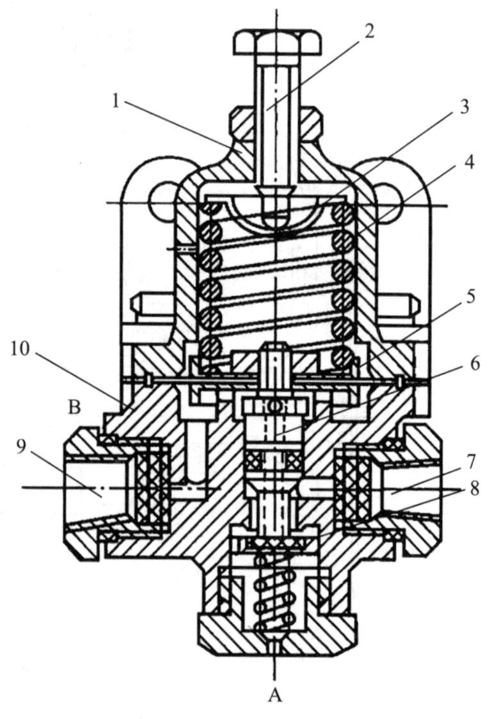

图5-16 膜片式调压阀

1. 上盖 2. 调压螺钉 3. 弹簧座 4. 调压弹簧 5. 膜片 6. 空心管 7. 接输入管接头 8. 排气阀 9. 接储气管接头 10. 壳体 A、B. 通气孔

筒供气。当湿储气筒压力升高到 0.70～0.74 MPa 时，调压阀膜片下腔气压作用力足以克服调压弹簧 4 的预紧力而推动膜片 5 向上拱曲，调压阀的排气阀 8 的阀门关闭。此时，空压机卸荷空转，不再产生压缩空气，湿储气筒内的气体压力也不再升高。

调压阀的气压调节可通过旋转其盖上的调压螺钉 2 进行调整。当螺钉旋入时，气压升高，反之气压降低。

3）制动控制阀。制动阀为汽车气压制动系统的主要控制装置，用以控制由储气筒进入制动气室或挂车制动阀的压缩空气量，并有渐进变化的随动作用，以保证作用在制动器上的力与施加于制动踏板上的力成正比。

如图 5－17 所示为一并列双腔膜片式制动控制阀，它主要由拉臂、上壳体、下壳体、平衡弹簧总成、滞后机构总成等组成。拉臂用销轴支承在上壳体的支架上，可绕销轴摆动。支架上装有限位螺钉，用以调整最大工作气压。拉臂上还装有调整螺钉和锁紧螺母，用以调整踏板自由行程。上壳体内装有平衡弹簧总成，可上下移动，壳体中央孔内压装衬套，推杆装入其中，能轴向移动。推杆上端与平衡弹簧座相抵，下端伸入平衡臂杠杆孔内。平衡臂杠杆两端压靠在两腔内膜片挺杆总成上。下壳体下部孔中安装两个阀门，两侧有四个接头孔，下方两个为进气孔，上方两个

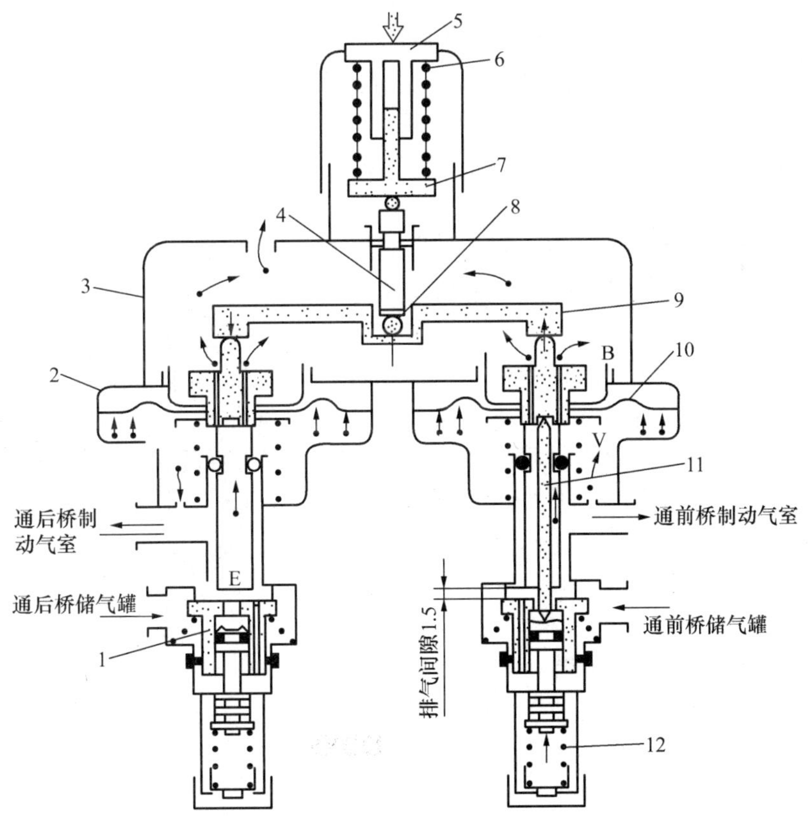

图 5－17　并列双腔膜片式制动控制阀

1. 两用阀总成　2. 下壳体　3. 上壳体　4. 推杆　5. 平衡弹簧上座　6. 平衡弹簧　7. 平衡弹簧下座　8. 钢球　9. 平衡臂　10. 膜片　11. 膜片芯管　12. 滞后弹簧　B. 上部排气孔　E. 下部排气孔　V. 平衡腔

为排气孔。

当驾驶人踏下制动踏板时，拉动制动阀拉臂，将平衡弹簧上座 5 下压，经平衡弹簧 6 和下座 7、钢球 8，并通过推杆 4 和钢球 8 将平衡臂 9 压下，推动两腔内膜片 10 挺杆总成下移，消除间隙后，先关闭排气孔，然后打开进气孔，储气筒内的压缩空气经进气阀充入各制动气室，使车轮制动。

当驾驶人踩下踏板至某一位置不变时，由于压缩空气不断输送到前、后制动气室，同时压缩空气经节流孔，进入平衡腔 V 的气压也随之增大。当膜片 10 下方的总压力和回位弹簧的张力之和大于平衡弹簧 6 的张力时，膜片总成上移，通过平衡臂 9 推动平衡弹簧下座 7 上移，平衡弹簧 6 被压缩，进气阀和排气阀同时关闭，储气筒便停止对制动气室输送压缩空气，此时，处于一种平衡状态，各制动气室的压缩空气保留在气室中，车辆便保持一定的制动强度。随着制动踏板不断踏下，制动气室的气压成比例上升，制动效能又得到加强。制动踏板踏至一定程度，拉臂的限位块便抵在限位螺钉上，限制了制动阀的最大工作气压。

当驾驶人放松制动踏板时，拉臂在回位弹簧的作用下回位，平衡弹簧座上端面的压力消除，推杆、平衡臂、膜片总成均在回位弹簧及平衡腔 V 内压缩空气的作用下向上移，排气孔 E 被打开，制动气室及制动管路的压缩空气便经排气孔，穿过挺杆内孔通道，从上壳体排气孔 B 排入大气，制动解除。若制动中踏板只放松至某一位置不动，膜片总成下方的总气压降至小于平衡弹簧张力时，膜片总成便向下移至两阀门都处于关闭的平衡状态，制动强度相应下降至某一位置，但仍保持一定的制动作用。当制动踏板完全放松时，制动才彻底解除。

4）制动气室。制动气室的作用是将输入的空气压力转变为转动制动凸轮机械力，以实现车轮制动。

如图 5－18 所示为某种膜片式制动器室结构。夹布层橡胶膜片 3 的周缘用卡箍夹紧在壳体 6 和盖 2 的凸缘之间。盖与膜片 3 之间为工作腔，用橡胶软管与由制动阀接出的钢管相通。膜片右侧通大气。弹簧 5 通过焊接在推杆 8 上的支承盘 4 的推动膜片 3 紧靠在盖 2 的图 5－18 所示的极限位置，推杆 8 的外端通过连接叉 9 与制动器的制动调整臂相连。

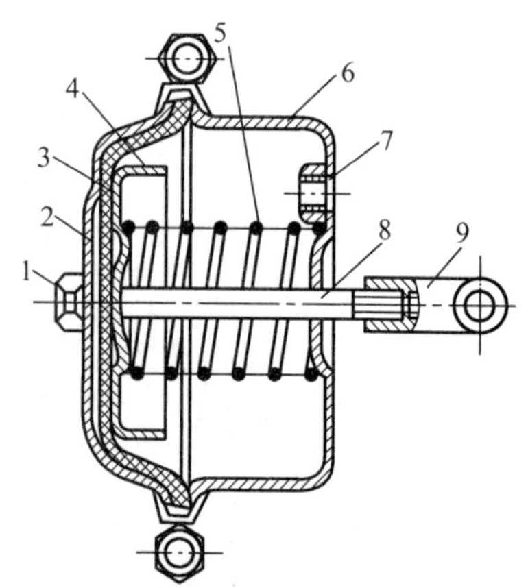

图 5－18　汽车膜片式制动气室
1. 进气口　2. 盖　3. 膜片
4. 支承盘　5. 弹簧　6. 壳体
7. 螺钉孔　8. 推杆　9. 连接叉

当驾驶员踩下制动踏板时，压缩空气经制动阀进入制动气室，在空气压力作用下，使膜片向右拱，将推杆推出，使调节臂和制动凸轮转动实现制动。放松制动踏板，制动气室的压缩空气经快放阀排到大气中。膜片与推杆在弹簧 5 的作用下复位解除制动。

5.3.3 液压式传动机构

液力制动操纵机构是利用液压油将制动踏板力转换为液压力，使车轮制动。通常在液压制动操纵机构中增设制动增压或助力装置，使制动操纵轻便并增大制动力。按照制动能源的不同，分为人力液压制动系统和伺服液压制动系统，而伺服液压制动系统常用的有真空助力式和液压助力式两种。

(1) 液压简单制动传动机构

如图 5-19 所示为液压式简单制动传动机构，它主要由制动主缸、制动轮缸、油管和制动踏板等组成。主缸上部为储油池，缸内有活塞 2、皮碗 6、双向阀 7、气弹簧等元件。制动时，通过制动踏板操纵制动主缸中的活塞向右移动，皮碗起密封作用。主缸中的油液经双向阀中间的出油阀压出，通过油管输送到制动器上的制动轮缸 8，操纵制动器起作用。

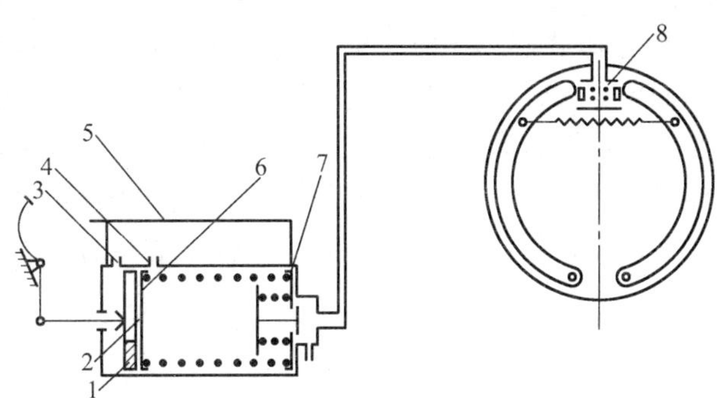

图 5-19 液压式简单制动传动机构

1. 轴向小孔 2. 活塞 3. 补偿孔 4. 旁通孔 5. 制动总泵 6. 皮碗 7. 双向阀 8. 制动分泵（轮缸）

松开踏板解除制动时，轮缸中的油液在制动器回位弹簧的作用下，压开双向阀 7 的回油阀流回主缸。为避免主缸活塞 2 复位过快，缸内造成真空，使空气侵入引起制动失灵，在主缸储油池和主缸之间设有补偿孔 3 与旁通孔 4，主缸活塞上有若干轴向小孔 1。补偿孔 3 的作用是使活塞左边空间经常储满油液，避免活塞回位时有空气从活塞左边侵入主缸内。轴向小孔 1 能使活塞迅速回位时，活塞左边空间的油液流入右边泵缸内，填补主缸内暂时造成的真空。旁通孔 4 使主缸内多余的油液流回储油池，以免轮缸 8 内油液回流时没有出路而不能解除制动。旁通孔还可避免温度变化时主缸内油压发生变化。

(2) 双回路液压制动传动机构

轿车上采用的双回路液压制动系统主要有两种布置形式：前后分开式（图 5-20）和对角线分开式（图 5-21）。

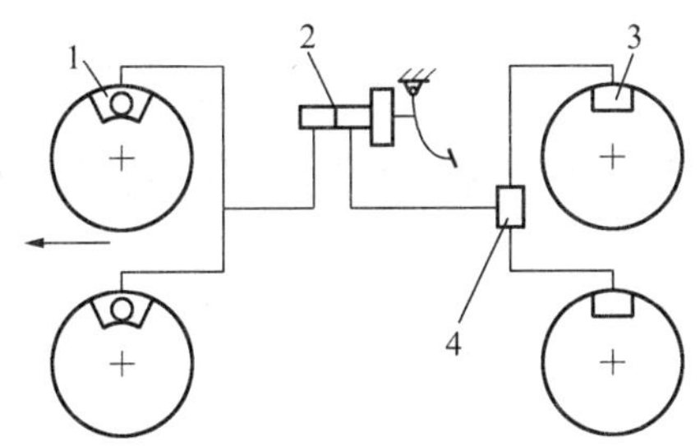

图 5-20 前后分开式双回路液压制动系统

1. 盘式制动器 2. 双腔制动主缸 3. 单缸鼓式制动器 4. 制动力调节器

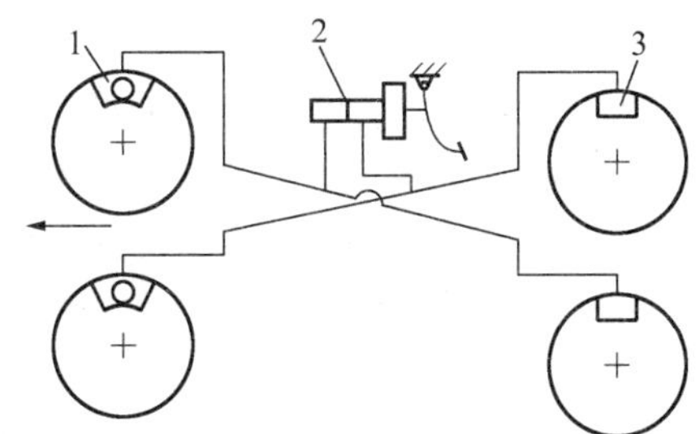

图 5-21 对角线分开式双回路液压制动系统

1. 盘式制动器 2. 双腔制动主缸 3. 单缸鼓式制动器

对角线分开式液压制动系统采用真空助力，对角线分开式布置的特点是左前轮和右后轮制动器布置在一个液压回路上，右前轮和左后轮的制动器布置在另一个液压回路上。在一个回路失效的情况下，另一回路在一个前轮和相对应的后轮上进行全部制动作用，可维持总制动效能的 50%左右。因此，制动效能在两个回路上的分配性较好。

1）主要零部件。

① 双腔式制动主缸。制动主缸的作用是将由踏板输入的机械推力转换成液压力。如图 5-22 所示为串联双腔式制动主缸的结构。制动主缸的壳体内装有前活塞 9、后活塞 6 及前活塞弹簧 10。前、后活塞分别用皮碗密封，前活塞 9 用挡片 8 保证其正确位置。两个储液筒分别与主缸的前、后腔相通，前、后出油口分别与前、后制动轮缸相通，前活塞 9 靠后活塞 6 的液力推动，而后活塞 6 直接由推杆 3 推动。

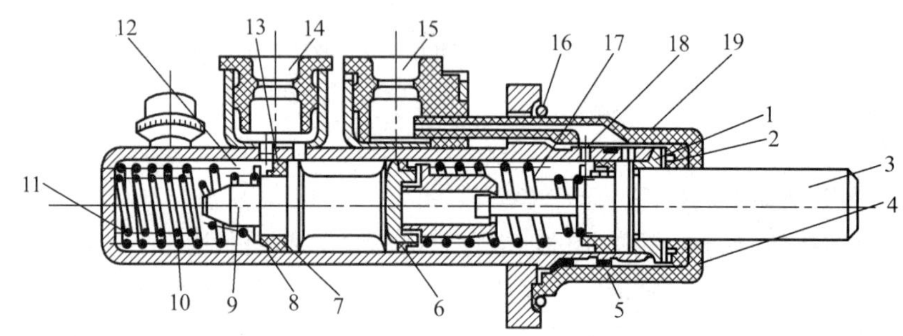

图 5-22 串联双腔制动主缸

1. 套 2. 密封套 3. 推杆 4. 盖 5. 防动圈 6. 后活塞 7. 垫片 8. 挡片 9. 前活塞 10. 弹簧 11. 缸体 12. 后腔 13. 密封圈 14、15. 进油孔 16. 定位圈 17. 前腔 18. 补偿孔 19. 回油孔

踩下制动踏板，主缸中的推杆 3 向前移动，使皮碗掩盖住储液筒进油口后，后腔压力升高。在后腔液压和后活塞弹簧力的作用下，推动前活塞 9 向前移动，前腔压力也随之提高。当继续下踩制动踏板时，前、后腔的液压继续提高，使前、后制动器产生制动。放松制动踏板，主缸中的活塞和推杆分别在前、后活塞弹簧的作用下回到初始位置，从而解除制动。

若前腔控制的回路发生故障，前活塞不产生液压力，但在后活塞液力作用下，前活塞被推到最前端，后腔产生的液压力仍使后轮产生制动。若后腔控制的回路发生故障时，后腔不产生液压力，但后活塞在推杆的作用下前移，并与前活塞接触而推动前活塞前移，前腔仍能产生液压力控制前轮产生制动。

前活塞回位弹簧的弹力大于后活塞回位弹簧的弹力，以保证两个活塞不工作时都处于正确的位置。

为了保证制动主缸活塞在解除制动后能退回到适当位置，在不工作时，推杆的头部与活塞背面之间应留有一定的间隙。为了消除这一间隙所需的踏板行程称为制动踏板自由行程。该行程过大将使制动失灵，过小则制动解除不彻底。双回路液压制动系统中任一回路失效，主缸仍能工作，只是所需踏板行程加大，导致汽车的制动距离增加，制动效能降低。

② 制动轮缸。制动轮缸可分为单活塞式和双活塞式两种，它们分别与不同的制

动器相配合。

如图5-23所示是一种双活塞式制动轮缸的结构。制动轮缸内有两个活塞，每个活塞上装有一个皮圈，使内腔密封。制动时，制动液进入内腔，活塞在液压作用下外移，通过顶块推动制动蹄靠向制动鼓，从而产生制动力使车轮制动。缸体两端装有防护罩，可起到防尘、防水的作用。

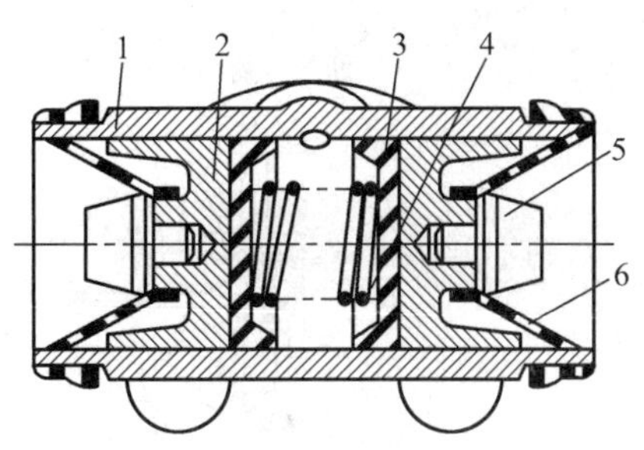

图5-23 双活塞式制动轮缸的结构

1. 缸体 2. 活塞 3. 皮碗 4. 弹簧 5. 顶块 6. 防护罩

(3) 真空液压式制动传动机构

1）真空增压液压制动传动机构。利用发动机工作时在进气管中产生的真空度对制动主缸输出的油液进行增压。图5-24所示为装有真空增压器的液压制动传动机构。发动机工作时，进气管8中的真空经真空单向阀9传入真空筒10，使筒中具有一定的真空度。踏下制动踏板时，制动主缸3中的制动液被压出，进入辅助缸4，由此液压一面传入前、后制动轮缸1和11，一面又作用于控制阀6，使真空加力气室7起作用，对辅助缸4的活塞加力，使辅助缸4和前后制动轮缸1、11液压远高于制动主缸3的液压。

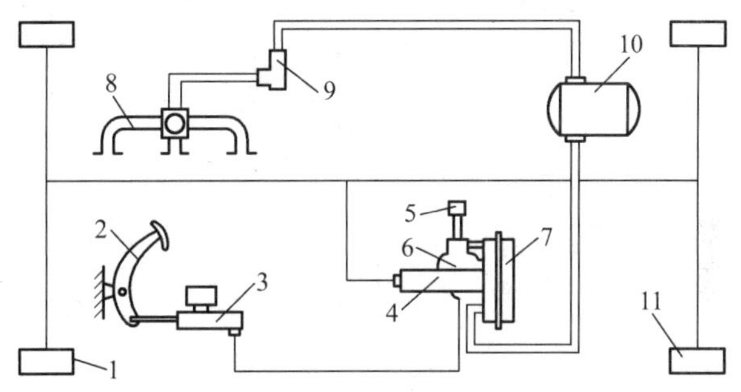

图5-24 真空增压液压制动传动机构

1. 前制动轮缸 2. 制动踏板 3. 制动主缸 4. 辅助缸 5. 空气滤清器 6. 控制阀 7. 真空加力气室 8. 发动机进气管 9. 真空单向阀 10. 真空筒 11. 后制动轮缸

真空加力装置的结构原理如图5-25所示。加力装置包括图5-24所示的辅助缸、控制阀和真空加力气室三部分。未制动时，各部分零件的位置如图5-25（b）所示。踩下制动踏板时［图5-25（a）］，主缸中的油液进入辅助缸。开始时，球阀2开启，因此液压传入各制动轮缸。同时，液压还作用在控制阀活塞4上，推动膜片座5上移，先关闭真空阀7，使上腔A和下腔B隔绝；然后开启空气阀8，外界空气经空气滤清器流入上腔A和加力气室右腔D，这时下腔B和加力气室左腔C中仍保持原真空度。在D、C两腔压力差作用下，膜片11带动推杆1左移，使球阀2顶靠活塞3上的阀座关闭通路。这时，推动活塞3左移有两个力：一是主缸传来的液压力，另一是推杆1传来的力。由于加力气室内径与辅助缸内径差别很大，因此增压效果十分显著。

控制阀的随动作用与气压传动机构中的制动阀一样。在A、D两腔压力升高的过程中，膜片6和阀门组件不断下移。当A、D两腔真空度下降到一定数值时，空气阀8关闭，此时真空度保持在某一稳定值上，此值的大小取决于制动主缸液压力，而主缸液压力又取决于踏板行程。

当松开制动踏板时，主缸液压力下降，控制阀平衡状态被破坏。控制阀活塞4连

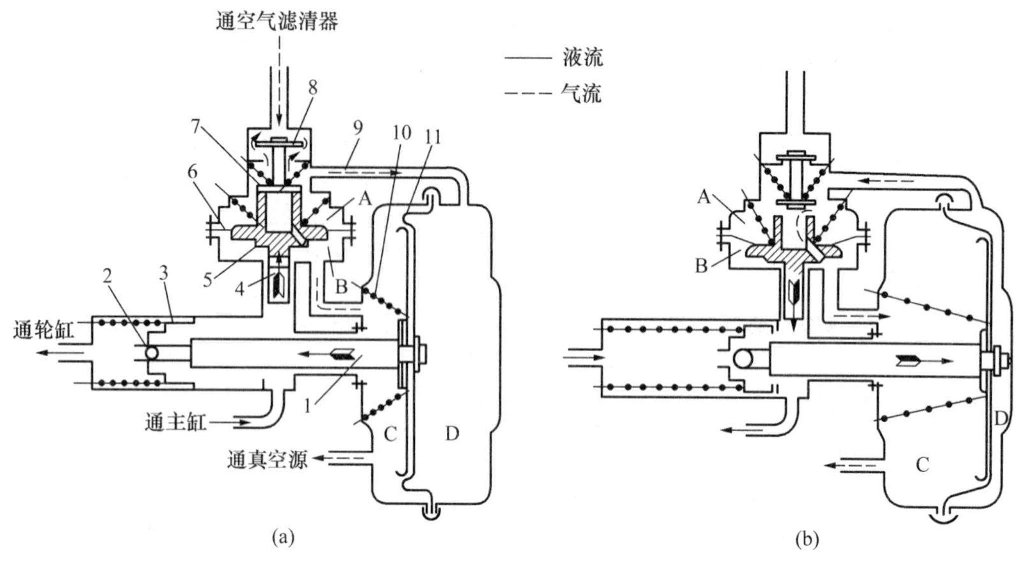

图 5-25 真空增压器的结构

1. 推杆 2. 球阀 3. 辅助缸活塞 4. 控制阀活塞 5. 膜片座 6. 控制阀膜片
7. 真空阀 8. 空气阀 9. 通气管 10. 加力气室膜片回位弹簧 11. 加力气室膜片

同膜片座 5 在 A、B 两腔气压差和膜片回位弹簧的作用下，下移到极限位置，使真空阀 7 开启。最后 A、B、C、D 四腔达到同样的真空度。加力气室膜片 11 和推杆 1、辅助缸活塞 3 均在弹簧的作用下回位。如果真空加力装置失效，球阀 2 将始终开启，这时整个系统和液压简单制动传动机构一样工作。

空气增压液压制动传动机构与真空增压液压制动传动机构十分相似，差别仅在于前者以大气压力代替后者以真空度作为低压，前者以压缩空气压力代替后者以大气压力作为高压。

2）真空助力液压制动传动机构。真空助力式是利用真空度对制动踏板进行助力，因此它装在踏板与制动主缸之间。图 5-26所示为这种制动传动机构的组成和管路。真空助力液压力传到双腔制动总泵 6 的前腔通向前轮缸 11，后腔则经比例阀 1 通向后轮缸 10。双腔制动总泵 6、加力气室 7 和控制阀 8 组成一个总成，称为真空助力器。

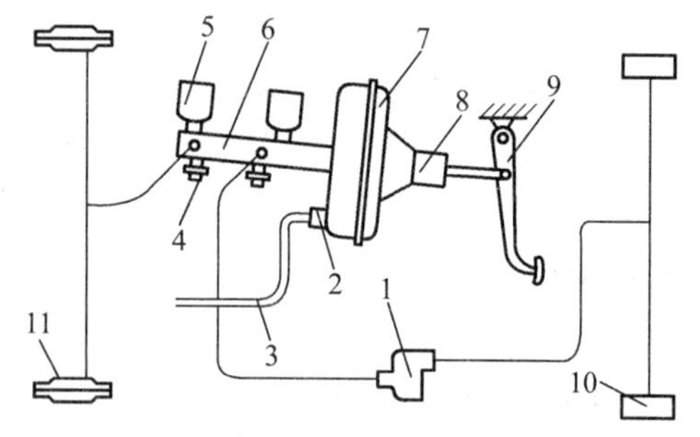

图 5-26 真空助力式液压制动传动机构

1. 比例阀 2. 真空单向阀 3. 真空管路
4. 制动信号灯阀开关 5. 储液灌 6. 双腔制动总泵
7. 真空加力气室 8. 控制阀 9. 制动踏板
10. 后轮缸 11. 前轮缸

制动时，踩下踏板，操纵控制阀 8，使加力气室起作用，对双腔制动总泵中的活塞施加很大的力，使总泵中的制动液产生很高的液压去操纵各分泵。真空助力器的结构原理如图 5-27 所示。真空加力气室中有一膜片和膜片座 2，不工作时由膜片

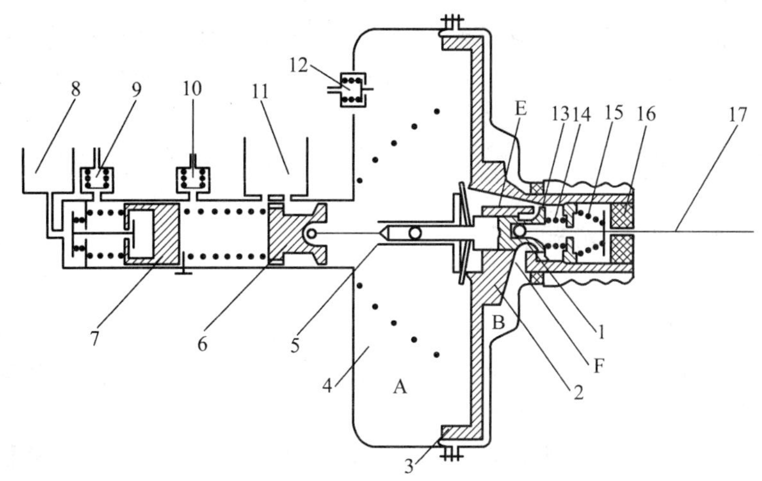

图 5-27 真空助力器结构原理

1. 滑阀 2. 加力气室膜片座 3. 加力气室膜片 4. 膜片回位弹簧 5. 推杆 6. 后活塞 7. 前活塞 8、11. 储液杯 9、10. 出油阀 12. 真空单向阀 13. 带密封套的阀门 14. 阀门弹簧 15. 空气阀座弹簧 16. 滤芯 17. 控制阀推杆

回位弹簧4压向右边。膜片将气室分隔成左腔A和右腔B，左腔上有一真空单向阀12与发动机进气管连接。控制阀中有一橡胶阀门13，与加力气室膜片座2组成真空阀，与滑阀1组成空气阀。制动踏板通过推杆17由球头与滑阀铰接。滑阀左端通过制动总泵推杆5去操纵总泵中的后活塞6，通过机械和液压去操纵前活塞7。

不制动时，滑阀1在弹簧15作用下移到右端位置，这时空气阀关闭、真空阀开启。发动机进气管内的真空度经单向阀12进入加力气室A腔，并通过加力气室膜片座上的真空通道E，经真空阀，再经膜片座上的通道F传到加力气室B腔。A、B腔的真空度相等，膜片座被回位弹簧4推向右端，推杆5与总泵后活塞6分离，不发生制动作用。

制动时，踩下踏板，滑阀1向左移动，橡胶阀门13在弹簧14作用下压靠膜片座2，关闭真空阀。如继续踩制动踏板，滑阀1进一步左移而与阀13分离，开启空气阀，空气经通道F进入气室B腔。这时A腔仍保留原真空度，因此气室膜片两侧有压力差而产生推力，通过推杆5推动总泵后活塞6左移，同时经弹簧和液压推动总泵前活塞7左移。总泵两腔内的制动液分别压开单向阀9、10而被送至前、后轮制动分泵。

在踩下制动踏板的过程中，气室膜片座2不断左移。当制动踏板停留在某一位置时，膜片座随后便左移到使空气阀关闭的位置而停下来。这时真空阀与空气阀均关闭，加力器处于平衡状态。制动踏板踩下的程度不同，膜片座左移到平衡状态的位置也不同，因而总泵中产生的液压不同，制动器产生的制动力矩也不同。

松开制动踏板解除制动时，总泵活塞、膜片座与膜片、滑阀等均在回位弹簧的作用下右移返回，关闭空气阀，打开真空阀，加力气室的B腔又进入真空，加力气室膜片两侧的压力差消失，各零件都回复到不制动时的原始位置。在真空加力装置失效的情况下，整个真空助力器就像液压简单制动传动机构一样工作，操纵力大大增加，

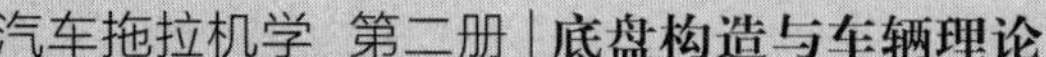

但仍能操纵制动。

空气助力液压制动传动机构与真空助力液压制动传动机构大体相同，不同之处仅在于空气加力气室中膜片两侧的气压在制动时为大气压力和压缩空气压力，不制动时均为大气压力。

5.4 防抱死制动控制

防抱死制动控制-1

防抱死制动控制-2

防抱死制动系统（anti - lock braking system，ABS）是汽车上的一种主动安全装置。其作用是在汽车制动时防止车轮抱死而纯滑动，从而提高汽车制动时的方向稳定性，使汽车制动更为安全有效。

汽车运行中，当驾驶人踩下制动踏板时，车轮制动器产生摩擦力，降低了车轮转速，以使汽车减速。但在制动过程中若发生车轮抱死滑移，则车轮与路面间的侧向附着力将完全消失。如果是前轮（转向轮）制动到抱死滑移而后轮还在滚动，汽车将失去转向能力（跑偏）。如果是后轮制动到抱死滑移而前轮还在滚动，即使受到不大的侧向干扰力（风吹），汽车也将发生侧滑（甩尾）现象。因此，汽车在制动时不希望车轮制动到抱死滑移，而是希望车轮制动到边滚边滑的滑转状态。

5.4.1 基本组成与分类

（1）ABS 理论基础

1）滑移率。汽车从纯滚动到抱死拖滑的制动过程是一个渐进的过程，经历了纯滚动、边滚边滑和纯滑动三个阶段。为了评价汽车车轮滑移成分所占比例的多少，常用滑移率 S 来表示，其定义如下：

$$S=\frac{u-u_w}{u}\times100\%=\frac{u-r\omega}{u}\times100\%$$

式中 u——车速；

u_w——车轮速度；

ω——车轮滚动角速度；

r——车轮半径。

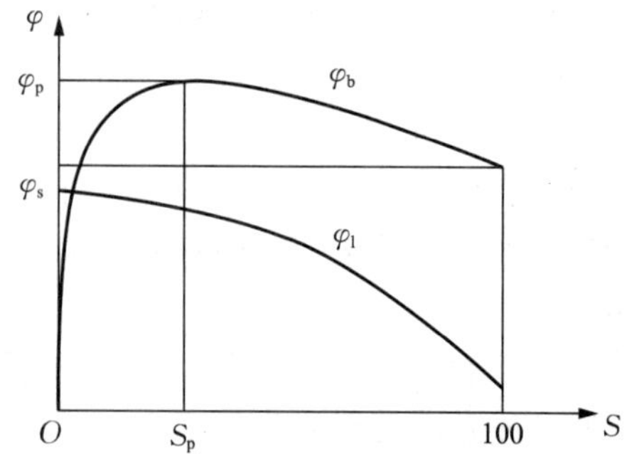

图 5-28 滑移率与路面附着系数的关系

φ. 附着系数 φ_b. 纵向附着系数 φ_l. 横向附着系数

S. 车轮滑移率 φ_p. 峰值附着系数

S_p. 峰值附着系数时的滑移率

φ_s. 车轮抱死时纵向滑动附着系数

当车轮纯滚动时，$u=u_w$，$S=0$；当车轮抱死纯滑动时，$u_w=0$，$S=100\%$；当车轮边滚边滑时，$u>u_w$，$0<S<100\%$。车轮滑移率越大，说明车轮在运动中滑动成分所占的比例越大。

2）滑移率对汽车制动性的影响。如图 5-28 所示，滑移率对汽车车轮纵向附着系数 φ_b 和横向附着系数 φ_l 影响极大，从而影响汽车的制动性能。当滑移率 $S=100\%$时，纵向附着系数较小，地面制动力不是最大，因而制动距离不是最大，而且此时的横向附着系数为零，能承受的横向力为零。汽车此时很容易发生甩尾，甚至掉头以及失去前轮转向能力的危险现象。理想的制动系统应能防止车轮被抱死，滑移率保持在 15%～25%，能利用峰值附着系数获得最大的地面制动力和最短的制动距离，而且此时还具有较高的横向附着系数，可以承受较大的横向力而不致侧滑，并可保持汽车方向的控制能力，具有良好的制动稳定性。

（2）ABS 的基本组成及分类

1）ABS 的组成。通常制动防抱死系统是在普通制动系统的基础上加装轮速传感器、ABS 电控单元、制动压力调节器等组成的，如图 5-29 所示。

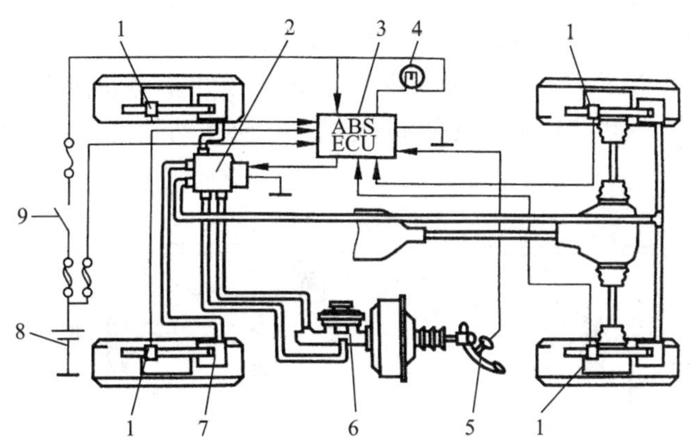

图 5-29　ABS 的基本组成

1. 轮速传感器　2. 制动压力调节器　3. 电控单元　4. 警告灯　5. 制动灯开关　6. 制动主缸　7. 制动轮缸　8. 蓄电池　9. 点火开关

汽车制动时，首先由轮速传感器 1 检测出车轮转速信号，并传输给电控单元（ECU）3。ECU 中的运算单元根据轮速信号按一定的逻辑计算出车轮速度、滑移率及车轮加速度；然后由 ECU 中的控制单元对这些信号进行分析比较后，向制动压力调节器 2 发出制动压力控制指令。压力调节器在接收到 ECU 的控制指令后，执行相应的操作，从而改变制动管路中的油压（或气压）以调节制动器的制动力矩，使之与地面附着状况相适应，防止制动车轮抱死。

2）ABS 的分类。目前汽车上使用的 ABS 有许多不同的结构形式，可以按以下方式进行分类：

按 ECU 所根据的控制参数不同，可分为车轮滑移率为控制参数的 ABS 和以车轮角加速度为控制参数的 ABS；按力调节器的结构不同，可分为机械柱塞式和电磁阀式；按功能和布置形式不同，可分为后轮 ABS 和四轮 ABS。现在汽车基本都采用了四轮防抱系统；按控制通道数目的不同，可分为四通道式、两通道式、三通道式和单通道式；按制动液压调节装置和制动主缸的相对位置关系的不同，可分为分离式 ABS 和整体式 ABS。

5.4.2　工作过程

为方便阐述 ABS 工作过程，取出一个车轮的压力调节回路加以说明（图 5-30），工作过程如下：

① 常规制动。ABS 未进入工作状态，在 ECU 的控制下，充液电磁阀 7 开通，放液电磁阀 8 关闭，制动主缸与轮缸直通［图 5－30（a）］，由制动主缸 5 来的制动液直接进入制动轮缸 9，轮缸压力随主缸压力而增减。

② 保压过程。当 ECU 分析判断出车轮滑动率处于最佳范围时，使充液电磁阀 7 也关闭，制动轮缸 9 与制动主缸 5 和储液器 4 隔离，制动轮缸中保持恒定的制动压力，如图 5－30（b）所示。

③ 减压过程。当 ECU 检测到车轮有抱死趋势（车轮滑动率超出最佳范围）时，使放液电磁阀 8 开通（充液电磁阀 7 保持关闭），制动轮缸中的制动液经电磁阀 8 流入储液器 4，轮缸压力下降，如图 5－30（c）所示。

④ 增压过程。当车轮滑动率趋于零时，ECU 发出信号，使充液电磁阀 7 开通、放液电磁阀 8 关闭，制动轮缸与主缸再次相通，使制动轮缸压力增加，如图 5－30（d）所示。

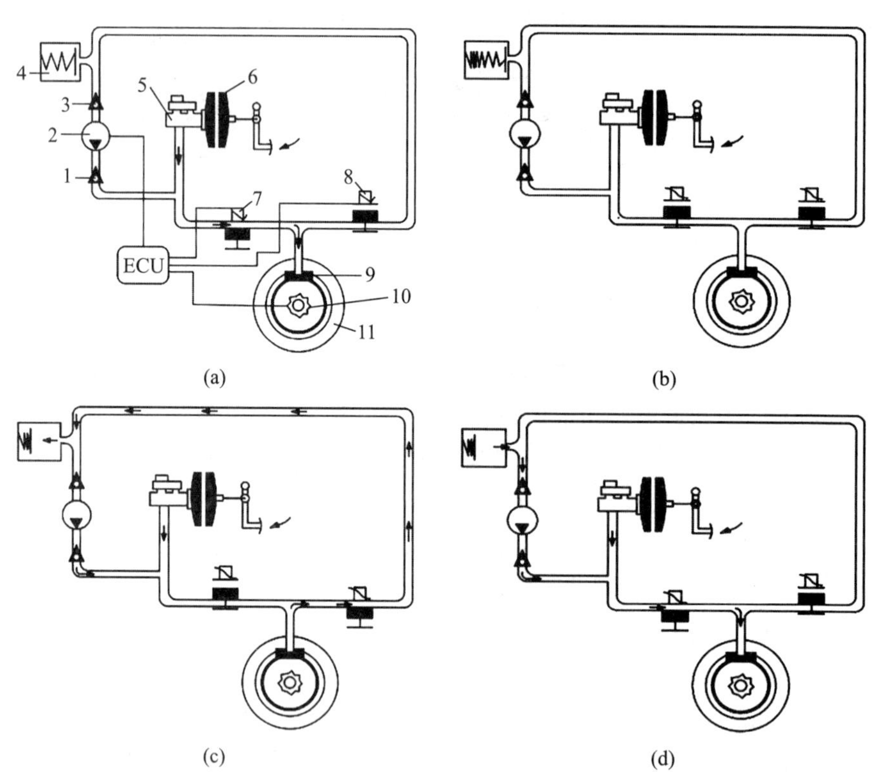

图 5－30 ABS 工作过程

（a）常规制动 （b）保压过程 （c）减压过程 （d）增压过程

1. 出油阀 2. 油泵 3. 进油阀 4. 储液器 5. 制动主缸 6. 真空助力器
7. 充液电磁阀 8. 放液电磁阀 9. 制动轮缸 10. 轮速传感器 11. 车轮

ABS 通过使趋于抱死车轮的制动压力循环往复地经历保持→减小→增大过程，将趋于抱死的车轮控制在峰值附着系数滑移率的附近范围内，直至汽车速度减小到很低或者制动主缸的输出压力不再使车轮趋于抱死，制动压力调节循环的频率可达 3～20 Hz。

5.4.3 基于 ABS 功能扩展

(1) 驱动防滑转系统

驱动防滑转系统（anti - slip regulation，ASR）的功用是在汽车驱动过程中，将车轮的滑转率控制在理想范围（10%～30%），防止车轮滑转，以提高汽车在驱动过程中的方向稳定性和转向控制能力，并且提高汽车的加速性能。由于该系统主要是通过调节车轮的牵引力实现对车轮的防滑转控制，因此该系统也称为牵引力控制系统（traction control system，TCS）。

1）控制方式。汽车防滑转电子控制系统常用的控制方式有以下几种：

① 发动机输出转矩调整方式。在汽车起步加速时，若加速踏板踩得过猛，会因为驱动力过大而出现两边的驱动车轮过度滑转的情况。这时 ASR 控制器输出控制信号，控制发动机的输出功率，以抑制驱动车轮的滑转。该控制方式下通常采用辅助（副）节气门控制、燃油喷射量控制和延迟点火提前角控制进行驱动防滑控制。

② 驱动轮制动控制方式。当驱动轮发生滑转时，对滑转的车轮施加一定的制动力，使车轮的滑转率控制在合适的范围。制动控制方式比发动机控制方式反应快，能有效地防止汽车起步时或从高附着路面突然进入低附着路面时的车轮空转。该控制方式还能对每个驱动轮进行独立控制。

③ 同时控制发动机输出功率和驱动轮的制动力。控制信号同时启动 ASR 制动压力调节器和辅助节气门调节器，在对驱动轮施以制动力的同时，减小发动机的输出功率，以达到理想的制动效果。

另外，有些汽车还采用了防滑差速器锁止控制（limited - slip - differetial，LSD）。当驱动轮单边滑动时，控制其输出控制信号，使差速锁和制动压力调节器动作，对滑转车轮施以制动力，使车轮的滑转率控制在目标范围之内，这时非滑转车轮仍有正常的驱动力，从而提高了汽车在溜滑路面的起步和加速能力及行驶方向的稳定性。LSD 能对差速器锁止装置进行控制，锁止范围为 0～100%。

为了达到最佳理想的控制效果，也有采用将差速制动控制与发动机输出功率综合控制相互结合的控制系统。

2）工作原理。车轮车速传感器将行驶汽车驱动轮转速及非驱动轮转速转变为电信号，输送给电子控制单元（ECU）。ECU 根据车轮车速传感器的信号计算驱动车轮滑转率，如果滑转率超出了目标范围，控制器再综合参考节气门开度信号、发动机转速信号、转向信号（有的车没有）等因素确定控制方式，输出控制信号，令相应的执行器动作，将驱动车轮的滑转率控制在目标范围之内。

3）主要元件。

① 传感器。ASR 传感器主要是轮速传感器、车速传感器和节气门开度传感器。轮速传感器、车速传感器与 ABS 系统共享，而节气门开度传感器则与发动机电子控制系统共享。

ASR 专用的信号输入装置是 ASR 选择开关，将 ASR 选择开关关闭，ASR 就不起作用。比如，在需要将汽车驱动车轮悬空转动来检查汽车传动系统或其他系统故障时，ASR 就可能对驱动车轮施以制动，影响故障的检查。这时，关闭 ASR 开关，中

止 ASR 的作用，就可避免这种影响。

② 电子控制单元。ASR 的 ECU 也是以微处理器为核心，配以输入输出电路及电源等组成。ASR 和 ABS 的信号输入和处理都是相同的，为减少电子器件的应用数量，使结构紧凑，ASR 控制器与 ABS 电子控制单元通常组合在一起，图 5 - 31 所示为 ABS/ASR 组合 ECU 实例。

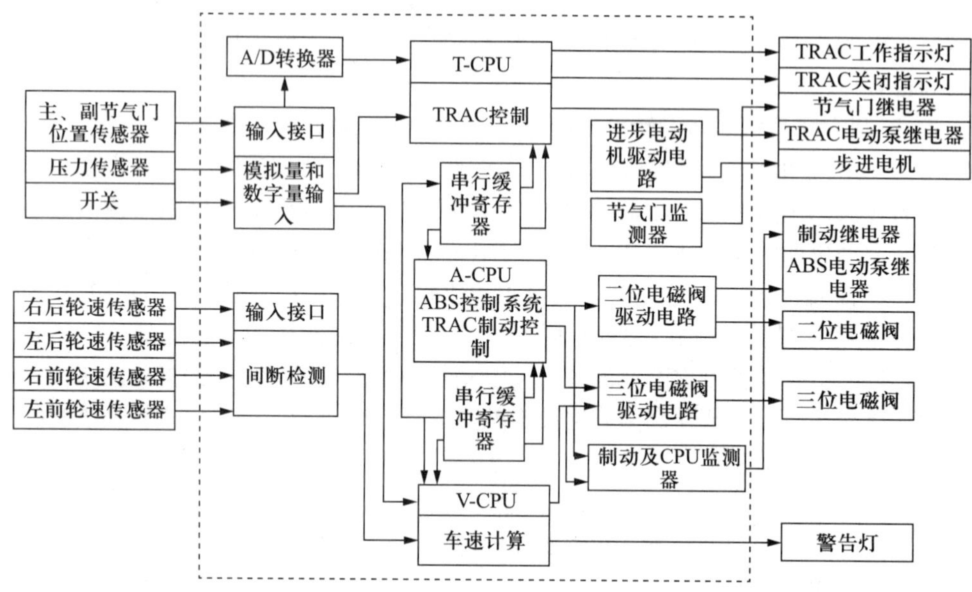

图 5 - 31 ABS/ASR 组合电子控制单元

③ 制动压力调节器。ASR 制动压力调节器执行 ASR 的 ECU 指令，对滑转车轮施加制动力，并控制制动力的大小，以使滑转车轮的滑转率在目标范围之内。ASR 制动压力源是蓄能器，通过电磁阀来调节驱动车轮制动压力的大小。ASR 制动压力调节器的结构形式有单独方式和组合方式两种。

单独方式的 ASR 制动压力调节器是指 ASR 制动压力调节器和 ABS 制动压力调节器在结构上各自分开，如图 5 - 32 所示。在 ASR 不起作用，电磁阀不通电时，阀在左位，调压缸的右腔与储液室相通而压力低，调压缸的活塞被回位弹簧推至右边极限位

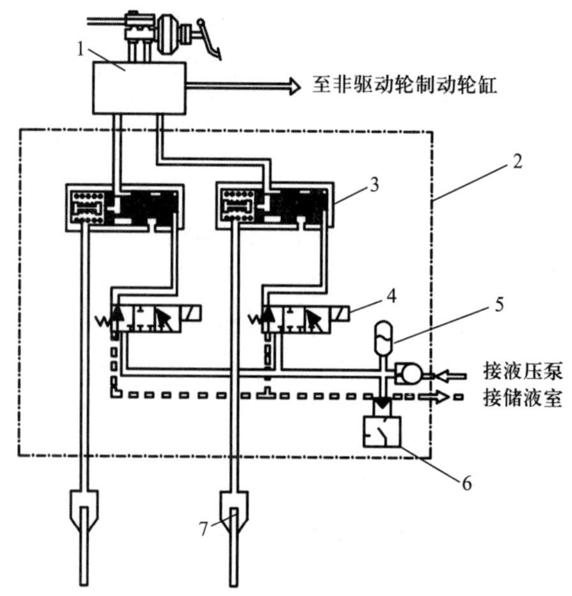

图 5 - 32 ASR 制动压力调节器原理

1. ABS 制动压力调节器 2. ASR 制动压力调节器 3. 调压缸 4. 三位三通电磁阀 5. 蓄能器 6. 压力开关 7. 驱动车轮制动器

置。这时，调压缸活塞左端中央的通液孔将ABS制动压力调节器与车轮制动轮缸连通，因此，在ASR不起作用时，对ABS无任何影响。

当驱动车轮出现滑转而需要对驱动车轮实施制动时，ASR控制器输出控制信号，使电磁阀通电而移至右位。这时，调压缸右腔与储液室隔断而与蓄能器接通，蓄能器具有一定压力的制动液推动调压缸的活塞左移，ABS制动压力调节器与车轮轮缸的通道被封闭，调压缸左腔的压力随活塞的左移而增大，驱动车轮制动轮缸的制动压力上升。

当需要保持驱动车轮的制动压力时，控制器使电磁阀半通电，阀处于中位，使调压缸与储液室和蓄能器都隔断，调压缸活塞保持原位不动，使驱动车轮制动轮缸的制动压力不变。当需要减小驱动车轮的制动压力时，控制器使电磁阀断电，阀在其回位弹簧力的作用下回到左位，使调压缸右腔与蓄能器隔断而与储液器接通。于是，调压缸右腔压力下降，其活塞右移，使驱动车轮制动分泵的制动压力下降。

在驱动车轮出现滑转时，ASR的ECU就是通过对电磁阀的上述控制，实现对驱动车轮制动力的控制，将车轮的滑转率控制在目标范围之内。

组合方式的ASR制动压力调节器如图5－33所示。在ASR不起作用时，电磁阀3不通电。汽车在制动过程中如果车轮出现抱死，ABS起作用，通过控制电磁阀8和电磁阀9来调节制动压力。

当驱动车轮出现滑转时，ASR控制器使电磁阀3通电，阀移至右位，电磁阀8和电磁阀9不通电，阀仍在左位，于是，蓄能器的压力油通入驱动车轮制动轮缸，制动压力增大。

当需要保持驱动车轮的制动压力时，ASR控制器使电磁阀3半通电，阀移至中位，隔断了蓄能器及制动主缸的通路，驱动车轮制动轮缸的制动压力即被保持不变。当需要减小驱动车轮的制动压力时，ASR控制器使电磁阀8和电磁阀9通电，阀8和阀9移至右位，将驱动车轮制动轮缸与储液室接通，制动压力下降。

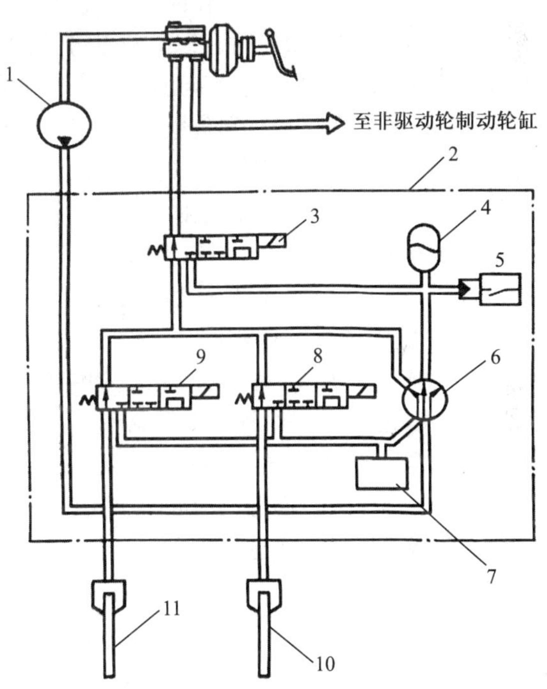

图5－33 ABS/ASR组合制动压力调节器原理

1. 液压泵 2. ABS/ASR制动压力调节器 3. 电磁阀Ⅰ 4. 蓄能器 5. 压力开关 6. 循环泵 7. 储液室 8. 电磁阀Ⅱ 9. 电磁阀Ⅲ 10、11. 驱动车轮制动器

如果需要对左右驱动车轮的制动压力实施不同的控制，ASR控制器则分别对电磁阀8和电磁阀9实行不同的控制。

④ 节气门驱动装置。ASR控制系统通过改变发动机辅助节气门的开度来控制发

动机的输出功率是应用最多的方法。在 ASR 不起作用时，辅助节气门处于全开的位置。当需要减小发动机的驱动力来控制车轮滑转时，ASR 控制器就输出控制信号，使辅助节气门驱动装置工作，改变辅助节气门的开度，从而达到控制发动机的输出功率、抑制驱动车轮滑转的目的。

节气门驱动装置一般由步进电动机和传动机构组成。步进电动机根据 ASR 控制器输出的控制脉冲转动规定的转角，通过传动机构带动辅助节气门转动。

（2）电子控制行驶平稳系统

电子控制行驶平稳系统（electronic stability program，ESP）综合了 ABS、制动辅助系统（brake assist system，BAS）和 ASR 的功能。该控制系统分成两个子系统：一个系统在制动系统中，另一个系统在驱动—传动系统中。利用与 ABS 系统一起的综合控制可防止汽车在制动时车轮抱死，利用 ASR 系统可阻止汽车在起步时驱动轮滑转（空转）。只要汽车在行驶时不超出物理极限，ESP 是兼有防止汽车转向时滑移、不稳定和侧向驶出车道的综合功能。

ESP 最重要的特点是主动性，ESP 与 ABS 及 TCS 共同工作，可以使车辆在各种状况下保持最佳的稳定性，在转向过度或转向不足的情形下效果更加明显。

1）ESP 的功能。ESP 可在以下几个方面改善汽车行驶安全性：

① 扩大了汽车行驶稳定性范围。在汽车的各种行驶状况下，如全制动、部分制动、车轮空转、驱动、滑行和负载变化，仍可保持汽车在车道中行驶。

② 扩大了汽车在极端情况时的行驶稳定性，如在恐惧和惊恐时要求特别的转向技巧，从而降低了汽车横甩的危险。

③ 在各种路况下，可进一步利用轮胎与路面间的附着潜力，从而缩短制动距离、增大牵引力、改善汽车的操控性和行驶稳定性。

2）ESP 的组成及工作过程。ESP 是在 ABS、ASR 基础上发展起来的，故大部分元件与 ABS、ASR 系统共用，也是由传感器、电控单元及执行器三部分组成。某汽车公司 ESP 的主要部件及其工作原理如图 5-34 所示。

① 转向角传感器。安装在转向柱上，位于转向开关与转向盘之间，该传感器检测并向控制单元传送转向盘转动的角度信号。若无此信号，则车辆无法确定行驶方向，ESP 功能将失效。传感器测量的角度范围是±720°，属于光电传感器。

② 横向加速度传感器。应尽可能靠近车辆重心，所以安装在转向柱下方偏右侧前仪表板内。横向加速度传感器主要是检测车辆沿垂直轴线发生转动的情况，并给控制单元提供转动速率的信号。当车绕垂直方向轴线偏转时，传感器内的输出信号发生变化，ECU 根据此计算横向加速度。如果无此信号，控制单元将无法计算出车辆的实际行驶状态，ESP 功能将失效。横向加速度传感器属于霍尔传感器。

③ 偏转率传感器。一般尽可能安装在靠近汽车中心处，用于检测汽车沿垂直轴的偏转程度。其属于压电传感器。

④ 制动力传感器。装在行驶动力调节液压泵上，提供电控单元制动系统的实际压力，控制单元相应计算出作用在车轮上的制动力和整车的纵向力大小。如果没有制动压力信号，系统将无法计算出正确的侧向力，故 ESP 功能将失效。

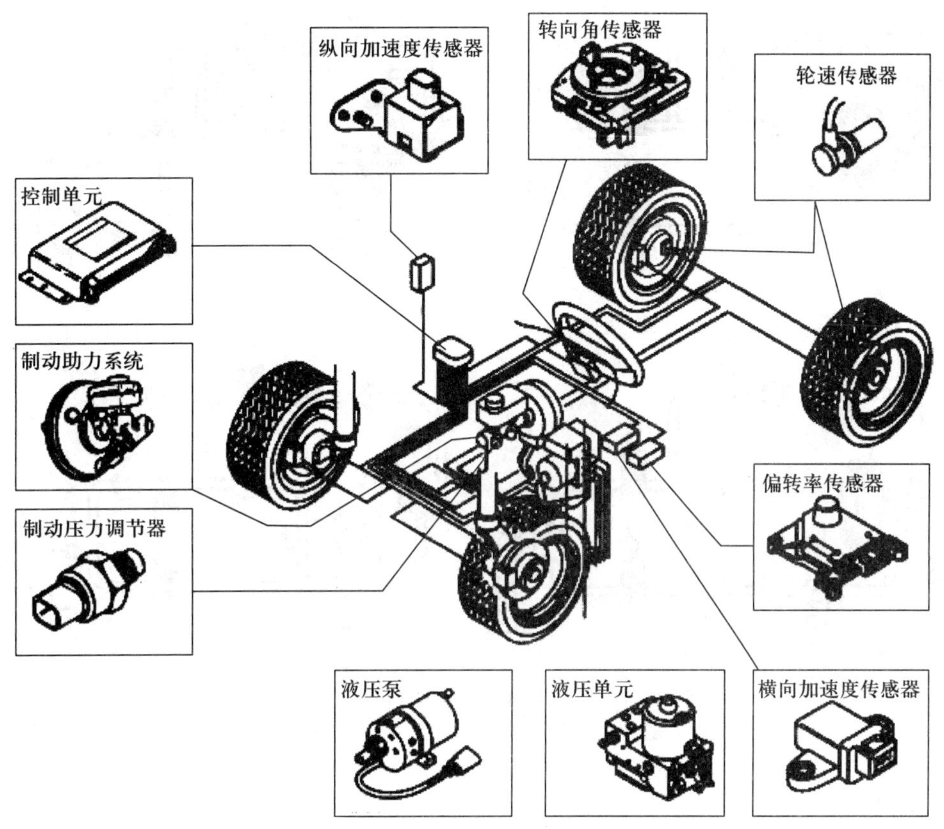

图 5-34　某汽车公司 ESP 的组成

⑤ 液压控制单元。由 12 个电磁阀、1 个液压泵、1 个回油泵等组成。其中 8 个电磁阀用于 ABS 控制，4 个电磁阀用于 ESP 控制。ECU 通过控制液压控制单元的电磁阀来达到控制 ABS、ASR、ESP 的目的。

ESP 的液压控制回路及其工作过程如图 5-35 所示，其中图 5-35（a）为 ESP 中一个车轮的液压控制回路工作原理。

当 ESP 起作用时，ESP 控制过程如下：

增压阶段：如图 5-35（b）所示，分配阀 1 关闭，高压阀 2 打开，ABS 的进油阀 3 打开，回油阀 4 关闭。行驶动力调节液压泵开始将储油罐中的制动液输送到制动管路中，回油泵也开始工作，使车轮制动轮缸中的制动压力加大，系统处于增压状态。

保压阶段：如图 5-35（c）所示，分配阀 1 关闭，高压阀 2 关闭，ABS 的进油阀关闭，出油阀关闭，回油泵停止工作，系统处于保压状态。

减压阶段：如图 5-35（d）所示，分配阀 1 打开，高压阀 2 关闭，ABS 的进油阀 3 关闭，出油阀 4 打开。制动液通过串联式制动主缸流回储液罐中，系统处于减压状态。

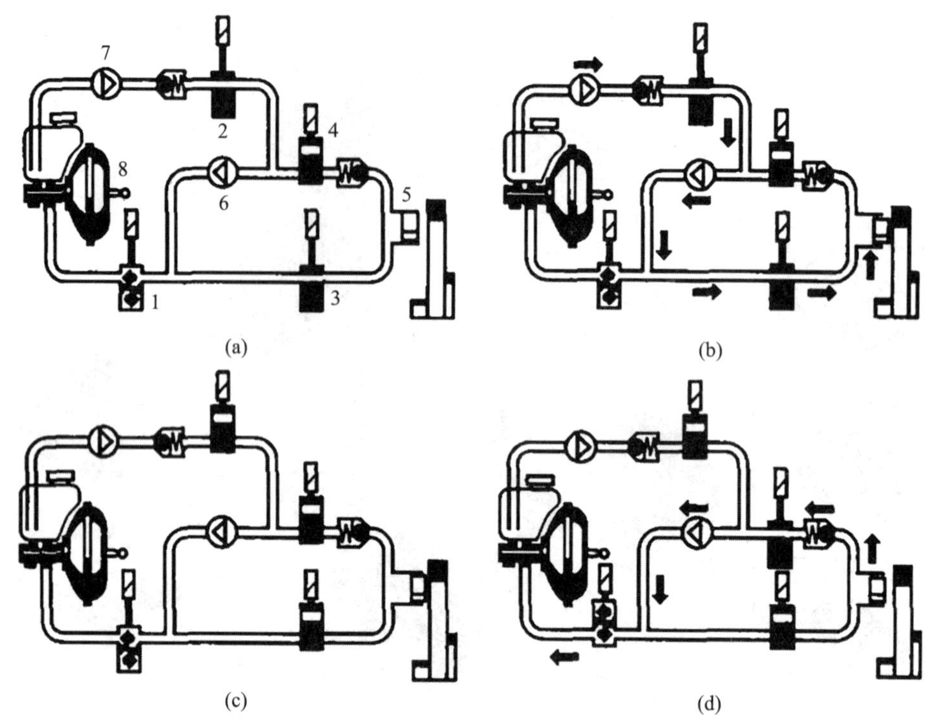

图 5-35 EPS 的液压控制回路及其工作过程

(a) 液压控制单元工作原理 (b) 增压阶段 (c) 保压阶段 (d) 减压阶段

1. 分配阀 2. 高压阀 3. 进油阀 4. 出油阀 5. 制动轮缸 6. 回油泵 7. 动力液压泵 8. 制动助力器

5.5 辅助制动

汽车上的辅助制动系统实际上是一种人为操作的缓速器。它的作用是在不使用或少使用制动器的条件下（如汽车下长坡）使车速降低，并使车辆稳定在一定的车速下行驶，但它不能使汽车车辆制停。缓速器不仅可以用来有效保护行车制动器，还可以用来回收制动能量。缓速器种类很多，本节重点介绍发动机缓速器、电涡流缓速器和液力缓速器三种。

5.5.1 发动机缓速器

(1) 功用

作为汽车动力源的发动机，当停止对它供油或反而由外力反向驱动它时，发动机就成为缓速器。如果在发动机排气行程中进一步增加排气阻力，则其制动缓速效果更佳，这种情况俗称为排气制动。常用的排气制动的基本装置是在排气管内装一蝶形阀片，汽车下坡时将此阀片关闭，并停止供油，排气管中的压力即升高。压力越高，排气制动的效果越好。

柴油机和汽油机都可加装排气制动装置。由于柴油机停止供油比较简便，因而排气制动装置在柴油机上用得更为广泛。各型汽车排气制动装置基本相同，不同的是操纵阀门开关和停止供油的机构有差异。

(2) 结构和工作原理

如图5-36所示为电磁气压控制的排气制动装置原理。三个气动缸2、4、14分别控制排气制动阀3、进气消声阀1和熄火操纵臂13。常闭式电磁阀15控制由储气筒5至各气动缸的压缩空气管路。电磁阀串联在三个开关的控制电路中，其中任一个开关断开，都会使电磁阀关闭而解除排气制动。

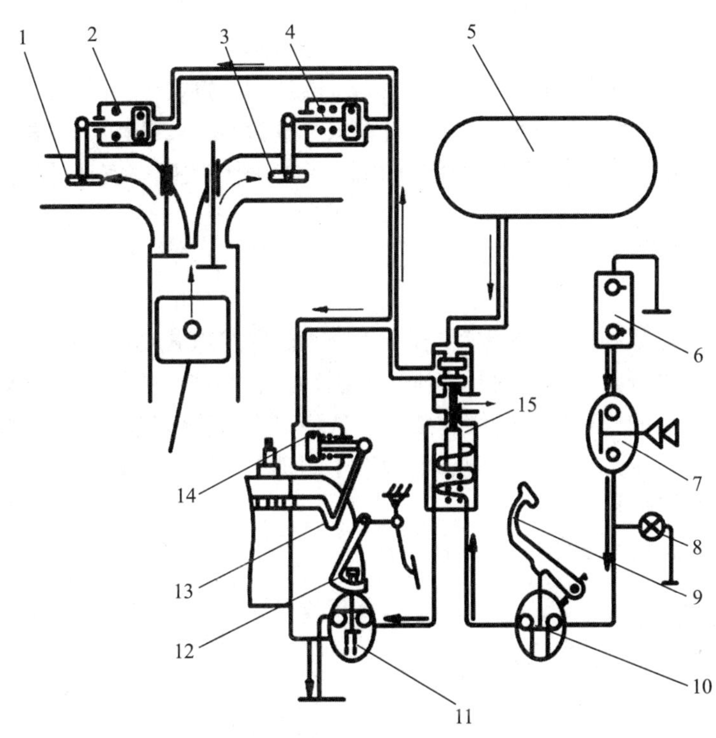

图5-36 排气制动装置原理

1. 进气消声阀 2、4、14. 气动缸 3. 排气制动阀 5. 储气筒 6. 电源 7. 排气制动开关 8. 信号灯 9. 离合器踏板 10. 离合器开关 11. 加速开关 12. 喷油量操纵臂 13. 熄火操纵臂 15. 电磁阀

排气制动开关7装在仪表板或转向轴管上，至“接通”位置时，仪表板上排气制动信号灯8亮。电流通过离合器开关10、电磁阀15及加速开关11，使电磁阀将气路接通，排气制动起作用。移至“断开”位置时，信号灯灭，排气制动电路和气路断开，不起作用。

离合器开关10由离合器踏板控制（或利用操纵离合器的液压控制）。当踩下离合器踏板时，触点断开，电流即切断；放松踏板，触点闭合。它的作用是便于在排气制动过程中换挡，只要踩下离合器踏板，发动机就恢复供油，同时使排气制动暂时解除，以保持发动机的怠速运转。否则，一旦踩下离合器踏板则发动机就停转，将无法换挡。

加速开关11装在喷油泵调速器外壳上，由加速踏板通过喷油量操纵臂12上的调整螺钉控制。放松加速踏板时，调整螺钉将开关的推杆压下，触点闭合，电路接通；

踩下加速踏板时，开关推杆在回位弹簧作用下回位，触点断开，电路切断，排气制动不起作用，只有喷油量操纵臂12处于怠速位置时控制电路才能接通，排气制动才能进行。这样，可以防止出现既加速又制动的矛盾。调整螺钉的作用是调整开关接通时发动机的转速应在怠速时接通。电磁阀15由气路开关和移动铁芯及线圈组成，它是气路的开关，能实现气路的远距离操纵。

不制动时，断开排气制动开关7，信号灯8不亮。电磁阀15将气路关闭，各气动缸通过电磁开关通大气，两蝶形阀门在气动缸活塞回位弹簧作用下开启，排气制动不起作用。喷油泵供油拉杆处于正常供油位置。

制动时，放松加速踏板，排气制动开关7被接通，电流经排气制动开关7、离合器开关10、电磁阀线圈、加速开关11形成回路。电磁阀产生吸力，吸下气路开关阀，关闭排气口，打开进气口，压缩空气充入气动缸2、4、14，气动缸14使柴油机停止供油，气动缸2、4使进气消声阀1、排气制动阀3关闭，实现排气制动。

5.5.2 电涡流缓速器

(1) 功用

电涡流缓速器是利用电磁感应原理产生强大的非接触式制动效能，不需要使用行车制动器就能减缓行驶速度，使行车制动的制动盘和摩擦片的使用寿命大大延长，因此是目前较为理想的一种安全的缓速装置。选用以电涡流缓速器为代表的辅助制动系统来缓解制动系统压力，已成为中、重型汽车制动系统发展的必然趋势。

(2) 结构和工作原理

电涡流缓速器的核心结构由一个定子2和两个转子1组成，如图5-37所示。从图中可以看到，在定子2上固定有成对的电磁线圈3。结构上，定子固定不动，转子1可相对于定子转动。

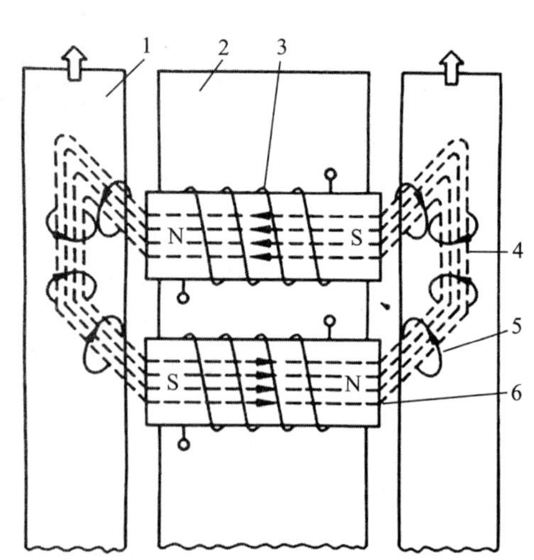

图5-37 电涡流拖动力产生原理
1. 转子 2. 定子 3. 电磁线圈 4. 磁场 5. 电涡流 6. 电涡流拖动力

电涡流缓速器工作原理如下：当电磁线圈中有直流电通过后，线圈中会产生磁力线，磁力线穿过定子和转子间的空隙进入作为转子的钢盘，而同邻近的线圈所产生的磁力线闭合在一起。当转子转动时，钢盘上各断面要穿过磁力线，结果钢盘上各断面要穿过磁力线不断变化。当钢盘某一截面接近电磁极时，磁通变强；离开时，则变弱。截面处磁通的变化就会产生感应电动势。因为钢盘是电导体，感应电动势的出现就会产生感应电流，感应电流在钢盘截面里回转流动，其方向垂直于磁力线，故称为电涡流。电涡流又会产生附加的磁力线，它将阻止转子的转动，而电涡流的运动又会使转子发热。正是利用这一特点制成了电涡流缓速器。

具体电涡流缓速器结构原理如图5-38所示。图中，定子通过支承盘固定在变速器后端壳体上，定子上的电磁线圈两端装有导磁板。定子两侧的转子通过其花键毂连到变速器输出轴花键上。因此，转子的转速和传动轴的转速是一样的。为了耗散电涡流在转子中产生的热能，转子内部做成有风扇叶似的通风道，可有效通风散热。

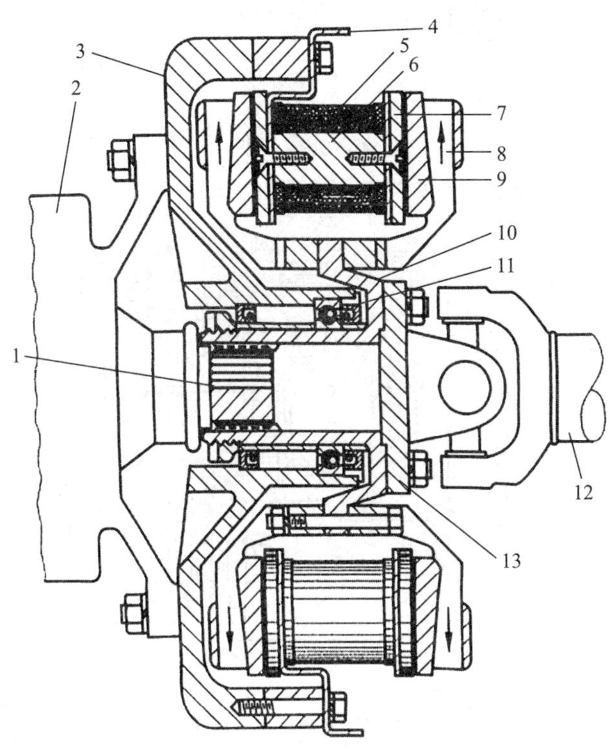

图5-38 电涡流缓速器结构原理

1. 变速器输出轴花键 2. 变速器 3. 缓速器支架 4. 定子支承盘 5. 电磁线圈 6. 铁芯 7. 导磁盘 8. 气流 9. 定子圆盘 10. 定子花键毂 11. 轴承 12. 传动轴 13. 万向节凸缘盘

5.5.3 液力缓速器

(1) 功用

液力缓速器是利用液体阻力产生缓速作用的装置。一般与液力传动变速器组合使用。以油液或其他液体为工作介质，固定叶轮通过液体流动反作用于旋转叶轮的阻力矩即为制动力矩，汽车的动能由液体的阻尼作用转换为热能。其具有恒速功能，即可将车辆设定在一个恒定的速度行驶，液力缓速器自动对车速进行调整控制，这样可以降低驾驶人劳动强度，进一步提升安全性能。目前，液力缓速器已越来越多地被用到重型载货汽车和大、中型客车上。

(2) 结构和工作原理

液力缓速器的结构有点儿类似于液力耦合器，两个碟形元件一个为转子，另一个为定子。它们面对面放置，其结构如图5-39所示。

转子和定子内部均有许多径向平板叶片形成格栅，它们用来引导液体流动。转子通过其安装法兰上的内花键与变速器输出轴上的外花键相连，这样它将和传动轴一起旋转。定子则经过缓速器的外壳和变速器箱体后端相连而固定不动。

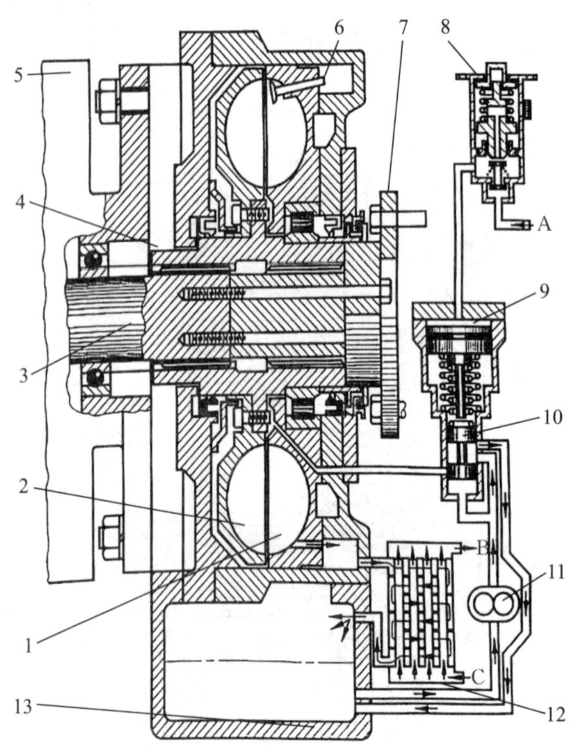

图 5－39　液力缓速器原理

1. 定子　2. 转子　3. 变速器输出轴　4. 花键毂　5. 变速器　6. 销钉　7. 输出轴凸缘盘　8. 脚控制阀　9. 气缸及活塞　10. 溢流阀　11. 油泵　12. 散热器　13. 油底壳

液力缓速器的工作原理如下：当传动轴反向驱动发动机时，由驾驶员通过脚控制阀 8 使油液注入缓速器内，油液在转子 2 中受离心力影响并沿转子叶片径向加速至最外缘后向定子 1 内喷射。进入定子后的油液逐渐减速重新进入转子 2，开始新的一轮循环。转子 2 的转动使液体获得动力，但在通过定子时，由于液体对定子的冲刷以及在定子内的扰动，油液失去动能，变成热能。油液的温度升高，这部分热量通过散热器 12 耗散在大气中。

液力缓速器不工作时，应放掉缓速器内的油液，转子 2 空转。转子空转也有一定的空气阻力，为了使这个阻力降至最小，在围绕定子的格栅内装有销钉 6，这些平头销钉会干扰转子和定子之间的空气循环流动，从而可以较大地减小风阻。

在车速很高的情况下使用液力缓速器，有时会感到其制动力矩太大，需要限制。最简单的办法是利用溢流阀，由它控制油液的压力来限制最大制动力矩。如图 5－39 所示，溢流阀 10 的上部为加力气缸及活塞 9，活塞下面为预压弹簧。平时，溢流阀在油压作用下位于上部，通缓速器的油道关闭而不能进油，压力油直接通过回油道流回油底壳。

当驾驶员踩下脚控制阀 8 时，其下部的进气阀打开，压缩空气由此进入加力气缸的上部气室，推动活塞向下克服弹簧的预紧力，使溢流阀局部关闭回油通道，进入缓速器的进油道同时局部打开。进、回油通道关闭和开启的程度与加力气缸中的气压大小有关，也就是说，它和驾驶员踩脚控制阀的力量有关。如果油泵输出的油压过高，它也会使滑阀上升，使进入缓速器的油压有所下降。

复习与思考

1. 汽车制动系统可分为哪几类？分别是什么？
2. 汽车制动系统都由哪些部分组成？
3. 一般汽车的制动系统的工作原理是什么？
4. 汽车制动器都有哪些种类？
5. 盘式制动器都有哪些种类？其工作原理是什么？
6. 液压制动器的主要零部件有哪些？
7. 防抱死的基本原理是什么？
8. 简述制动防抱死（ABS）的工作过程。
9. 电子控制行驶平稳系统包括哪些功能？
10. 简述发动机缓速器结构与工作原理。

国内 ABS 研究成果

汽车制动系统发展

第6章

工 作 装 置

6.1 概述

拖拉机需要与农机具配套、组成机组方可从事如耕地、播种等作业，因此，将用于完成除行走以外其他任务的机构从底盘划分出来称为工作装置。主要包括通过它们带动农机具工作的牵引装置、动力输出装置、液压悬架装置及液压举升机构等。

(1) 牵引装置

有些农机具如牵引式收割机械、播种机等都没有各自的行走装置，它们都需要拖拉机牵引着进行工作。把拖拉机与农机具连接起来的装置称为牵引装置。牵引装置的特点是拖拉机只提供牵引力，而不提供旋转等其他动力。

(2) 动力输出装置

动力输出装置是将拖拉机发动机功率的一部分以至全部以旋转机械能的方式传递到农机具上的一种工作装置，它包括动力输出轴和动力输出带轮。很多农机具如牵引式收割机械、播种机、撒肥机、喷雾机等自身没有动力，它们除靠拖拉机牵引外，同时还靠拖拉机的动力输出提供工作动力。另有一些机械如脱粒机、排灌机、搅拌机、发电机等，可由动力输出轴直接带动或通过动力输出带轮带动来进行工作。

(3) 液压悬架装置

用液压提升和控制农机具的整套装置称为液压悬架系统。其功用是连接和牵引农机具；操纵农机具的升降；控制农机具的耕作深度或提升高度；给拖拉机驱动轮增重，以改善拖拉机的附着性能；把液压能输出到作业机械上进行其他操作。

(4) 液压举升机构

自卸汽车与拖拉机卸货都采用专设的举升机构来完成。目前在自卸汽车与拖拉机上，广泛采用液压举升机构将车厢举升倾斜一定角度，把货物从车厢卸出来，而车厢靠自重来复位。

6.2　牵引装置

牵引装置

拖拉机与农机具连接起来的装置叫牵引装置。拖拉机牵引装置上连接农机具的铰接点称为牵引点。牵引点的位置可进行左、右调节或上、下调节。

牵引装置的主要尺寸及安装位置都应标准化，以适应于不同类型的牵引式农机具，从而实现合理的连接并正常工作。牵引装置可分为两大类：固定式牵引装置和摆杆式牵引装置，如图 6－1 所示。

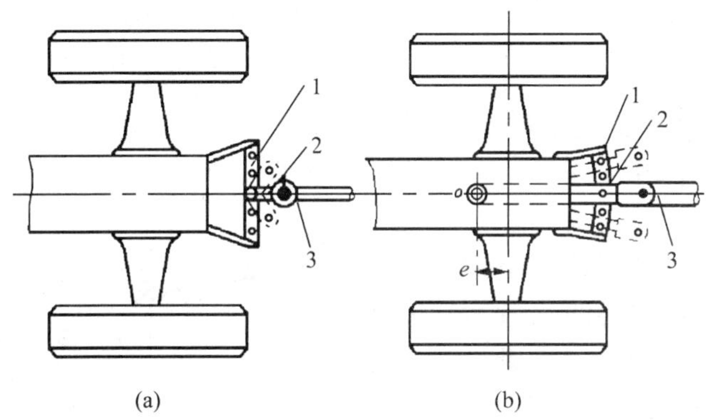

图 6－1　牵引装置的种类
(a) 固定式　(b) 摆杆式
1. 牵引板　2. 牵引叉　3. 辕杆

6.2.1　固定式牵引装置

固定式牵引装置结构如图 6－2 所示，牵引板 5 用插销 2 与固定在后桥壳体两侧后下方的牵引支座 1 连接。牵引叉 4 把农机具的辕杆铰接在牵引板 5 上，此处为铰接点，即固定式牵引装置的摆动中心。固定式牵引装置的摆动中心，总是驱动轮轴之后，由于牵引叉 4 是一个两端 U 形的挂钩，连接农机具以及倒车时，可以在一定范围内左右摆动。牵引板 5 上的五个孔和插销 2、牵引支座 1 的不同安装位置，可根据需要获得不同的牵引高度和横向牵引位置。

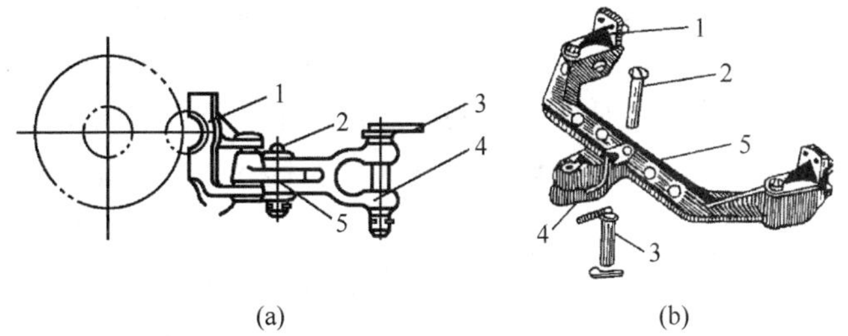

图 6－2　东方红－75 型履带拖拉机牵引装置（固定式牵引装置）
1. 牵引支座　2. 插销　3. 牵引销　4. 牵引叉　5. 牵引板

东方红-75履带拖拉机的牵引装置是固定式的，如图6-2所示。牵引板5上有五个孔，用来调整牵引叉在水平方向上的安装位置，它在水平方向上左右移动量为90 mm和180 mm。牵引装置在高度上的调节是靠牵引板5和牵引支座翻转180°来实现的。分别翻转牵引板和牵引板支座，可得到四种不同的离地高度，如图6-3所示。

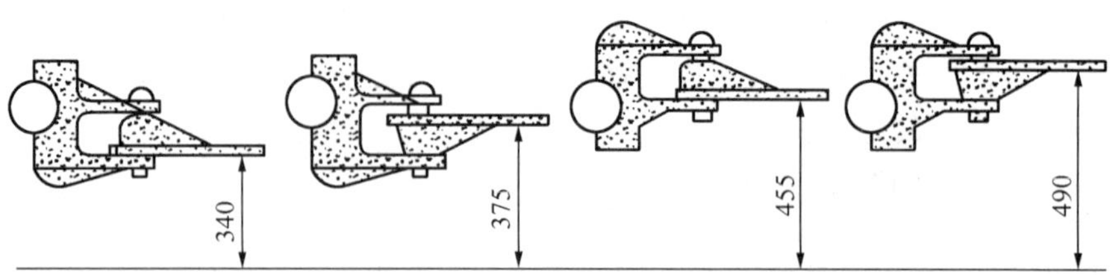

图6-3　牵引装置高度调整方法（单位：mm）

当拖拉机需要配装悬挂式农机具时，应将牵引板和牵引叉拆掉，换上与悬挂机构配套的连接零件。

大多数轮式拖拉机上，常利用悬挂机构的左右下拉杆装上牵引板，并用斜撑板固定，构成固定式牵引装置。此种装置结构简单，但撑杆受力较大，易弯曲。而且由于牵引点距离驱动轮轴线较远，工作中牵引点左右摆动较大。

有些拖拉机的牵引装置其牵引叉在水平方向和高度方向都不能调整，当拖拉机安装牵引装置进行运输作业时，必须拆下悬挂机构中的各杆件，否则可能发生相互干涉，如图6-4所示为东方红-150型拖拉机牵引装置。

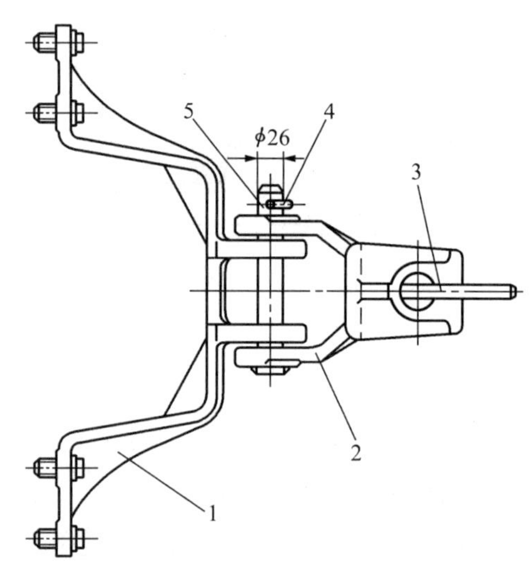

图6-4　东方红-150型拖拉机牵引装置

1. 牵引架　2. 牵引叉　3. 牵引销总成　4. 锁紧销　5. 长销

6.2.2　摆杆式牵引装置

摆杆式牵引装置结构如图6-5所示，牵引杆6的前端，用轴销1与拖拉机机身相铰链。此铰链点也就是牵引杆的摆动中心。摆杆式牵引装置的摆动中心一般都位于拖拉机驱动轮轴之前。牵引杆6的后端，通过牵引销5与农机具辕杆连接。因为牵引杆6可以横向摆动，挂接农机具比较方便。工作中牵引杆6也可以左右摆动。但在拖拉机牵引农机具倒退时，必须将定位销4插入牵引杆6和牵引板7的孔中，牵引杆6便不能再摆动。

摆杆式牵引装置的摆动中心在驱动轮轴线之前，当农机具工作阻力的方向与拖拉机的行驶方向不一致时，迫使拖拉机转向的力矩较小，即拖拉机的直线行驶性较好。当拖拉机转向时，因农机具而产生转向阻力矩也较小，使拖拉机能比较容易转向。但是这种装置的结构比较复杂，一般都用在大功率的拖拉机上。

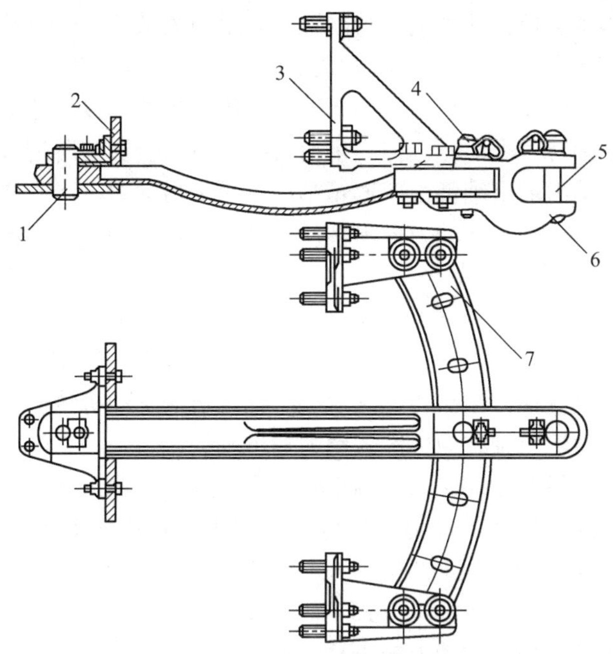

图 6-5　摆杆式牵引装置

1. 轴销　2. 牵引叉销　3. 后支架　4. 定位销　5. 牵引销　6. 牵引杆　7. 牵引板

6.3　动力输出装置

6.3.1　动力输出轴

动力输出装置

动力输出轴一般都布置在拖拉机的后面，但也有前置式的。国家标准后置式动力输出轴离地高度在 500～700 mm，并在拖拉机纵向对称平面内，左、右偏差不得超过 500 mm。轴端都采用八齿矩形花键，如图 6-6 所示。

根据转速数，动力输出轴可分为同步式动力输出轴和标准式动力输出轴。

(1) 同步式

同步式动力输出轴的动力传动齿轮都位于变速箱第二轴之后，如图 6-7 所示。

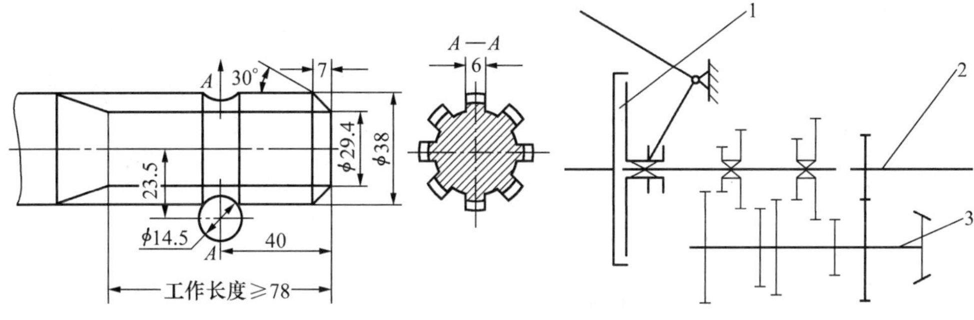

图 6-6　动力输出轴及轴端花键尺寸（单位：mm）

图 6-7　同步式动力输出轴

1. 主离合器　2. 动力输出轴　3. 变速箱第二轴

无论变速箱换入哪个速挡，动力输出轴的转速总是与驱动轮的转速“同步”，如上海-50 等拖拉机上都具有同步式动力输出方式。同步式动力输出轴用来驱动那些工作转速需适应拖拉机行驶速度的农机具，如播种机和施肥机等，以保证播量均匀。同步式动力输出轴以每米的转速来运作。但当拖拉机滑转时，会影响所配置的农机具的工作质量。由于同步式动力输出轴都由变速箱第二轴后引出动力，当主离合器接合，变速箱以任何挡位工作时，同步式动力输出轴便随之工作，即同步动力输出轴的操纵仅由主离合器控制。

(2) 标准式

与同步式不同，另有一种动力输出时变速箱无须挂挡，其动力由发动机或经离合器直接传递，也就是说动力输出转速只取决于拖拉机的发动机转速，与拖拉机的行驶速度无关，此种动力输出轴称为标准式动力输出轴。

有些拖拉机上只设有标准式动力输出轴或同步式动力输出轴。有些拖拉机上的动力输出轴既可输出标准转速的动力，也可输出同步式转速的动力，如上海-50 型拖拉机。

根据标准式动力输出轴按操纵方式不同，输出轴又可分为非独立式动力输出轴、半独立式动力输出轴和独立式动力输出轴三种。

非独立式动力输出轴没有单独的操纵机构，如图 6-8 所示。它的传动和操纵都通过主离合器。主离合器分离时，动力输出轴随之停止转动；主离合器接合时，动力输出轴同时旋转。这种形式的动力输出轴结构简单，但在拖拉机起步时，须同时克服拖拉机起步和农机具开始工作这两方面的工作阻力。发动机负荷较大，拖拉机停车换挡时，农机具也须随之停止工作。

半独立式动力输出轴的传动和操纵，由双作用离合器中的动力输出轴离合器控制，但操纵机构仍与主离合器共用，如图 6-9 所示。只是在操纵离合器踏板时动力输出轴离合器比主离合器后分离先接合。这样，既可达到分离主离合器时不停止动力输出轴的要求，又改善了拖拉机起步时发动机负荷过大的问题。但双作用离合器结构复杂，工作过程中仍不能单独停止动力输出轴的工作。东风-50 型、上海-50 型拖拉机都采用此种型式。

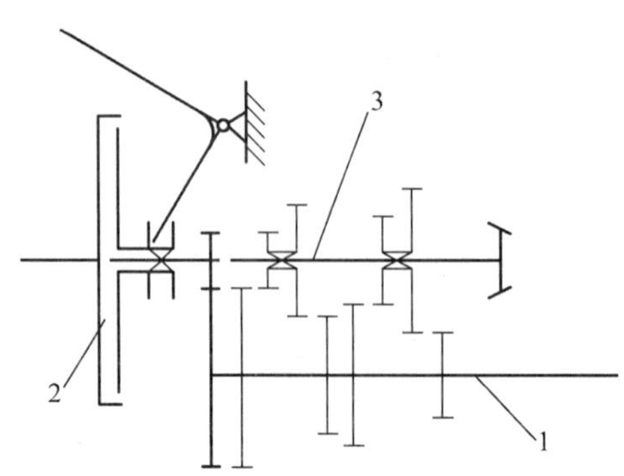

图 6-8 非独立式动力输出轴

1. 动力输出轴 2. 主离合器 3. 变速箱第二轴

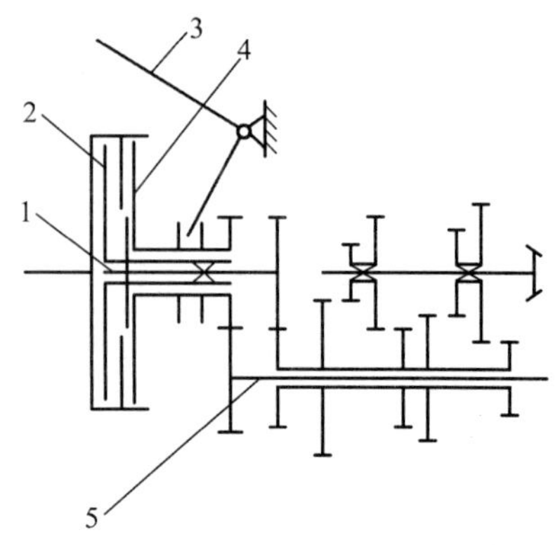

图 6-9 半独立式动力输出轴

1. 变速器第一轴 2. 变速箱第一轴摩擦片 3. 离合器踏板 4. 输出轴摩擦片 5. 动力输出轴

独立式动力输出轴的传动和操纵都由单独的机构来完成，与主离合器的工作不发生关系，如图 6－10 所示。在采用独立式动力输出轴的拖拉机上装有一个主离合器和副离合器布置在一起的双联离合器，用两套操纵机构分别操纵主、副离合器。动力输出轴由副离合器控制，既可以改善拖拉机发动机因起步而导致的过大负荷问题，又能广泛满足不同农机具作业的要求，只是双联离合器的结构较为复杂。

图 6－10 独立式动力输出轴
1. 主离合器 2. 副离合器摩擦片 3. 副离合器踏板 4. 主离合器踏板 5. 动力输出轴

6.3.2 动力输出皮带轮

拖拉机上安装皮带轮，用以进行各种固定作业，如抽水、脱粒和发电等。动力输出皮带轮是一个独立的部件，可根据需要自行安装，不用时就拆下保存，以免妨碍工作。多数拖拉机在其后面安装动力输出皮带轮，它套在动力输出轴后端的花键上，个别拖拉机布置在变速箱左侧或右侧，由专门的传动齿轮驱动。动力输出皮带轮的轴线应与拖拉机驱动轮轴线平行，以便借助前后移动拖拉机来调整动力输出皮带的张紧度。所以，后置皮带轮一般由一对锥齿轮来传动。为增大皮带传动的包角，减少皮带打滑，应保持紧边在下，松边在上。所以，皮带轮的放置方向应如图 6－11 所示。考虑到可能会有特殊情况，因此皮带轮的旋转方向应该是可变的。

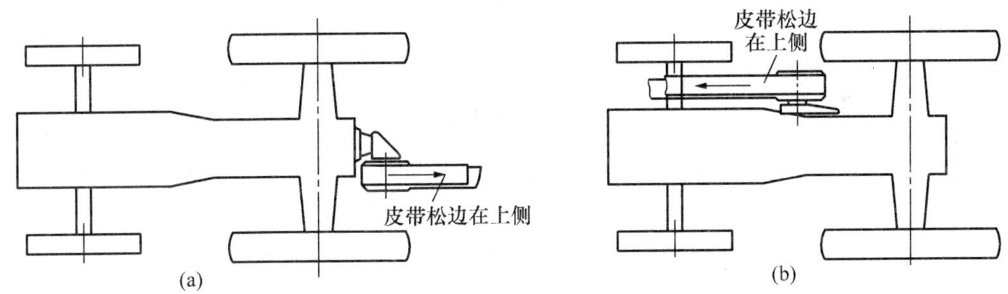

图 6－11 皮带轮的布置
(a) 后置皮带轮 (b) 右侧皮带轮

各种机型皮带轮结构大同小异，一般功率在 15 kW 以上的拖拉机在发动机标定转速下，皮带轮圆周速度为 16 m/s±1 m/s，由于动力输出轴的转速是标准的，所以皮带轮的直径和传动比就可由此而定。皮带轮宽度取决于传动功率的大小，15.7 kW 的拖拉机皮带宽度为 112 mm，44 kW 以上的为 224 mm。皮带轮比皮带要稍宽些。

为了改变皮带轮的旋转方向，通常采用如图 6－12 所示结构。图 6－12 (a) 为皮带轮总成的壳体安装位置不变，改变主动锥齿轮在轴上的安装位置（图中虚线所示）。图 6－12 (b) 为皮带轮总成壳体旋转 180°安装（图中虚线）。两种方法都可改变皮带轮的转向，可根据总成的结构和安装位置的空间而定。

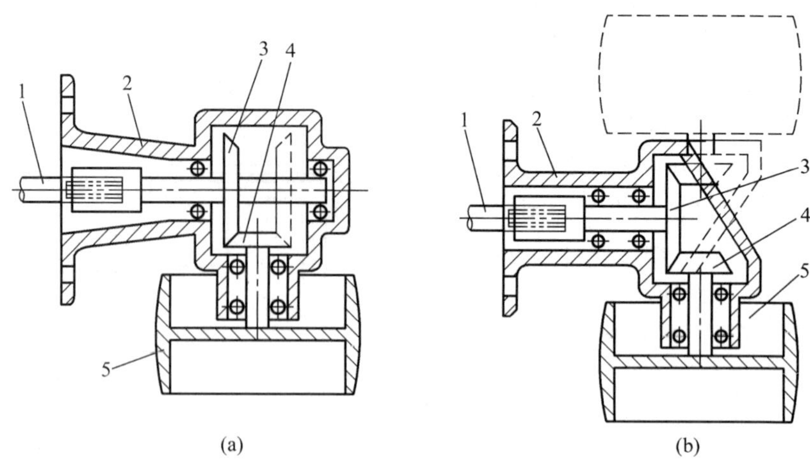

图 6-12 改变皮带轮旋转方向

(a) 改变主动锥齿轮位置 (b) 旋转壳体 180°

1. 动力输出轴 2. 壳体 3. 主动锥齿轮 4. 从动锥齿轮 5. 皮带轮

6.4 液压悬挂系统

6.4.1 功用与组成

功用与组成

用液压提升和控制农机具的整套装置称为液压悬挂装置。其功用是：连接和牵引农机具；操纵农机具的升降；控制农机具的耕作深度或提升高度；给拖拉机驱动轮增重，以改善拖拉机的附着性能；把液压能输出到作业机械上进行其他操作。

液压悬挂装置由悬挂机构、液压系统和操纵机构三部分组成。悬挂机构用来连接农机具，传递液压升降力和拖拉机对农机具的牵引力，由若干杆件构成；液压系统是升降或保持机具正确位置的动力装置。除工作介质（液压油）外，一般由液压泵、油缸、分配器等液压元件和附属装置组成；操纵机构是用来操纵分配器的主控制阀，以控制液压油的流动方向，它由手柄操纵机构和自动控制机构两部分组成。

由于液压悬挂机组比牵引机组操纵方便、机动性高，便于自动调节耕深，能提高牵引性能和劳动生产率，且结构简单，质量轻，因此目前国产大、中、小型拖拉机普遍采用液压悬挂装置。

(1) 悬挂位置

根据悬挂机构在拖拉机上布置位置的不同，悬挂方式可分为后悬挂、前悬挂、中间悬挂和侧悬挂四种，如图 6-13 所示。后悬挂能满足大多数农业作业的要求，拖拉机上广泛采用；前悬挂适用于推土、收获等作业；中间悬挂常用于自动底盘式拖拉机；侧悬挂常用在割草和收获等作业方面。

(2) 机构组成形式

拖拉机田间作业机组有牵引式、悬挂式和半悬挂式三种形式，如图 6-14 所示。

1）牵引式。农机具与拖拉机牵引装置联结。在工作或运输时，农机具重量均由

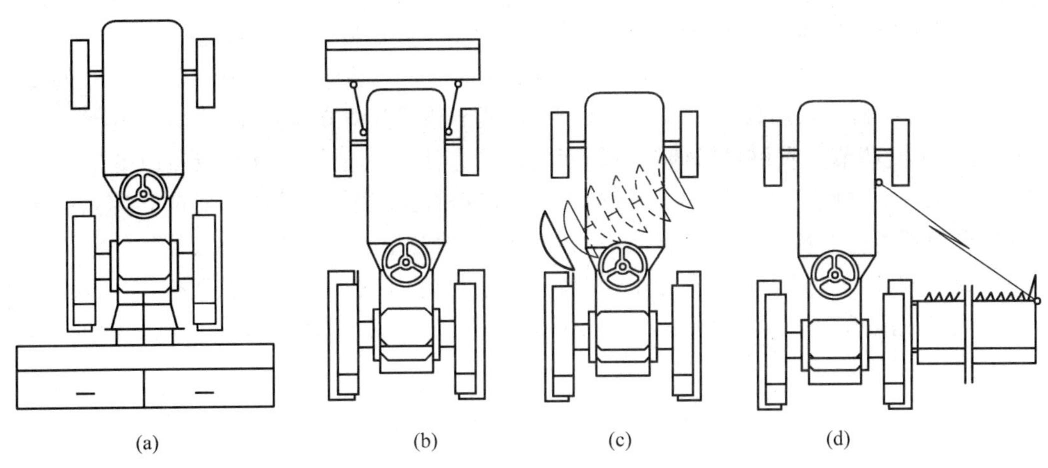

图 6-13 悬挂机构的配置

(a) 后悬挂 (b) 前悬挂 (c) 中间悬挂 (d) 侧悬挂

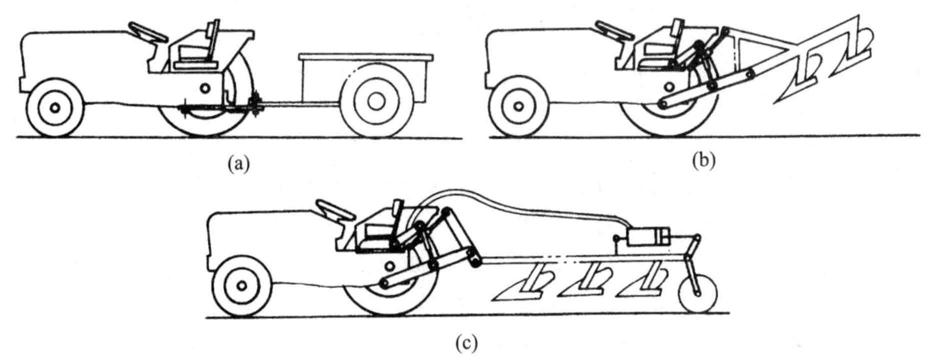

图 6-14 拖拉机田间作业机组形式

(a) 牵引式 (b) 悬挂式 (c) 半悬挂式

自身的轮子承受。牵引式机组稳定性好，对不平地面适应性强，但机动性差，金属消耗量大。多用于各种宽幅、重型的农机具，如多铧犁、深耕犁、开沟犁、重型圆盘耙、宽幅播种机、农用铲运机、平地机等。

2）悬挂式。农机具悬挂在拖拉机悬挂装置上。运输时，机具全部重量由拖拉机承受。工作时，拖拉机承受部分农机具重量和耕作阻力，改善了拖拉机牵引性能，具有质量轻、结构紧凑、机动性好、效率高的特点。但对宽幅机具的稳定性和对地表的适应性差。机具重量受拖拉机液压提升能力、操向性和稳定性的限制。其广泛用于各种中、小型的田间作业机具，特别是水田作业机具。

3）半悬挂式。半悬挂式机具通过悬挂架与拖拉机的上、下拉杆铰接，或单独与两个下拉杆铰接，并设有支撑轮及尾轮，在运输时承受农机具部分重量。半悬挂机具比牵引式结构简单，质量轻，机动性好，牵引性与跟踪性好；与悬挂式相比，幅宽大，机组纵向稳定性好；适用于各种大型、重型农业机械，如多铧犁、铲运机等。

(3) 耕深控制

悬架机组工作时，首先应满足耕深均匀的要求，其次要求使发动机负荷波动不大，不影响机组的生产率。因此，必须有合适的调节装置，以适应土壤比阻和地面形状的变化。国产拖拉机上采用高度调节、力调节、位调节和综合调节四种耕深控制方法。

1）高度调节。农机具靠地轮对地面的仿形来维持一定的耕深。只有改变地轮与农机具工作部件底平面之间的相对位置才可改变耕深。当土壤比阻一致时，用高度调节法可得到均匀的耕深。如果土质不均匀，则地轮在松软土壤上下陷较深，使耕深增加。高度调节时，液压缸活塞处于浮动状态，不受液压油的作用，悬架机构各杆件可以在机组纵向垂直平面内自由摆动。农机具的重量大部分由地轮承受，增加了农机具的阻力，如图 6－15 所示。

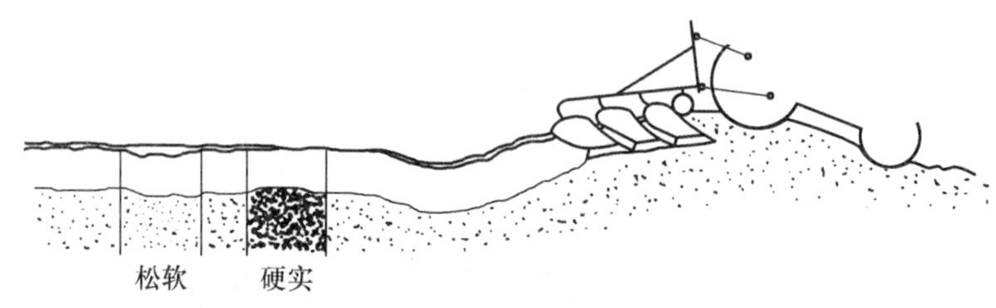

图 6－15　高度调节时耕深变化情况

2）力调节。力调节时，液压缸中有液压油。农机具靠液压维持在某一工作状态，并有相应的牵引阻力。牵引阻力的变化可通过力调节传感机构迅速反映到液压系统，适时升、降农机具，使牵引阻力基本保持一定，因而使发动机负荷波动不大。当阻力变化主要是由地面起伏而引起时，力调节法可使耕深比较均匀，发动机负荷也比较均匀。当阻力变化主要是由于土壤比阻变化而引起时，采用力调节法仅使发动机负荷波动不大，但耕深不均匀。力调节时，农机具不用地轮，减少了农机具的阻力，并对拖拉机驱动轮有增重作用，提高拖拉机的牵引附着性能，如图 6－16 所示。

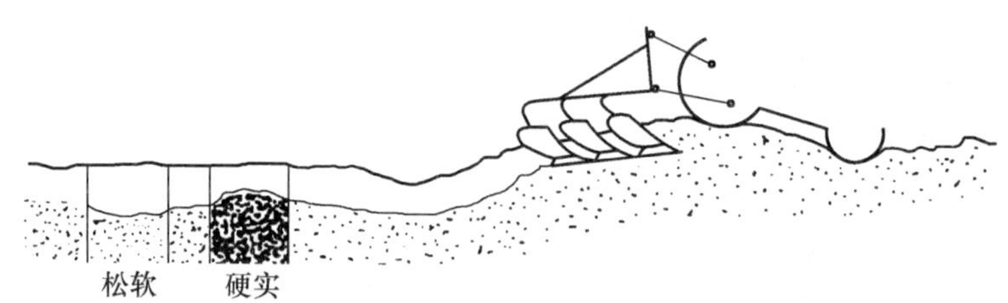

图 6－16　力调节时耕深变化情况

3）位调节。位调节时，液压缸中有压力。农机具靠液压悬吊在一定位置，这个位置可由驾驶人移动操纵手柄任意选定。在工作过程中，农机具相对于拖拉机的位置是固定不变的。如液压缸有泄漏，农机具位置发生变动，则通过提升轴的转动，凸轮升程的变化，反映到液压系统，使农机具提升，自动恢复到原来位置。也就是说，位调节是以提升轴转角（凸轮升程变化）为传感信号，使农机具与拖拉机的相对位置保持不变，如图 6－17 所示。而力调节是以农机具的牵引阻力变化为传感信号，使牵引阻力保持不变。位调节时，如地面平坦，而土质变化较大，则耕深还是均匀一致的，只是牵引阻力变化大，使发动机负荷波动。如地面起伏不平，则随着拖拉机的倾斜起伏，会使耕深很不均匀。位调节一般用于要求保持一定离地高度的农机具，不太适宜于耕地。采用位调节时，也有减少农机具阻力和使拖拉机驱动轮增重的作用。

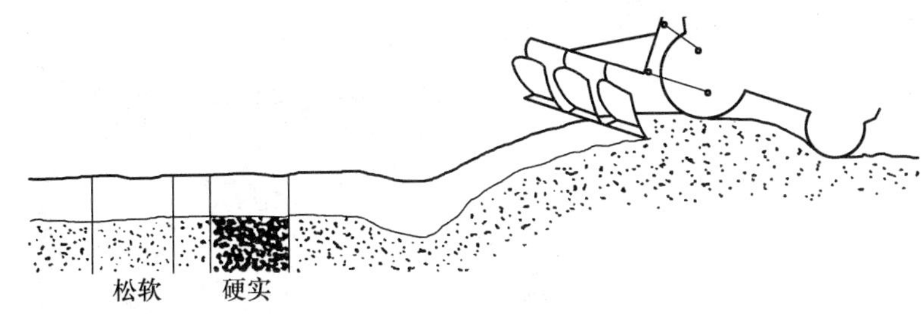

图 6－17　位调节时耕深变化情况

4）综合调节。除单独使用某种耕深控制方法外，还可把高度调节、力调节或位调节等综合起来运用，称为综合调节。具有力、位控制液压系统的拖拉机在土质软硬不均的旱田上耕地，且在采用阻力控制方法耕作时，可在悬架犁上加装限深轮。限深轮的位置调整到稍大于所要求的耕深，耕作过程中，如土壤阻力大时，阻力控制液压系统即起到作用；土壤阻力小时，限深轮可起限深作用，以免耕地过深。

6.4.2　悬挂机构

根据悬挂机构与拖拉机机体的连接点数，可分为三点式悬挂机构和两点式悬挂机构。采用三点式悬挂时，农机具在工作过程中，相对于拖拉机不可能有太大的偏摆。因此，农机具随拖拉机直线行驶的稳定性较好。但一旦走偏方向而悬挂式农机具入土工作，要矫正拖拉机机组的行驶方向也很困难。所以，三点式悬挂仅应用于中、小功率的拖拉机上。如图 6－18 所示，上拉杆 3、下拉杆 4 来连接农机具，提升轴 1 由液压系统驱动，用来升降农具。

悬挂机构

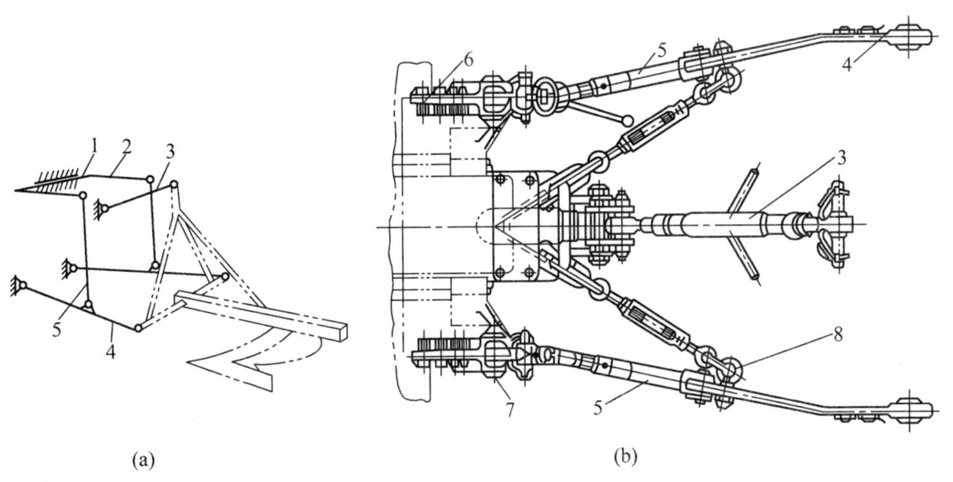

图 6－18　三点悬挂机构

1. 提升轴　2. 提升臂　3. 上拉杆　4. 下拉杆　5. 提升杆　6. 下拉杆连接板　7. 限位链　8. 下拉杆连接销

如图 6-19 所示为两点式悬挂机构，它仅由两个铰接点与拖拉机机体连接，农机具相对于拖拉机可以做较大的偏摆。在大功率拖拉机上悬挂重型或宽幅农机具作业时，能较轻便地矫正行驶方向，所以大功率拖拉机常采用两点悬挂方式。

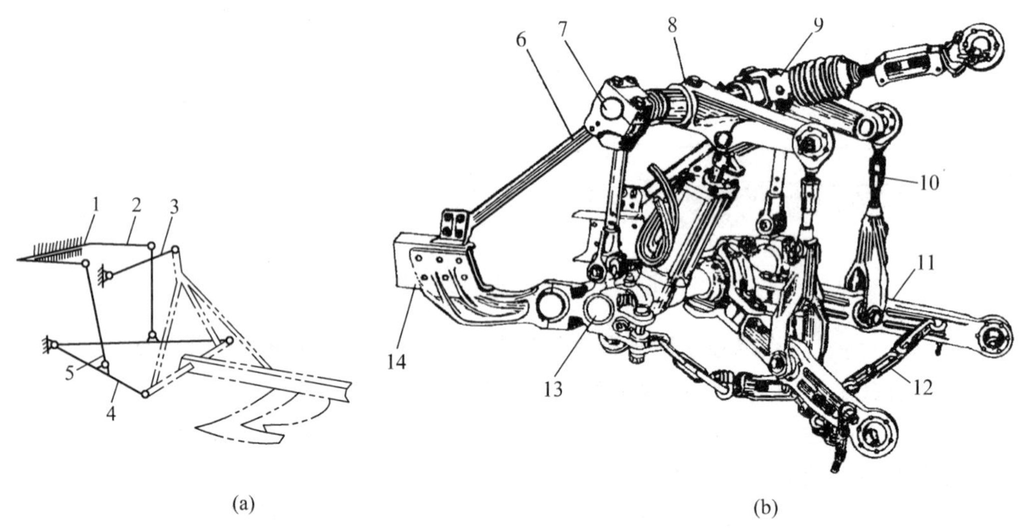

图 6-19 两点悬挂机构

1. 提升轴 2、8. 提升臂 3、9. 上拉杆 4、11. 下拉杆 5、10. 提升杆 6. 支架 7. 上轴 12. 限位链 13. 下轴 14. 支架座

有些拖拉机的悬挂机构既可三点式悬挂，也可两点式悬挂，其结构组成如图 6-19 (b) 所示，其主要由支架 6、上轴 7、提升臂 8、上拉杆 9、提升杆 10、下拉杆 11、限位链 12、下轴 13 和支架座 14 等组成。当作三点悬挂时，上拉杆被安装在中间位置，下拉杆分左、右安装在两侧铰链上。当改为两点悬挂时，则将左、右下拉杆的前端固定在悬挂机构下轴的一个共同铰链上。

6.4.3 液压与控制

液压与控制

根据油泵、油缸、分配器三个主要液压元件在拖拉机上安装位置的不同，拖拉机液压系统可分为分置式、半分置式和整体式三种液压系统。分置式液压系统其油泵、油缸、分配器三个主要液压元件分别布置在拖拉机不同的位置，相互间用油管连接，如图 6-20 (a) 所示，这种液压系统其液压元件标准化、系列化、通用化程度较高，拆装比较方便。可根据不同情况和要求将油缸布置在拖拉机的有关部位，组成后悬挂、前悬挂、侧悬挂等型式，但因其布置分散、管路较长，防尘和防漏等比较困难，力调节和位调节的传感机构不好布置。半分置式液压系统除油泵单独安装在拖拉机的适当部位外，其余（如油缸、分配器和操纵机构等）都布置在一个称为提升器的总成内，如图 6-20 (b) 所示，这种系统的油缸、分配器、力调节和位调节的传感器机构等都布置得集中、紧凑，油泵可以标准化、系列化、通用化（“三化”），并实现独立驱动，但在总体布置上，常常受到拖拉机结构的限制。整体式液压系统全部元件及其操纵机构都布置在一个结构紧凑的提升器壳体内，如图 6-20 (c) 所示，其结构

紧凑，油路集中，密封性好，力调节、位调节的传感器机构比较好布置，但元件不易做到“三化”，拆装亦不够方便。

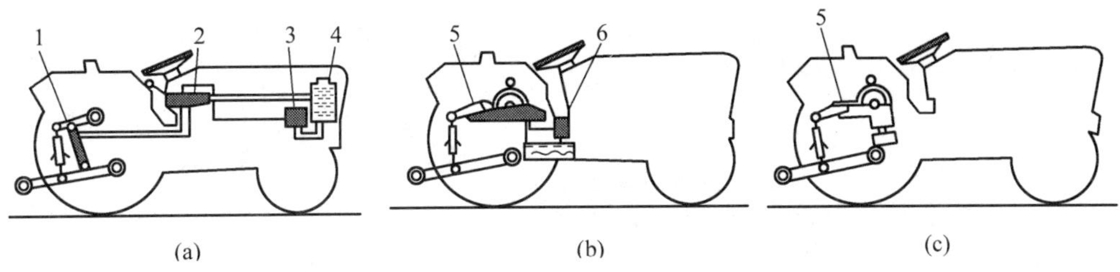

图 6-20 液压系统的形式
(a) 分置式液压系统 (b) 半分置式液压系统 (c) 整体式液压系统
1. 油缸 2. 分配器 3. 油泵 4. 油箱 5. 提升器 6. 油泵

(1) 分置式液压系统

分置式液压系统由齿轮液压泵、分配器、液压缸、油箱、连接油管等组成，如图 6-21 所示。

下面以东方红-75 型拖拉机为例简述分置式液压系统的工作原理，如图 6-22 所示。

1) 提升。当手柄在“提升”位置时，从油泵来的高压油经分配器内油道和油管通向油缸下腔，推动活塞上升而提升农具。同时油缸上腔的油被排挤，经油管进入分配器内腔，然后流回油箱。

2) 中立。当手柄在“中立”位置时，通向油缸的两个油道都被堵住，活塞在油缸内不能移动，农具不升不降。注意不准在“中立”位置工作，以免破坏农具和悬挂件。

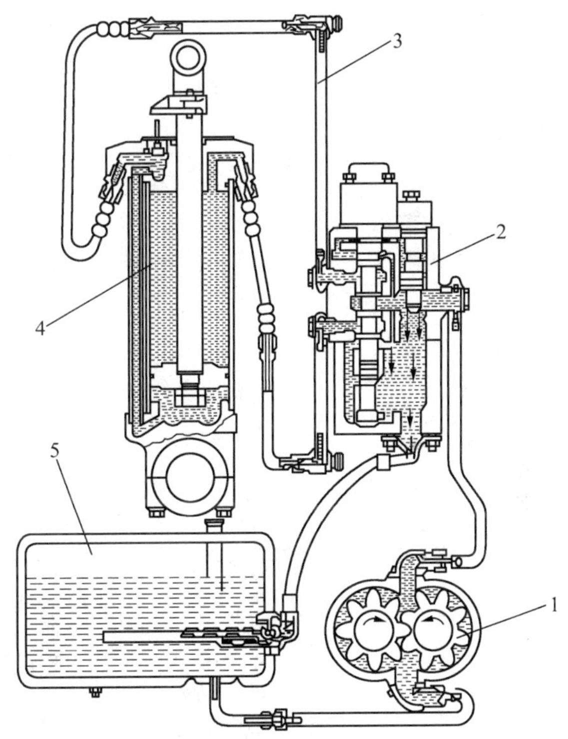

图 6-21 液压系统
1. 齿轮液压泵 2. 分配器 3. 油管 4. 液压缸 5. 油箱

3) 压降。当手柄在“压降”位置时，高压油经分配器油道和油管进入油缸上腔，活塞下部油经分配器压回油箱。此时农具在油缸上腔油压及农具自重的共同作用下接触地面，然后靠活塞的油压作用被强行入土，整个过程称“压降”。农具入土后，应立即将手柄扳到“浮动”位置。一般情况下，不使用“压降”位置工作。

4) 浮动。当手柄在“浮动”位置时，油缸上、下腔都与回油道相通，活塞不受约束，装有限深轮的农具此时可采用高度调节进行作业。

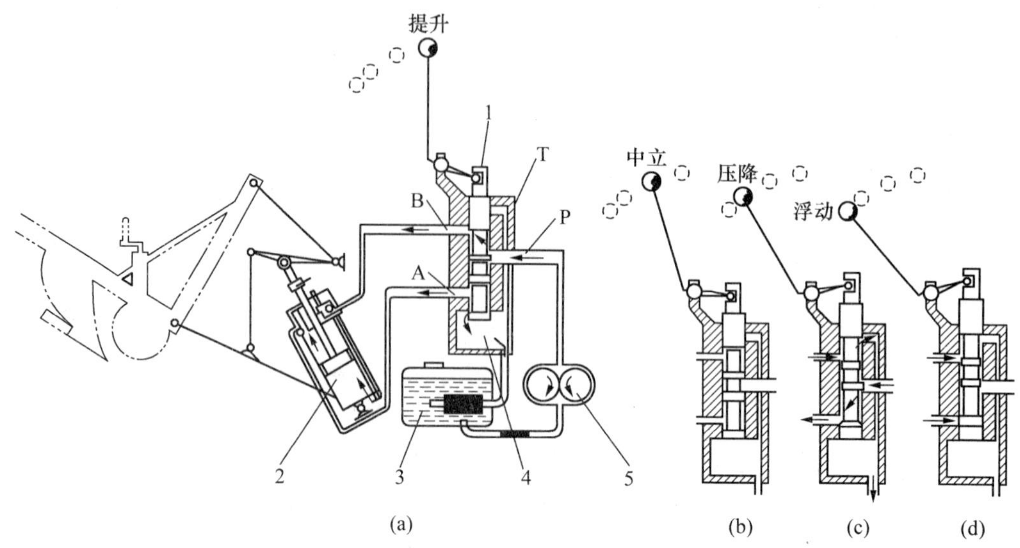

图 6-22 东方红-75 型拖拉机液压悬挂装置作用原理

(a)“提升”位置 (b)“中立”位置 (c)“压降”位置 (d)“浮动”位置

1. 滑阀 2. 双作用油缸 3. 油箱 4. 分配器 5. 油泵

(2) 半分置式液压系统

半分置式液压系统由油箱、滤清器、油泵、分配器和油缸等组成，如图 6-23 所示。除油泵、滤清器作为单独的部件装在后桥壳体的前壁上外，分配器与油缸连成一体，连同其操纵机构等统一构成一个提升器总成，兼作后桥壳体上盖。下面以东风-50 型拖拉机为例说明半分置液压系统的工作原理，如图 6-24 所示。

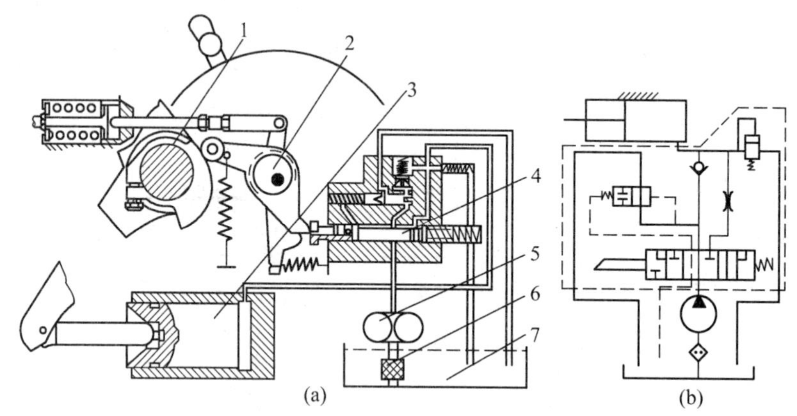

图 6-23 半分置式液压系统

(a) 液压系统 (b) 液压系统油路

1. 升举机构 2. 力、位调节机构 3. 油缸 4. 分配器 5. 油泵 6. 滤清器 7. 油箱

1) 中立状态。如图 6-24 (a) 所示，当力调节手柄 B 和位调节手柄 A 都放在扇形板上的提升位置时，主控制阀 8 处在中立位置，即油缸通道 H 被封闭，农机具被悬吊在最高提升位置。回油阀背腔 E 经主控制阀背腔 F 与油箱相通。油泵来油仅穿

过回油阀前腔D，压缩回油阀弹簧，使回油阀6开放，油液经回油孔流回油箱。

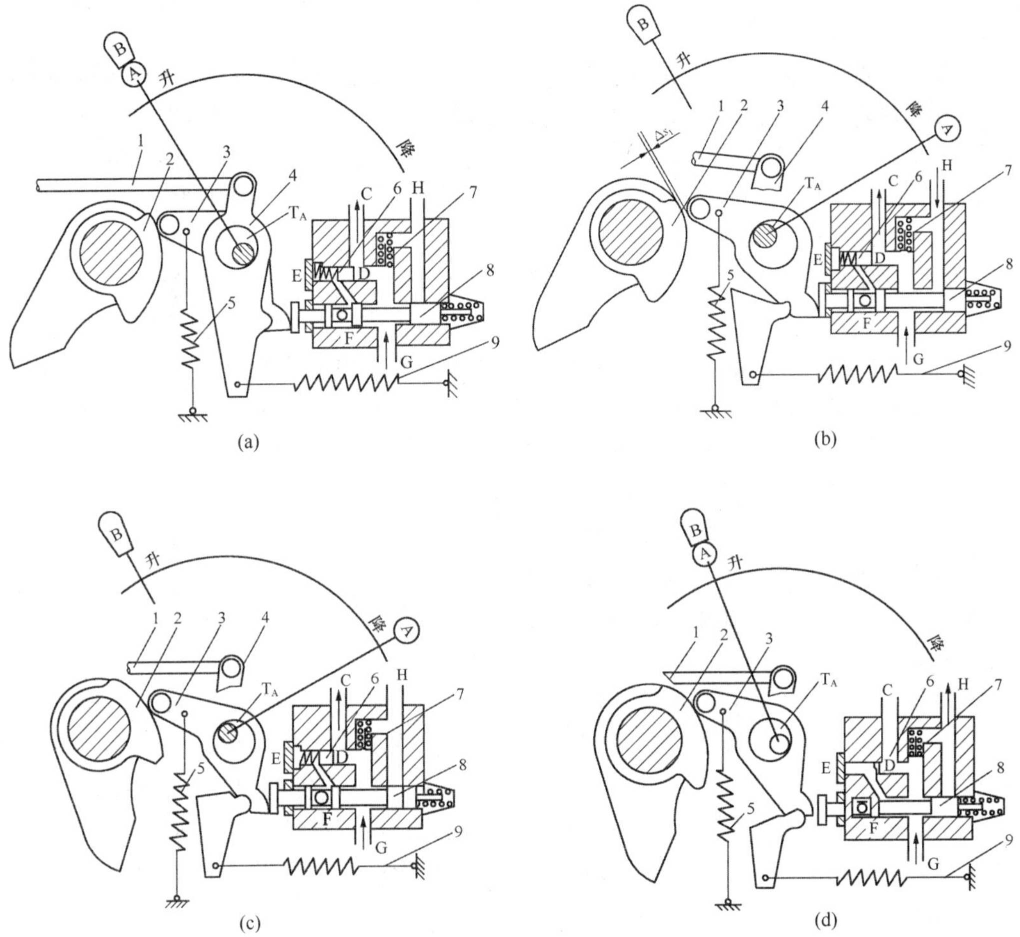

图6-24　半分置式液压系统工作原理

(a) 中立状态　(b) 位调节（下降过程中）　(c) 位调节（下降终止）　(d) 位调节（提示过程中）

1. 力调节推杆　2. 位调节凸轮　3. 位调节杠杆　4. 力调节杠杆　5. 位调节杠杆弹簧
6. 回油阀　7. 单向阀　8. 主控制阀　9. 力调节杠杆弹簧
A. 位调节手柄　T_A. 位调节偏心轮　B. 力调节手柄　C. 通油箱　D. 回油阀前腔　E. 回油阀背腔
F. 主控制阀背腔（通油箱）　G. 通油泵　H. 通油缸

2）位调节。

① 下降。若将位调节手柄A向下降方向推移，如图6-24（b）所示，由于位调节杠杆弹簧5拉住位调节杠杆3的回位端，使回位端紧贴在位调节凸轮2上，所以当位调节偏心轮T_A顺时针转动时，位调节杠杆3便以靠在位调节凸轮2上的回位端为支点，使位调节杠杆3控制端向前移动，推动主控制阀8到下降位置。此时，油缸通道H打开，而回油阀6背腔E仍经主控制阀背腔F与油箱相通。故油泵来油仅经回油阀前腔D，推开回油阀6，与油缸中排出的油液一道流回油箱，农机具便靠其自身重量下沉。

随着农机具的下降，夹固在提升轴上的位调节凸轮2便与提升轴一起转动，凸轮升程逐渐增大，推动位调节杠杆 3 的回位端，绕偏心轮外圆顺时针转动，拉伸位调节杠杆弹簧 5，如图 6-24（c）所示，主控制阀 8 便由控制阀弹簧推回到中立位置。如此，农机具便停止下降，而悬吊在某一高度位置。

自动控制过程。将位调节手柄 A 向下降方向移动愈多，则位调节偏心轮顺时针转动角度愈大。由于位调节杠杆弹簧拉住位调节杠杆的回位端，则位调节杠杆弹簧先以回位端为支点，使位调节杠杆的控制端向前移动，推动主控制阀到下降位置，继之，以位调节杠杆的控制端为支点，使位调节杠杆的回位端逐渐离开调节凸轮，则位调节杠杆的回位端与位调节凸轮之间，逐渐形成间隙 Δs_1。由于主控制阀在下降位置，农机具便靠其自重下沉。随着农机具下降过程的进行，位调节凸轮的升程必须先导致间隙 Δs_1 的消失，进而推动位调节杠杆绕偏心轮旋转，主控制阀便在主控制阀弹簧作用下，回复到中立位置，农机具便停止继续下降。也就是说，农机具下降更大程度后，才停下来不再下降，并保持在该悬吊高度。

由此可见，不同的位调节手柄 A 的位置可得到不同的悬挂高度。

② 提升。若将位调节手柄向提升方向移动，如图 6-24（d）所示，位调节杠杆便以回位端为支点顺时针转动。控制端向后，主控制阀 8 便由弹簧推出至提升位置。此时，油缸通道 H 被封闭。油泵来油充入回油阀前后两腔 D、E，回油阀 6 便在回油阀弹簧的作用下将通往油箱的油道 C 堵死。油泵来油便顶开单向阀 7，充入油缸，使农机具提升。

随着农机具的提升，位调节凸轮 2 的升程渐减。在位调节杠杆弹簧 5 的拉力下，位调节杠杆 3 的控制端便推进主控制阀 8 至中立位置，农机具便停止上升，并保持在该悬吊高度工作。当位调节手柄愈向提升方向移动，则农机具须提升到更高的位置后，主控制阀才能被推到中立位置。所以，不同的位调节手柄位置可得不同的悬吊高度位置的农机具工作状态。直到位调节手柄移至扇形板上最高提升位置，农机具便被升举到最高提升状态。

3）力调节。

① 下降。如图 6-25（a）所示，若将力调节手柄 B 向下降方向移动，则力调节偏心轮 T_B 顺时针转动，使力调节杠杆以力调节推杆 1 为支点，其控制端便将主控制阀 8 推到下降位置，控制端不能再动。力调节杠杆便以其控制端为支点顺时针摆动，结果使力调节推杆 1 与力调节弹簧杆 11 之间便出现间隙 Δs_2。在这种情况下，力调节弹簧 10 的变形量必须足够大才能推动力调节杠杆，让主控制阀弹出至中立位置。因为，在推动力调节推杆之前必须克服间隙 Δs_2。

② 自动调节过程。在工作过程中，若工作阻力因故增大，通过上拉杆传至力调节弹簧杆 11 的推力也大，力调节弹簧 10 被压缩得更多。力调节推杆 1 将继续推动力调节杠杆 4 绕力调节偏心轮 T_B 外圆顺时针转动。力调节杠杆弹簧 9 进一步被拉伸，主控制阀 8 即由主控制阀弹簧推出到提升位置，农机具稍被提起，工作阻力便下降，则通过拉杆作用在力调节弹簧 10 上的压力也稍减，力调节杠杆弹簧 9 便拉回力调节杠杆 4，顶进主控制阀 8 回复到中立位置，以获得与预选工作阻力相当的新的耕作深度情况下稳定工作；若工作阻力因故减小，其作用情况与上述相反，这就是根据不同的工作阻力情况，通过力调节机构，自动调节工作深度。

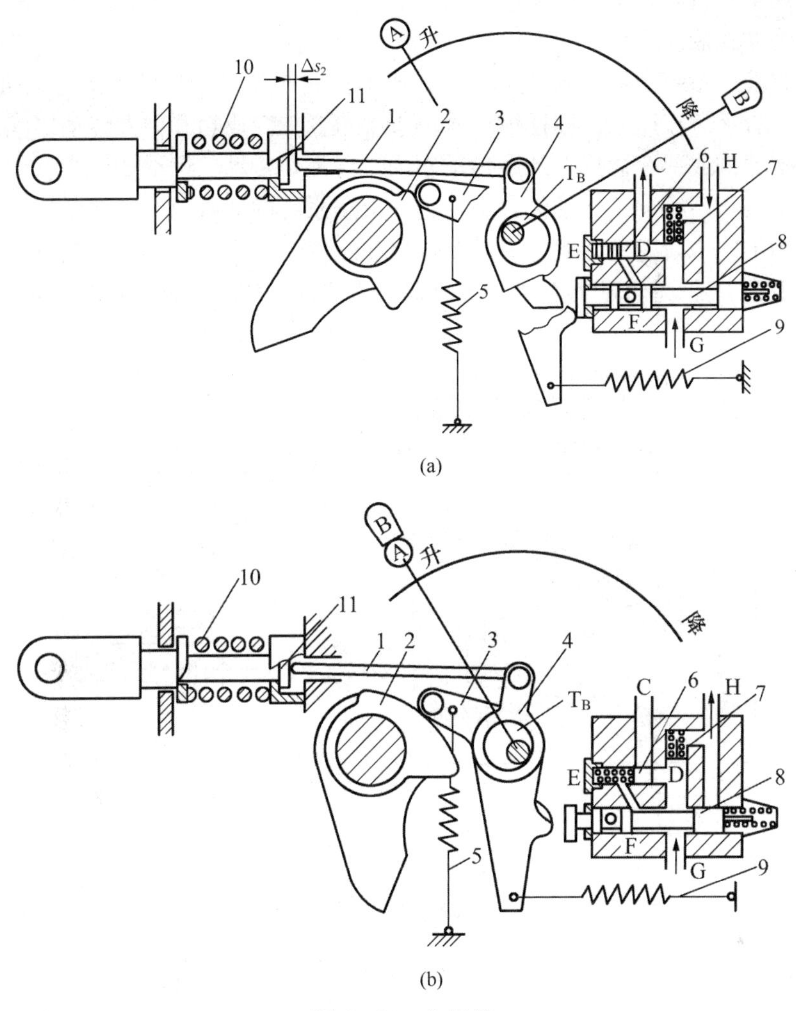

图 6-25　力调节

(a) 下降过程中　(b) 上升过程中

1. 力调节推杆　2. 位调节凸轮　3. 位调节杠杆　4. 力调节杠杆　5. 位调节杠杆弹簧　6. 回油阀　7. 单向阀　8. 主控制阀　9. 力调节杠杆弹簧　10. 力调节弹簧　11. 力调节弹簧杆　A. 位调节手柄　T_B. 力调节偏心轮　B. 力调节手柄　C. 通油箱　D. 回油阀前腔　E. 回油阀背腔　F. 主控制阀背腔（通油箱）　G. 通油泵　H. 通油缸

③ 提升。如图 6-25（b）所示，将力调节手柄 B 移到提升位置时，力调节偏心轮 T_B 逆时针转动，力调节杠杆 4 便以力调节推杆 1 为支点顺时针转动，控制端后移，主控制阀 8 被弹簧弹出至提升位置，农机具升起，直到最高提升位置。注意，此时位调节凸轮的升程减小，位调节杠杆弹簧 5 拉动位调节杠杆 3，推进主控制阀 8 回到中立位置，农机具便悬吊在最高位置。使用力调节手柄时，若下降，则必须待农具入土产生阻力后，才能使主控制阀回到中立位置；若提升，则必须到最高位置才能依靠位调节凸轮作用，使主控制阀回到中立位置。如无工作阻力，也不在最高提升位置，则主控制阀回到中立位置，所以农机具不能悬挂在空中任意位置。由于力调节弹簧是双向作用的，当上拉杆承受拉力作用时（如配带重型农机具进行浅耕作业），力调节机

构也能实现阻力自动调节。

(3) 整体式液压系统

整体式液压系统由柱塞式油泵、滑杆式主控制阀、单作用油缸等主要元件组成，如图 6-26 所示。液压元件和操纵机构都集中布置在变速箱和中央传动之间。柱塞式油泵和分配器构成一个总成，装在传动箱内，浸泡在传动箱润滑油液中。传动箱润滑油液也就是液压系统的工作油液，但在进入液压系统的油泵前，先经滤清器过滤。油泵由动力输出轴中段驱动。此外，其余部件便组成一个提升器总成。提升器壳体，兼作传动箱上盖。油泵-分配器总成与提升器总成之间，用高压油管连接。

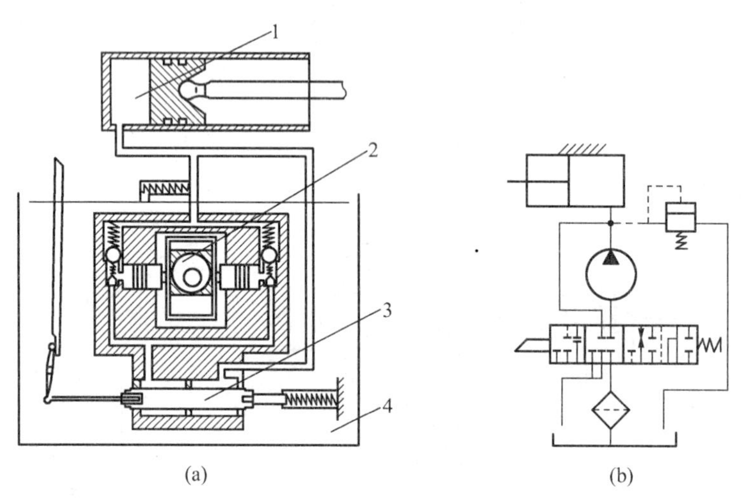

图 6-26 整体式液压系统

(a) 液压系统 (b) 液压系统油路

1. 油缸 2. 油泵 3. 主控制阀 4. 油箱

整体式液压系统能升降农机具和进行力位调节，以及控制悬挂农机具下降速度和输出液压油。下面以上海-50 型拖拉机为例说明整体式液压系统的工作原理。

1) 位调节。如图 6-27 (a) 所示，用位调节时，必须先将力调节手柄 B 扳至最下方，即“深”的位置。这时，力调节偏心轮便放松了对力调节拨叉的顶推作用，力调节杠杆 7 便不会阻挡摆动杆 9 的摆动。当位调节手柄 A 在某个固定位置时，预加压缩的主控制阀弹簧 11 的推力，通过主控制阀 10、摆动杆 9、位调节杠杆 8 等将位调节拨叉 5 向后推靠在位调节滚轮上，架上的另一滚轮则紧靠在位调节凸轮 2 上。此时，主控制阀正处于“中立”位置，农机具不升不降，整个系统在这些条件下保持平衡。扳动位调节手柄即可升降农具。

① 提升。若将位调节手柄向后拉向“升”时，位调节偏心轮 4 向下推压位调节拨叉 5。由于位调节拨叉头部下面是斜的弧形面，所以在向下的同时，其尾部的 d 点必然向前，推动位调节杠杆 8 绕 e 点顺时针转动。位调节杠杆的下端使摆动杆 9 的上端后摆，其下端则推进主控制阀 10，打开进油腔，使农机具提升。为防止手柄扳动过猛时杠杆 8 可能弯曲，与杠杆 8 的支点 e 铰接的支撑导杆上有弹簧用以缓冲。

在农机具提升时，固定在提升轴 1 上的位调节凸轮 2 随提升轴一起转动，凸轮升

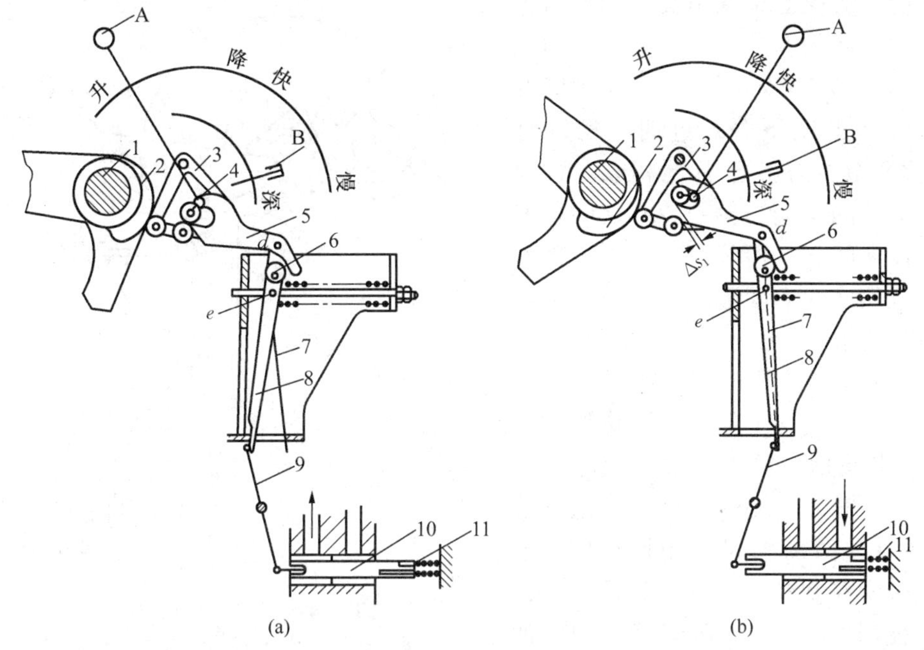

图 6-27 位调节
(a) 提升过程中 (b) 下降过程中
1. 提升轴 2. 位调节凸轮 3. 位调节滚轮架 4. 位调节偏心轮 5. 位调节拨叉
6. 偏心轮 7. 力调节杠杆 8. 位调节杠杆 9. 摆动杆 10. 主控制阀 11. 主控制阀弹簧
A. 位调节手柄 B. 力调节手柄

程减小使滚轮架不再挤向位调节拨叉，在主控制阀弹簧 11 的作用下便有可能逐渐推出主控制阀至中立位置而停止进油。而位调节拨叉上的 d 点也向后了。

若将位调节手柄向“升”的方向移动较多，位调节偏心轮向下推压位调节拨叉程度愈大，d 点向前移动距离也愈大。位调节杠杆下端推动摆动杆，使主控制阀压缩弹簧 11 到完全进油位置时，受到槽框的限制，位调节杠杆下端不能再后摆。这时铰接点 e 便压缩支撑导杆上的弹簧而前移。农机具在提升时，位调节凸轮升程减小，使滚轮架逐渐放松对位调节拨叉的挤压作用，d 点逐渐后移。首先 e 点也后移，进油停止，农具不再提升，但升的位置较高，与手柄向升的方向移动程度相适应。可见将位调节手柄 A 向升的方向调节愈多，就是使主控制阀 10 回复到中立位置所需提升轴 1 的转角愈大，允许主控制阀进油的时间愈久，即农机具被提升得愈高。

② 下降。将位调节手柄 A 推向下降的位置时，如图 6-27（b）所示，位调节偏心轮 4 向上抬起位调节拨叉 5，使拨叉头部的斜面与滚轮之间出现间隙 Δs_1。主控制阀弹簧 11 有可能将主控制阀推出至回油槽打开位置，农机具在重量作用下推出油缸中的油液而下降。提升轴 1 需要旋转更大的角度后，位调节凸轮 2 才能使主控制阀回到中立位置，也就是使农机具降到更低位置。

2）农机具下降速度控制。农机具入土速度可由位调节手柄在反应控制区段上不同的位置来控制，如图 6-27 所示，将力调节手柄 B 放在所需要的耕深位置，若将位调节手柄 A 向下推到“反应控制”的“快”处，位调节偏心轮 4 最

大限度地放松对位调节拨叉的推挤作用。主控制阀弹簧 11 将主控制阀完全推出至 5～6 cm 长，短回油槽开启，农具迅速下降。这时，摆动杆 9、位调节杠杆 8 已首尾相靠，位调节拨叉 5 的尾端与偏心轮 6 之间正好靠上没有间隙。而位调节拨叉头部斜面与滚轮之间有间隙。

若将位调节手柄继续推移至“慢”位置，如图 6－28 所示。位调节偏心轮 4 便向上向前推动位调节拨叉 5。其头部斜的弧形面与滚轮之间间隙 Δs_1 增大。位调节拨叉与位调节杠杆一起绕 e 点转动，使摆动杆 9 下端推进主控制阀至慢降回油位置。此时主控制阀 10 仅有两道窄长的回油槽部分开启回油，农机具便靠其自重缓慢下降。

位调节手柄在反应区段内时，失去位调节的作用，仅仅控制农机具的入土速度。至于农机具入土到什么程度为止，则由力调节手柄的位置决定。

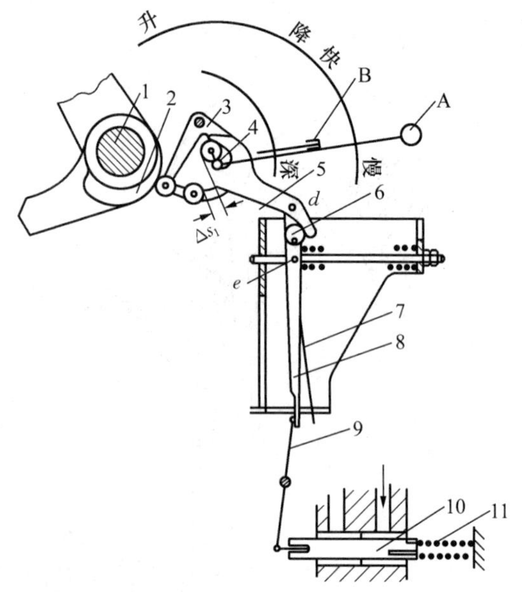

图 6－28 反应控制（慢降）
1. 提升轴 2. 位调节凸轮 3. 位调节滚轮架 4. 位调节偏心轮 5. 位调节拨叉 6. 偏心轮 7. 力调节杠杆 8. 位调节杠杆 9. 摆动杆 10. 主控制阀 11. 主控制阀弹簧 A. 位调节手柄 B. 力调节手柄

3）力调节。用力调节法耕作时，先将调节手柄 B 放在某一耕深位置，再将位调节手柄 A 向前推到反应区段内某一位置，农机具便以所选速度下降入土。在耕作过程中，根据阻力大小来调节耕深。需要提升农具时，则需将位调节手柄推到“升”的位置。

① 农机具入土过程。如图 6－29（a）所示，若将力调节手柄 B 向“深”的方向推移一定位置，位调节偏心轮 4 便放松对力调节拨叉 5 的顶推作用。主控制阀 9 便在主控制阀弹簧 10 的作用下推出，至于推出的程度则受到位调节杠杆的限制，即亦由位调节手柄在反应区段内的位置而定，农具便以某种选定的下降速度入土。农机具入土后其工作阻力逐渐增加。逐渐增大的工作阻力，由上拉杆作用在力调节弹簧 12 上，使力调节弹簧产生变形。直到工作阻力增大到使力调节弹簧 12 产生的变形，消除力调节弹簧导杆 11 与力调节推杆 13 之间的间隙 Δ 后，进而通过力调节推杆 13 推动力调节拨叉 5，使力调节杠杆下端拨动摆动杆 8，推移主控制阀 9，直到主控制阀处于中立位置，农机具便保持在相应工作阻力的耕作深度下稳定工作。若将力调节手柄 B 向“深”的方向推移得多，力调节偏心轮轴上的偏心轮 4 对力调节拨叉 5 放松的程度愈多，则须力调节弹簧 12 有更大的变形后，才足以通过力调节推杆 13 等推动主控制阀 9 回复到中立位置，农机具便增加了工作深度，以获得使力调节弹簧 12 产生更大变形的工作阻力。

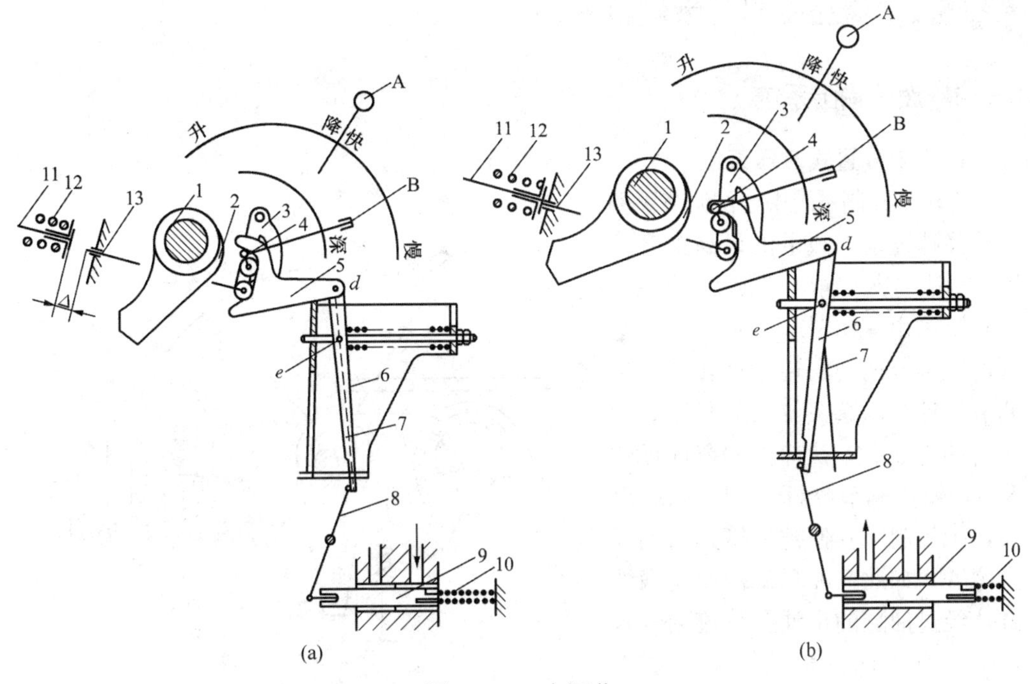

(a)　(b)

图 6-29　力调节

(a) 入土过程中　(b) 阻力作用过程中

1. 提升轴　2. 位调节凸轮　3. 力调节滚轮架　4. 力调节偏心轮　5. 力调节拨叉　6. 位调节杠杆　7. 力调节杠杆　8. 摆动杆　9. 主控制阀　10. 主控制阀弹簧　11. 力调节弹簧导杆　12. 力调节弹簧　13. 力调节推杆　A. 位调节手柄　B. 力调节手柄

② 自动调节。如图 6-29（b）所示，若农机具在某耕作深度情况下工作，因某些原因（如某地段土壤比阻较大）使农机具耕作阻力增大。增大的耕作阻力将使力调节弹簧 12 继续产生更大的变形，通过力调节推杆 13、力调节拨叉 5、力调节杠杆 7 等，拨动摆动杆 8 推动主控制阀 9，即将主控制阀由原稳定工作的中立状态推移到提升农机具的进油状态。由进油腔开启，油缸中被充入压力油，便提升农机具，即减少农机具的耕深，降低农机具的工作阻力，至稍提升后的新的耕深，产生较原耕深时稍小的工作阻力，减少力调节弹簧 12 的变形，主控制阀 9 便又回到中立位置为止。

反之，若当某区段因比阻减小而使农机具工作阻力下降时，减小后的工作阻力使力调节弹簧 12 减少其变形量。主控制阀 9 便在主控制弹簧 10 的作用下，开启回油腔，让农机具下降一定位置，即增加耕深，由增加后的耕深作深度产生的较大工作阻力，使力调节弹簧 12 增加变形量，通过力调节推杆 13 等，推动主控制阀 9 回到中立为止。

注意，力调节手柄 B 所处的不同位置，只能控制农机具入土后，有了工作阻力时的自动调节耕深情况，而农机具提升或下降，以及下降快、慢的控制等，仍须由位调节手柄 A 来完成。

6.5 液压输出与举倾机构

6.5.1 液压输出系统

(1) 半分置式液压系统

在液压控制系统中，位调节手柄A后移越过扇形板上的最高提升位置，到达“液压输出”位置，可以获得液压输出，如图6-30所示。这时，位调节偏心轮逆时针转动，位调节杠杆3以靠在位调节凸轮2的回位端为支点，拉伸位调节杠杆弹簧5，使位调节杠杆3的控制端后移，主控制阀8便被弹簧弹出到提升位置。如此，油泵来油便充满油缸，经过油缸的出油孔分流到分置油缸。当供油量达到油缸的要求后，应及时将位调节手柄A移回到最高提升位置，即让主控制阀回到中立位置，以便停止提供高压油。不然，主控制阀8将持续开启供油，迫使安全阀长时间工作，使压力油经过安全阀流回油箱。

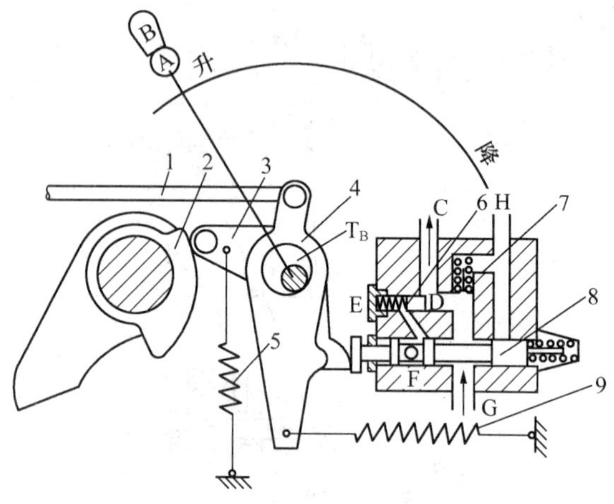

图6-30 半分置式液压系统液压输出
1. 力调节推杆 2. 位调节凸轮 3. 位调节杠杆 4. 力调节杠杆 5. 位调节杠杆弹簧 6. 回油阀 7. 单向阀 8. 主控制阀 9. 力调节杠杆弹簧 A. 位调节手柄 T_B. 力调节偏心轮 B. 力调节手柄 C. 通油箱 D. 回油阀前腔 E. 回油阀背腔 F. 主控制阀背腔（通油箱） G. 通油泵 H. 通油缸

东风-50型拖拉机的液压系统在使用中应注意两套操纵手柄的协调，不能同时使用两个手柄。不使用的手柄应紧固在最高提升位置。即使用位调节手柄A时，力调节手柄B应放在扇形板上的提升位置；反之，使用力调节手柄时位调节手柄A亦应放在扇形板上的提升位置。这样，调节杠杆不会压着主控制阀端面。

在使用力调节手柄降落农机具时，应根据农机具的轻重和地面的软硬，选择合适的下降速度，以免碰坏农机具。为此，要预先调节好下降速度控制阀。在运输时，应将两个手柄用定位手轮锁定在提升位置，并用锁紧轴将提升轴挡住，以防止农机具自行降落。使用液压输出时，当满足输出油液要求后，应及时将位调节手柄移回到提升位置。

此外，上拉杆连接板上有三个连接孔。使用力调节时，上拉杆前端一般都连接在中间的连接孔上。只有进行轻负荷作业时，可用上孔连接。若进行特重负荷作业时，上拉杆前端应连接在下孔上。使用位调节或高度调节时，上拉杆前端应连接在下孔上，切勿将上拉杆连接板孔当作牵引挂接板使用。

(2) 整体式液压系统

液压输出由力调节手柄B操纵，如图6-31所示。使用液压输出时，应将位调节手柄A放在反应区段的适当位置，将力调节手柄B放在扇形板上的液压输出位置。力调节偏心轮轴上的偏心轮4顶推动调节拨叉5，使力调节杠杆7下端拨动摆动杆9，迫使主控制阀10持续开启进油腔，油泵便一直向需要压力油的各处输送压力油。待满足需要后，应及时将力调节手柄退出液压输出位置。否则，系统油压上升，打开安全阀而泄油，增加元件损耗。

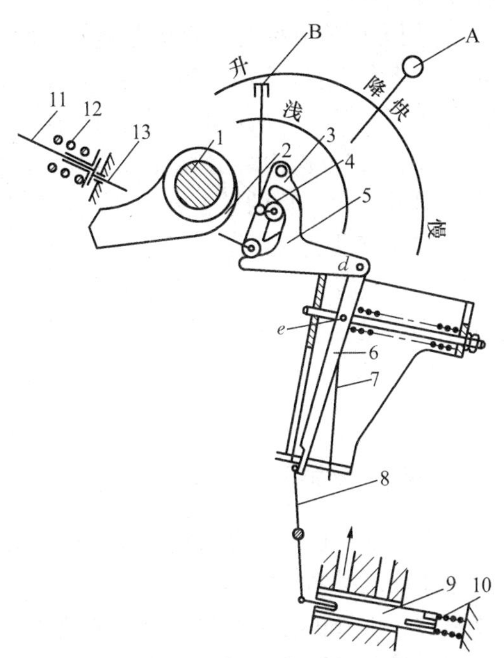

图6-31 整体式液压系统液压输出

1. 提升轴 2. 位调节凸轮 3. 力调节滚轮架 4. 力调节偏心轮 5. 力调节拨叉 6. 位调节杠杆 7. 力调节杠杆 8. 摆动杆 9. 主控制阀 10. 主控制阀弹簧 11. 力调节弹簧导杆 12. 力调节弹簧 13. 力调节推杆 A. 位调节手柄 B. 力调节手柄

整体式液压系统的正确使用，应由扇形板上的两个操纵手柄操纵。里边的圆头手柄是位调节操纵手柄，用以操纵农机具的升降位置和耕作中的位置调节，并控制农机具下降的速度。外边的方头手柄是力调节操纵手柄，用以实现农机具耕作中的阻力调节和液压输出。两套操纵机构虽有分工，但在使用时应注意两个手柄的正确使用位置，如图6-32所示，相互配合好，既不发生干扰，又有利于液压系统的合理使用。

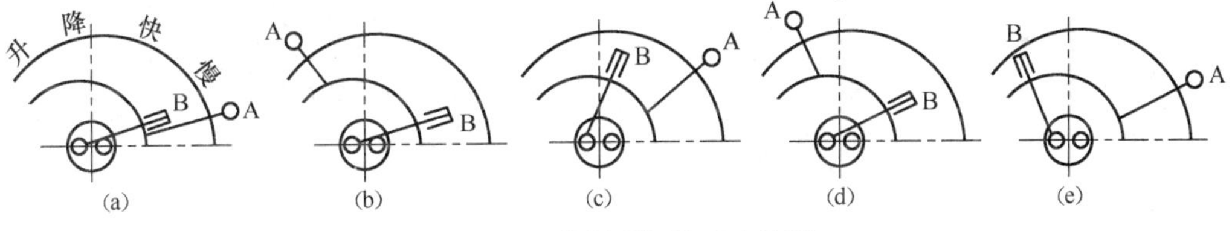

图6-32 操纵手柄的正确使用

(a) 牵引作业时 (b) 悬挂运输作业时 (c) 力调节作业时 (d) 位调节作业时 (e) 液压输出时

1）用标准牵引杆进行牵引作业时，位调节手柄A和力调节手柄B都应放在扇形板的最下部位。如图6-32（a）所示，提升臂等杆件将降至最低位置工作。为了安全起见，应用锁紧螺母将力、位调节手柄分别锁定。否则，任一手柄误被扳动，都会导致牵引杆件顶弯事故的发生。

2）悬挂农机具转移时，位调节手柄A放在扇形板最高位置，而力调节手柄B应放在最下部位置，如图6-32（b）所示。如此可获得足够大的地隙，而且当提高到最高位置后，位调节机构足以使主控制阀回复到中立位置。有人误认为将力、位调节手柄都放在最上部更安全。如果这样，当提升到最高位置后，主控制阀仍被力调节机构控制在进油位置，油泵不断地供给压力油，便只好顶开安全阀而流回到油箱。如此，安全阀将长时间处于开、闭工作状态，易造成损坏。

3）用力调节机构时，应将力调节手柄B移到所需的耕深位置，如图6-32（c）所示，并将它锁定。用位调节手柄A操纵农机具的升、降动作，将挡销固定在反应区段的适当位置，每次推动位调节手柄均在挡销处停住，使预选的入土速度不变。

4）用位调节机构时，如图6-32（d）所示，为避免调节机构的干扰，应将力调节手柄B推至扇形板的最下方。

5）使用液压输出时，主要是将力调节手柄B放在最上部，位调节手柄A放在反应区段任意位置，如图6-32（e）所示。力调节机构可使主控制阀持续处于进油状态而不会自动回到中立位置。当满足了液压输出油缸要求后，应及时将力调节手柄B移至扇形板下方。否则油泵不断地来油，迫使安全阀长时间开闭动作，容易损坏。

6.5.2 液压举倾机构

货车与拖拉机卸货都采用专设的举倾机构来完成。目前在自卸货车与拖拉机上，广泛采用液压举倾机构将车厢举升倾斜一定角度，把货物从车厢卸出来，而车厢靠自重来复位。举倾机构主要包括液压举倾系统、车厢锁紧机构等。

（1）基本结构与组成

液压举倾系统主要由液压油箱、滤清器、低压油管、油泵、高压油管、单向阀、换向阀、液压油缸及传动杆件等组成，其结构如图6-33所示，其液压工作原理如图6-34所示。

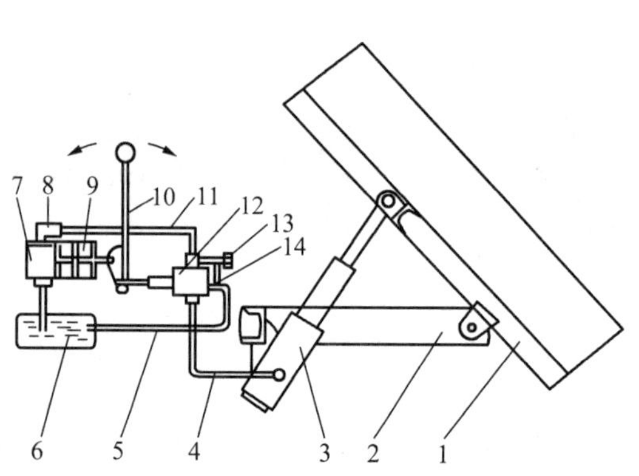

图6-33 液压举倾系统结构

1. 货箱 2. 车架 3. 液压缸（2TI-70×300）
4. 高压油管 5. 回油管 6. 液压油箱
7. 齿轮泵CBN-E3 8. 单向阀 9. 取力器
10. 换向阀取力器操纵手柄 11. 高压油管
12. 换向阀 13. 限压阀 14. 回油管

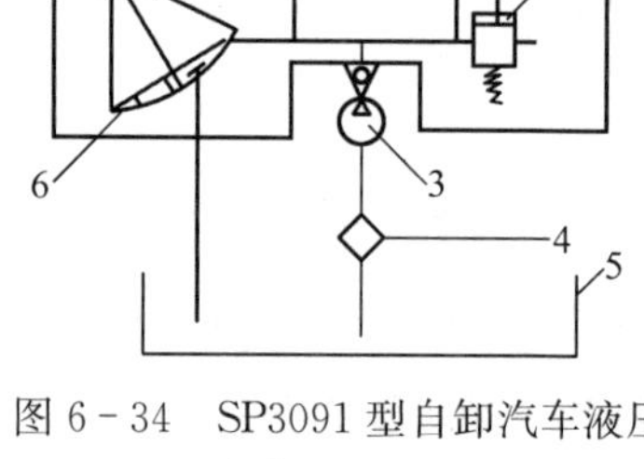

图6-34 SP3091型自卸汽车液压系统工作原理

1. 举倾油缸 2. 安全阀 3. 油泵
4. 滤清器 5. 油箱 6. 手动转阀

1）油泵。油泵是液压举倾系统的动力元件。在自卸汽车上采用较多的是齿轮泵和柱塞泵。其中，齿轮泵以外啮合齿轮泵应用最广泛，柱塞泵通常采用轴向柱塞式。

2）液压缸。液压缸是液压举倾系统的动作执行元件，有活塞式和柱塞式两种举倾油缸，图 6－35 所示为 SP3091 型自卸汽车采用的活塞式举倾油缸结构。系统工作时，从油泵来的高压油通过 A 口进入举倾油缸，活塞 8 同活塞杆 9 在高压油作用下开始运动，则车厢被举起。当活塞 8 行至顶端时，限位盘 17 与油缸端盖 10 接触，而将活塞上的限位阀钢球 18 顶开，高压油经限位阀由 B 口流回油箱，车厢举升终止。当车厢下降时，控制阀将 A 口与油箱相通，依靠车厢的重量使活塞 8 回到原位，油缸左腔的油从 A 口流回油箱。

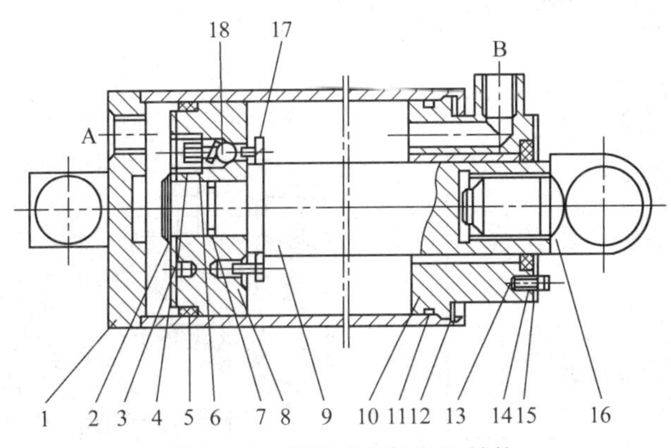

图 6－35 活塞式举倾油缸结构

1. 缸筒 2、12. 挡圈 3. 压板 4. 弹簧座 5. Y 形密封圈 6. 弹簧 7、11. O 形密封圈 8. 活塞 9. 活塞杆 10. 油缸端盖 13. 油封 14. 紧固螺栓 15. 油封端盖 16. 连接头 17. 限位盘 18. 限位阀钢球

柱塞式油缸因为产生的压强大，目前多被重型自卸汽车采用。如图 6－36 所示为 SP3190 型自卸汽车举倾油缸的结构。油缸主要由三节油缸、一节柱塞及密封件等组成。车厢举升时，高压油从管接头 2 的进油孔进入举倾油缸的油腔中，油腔充满高压油后便依次将各节油缸推出。举倾油缸本身无极限位置安全装置，极限位置由液压系统的限位阀控制。车厢降落时，车厢在自重的作用下迫使缸内液压油流回油箱而下降。

3）控制阀。控制阀是液压举倾系统的控制元件。SP3091 型自卸汽车采用手动转阀作为控制阀来控制油路方法，如图 6－37 所示。

车厢举升时，手动转阀高压油入口 A 与油箱相通，油孔 B 的油路被封闭，从油泵出来的高压油直接进入举倾油缸的油腔中，依次将各节油缸推出，车厢被举升。当高压油的油压超过限定值时，与手动转阀组装在一起的安全阀钢球 3 压缩安全阀弹簧 5，使安全阀打开，高压油经由安全阀门流回油箱，用以保护液压系统。

4）车厢锁紧机构。可以使车厢后栏板自动开启和锁紧。车厢锁紧机构主要由定位板、滚轮、杠杆总成、拉杆总成、回位弹簧、锁钩等组成，其结构如图 6－38 所示。当车厢举升至 5°时，滚轮 2 沿定位板 1 斜面开始运动，11°时滚轮 2 与定位板 1 脱开。拉杆总成在回位弹簧 9 的作用下向右运动，锁钩 13 绕销轴 12 转动，后栏板就自动打开。车厢下降时，滚轮 2 在定位板 1 的斜面作用下，使杠杆总成 3 转动，拉动拉杆总成向左运动，锁钩13强制锁紧车厢后栏板。调整螺母8可以改变拉杆长度，保证锁紧机构的正常工作。

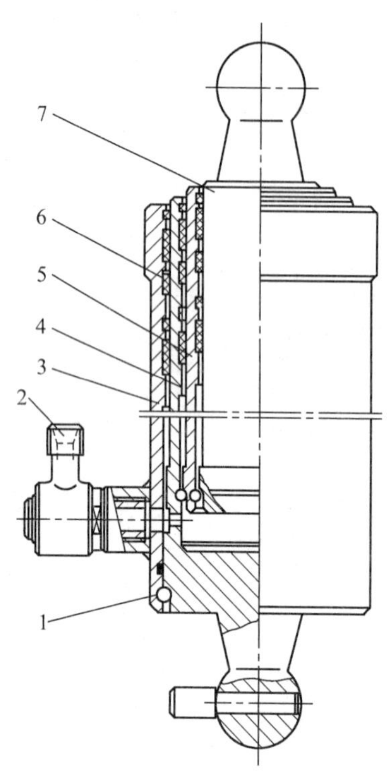

图6-36 柱塞式举倾油缸结构

1. 钢丝锁止环 2. 管接头 3. 第一节油缸 4. 第二节油缸 5. 第三节油缸 6. 密封圈 7. 柱塞

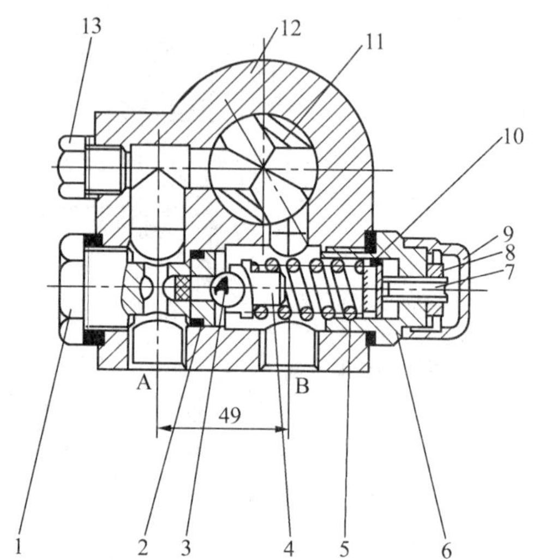

图6-37 手动转阀结构

1. 安全阀座 2、10. O形密封圈 3. 安全阀钢球 4. 钢球座 5. 安全阀弹簧 6. 弹簧调整座 7. 调整螺钉 8. 锁紧螺母 9. 防尘罩 11. 阀芯 12. 阀体 13. 螺塞

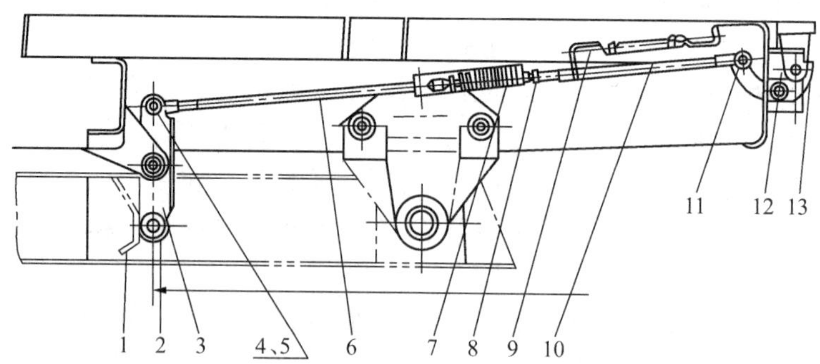

图6-38 SP3091型自卸汽车车厢锁紧机构

1. 定位板 2. 滚轮 3. 杠杆总成 4、11、12. 销轴 5. 垫圈 6. 后拉杆总成 7. 弹簧 8. 调整螺母 9. 回位弹簧 10. 前拉杆总成 13. 锁钩

(2) 布置形式

普通自卸汽车以车厢底架和副车架上的前端支撑为支点，用布置在车厢前部或中部的举倾油缸举升车厢，使之倾斜。重型自卸汽车无副车架，举倾油缸的上下支点则分在车厢底架和车架的支架轴上。举倾油缸与车厢的连接形式如图 6－39 所示。

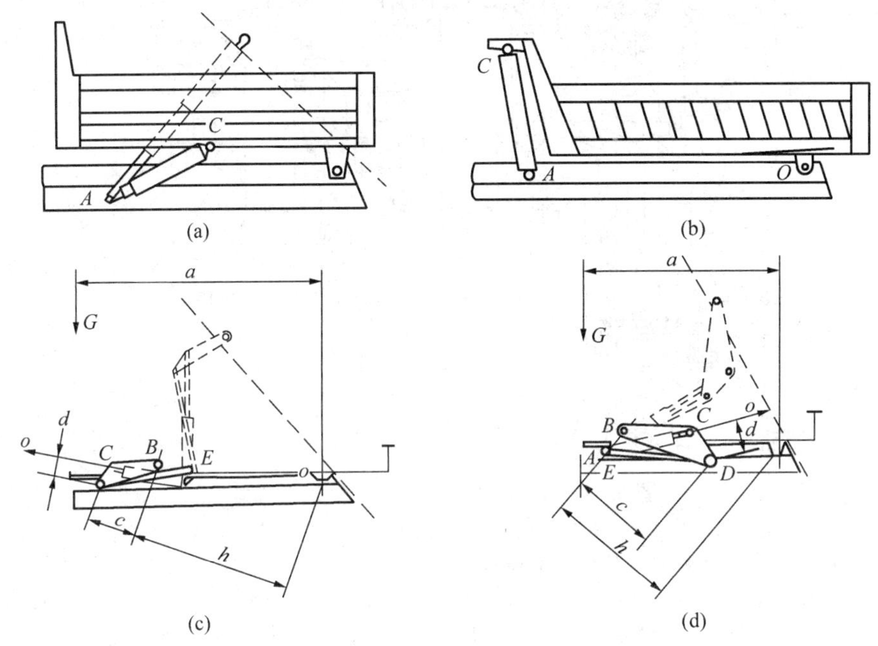

图 6－39　油缸与车厢底架的连接形式

(a) 中置油缸直推式　(b) 前置油缸直推式　(c) 油缸前推连杆组合式　(d) 油缸后推连杆组合式

多数自卸汽车的举倾油缸直接作用在车厢底架上，称为直推式，如图 6－39 (a) 和 (b) 所示；一些自卸汽车上，举倾油缸与车厢底架之间通过连杆机构连接，称为连杆组合式，如图 6－39 (c) 和 (d) 所示；直推式的油缸与车厢底架的连接点位置，一般布置在车厢的几何中心后面，这样布置举升车厢稳定性较好。连杆组合式的举倾油缸可以布置得接近水平位置，其优点是油缸容易布置。可以将油缸和油泵连接成一体，取消高压油管。但这种结构会使车厢底架和车架承受油缸产生的水平面推力，而产生较大的应力。

举倾机构的油泵有三种布置形式：第一种是通过取力器把油泵安装在变速器上；第二种是把油泵安装在油缸附近或油缸上，通过传动轴与变速器相连；第三种是将油泵安装在储油箱上，油泵通过变速器中间轴驱动。

取力器是从变速器取出动力的装置。如图 6－40 所示为 SP3091 型自卸汽车取力器结构，当压缩空气通过管接头 27 进入气缸 18 时，使活塞 20 和拨叉轴 16 轴向移动，安装在拨叉轴 16 上的拨叉 15 拨动从动齿轮 14 使之与主动齿轮 4 啮合，带动输出轴 8 转动。输出轴 8 与安装在取力器壳体 7 上的油泵轴用花键连接，因而输出轴转动时就可驱动油泵工作。当气缸内无压缩空气时，活塞 20 在回位弹簧 19 作用下退回原始位置，拨叉 15 使从动齿轮 14 与主动齿轮 4 脱离，油泵停止工作。取力器通过 8 个连接螺栓与变速器体相连。

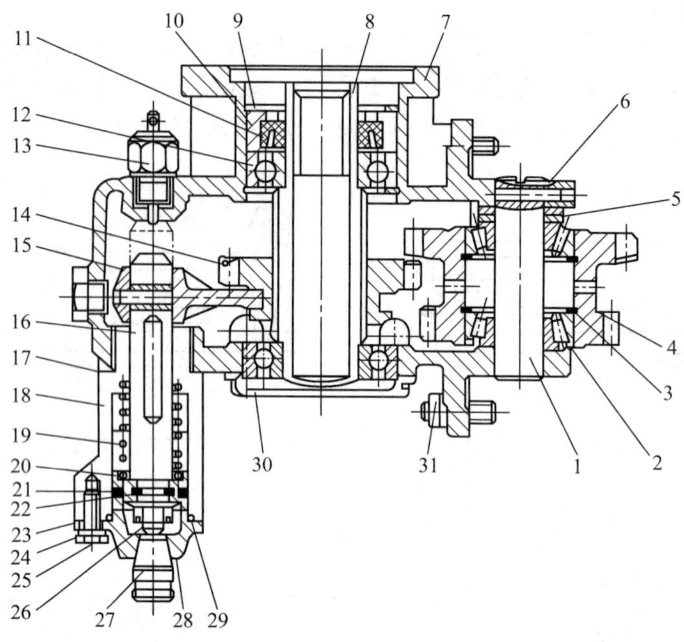

图 6-40 SP3091 型自卸汽车取力器结构

1、4. 主动齿轮 2、12. 轴承 3. 轴承挡圈 5. 调整垫片 6. 弹性销 7. 取力器壳体 8. 输出轴 9. 油封挡圈 10. 油封座 11. 油封 13. 指示灯 14. 从动齿轮 15. 拨叉 16. 拨叉轴 17. 密封垫 18. 气缸 19. 回位弹簧 20. 活塞 21、29. O 形橡胶圈 22. 矩形橡胶圈 23. 密封垫圈 24. 弹簧垫圈 25、26. 紧固活塞螺母 27. 管接头 28. 气缸盖 30. 端盖 31. 连接螺栓

复习与思考

1. 固定式牵引装置有何特点？牵引点的垂直和水平位置是如何调节的？
2. 何谓标准转速动力输出轴？何谓同步式动力输出轴？
3. 何谓非独立式、半独立式和独立式动力输出轴？它们各有何特点？
4. 两点悬挂和三点悬挂各有何特点？
5. 何谓分置式、半分置式和整体式液压系统？各有何特点？
6. 耕深调节方法有哪些？说明其调节原理及其对耕作质量的影响和特点。
7. 试述分置式液压系统的工作原理。
8. 试述半分置式液压系统的工作原理。
9. 试述整体式液压系统的工作原理。
10. 举倾机构有哪些布置方式？

东方红履带拖拉机

第7章 自动驾驶技术

7.1 概述

自动驾驶技术，也称为无人驾驶技术，是指通过车载传感器、控制系统和执行器等实现汽车在没有人类驾驶员干预的情况下自主行驶。这项技术的发展旨在提高道路安全，提升交通效率，减少能源消耗和排放，以及为乘客提供更加舒适便捷的出行体验。

自动驾驶技术涵盖了汽车制造、电子芯片、基础设施、移动通信等产业板块，是跨行业跨领域的综合性发展新方向，也是未来诸多新兴产业发展的重要引擎。要实现自动驾驶技术的完美运行，需要汽车工业、智能交通基础设施、新一代通信网络等领域共同发力。

7.1.1 定义与架构

自动驾驶技术的定义是指通过先进的计算机、传感器、雷达、GPS 等技术，实现车辆在没有人类操作的情况下，能够自主感知周围环境、自主决策规划、自主执行驾驶任务的一种前沿科技。其目的是减少驾驶疲劳，提高驾驶安全性，增加交通效率，并改变人们的出行方式。

自动驾驶系统包括硬件系统和软件系统。

硬件系统主要包括传感器系统、域控制器、底盘动力系统和整车线束系统等。其中，传感器系统负责收集车辆周围环境的信息，如摄像头、雷达、激光雷达等；域控制器则负责处理传感器收集的信息，并做出决策；底盘动力系统则负责执行决策，驱动车辆行驶；整车线束系统则负责将各个部分连接起来，确保信息的顺畅传输。

软件系统则包括感知系统、定位系统、规划控制系统以及驱动和中间件系统等。感知系统主要负责对传感器收集的信息进行处理，识别出车辆周围的环境和障碍物；定位系统则负责确定车辆的位置和姿态；规划控制系统则根据感知和定位的结果，规划出适当的驾驶路径和策略，并控制车辆执行；驱动和中间件系统则负责将控制指令转换为车辆的实际动作。

自动驾驶汽车通过收集和处理各类传感器的信息，实现对车辆转向、制动、加速的控制。从软件上，包括感知数据处理的感知层，对车辆运动规划、决策的规划层，对执行器精准控制的控制层。软件主要集成到计算平台中，部分感知数据处理放在智能传感器中。自动驾驶系统技术架构如图 7－1 所示。

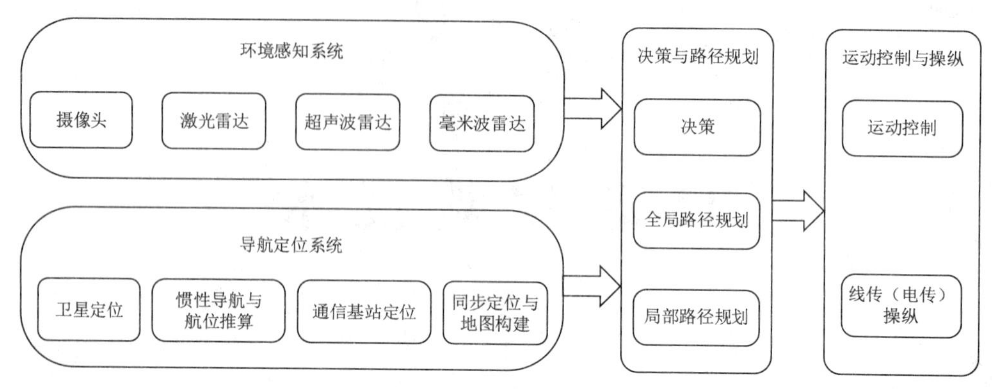

图 7－1 自动驾驶系统技术架构

7.1.2 级别划分

按照 SAE International 的定义，自动驾驶的级别从 L0 到 L5 共分为六个等级，其中 L0 级只是车道偏离预警，L5 级则是完全自动驾驶，甚至都不需要驾驶员。在自动驾驶的不同级别中，驾驶员的角色和责任也有所不同。在 L1 和 L2 级辅助驾驶中，驾驶员仍需全程监控驾驶环境并随时准备接管驾驶；在 L3 级有条件自动驾驶中，驾驶员需准备好在自动系统请求时重新取得驾驶控制权；在 L4 级高度自动驾驶中，驾驶员可在特定环境和条件下完全释放对车辆的控制；而在 L5 级完全自动驾驶中，驾驶员甚至可以完全不用管车辆。

根据工业和信息化部 2020 年 4 月发布的《汽车驾驶自动化分级》，基于驾驶自动化系统能够执行动态驾驶任务的程度，根据在执行动态驾驶任务中的角色分配以及有无设计运行条件限制，《汽车驾驶自动化分级》将驾驶自动化分成 0～5 级，如表 7－1 所示。

表 7－1 汽车驾驶自动化分级

分级	名称	车辆横向和纵向运动控制	目标和事件探测与响应	动态驾驶任务接管	设计运行条件
0	应急辅助	驾驶员	驾驶员和系统	驾驶员	有限制
1	部分驾驶辅助	驾驶员和系统	驾驶员和系统	驾驶员	有限制
2	组合驾驶辅助	系统	驾驶员和系统	驾驶员	有限制
3	有条件自动驾驶	系统	系统	动态驾驶任务接管用户（接管后成为驾驶员）	有限制
4	高度自动驾驶	系统	系统	系统	有限制
5	完全自动驾驶	系统	系统	系统	无限制

目前，国内已经有多家汽车厂商获得了 3 级自动驾驶测试牌照，如比亚迪、极

越、极狐、深蓝、阿维塔、长安、宝马、梅赛德斯-奔驰等，开展测试的城市包括北京、上海、深圳和重庆等。

7.1.3　技术与行业发展现状

自动驾驶技术作为未来交通出行的主要趋势，正逐渐改变人们的出行方式。随着传感器、人工智能和大数据等技术的快速发展，自动驾驶汽车在感知、决策和控制方面取得了显著进步。然而，自动驾驶技术仍面临诸多挑战，如技术瓶颈、法规限制和公众接受度等方面。

7.2　环境感知与定位

环境感知技术主要利用传感器、计算机、全球定位系统等技术，通过车载传感器系统感知道路环境，实现对车辆周围环境信息的实时感知和识别。

感知技术是自动驾驶技术的核心之一。目前，传感器技术取得了很大进展，精度和稳定性得到了提升，但仍面临一些挑战，如恶劣天气和光照条件下的适应性、动态障碍物的识别和跟踪等。

7.2.1　环境感知

环境感知是自动驾驶系统的核心组成部分，通过各种传感器对车辆行驶环境进行动态感知和认知，为车辆提供数字化的已知驾驶环境信息，为决策模块提供输入，是实现自动驾驶功能的必要基础。

感知系统通常包括传感器、感知算法和感知结果输出等部分。传感器负责采集环境信息，感知算法负责对采集到的信息进行处理和分析，感知结果输出则将处理后的结果传递给决策模块，为其提供输入。

传感器类型包括激光雷达、摄像头、毫米波雷达、超声波雷达等，它们可以检测车道线、交通信号、障碍物等，并通过对车辆位置和姿态的精确测量实现车辆的定位和导航。

(1) 激光雷达

激光雷达（LiDAR）是一种重要的环境感知传感器，在自动驾驶系统中发挥着关键作用。它通过发射激光束并测量反射回来的时间来获取周围环境的三维信息，为自动驾驶系统提供高精度、高可靠性的环境感知数据。

激光雷达通过测量激光束在空气中传播的时间，结合光速恒定的原理，计算出激光雷达与目标物之间的距离。同时，激光雷达通过旋转扫描的方式获取周围环境的点云数据，每个点包含了该点的三维坐标、反射强度等信息，其工作原理如图7-2所示。

激光雷达具有高精度、高分辨率和高可靠性的优点，能够提供丰富的三维环境信息，包括障碍物的位置、形状、大小等，以及车道线、交通信号等。这些信息为自动驾驶系统提供了重要的决策依据，帮助系统实现自主导航、障碍物避让、路径规划等功能。

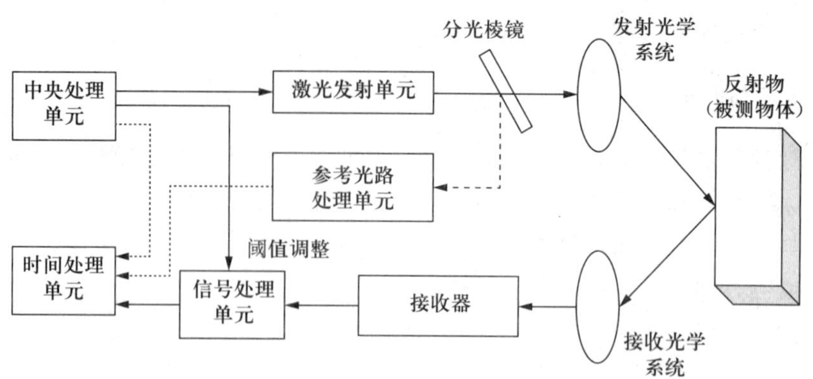

图 7-2 激光雷达结构原理

激光雷达的精度和稳定性对自动驾驶系统的性能和安全性至关重要。目前，激光雷达技术正在不断发展和优化，在提高精度、降低成本和减小体积等方面取得显著进展。未来，随着激光雷达技术的进一步成熟，其在自动驾驶领域的应用前景将更加广阔。

（2）毫米波雷达

毫米波雷达是一种广泛应用于自动驾驶环境感知中的传感器。它利用毫米波段的电磁波特性，能够实现高精度、高可靠性的距离、速度和角度测量，为自动驾驶系统提供重要的环境感知信息。

毫米波雷达的工作原理是发射毫米波段的电磁波，并接收目标反射回来的回波信号。通过测量回波信号的时间延迟，可以计算出目标物体的距离和速度信息，其结构原理如图 7-3 所示。同时，通过测量回波信号的相位差，可以计算出目标物体的角度信息。这些信息对于自动驾驶系统的路径规划、自主导航和障碍物避让等功能至关重要。

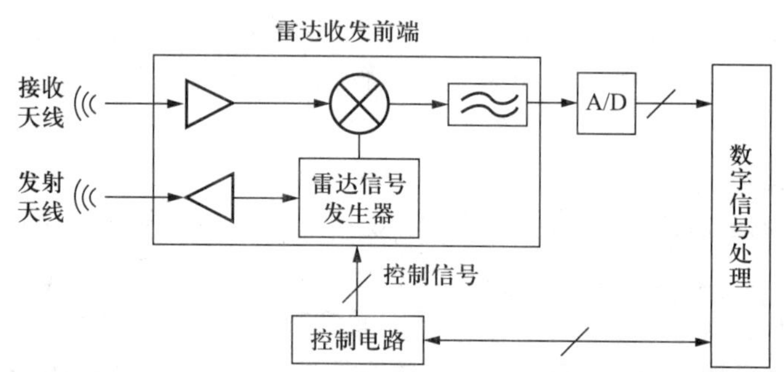

图 7-3 毫米波雷达结构原理

毫米波雷达具有多种优点。首先，毫米波段的电磁波具有较好的穿透性和绕射能力，可以适应各种复杂的环境条件，如雨、雾、沙尘等。其次，毫米波雷达的精度和稳定性较高，能够提供高精度的距离、速度和角度信息，具有较高的可靠性。此外，毫米波雷达的响应较快，能够快速检测到目标物体的运动状态变化。

在自动驾驶环境中，毫米波雷达的主要作用是检测车辆周围的障碍物、行人和其

他运动物体，并进行距离、速度和角度的测量。通过与车载控制系统的配合，毫米波雷达可以提供实时的道路状况、车辆位置、障碍物位置等信息，帮助系统实现自主导航、障碍物避让、路径规划等功能。

总之，毫米波雷达作为一种重要的环境感知传感器，在自动驾驶系统中发挥着关键作用。它的高精度、高可靠性和快速响应等特点为自动驾驶系统的环境感知提供了重要的支持。随着自动驾驶技术的不断发展，毫米波雷达的应用前景将更加广阔。

(3) 超声波雷达

超声波雷达是一种常用于自动驾驶环境感知中的传感器。它利用超声的特性，能够实现近距离的高精度测距，为自动驾驶系统提供实时的环境感知信息。

超声波雷达的工作原理是发射超声波，并检测回波信号。通过测量回波信号的时间延迟，可以计算出目标物体的距离信息。由于超声波的波速与温度有关，因此需要根据温度信息对测距结果进行修正。

相比其他传感器，超声波雷达具有一些独特的优点。首先，它的测距精度较高，通常在厘米级范围内，能够提供高精度的距离信息。其次，超声波雷达的探测范围较广，通常可以达到0.1～3 m，可以覆盖较大的区域。此外，超声波雷达的成本较低，具有较高的性价比。

在自动驾驶环境中，超声波雷达的主要作用是检测车辆周围的障碍物、行人和其他物体，并进行距离测量。通过与车载控制系统的配合，超声波雷达可以提供实时的道路状况、车辆位置、障碍物位置等信息，帮助系统实现自主导航、障碍物避让、路径规划等功能。

需要注意的是，超声波雷达的探测距离较短，通常仅适用于短距离的环境感知。因此，在自动驾驶系统中，通常会采用多种传感器融合的方式，将超声波雷达与其他传感器（如激光雷达、毫米波雷达等）的数据进行融合，以提高感知的准确性和可靠性。

总之，超声波雷达作为一种重要的环境感知传感器，在自动驾驶系统中发挥着重要作用。它的高精度、广覆盖范围和低成本等特点为自动驾驶系统的环境感知提供了重要的支持。随着自动驾驶技术的不断发展，超声波雷达的应用前景将更加广阔。

(4) 视觉传感器

摄像头是一种广泛应用于自动驾驶环境感知中的传感器，能够采集车辆周围环境的图像信息，为自动驾驶系统提供视觉感知能力。

摄像头的原理与人类视觉类似，通过镜头采集图像，并使用图像传感器将图像转换为数字信号，再经过处理和分析，提取出有用的信息，如车道线、交通信号、障碍物等。摄像头可以提供高分辨率的图像信息，并具有较大的视场角，能够覆盖较大的范围，因此在自动驾驶系统中具有重要的应用价值。

在自动驾驶环境中，摄像头的主要作用是识别和检测车辆周围的物体和道路标志，以及进行道路标识和交通信号的识别。通过图像处理和计算机视觉技术，摄像头可以识别车道线、交通标志、行人和其他障碍物，并提供相对位置和运动状态等信息。这些信息对于自动驾驶系统的路径规划、自主导航和障碍物避让等功能至关重要。

然而，摄像头感知也存在一些局限性。例如，在光照条件较差或恶劣天气情况下，摄像头的感知能力可能会受到影响。此外，由于摄像头的视角有限，对于远距离的障碍物或细小的物体可能难以识别。因此，自动驾驶系统通常会采用多种传感器融合的方法，将摄像头与其他传感器（如激光雷达、毫米波雷达等）的数据进行融合，以提高感知的准确性和可靠性。

总之，摄像头作为一种重要的环境感知传感器，在自动驾驶系统中发挥着重要作用。随着计算机视觉和图像处理技术的不断发展，摄像头感知的精度和稳定性也在不断提高，为自动驾驶技术的广泛应用奠定了基础。

上述传感器各有优缺点，其对比情况如表 7－2 所示。除了上述通过各种传感器对车辆行驶环境进行动态感知以外，数据处理和分析也是关键环节。通过对传感器采集的数据进行预处理、特征提取和分类识别等操作，实现对车辆周围环境的感知和认知。同时，为了保证感知的准确性和可靠性，需要进行数据融合和校准等工作，以提高传感器数据的精度和稳定性。

表 7－2　自动驾驶环境感知传感器优缺点对比

类别	优点	缺点
激光雷达	高精度：能够获取高精度的三维环境信息，提供丰富的细节和深度信息 可靠性强：对光照和天气条件的适应性较强，可在各种环境下工作 测量范围广：能够覆盖较大的范围，提供全面的环境感知数据	成本较高：激光雷达的制造成本较高，可能成为普及的障碍 数据处理量大：需要处理大量的点云数据，对计算能力要求较高
毫米波雷达	抗干扰能力强：对电磁波干扰具有较强的抵抗能力，能够在复杂环境中正常工作 穿透性强：能够穿透雾、雨、雪等天气条件，适用于各种天气条件下的工作 可靠性高：相对于其他传感器，毫米波雷达的可靠性较高	精度有限：相对于激光雷达和摄像头，毫米波雷达的精度较低 数据处理复杂度低：回波信号的处理较为简单，相对于点云数据处理较为简单
超声波雷达	成本低：相对于其他传感器，超声波雷达的成本较低 精度高：能够实现高精度的测距，适用于近距离的环境感知 可靠性高：对光照和天气条件的适应性较强，能够在各种环境下正常工作	探测范围有限：相对于激光雷达和毫米波雷达，超声波雷达的探测范围较窄 数据处理复杂度低：回波信号的处理较为简单，相对于点云数据处理较为简单
摄像头	图像处理能力强：能够识别各种颜色、形状和纹理等特征，适用于目标识别和分类 数据丰富：可以获取高分辨率的图像信息，提供大量的细节信息	对光照和天气条件敏感：在恶劣天气或光照条件下性能下降 深度信息有限：只能获取二维的图像信息，需要结合其他传感器获取深度信息

环境感知作为自动驾驶系统的核心组成部分，其性能和精度直接影响着自动驾

驶系统的安全性和可靠性。目前，随着传感器、计算机视觉和人工智能等技术的不断发展，环境感知技术也在不断进步和完善，为自动驾驶技术的广泛应用奠定了基础。

7.2.2 导航定位

导航定位系统是自动驾驶系统的核心组成部分，它负责确定车辆在环境中的精确位置，并提供导航信息以确保车辆能够安全、准确地到达目的地。

常见的导航定位技术包括卫星定位、惯性导航系统和通信基站定位等。

(1) 卫星定位技术

卫星定位技术是一种使用卫星信号来确定接收机位置的技术。它通过接收机接收卫星信号，测量信号传播时间、距离等参数，利用这些参数计算接收机的位置和速度。卫星定位技术具有全球覆盖、高精度、实时性强等优点，被广泛应用于导航、定位、军事等领域。

全球导航卫星系统（global navigation satellite system，GNSS）是一个集合名词，指代一系列由各国建设和运营的卫星导航系统，其中最知名的是美国的全球定位系统（GPS），还包括俄罗斯的格洛纳斯（GLONASS）、欧洲的伽利略（Galileo）、中国的北斗卫星导航系统（BDS）等。这些系统的主要目标是通过部署在地球轨道上的卫星网络，向地球表面和近地空间的用户提供全天候、全球覆盖、连续、实时和高精度的位置、速度和时间信息。

差分全球定位系统是在卫星定位技术基础上发展起来的一种定位技术。它通过接收多个卫星信号，比较不同卫星信号的传播时间或距离差，计算接收机的位置。差分定位系统可以消除或减小卫星钟差、星历误差、电离层误差等对定位精度的影响，提高定位精度和可靠性。

北斗卫星导航定位系统是由中国自主研发并独立运行的全球导航卫星系统，它是继美国全球定位系统、俄罗斯格洛纳斯卫星导航系统之后第三个全面投入使用的全球卫星导航系统，同时也是联合国卫星导航委员会认定的供应商之一。

(2) 惯性导航与航位推算

惯性导航定位是基于牛顿力学原理的一种自主导航方式，它利用惯性传感器（陀螺仪和加速度计）测量载体在运动过程中的加速度和角速度，通过积分运算得到载体的位置、速度和姿态信息。

惯性导航不依赖外部信息源如卫星信号或地物参照。它主要依靠安装在载体上的惯性测量单元（IMU），通常包括陀螺仪和加速度计。陀螺仪用于感知载体的角速度变化，加速度计则测量载体沿各轴的线加速度。通过连续记录和积分这些数据，导航系统能够计算出载体的速度和位置信息。惯性导航的优势在于不受外界环境（如电磁干扰、天气条件等）影响，具有自主性、隐蔽性、不依赖外部信息等优点，因此在军事、航天和潜艇等需要高度自主性和保密性的场合尤为适用。然而，由于传感器测量误差会随时间积累，长期导航精度会逐渐下降，因此需要定期修正或与其他导航系统结合使用以提高定位精度。

航位推算是一种更为基础的导航方法，同样基于连续测量载体运动参数（如速度、航向等）来推测下一个时刻的位置。它通常利用速度传感器（如车速表、里程计）和方向传感器（如磁罗盘）获取信息。例如，如果知道了当前的位置和行驶方向及速度，就可以通过简单的数学运算得出未来某一时刻的位置。不过，航位推算同样存在累积误差的问题，尤其是在没有实时修正的情况下，长时间导航的精度会显著降低。

（3）通信基站定位

通信基站定位技术是利用分布广泛的移动通信基站网络来确定移动设备（如手机、物联网终端等）位置的一种定位方法。这项技术在没有 GPS 信号或者 GPS 信号不佳的情况下，特别是在城市环境和室内场所，为移动设备提供了一种替代或补充的定位服务。

基站定位的精度受到多种因素影响，如基站密度、信号传播环境、多径效应等，通常情况下精度相比 GPS 定位较低，但在城市等基站密集区域，通过优化算法和大量基站的支持，仍能提供相对满意的定位服务。基站定位技术广泛应用于移动通信服务、紧急呼叫服务（如 E911）、城市公共服务、商业营销、资产管理等诸多领域。

（4）即时定位与地图构建（SLAM）

即时定位与地图构建（simultaneous localization and mapping，SLAM）是一种计算机科学和机器人技术中的关键技术，它使机器人在自身位置不确定的条件下，能够在完全未知的环境中创建地图，并同时利用这张地图进行自主定位和导航。

SLAM 的核心在于机器人在未知环境中从一个未知位置开始移动，在移动过程中根据位置估计和传感器数据进行自身定位，并同时构建增量式地图。这一过程需要运用概率统计的方法，通过多特征匹配来实现定位和减少定位误差。机器人在定位的同时建立环境地图，并不断更新和完善地图信息，以实现对环境的精确感知和导航。

随着算法的不断发展和完善，SLAM 已经成为无人驾驶汽车实现自主导航和环境理解的核心技术之一。

7.3 决策与路径规划

无人驾驶技术中的决策与路径规划是实现自动驾驶车辆安全、高效行驶的关键环节。这两个方面相辅相成，共同确保车辆能够在复杂多变的交通环境中正确决策并规划合适的行驶路径。高级别的自动驾驶汽车已经可以实现自主驾驶、自动变道、自动泊车等功能。但面对复杂的交通环境和突发情况，决策控制系统仍需进一步提高稳定性和可靠性。

7.3.1 决策

决策系统是无人驾驶汽车的“大脑”，它基于感知层收集到的实时环境信息（如车辆周围物体的位置、速度、类型、交通标志、路面情况等）做出判断。决策过程通常包括但不限于以下三个方面：

行驶策略制定：在遵守交通规则的前提下，根据道路条件、前方障碍物、行人

动态、交通信号灯状态等因素，决定是否加速、减速、转向、停车或改变车道等操作。

危险情境处理：在遇到突发情况如突然出现的障碍物、道路施工、事故现场等情况时，进行快速响应和规避动作。

行为决策：在复杂的交通环境中，选择最优的行为决策方案，如在路口处选择正确的转弯方向，在多辆车之间选择合适的超车时机等。

7.3.2　路径规划

（1）全局路径规划

自动驾驶路径规划是实现自动驾驶的关键技术之一，它是无人驾驶汽车在获知目的地和当前环境信息后，设计出一条从起点到终点的最优或安全行驶路径的过程。主要涉及全局路径规划和局部路径规划两个层次。

全局路径规划是在高精地图的基础上，根据起点和目标点，规划出一条全局最优路径。该路径需要满足车辆行驶的约束条件，如速度、加速度、转向角等。

全局路径规划通常采用基于图搜索、随机采样、人工智能等算法，如Dijkstra算法、A*算法、RRT算法等。

Dijkstra算法是由荷兰计算机科学家艾兹赫尔·戴克斯特拉（Edsger W. Dijkstra）在1956年提出的，用于解决单源最短路径问题。该算法适用于有向图和无向图，可以找到从源点到图中所有其他顶点的最短路径。Dijkstra算法在图论和计算机科学中非常重要，尤其是在网络路由、交通网络分析等领域。

A*算法（A - star algorithm）是一种广泛应用于路径寻找和图遍历的启发式搜索算法。它由Peter Hart、Nils Nilsson和Bertram Raphael在1968年共同提出。A*算法结合了Dijkstra算法和贪心思想，利用启发式函数评估从当前节点到目标节点的估计代价，从而更有效地搜索最短路径。

RRT（rapidly - exploring random tree）是一种用于路径规划和导航的随机算法，由Steven M. LaValle在1998年提出。RRT算法的基本思想是在搜索空间中随机采样，并尝试将这些样本点连接到现有的树结构中，以此来探索可能的路径。RRT算法能够在未知环境中快速探索并构建一棵随机树，从而找到从起点到终点的可行路径，同时尽可能地覆盖整个搜索空间。RRT特别适用于高维空间和复杂环境中的路径搜索，如机器人导航、自动驾驶汽车和无人机飞行规划等。

这些智能优化算法可以用来求解路径规划问题，尤其在具有多个约束条件和需要全局优化的问题上表现良好。每种算法都有其适用场景和优缺点，实际应用中常常需要根据具体需求和环境特性选择合适的算法，或混合使用多种算法。

（2）局部路径规划

局部路径规划是在全局路径的基础上，根据车辆的当前位置和状态，实时计算出局部最优路径，如图7-4所示。局部路径规划需要考虑环境变化、障碍物动态、道路曲率等因素，并保证车辆在行驶过程中的稳定性和安全性。常用的局部路径规划算法有基于规则的、基于模型的、基于学习的等，如动态窗口法、时间弹性带算法、模型预测控制、人工势场法等。

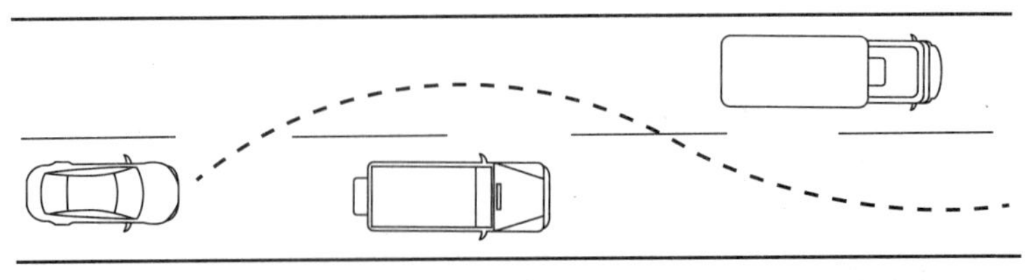

图 7-4 路径规划

动态窗口法（dynamic window approach，DWA）是一种用于自动驾驶车辆的局部路径规划和避障算法。它主要用于在已知环境中，为车辆生成安全的、避免碰撞的路径。DWA 算法通过在有限速度和加速度的约束下，预测车辆在不同速度下的运动轨迹，通过评价函数评估这些轨迹的安全性和效率，从而选择最优的速度指令来控制车辆。

时间弹性带算法（timed elastic band，TEB）是一种用于自动驾驶车辆的局部路径规划算法。TEB 算法在全局路径的基础上，采用优化技术生成一条局部、动态且柔性的轨迹，考虑了车辆动力学约束和避障需求，通过迭代优化来更新轨迹，以适应瞬息万变的环境。它主要用于在已知环境中，对车辆的运动轨迹进行优化，以实现更平滑、更高效的运动。

模型预测控制（model predictive control，MPC）是一种先进的控制策略，它在无人驾驶局部路径规划中扮演着重要角色。MPC 通过使用一个模型来预测未来的系统行为，并在此基础上优化控制输入，以实现对系统性能的优化。在无人驾驶车辆的局部路径规划中，该算法通过滚动优化窗口，预测未来多个时间步长内的车辆行为，并选择使得总体性能指标最优的控制输入，综合考虑到车辆的动力学和运动学约束，生成平滑且安全的轨迹。

人工势场法（artificial potential fields，APF）是一种用于路径规划和避障的算法，它在无人驾驶领域得到了广泛应用。该算法通过为环境中的障碍物、目标点以及车辆本身定义势场函数，来引导车辆沿着最优路径移动，同时避免与障碍物发生碰撞。

在自动驾驶路径规划中，还需要考虑与其他技术的结合，如传感器融合、车辆控制等。传感器融合可以提供更准确的环境感知信息，提高路径规划的精度和可靠性；车辆控制技术可以保证车辆在行驶过程中的稳定性，使得路径规划结果能够在实际中得到应用。

总之，自动驾驶路径规划是实现自动驾驶的关键技术之一，它需要在保证安全性和稳定性的前提下，实现全局和局部的最优路径规划。随着人工智能和机器学习技术的发展，自动驾驶路径规划技术也在不断进步和完善。

 7.4 运动控制与线控系统

运动控制是自动驾驶技术研究领域的核心问题之一，是将意图转化为行为的过程。控制器参照动态规划的轨迹，结合实时获取的车辆当前状态参数，包括横纵向车

速、加速度、横摆角速度、质心侧偏角等动力学控制关键参数，以兼顾安全性、经济性、舒适性等多指标综合最优为宗旨，按照既定的逻辑做出控制决策，并发送控制指令到驱动、制动和转向等系统的执行机构，实现对车辆位置、速度、姿态的精确控制，无人驾驶控制系统结构如图 7-5 所示。

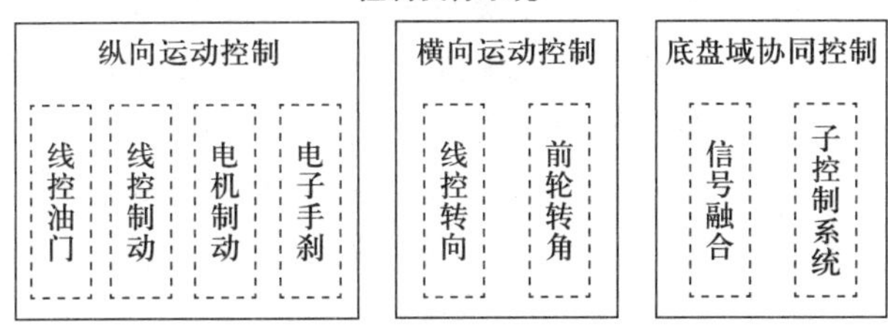

图 7-5 无人驾驶控制系统结构

7.4.1 运动控制

(1) 纵向运动控制

自动驾驶技术纵向运动控制的首要任务是通过操控驱动及制动力/力矩的输出，实现车辆在前进方向上的加速、减速或匀速行驶等运动行为。最早开发且最为典型的智能网联汽车纵向控制为定速巡航控制（cruise control）系统，其研发可追溯至 1940 年，经过 80 多年的发展已成为目前最为普遍的智能汽车控制功能之一。相较于人类驾驶，定速巡航控制可实现更为精准的车速控制以及平顺的行驶轨迹，可减轻驾驶人的驾驶负担。自适应巡航控制（adaptive cruise control，ACC）是对定速巡航控制的拓展和升级，它主要利用车载传感器实时探测与前车的距离，通过对驱/制动系统的控制，在保证巡航车速的前提下，与前车始终保持足够的安全车距。随着自动驾驶技术的发展，巡航控制系统有了显著的提升，如从原先的只适于高速工况到全驾驶工况，从仅关注安全性到兼顾经济性。全速 ACC 是传统 ACC 的扩展，其具有拥堵跟车、自动启停等功能，能完全解放驾驶人双脚，大幅降低长途驾驶所带来的疲劳，目前已经在部分高端车型上得到大量应用。

近年来自动驾驶技术的纵向主动安全控制技术得到了高速发展。自动紧急制动（automatic emergency braking，AEB）系统是推动当前汽车智能化普及的另一大核心的关键功能，其通过车载传感器实时探测前方目标障碍物的运动信息（如移动速度、相对距离等），并结合当前车辆信息进行碰撞危险程度预判，进而利用自动制动技术来避免或缓解碰撞。AEB 对于行驶安全性具有非常显著的提升效果，因此也正逐渐成为量产乘用车的标配功能之一。安全性是评价 AEB 系统最为关键的指标，各大车企和研究单位致力于不断提升 AEB 系统的适用工况和安全性能。此外，结合驾驶人反应特性，考虑减缓紧急制动时对驾乘人员的危害，以及结合线控制动技术进一步提升 AEB 系统性能已成为新的研究热点。

(2) 横向运动控制

智能汽车的横向运动控制是指以跟踪理想运动轨迹为目标，通过车辆方向盘或前轮转角的控制，实现稳定、舒适的车辆轨迹跟踪控制。其主要目标是在车辆上选取一个控制点来跟踪一条与时间参数无关的几何曲线，即在给定速度下让控制点跟踪期望路径上的目标点，最终使得控制点与期望路径之间的横向位移误差和航向角误差收敛到零。

横向控制执行结构由传感器、控制器、执行器组成，主要任务是通过信号采集和系统控制，控制电动机准确转动前轮，使其偏角到达期望位置。传感器主要采集用于电动机控制的信号，如前轮偏角、前轮偏角变化率、电动机转速和电动机相电流等，并传输给控制系统执行器，电力控制系统执行器根据期望值和当前值反馈控制占空比实现对电动机位置控制，执行机构则把电动机的转动传递到前轮的转动。随着车辆智能化的不断提升，横向控制方法的研究也在高速发展，从经典控制理论开始，过渡到以状态空间方程的现代控制理论，逐步发展到基于复杂非线性系统的智能控制理论。

(3) 底盘域协同控制

智能网联汽车底盘域协同控制是指基于整车域控电子电气架构，通过对底盘域信号进行融合处理，协调 2 个或 2 个以上底盘子系统控制目标与控制动作，使整车获得比各子系统单纯组合叠加更好的动力性、经济性、安全性、稳定性与平顺性。根据控制架构的不同，底盘域协同控制可分为协调式控制和集中式控制。协调式控制架构主要由上层控制器对各控制子系统进行协调，生成期望控制信息，再由各个控制子系统进行各自模块的控制。该架构可实现全局优化与底层控制解耦，减小系统复杂度，提高系统响应特性。集中式控制架构是由底盘域控制器对底盘控制系统进行统一管控，直接生成相应的控制指令控制各个执行器动作，其主要特点是系统集成度高，便于实现全局优化，但系统较为复杂，对底盘系统模型精度和状态信息要求高。

总体来看，底盘域协同控制技术主要是对车辆转向与驱/制动进行协调与统筹，以及横、纵向控制与悬架系统的集成。例如，防抱死制动系统（antilock brake system，ABS）与主动前轮转向（active front steering，AFS）的协同控制、AFS 与主动悬架系统（active suspension system，ASS）的协同控制、ABS 与 ASS 的协同控制等。另外，直接横摆力矩控制（direct yaw control，DYC）对于提升车辆横摆稳定性具有良好的效果，其本质是基于横、纵向动力学耦合模型进行开发，主要有基于制动力分配控制的车身稳定控制系统（electronic stability program，ESP）和基于驱动力分配控制的主动横摆控制系统（active yaw control，AYC）。四轮独立驱动电动汽车因其分布式驱动架构的天然优势，可方便地进行直接横摆力矩控制。此外，随着智能驾驶等级的不断提升，也对底盘域协同控制提出了更高的要求，同时也需要关注各智能控制子系统之间的协同运作，如 ACC 与车道保持系统、ACC 与主动变道控制、ACC 与 AEB 的协同控制等。

7.4.2 线控系统

作为自动驾驶系统的关键执行系统，线控系统的功能是要代替驾驶员的手和脚来进行车辆的转向、制动和加速。因此，线控底盘关键技术也主要有线控制动（brake-by-wire，BBW）、线控转向（steer-by-wire，SBW）和线控驱动（drive-by-wire，DBW）三大技术，已然成为车企的核心竞争力之一。

(1) 线控制动系统

汽车电动化和智能化的发展推动了制动系统朝着线控制动方向发展，不仅与现代汽车向模块化、集成化和机电一体化发展的趋势一致，也符合了汽车对制动系统的新需求。从功能上看，由于近年来汽车智能化的需求，如高级驾驶辅助系统（advanced driver assistant system，ADAS）、自动紧急制动系统（autonomous emergency braking，AEB）等自动驾驶技术都需要线控制动技术。由于汽车电动化的需求，电动汽车要实现制动能量回收，制动系统须由电动机回馈制动和另一种制动形式共同作用。由于电动机制动的特性以及回收能量最大化的需求，液压制动系统的制动力必须实时可调，因此线控制动是必然的发展方向。线控制动系统可对 4 个车轮的液压制动力进行单独调节，并实现对液压制动力的精确控制。因此，作为未来制动系统的革命性技术，线控制动系统将取代传统制动系统。

电子液压制动系统（electronic hydraulic braking system，EHB）结构种类繁多，从制动压力产生的机理出发，大致可分为两种：一种是蓄能器式，在恒定液压回路体积内增大液体流量，例如博世 SBC、丰田 ECB 方案；另一种是电机伺服式，对相同容量的液体压缩其体积，从而产生压力，例如大陆集团的 MK－C1（第一代线控制动系统）、TRW（美国天合公司）的 IBC（集成化制动控制系统）方案。相比较而言，第一种控制方法简单，后一种则有更高能量转换效率。

1）电子液压制动系统。

① 蓄能器式方案。初期的 EHB 产品以蓄能器式方案为主。以丰田（Toyota）为代表，至今仍沿用蓄能器式方案。丰田将研发重心转移至混合动力汽车后，面对摩擦制动与再生制动功能的匹配问题，丰田彻底放弃传统真空助力式制动系统，并研发了一套全新的名为电子控制制动（electronically controlled brake，ECB）系统。丰田公司 Prius 所采用的电子控制制动系统为第三代电子液压式控制制动系统（图 7－6），正常制动时以高压蓄能器作为高压源，并通过对 8 个线性电磁阀进行控制，分别实现各轮缸压力精确控制。为降低系统成本，在第三代 ECB 液压调节单元中仅采用了 2 个线性电磁阀，其余均采用开关电磁阀，在系统失效备份制动回路中采用了 2 个开关电磁阀，将制动主缸的前后腔分别与 4 个车轮轮缸连通。另外，第三代 ECB 中将高压蓄能器、液压泵及其电机从液压调节单元中独立出来，高压蓄能器出液口与制动主缸相连，实现液压助力功能，这一设计可保证当常规供电电源脱落或电压过低时，在驾驶员的输入踏板力与液压伺服力的共同作用下实现主缸增压并传递至各轮轮缸，在此种工况下，由于液压泵电机无法工作或工作不正常，需借助高压蓄能器中所存储的高压油液，可实现辅助制动 2～3 次，故第三代 ECB 系统相对前两代系统可取消电路中的电力电容器。

博世研发名为感应制动控制（sensotronic brake control，SBC）的 EHB 产品，并量产装配于当时戴姆勒-奔驰公司旗下的车型上。该系统为一个半分离式的结构，弹簧组模拟制动踏板的反馈力，高压蓄能器储存来自泵提供的高压制动液，通过释放制动液到轮缸来获得制动效果。其结构及工作原理与 Prius 中所采用的第一、第二代 ECB 系统相似，较为明显的区别在于 SBC 液压调节单元中前轴制动回路配备有两个分离活塞，其作用在于在系统失效情况下，由于 SBC 系统仅可实现对前轴车轮的制动，分离活塞可有效消除高压蓄能器中高压氮气渗漏（长期使用后可能会导致气体渗漏）对前轴制动回路的影响。2004 年后，出于高压蓄能器可靠性方面的考虑，博世放弃蓄能器式 EHB 的研发。

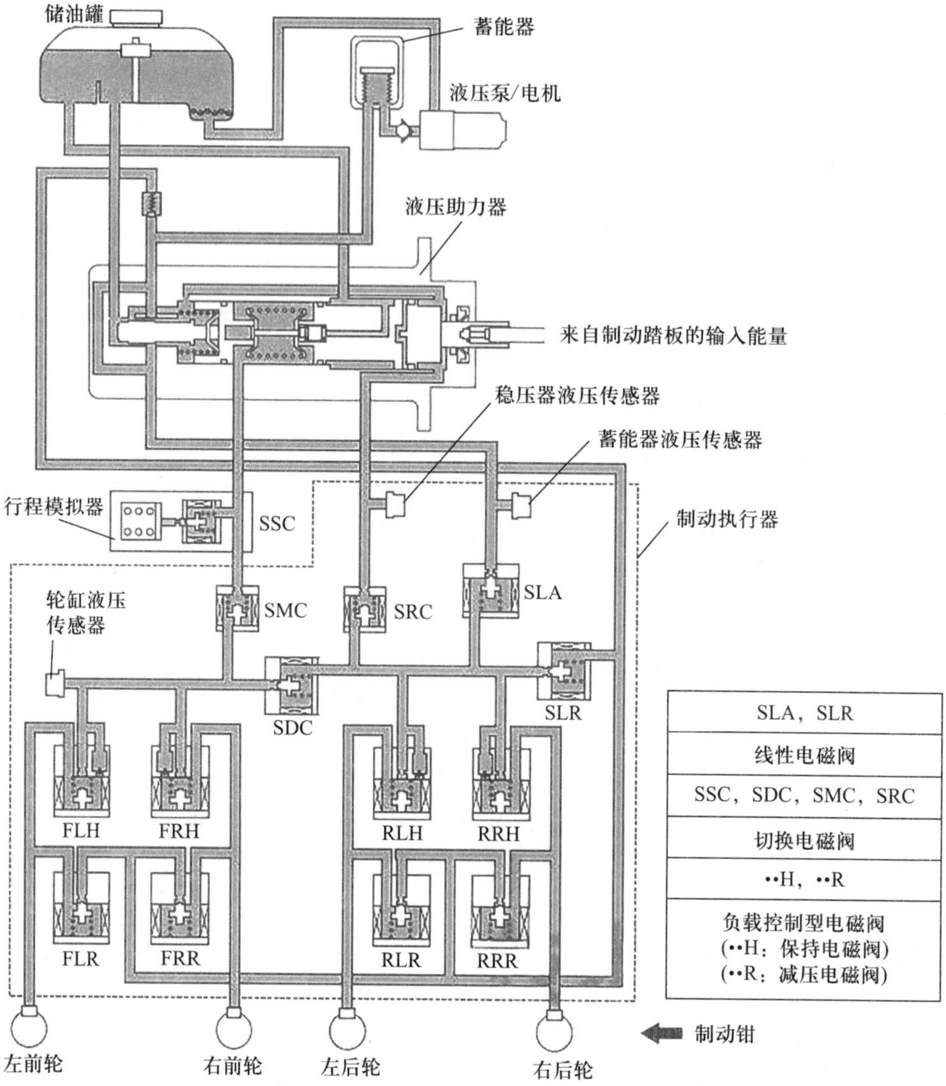
储油罐
蓄能器
液压泵/电机
液压助力器
来自制动踏板的输入能量
稳压器液压传感器
蓄能器液压传感器
行程模拟器
SSC
制动执行器
轮缸液压
传感器
SMC
SRC
SLA
SDC
SLR
FLH
FRH
RLH
RRH
FLR
FRR
RLR
RRR
SLA，SLR
线性电磁阀
SSC，SDC，SMC，SRC
切换电磁阀
••H，••R
负载控制型电磁阀
(••H：保持电磁阀)
(••R：减压电磁阀)
制动钳
左前轮
右前轮
左后轮
右后轮

图 7-6　Prius 第三代电子液压制动系统

② 电机伺服方案。博世所推出的机-电伺服助力机构 iBooster 如图 7-7 所示，主要由电机、助力体、传动装置、制动主缸、踏板行程传感器等组成，其中，iBooster Ⅰ代的传动装置中采用了单蜗杆双蜗轮与齿轮齿条的结构，iBooster Ⅱ代的传动装置中采用了两级齿轮减速与空心丝杠的结构，有效提高了传动效率并降低成本；助力体中利用橡胶反作用盘实现电机伺服力与人力的耦合。该机构具有主动增压、增压响应快、助力特性可调等特点，可较好地实现车辆主动制动等功能需求。

2）电子机械制动系统。电子机械制动系统（electromechanical braking system，EMB）主要由踏板模拟器、EMB 执行器以及控制器等组成，通过控制执行器的夹紧力来实现对每个车轮制动力的独立控制。电机为制动力源，紧凑的机械传动机构将电机的旋转运动转化为制动摩擦片夹紧力，单一制动器体积紧凑，制动片摩擦形式通常采用鼓式和盘式，可安装在轮毂内，也可与轮毂电机集成在一起，布置更灵活，避免了液压系统 PV 特性对响应速度的影响，提高了响应速度，结构简单，控制灵活，效率更高。EMB 线控制动技术渗透尚处于起步发展阶段，大规模应用仍需技术突破和成本下降。在电子机械制动系统中，电子机械制动系统从传动原理上通常有两大技术路线，分别为线性自增力式和非线性增力式。

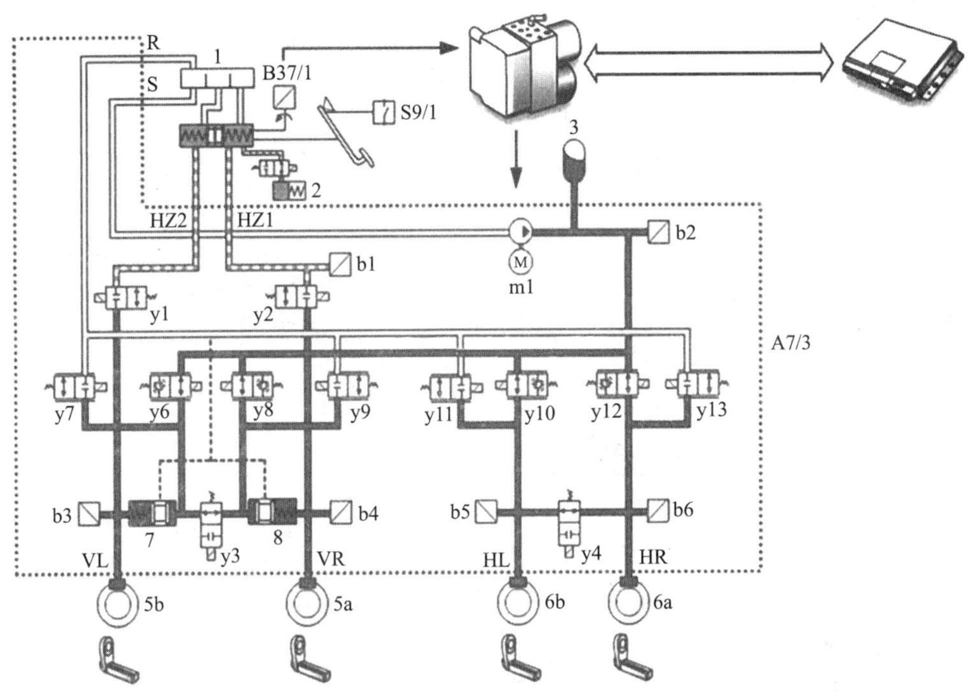

图 7-7 博世感应制动控制 SBC 原理

EMB 制动系统从节省能量的角度来说可以分为两大类：一是电动机直接带动机械执行机构，然后作用到制动盘上；二是电动机通过一个自增力机构，间接作用到制动盘上，大大降低系统所消耗的能量。第一种结构形式的制动器特点是控制简单，制动过程稳定；但是由于电机提供所有推动制动块所需的推力，使得所需的驱动电机的功率很大，从而造成电机的尺寸、重量和能耗都较大。第二种结构形式的制动器由于间接利用了汽车的动能作为制动自增力，驱动电机所需功率可大幅下降，只需要约3%的其他替代方案的能耗，其体积、尺寸和重量也必然比第一种结构形式的制动器小，不过目前这种形式的制动器控制难度大，制动稳定性也不如前者。

EMB 系统具有以下优点：

① EMB 制动系统用电线传递能量、数据线传递信号，完全摒弃了原有的液压管路等部件，而且无真空助力器，结构简洁、质量轻、体积小，便于发动机舱其他部件的布置，也有利于减轻整车质量和整车结构的设计与布置。

② EMB 采用了电控，易于并入车辆综合控制网络中（CAN 总线），并且可以同

时实现 ABS、TCS、ESP、ACC 等多种功能，这些电子装备的传感器、控制单元等部件可以与 EMB 共用，而无需增加其他的附加装置。避免了像传统制动系统那样，在制动系统线路上安装大量的电磁阀和传感器，使得制动系统结构更加复杂，也增加了液压回路泄漏的隐患。

③ 在传统的制动系统中，踏板至制动主缸的机械结构以及气压液压系统的固有特性，使得制动反应时间长、动态响应慢。制动力由零增长到最大需要 0.2～0.9 s，而且当需要较小的制动力时，动态响应更慢。而 EMB 制动系统就不存在这样的问题，EMB 以踏板模拟器代替了传统的机械踏板传力装置，中心控制单元接收踏板模拟器传来的电信号，判断驾驶员的意图，产生相应的控制命令，这样便大大缩短了制动反应时间，而且改善了制动时的脚感，无打脚现象。

④ 传动效率高，安全可靠，而且节能。

⑤ 无需制动液，降低了对环境的污染。

（2）线控转向系统

SBW 系统主要由转向盘总成、转向执行总成、控制单元（ECU）三部分组成。其中转向盘总成和转向执行总成之间依靠控制单元进行信号的传递，除了上述几个部分，SBW 系统还包括电源系统、故障容错等，其结构如图 7-8 所示。

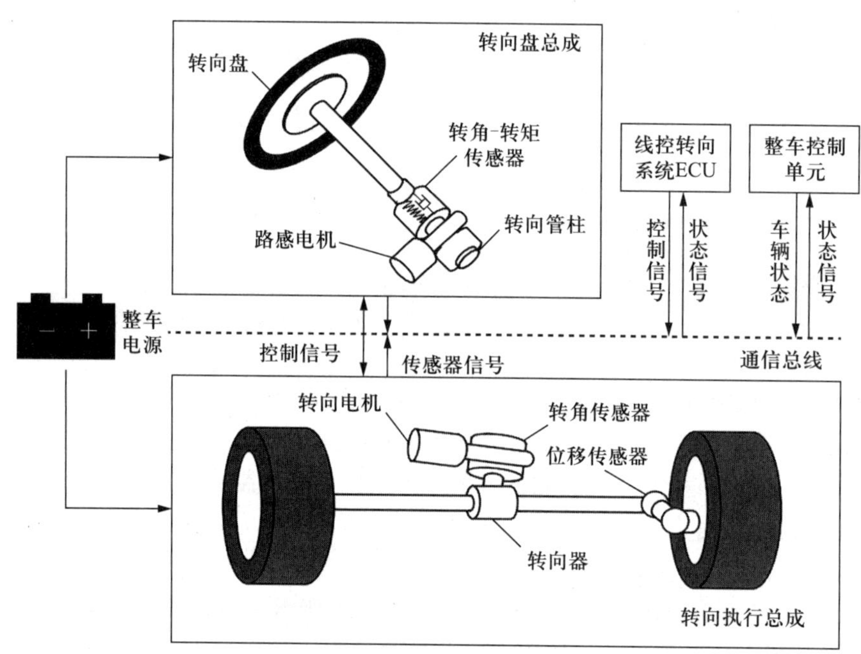

图 7-8 线控转向系统结构

转向盘总成分别由转向盘、转角-转矩传感器、路感电机、减速器等组成。转向盘总成的功能主要有两点：一是驾驶员转动转向盘，转角-转矩传感器将采集到的转向信号发送到转向执行模块控制器，将采集到的信号转化成对应控制指令控制转向电机执行转向动作；二是根据路感电机控制器收集到的转向执行模块反馈信号，控制路感电机模拟反馈力矩并作用到转向盘上为驾驶员提供路感。

控制单元（ECU）对于 SBW 系统来说相当于人的大脑，是上下转向两部分通信的枢纽，是整个转向系统的核心部分，其作用主要分为两方面：一是根据转向盘模块发出的转角信号对转向电机进行控制，实现转向功能；二是采集执行模块反馈信号，并根据路感控制算法计算出目标反馈电流，控制路感电机输出目标转矩。

转向执行总成主要由转向电机以及减速器、齿轮齿条转向器、转角传感器等组成。其主要功能是负责接收来自转向盘模块的转角信号，并根据相关控制算法控制转向轮转向。

对于线控转向系统而言，由于去除了上转向和下转向间的机械连接部分，因此可靠性有所降低，所以故障容错也是一项非常重要的部分，也是线控转向系统的关键技术之一，是保证汽车在各种工况下安全行驶的必要条件。电源系统则是整个转向系统的动力部分，主要为路感电机和转向电机供电。

前轮和转向盘的机械解耦提高了车辆的被动安全，避免车辆在发生正面碰撞时，机械管柱给驾驶舱人员造成严重的伤害；线控系统布置更加自由，减小了不同车型转向系统的设计成本和难度；转向传动比更灵活，开发人员可根据不同人群的喜好和需求自由设计传动比控制策略，改善汽车的操控性能及乘坐舒适度。但是由于没有机械杆，驾驶员很难直接获取当前路面信息，需要通过路感电机生成的阻力矩来模拟路面给驾驶员带来的反馈。

SBW 系统的两大关键技术（路感模拟技术与变传动比技术）是推进该系统大规模量产的重要因素。路感是驾驶员通过触觉获取路面信息的重要来源，SBW 系统由于取消了机械连接，需通过路感模拟技术为驾驶员补偿路面感知信息。变传动比技术直接影响车辆稳定性，不同工况下车辆的转向特性不同，匹配合适的传动比可减轻驾驶员的体能消耗和精神负担。路感控制和传动比控制在设计特性上完全解耦，但在工程应用中应考虑相互影响，路感反馈策略和变传动比控制策略直接影响驾驶员感受，所以在设计时，应充分考虑两者的匹配度。路感控制和传动比控制的输入量均可采用卡尔曼滤波器统计。卡尔曼滤波算法是状态参数估计的重要方法，可以为系统提供更准确的估计值，提高路感真实度和变传动比匹配度。

（3）线控驱动技术

1）燃油车和混合动力汽车线控驱动技术。随着汽车电子驱动技术的发展，汽车发动机电子节气门控制技术应运而生。传统发动机油门踏板与节气门之间通过机械部件连接，汽车发动机电子节气门结构如图 7－9 所示，控制技术通过油门踏板位置传感器采集油门踏板的角位移信号，并传输到 ECU，ECU 通过分析接收到的油门踏板位置信号发出相应的控制指令，并通过电子节

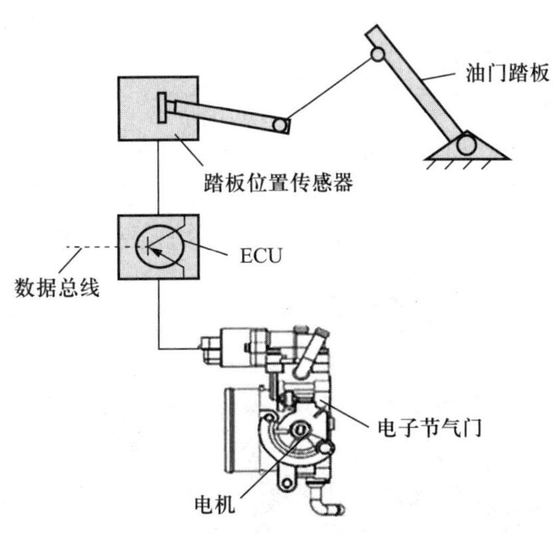

图 7－9　汽车发动机电子节气门结构

气门调节节气门开度。汽车发动机线控节气门控制技术可以实时调整油门踏板位置与节气门开度间的比例关系，另外，它还可以实现节气门开度的精准控制。

汽车发动机线控节气门控制系统主要由两部分组成：节气门最佳开度角计算部分和节气门开度反馈控制部分。为了提高车辆的动力性、经济性和舒适性，ETC 系统根据传感器采集到的发动机油门踏板位置、发动机转速和车速等信号，计算出节气门的最佳开度角，并将信号传送给节气门开度反馈控制部分，节气门开度反馈控制部分根据输入的最佳开度角信号和开度角反馈信号对电子节气门进行闭环控制。

2）纯电动汽车的线控节气门。纯电动汽车没有发动机只有电源系统作为动力系统，这时“节气门”控制的是电机的转矩，它和整车控制器、电机控制器等一同实现车辆的加速，此时“油门踏板”称为“加速踏板”更贴切。

在电动汽车上使用的线控驱动系统还具有制动能量回收功能，当驾驶人减小踏板力时，系统认为驾驶人具有减速的需求，这时候通过 ECU 发送指令，在没有踩踏制动踏板的情况下车辆实现制动能量回收，这个功能称为“单踏板”。

“单踏板”就是一种集成了加速和制动功能的踏板，用来控制车辆的加减速。其工作原理是：一旦松开加速踏板，再生制动系统就会介入工作，通过回收动能降低车速，即它可以依靠单个踏板实现汽车的起步、加速、稳态、减速和停车全过程，并在减速过程中同时实现能量回收，改变了传统的加减速双踏板布置形式。

“单踏板驾驶模式”并不是只有一个踏板，其踏板系统由一个“主踏板”和一个“辅助减速踏板”组成，其中“主踏板”可以实现加减速能力，可以满足日常的大部分车辆操作；“辅助减速踏板”是在“主踏板”制动减速度不能满足驾驶人意图时的紧急制动踏板。其中，“主踏板”分为三个主要控制行程，即加速行程、减速行程和恒速行程。加速行程是驾驶人踩下踏板的过程，随着踏板深度的增加，输出驱动转矩随之增大；减速行程是驾驶人松开主踏板的过程，随着踏板深度的减小，输出转矩由正转矩到负转矩变化；恒速行程是驾驶人松开踏板到某一开度区间内，电机输出转矩为零或刚好与外界阻力相平衡。

“单踏板”的优点是可以降低驾驶人的劳动强度，避免在常规加减速工况中频繁切换踏板，提高舒适性；提高操作效率和能量回收效率，使得驾驶变得越来越简单、越来越智能。

“单踏板”的缺点是可能增加安全隐患，因为在当前模式下不管是手动挡还是自动挡，不管是燃油车、混动车还是绝大多数的纯电动汽车的制动都是往下踩的，突然换成单踏板模式，遇到紧急情况时很容易习惯性地往下踩，即使意识到了也有可能一时反应不过来，这样反而大大增加了行车的安全隐患。

复习与思考？

智能驾驶：开启可持续发展新征程

1. 车辆环境感知中主要用到哪些传感器？
2. 纵向运动控制可以分为哪几类？
3. 电子液压制动系统和电子机械制动系统的区别是什么？
4. 线控转向系统与传统的转向系统比较，具有哪些优势？

第 8 章

车辆总体动力学

车辆总体动力学主要研究汽车的动力性和拖拉机带机具作业时水平受力情况以及力的转移变化、平衡规律。汽车的动力性是汽车各种性能中最基本、最重要的性能。汽车运输效率的高低主要取决于动力性。动力性好，汽车就会具有较高的行驶速度、较好的加速能力和上坡能力。拖拉机实际工作时必然带有农具，农具的各种作用力对拖拉机的性能产生一定影响，根据与农具的连接方式和机组受力情况不同，对拖拉机的牵引附着性能也有显著的影响。

8.1 车辆行驶原理

掌握车辆行驶的基本原理，是研究车辆动力性的前提。车辆向前行驶是依靠发动机的动力，经过传动系降低转速和增大扭矩后传递到驱动轮上，再通过驱动轮与地面间的相互作用而实现的。要确定车辆沿行驶方向的运动状况，必须掌握沿车辆行驶方向作用于车辆的各种外力，即驱动力与行驶阻力。根据这些力的平衡关系，建立车辆行驶方程式，从而可估算车辆的最高车速、加速度和最大爬坡度等。

汽车的行驶方程式为

$$F_t = \sum F \tag{8-1}$$

式中 F_t——驱动力（N）；

$\sum F$——行驶阻力之和（N）。

驱动力是由发动机的转矩经传动系传到驱动轮上得到的。汽车的行驶阻力有滚动阻力、空气阻力、加速阻力和坡度阻力。拖拉机牵引农机具作业时，速度较低，可忽略空气阻力，但要增加带动农机具工作所必须克服的阻力，即牵引阻力。要把行驶方程式具体化，以便研究车辆的动力性，必须分别研究驱动力和行驶阻力。下面以汽车为例进行分析。

8.1.1 驱动力

发动机输出的转矩，经传动系传到驱动轮上，力图使车轮旋转。此时作用于驱动

轮上的转矩 T_t 产生对地面的圆周力 F_0，地面对驱动轮的反作用力 F_t（方向与 F_0 相反）即是驱动汽车的外力（图 8-1），此外力称为汽车的驱动力，单位为 N。其表达式为

$$F_t=\frac{T_t}{r} \tag{8-2}$$

式中 T_t——作用于驱动轮上的转矩（N·m）；

r——车轮半径（m）。

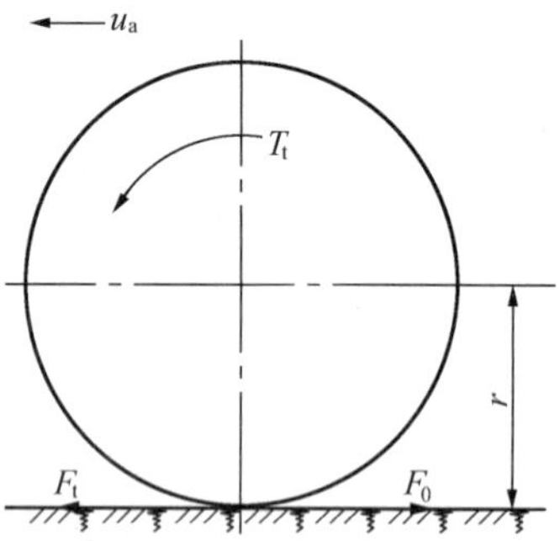

图 8-1 汽车驱动力

由于作用于车轮上的转矩 T_t 是由发动机产生并经传动系传到车轮上的，因此可知

$$T_t=T_{tq}\cdot i_g\cdot i_0\cdot \eta_T \tag{8-3}$$

式中 T_{tq}——发动机转矩（N·m）；

i_g——变速器的传动比；

i_0——主减速器的传动比；

η_T——传动系的机械效率。

对装有分动器、轮边减速器、液力传动等装置的车辆，式（8-3）应计入相应的传动比和机械效率。因而驱动力

$$F_t=\frac{T_{tq}i_g i_0 \eta_T}{r} \tag{8-4}$$

由上面驱动力的形成过程可以看出，驱动力的产生需要依靠两个作用：

① 依靠发动机提供转矩，经过传动系改变大小和方向后，传递给驱动轮一定的驱动力矩，进而提供引发驱动力的沿轮胎切向方向的作用力，这是产生驱动力的内部条件。

② 依靠驱动轮与地面的相互作用，把驱动轮对地面的作用力转化为地面对驱动轮切向方向的反作用力，这是产生驱动力的外部条件。

车辆每得到一个具体的驱动力，是上述两个方面共同作用、协调一致的结果。

当车轮处于无载时的半径称为自由半径，当汽车静止时，车轮中心至轮胎与道路接触面间的距离称为静力半径 r_s。受径向载荷的作用，轮胎发生显著变形，因而静力半径小于自由半径。

如以车轮转动圈数与实际车轮滚动距离之间的关系来换算，则可求得车轮滚动半径为

$$r_r=\frac{S}{2\pi n_w} \tag{8-5}$$

式中 n_w——车轮转动的圈数；

S——在转动 n_w 圈时车轮滚动的距离（m）。

当对汽车做动力学分析时，应该用静力半径 r_s；而做运动学分析时，则应该考虑用滚动半径 r_r。但一般常不计它们的差别，统称为车轮半径 r，也就是 $r_s\approx r_r\approx r$。

8.1.2 行驶阻力

汽车在水平道路上等速行驶时，必须克服来自地面的滚动阻力 F_f 和来自空气的空气阻力 F_w。当汽车在坡道上上坡行驶时，还必须克服重力沿坡道的分力，称为坡

度阻力 F_i。汽车加速行驶时需要克服的阻力称为加速阻力 F_j。因此，汽车行驶的总阻力为

$$\sum F = F_f + F_w + F_i + F_j \tag{8-6}$$

由式（8-1）和式（8-6）得

$$F_j = F_t - (F_f + F_w + F_i) \tag{8-7}$$

从式（8-7）不难看出，车辆要加速行驶，驱动力必须大于滚动阻力、坡度阻力和空气阻力之和。

上述诸阻力中，滚动阻力和空气阻力是在任何行驶条件下都存在的。坡度阻力和加速阻力仅在一定行驶条件下存在。例如，在水平道路上等速行驶的汽车就没有加速阻力和坡度阻力。

(1) 滚动阻力

车轮滚动时，轮胎与路面的接触区域产生法向、切向的相互作用力以及相应的轮胎和支承路面的变形。轮胎和支承路面的相对刚度决定了变形的特点。当弹性轮胎在硬路面（混凝土路、沥青路）上滚动时，轮胎的变形是主要的。此时由于轮胎有内部摩擦而产生弹性迟滞损失，使轮胎变形时对它所做的功不能全部收回。

图 8-2 为 9.00-20 轮胎在硬支承路面上受径向载荷时的变形曲线。图中 *OCA* 为加载变形曲线，面积 *OCABO* 为加载过程中对轮胎做的功，*ADE* 为卸载变形曲线，面积 *ADEBA* 为卸载过程中轮胎恢复变形时释放的功。由图可知两曲线并不重合，面积之差 *OCADEO* 为加载与卸载过程中的能量损失。此能量是消耗在轮胎各组成部分相互间的摩擦以及橡胶、帘线等物质的分子之间的摩擦，最后转化为热能消失在大气中。这种损失即称为弹性轮胎的迟滞损失。

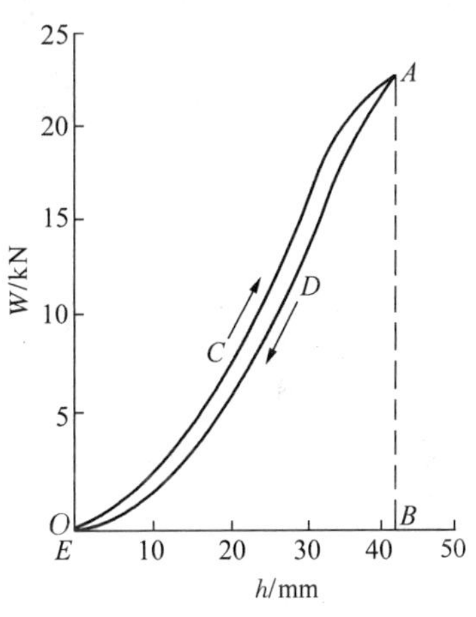

图 8-2　轮胎径向变形曲线

通过进一步分析，便可知这种迟滞损失表现为阻碍车轮滚动的一种阻力偶。当车轮静止时，地面对车轮的法向反作用力的分布是前后对称的。但是当车轮滚动时，在法线 $n-n'$ 前后相对应点 d 和 d' ［图 8-3（a）］变形虽然相同，但由于弹性迟滞现象，处于压缩过程的前部 d 点的地面法向反作用力就会大于处于恢复过程的后部 d' 点的地面法向反作用力。这可以从图 8-3（b）中看出。设取同一变形 δ，压缩时的受力为 CF，恢复时受力为 DF，而 $CF>DF$。这样就使地面法向反作用力的分布前后并不对称，而使它们的合力 F_Z 相对于法线 $n-n'$ 向前移动了一个距离 a ［图 8-4（a）］，这个距离随弹性迟滞损失的增大而增大。地面法向反作用力的合力 F_Z 与法向载荷 W 大小相等，方向相反。

如果将地面法向反作用力 F_Z 平移至车轮中心，与通过车轮中心的垂线重合，则从动轮在硬路面上滚动时的受力情况见图 8-4（b），由于 F_Z 的作用点前移了一个距离 a，形成了一个滚动阻力偶矩 $T_f=F_Z \cdot a$，阻碍车轮滚动。

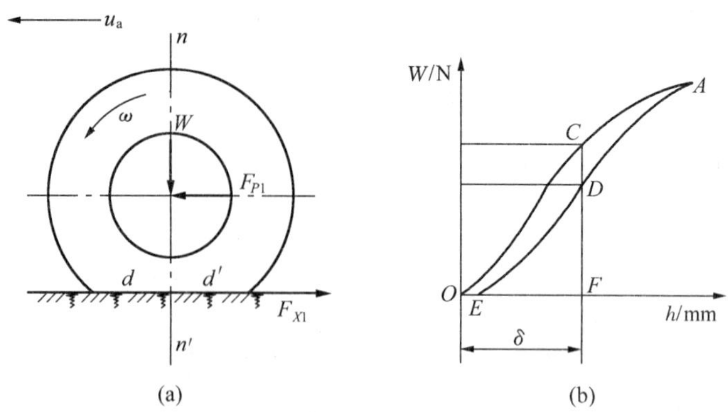

图 8-3 弹性车轮在硬路面上的滚动

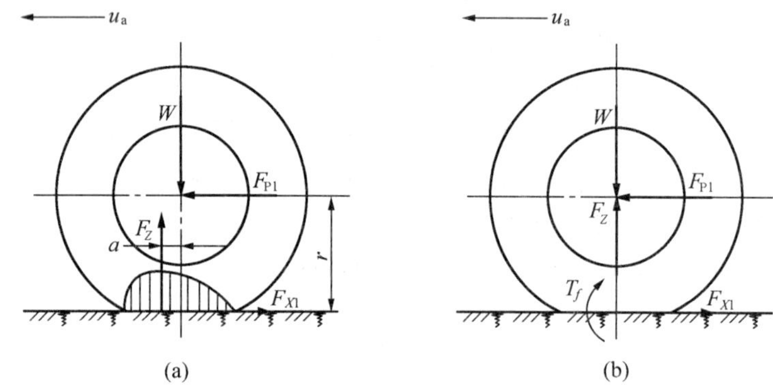

图 8-4 从动轮在硬路面滚动时的受力情况

由于有滚动阻力偶矩阻碍车轮滚动，所以要使从动轮在硬路面上等速滚动，必须在车轮中心施加一推力 F_{P1} [图 8-4（b）]，它与地面作用在轮胎上的切向反作用力 F_{X1} 构成一力偶矩来克服滚动阻力偶矩。由受力平衡条件得

$$F_{P1} \cdot r = T_f \tag{8-8}$$

则有

$$F_{P1} = \frac{T_f}{r} = F_Z \cdot \frac{a}{r} \tag{8-9}$$

令 $f=\frac{a}{r}$，f 称为滚动阻力系数。考虑到 F_Z 与 W 大小相等，所以常将 f 写作

$$f = \frac{F_{P1}}{W} \tag{8-10}$$

可见滚动阻力系数是车轮在一定条件下滚动时所需推力与车轮负荷之比，即单位汽车重力所需要的推力。也就是说，滚动阻力等于滚动阻力系数与车轮负荷的乘积。

$$F_f = Wf \tag{8-11}$$

由此在分析汽车行驶阻力时，不必具体考虑车轮滚动时受到的滚动阻力偶矩，只要知道滚动阻力系数和车轮载荷就可以求出滚动阻力，这将有利于动力性分析的简化。值得注意的是，滚动阻力无法在真正的受力图上表现出来，它是以滚动阻力偶矩作用在车轮上的。

图 8－5 是驱动轮在硬路面上等速滚动时的受力图。图中 F_{X2} 为驱动力矩 T_t 所引起的道路对车轮的切向反作用力。F_{P2} 为驱动轴作用于车轮的水平力。法向反作用力 F_Z 也由于轮胎迟滞现象而使其作用点向前移了一个距离 a，即在驱动轮上也有滚动阻力偶矩 T_f。由平衡条件得

$$F_{X2} \cdot r = T_t - T_f \tag{8-12}$$

整理得

$$F_{X2} = \frac{T_t}{r} - \frac{T_f}{r} = F_t - F_f \tag{8-13}$$

通过式（8－13）可知，真正作用于驱动轮上驱动汽车行驶的力为地面切向反作用力 F_{X2}，它的数值为驱动力 F_t 减去驱动轮上的滚动阻力 F_f。需要注意的是，驱动力和滚动阻力一样，在受力图上也是画不出来的。

综上所述，弹性迟滞损失是以车轮滚动阻力偶矩形式出现的，表现为对汽车行驶的一种阻力。

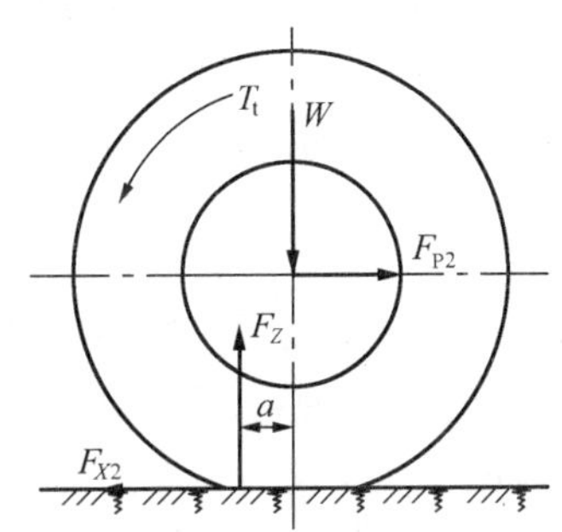

图 8－5　驱动轮在硬路面上滚动时的受力

滚动阻力系数由试验确定。滚动阻力系数与路面的种类、行驶车速以及轮胎的构造、材料、气压等有关。表 8－1 给出汽车在一些路面上以中、低速行驶时滚动阻力系数的大致数值。

表 8－1　滚动阻力系数 f 的数值

路面类型	滚动阻力系数	路面类型	滚动阻力系数
良好的沥青或混凝土路面	0.010～0.018	泥泞土路（雨季或解冻期）	0.100～0.250
一般的沥青或混凝土路面	0.018～0.020	干砂	0.100～0.300
碎石路面	0.020～0.025	湿砂	0.060～0.150
良好的卵石路面	0.025～0.030	结冰路面	0.015～0.030
坑洼的卵石路面	0.035～0.050	压紧的雪道	0.030～0.050
压紧土路（干燥的）	0.025～0.035		
压紧土路（雨后的）	0.050～0.150		

（2）空气阻力

汽车直线行驶时受到的空气作用力在行驶方向上的分力称为空气阻力。空气阻力分为压力阻力与摩擦阻力两部分。作用在汽车外形表面上的法向压力的合力在行驶方向的分力称为压力阻力。摩擦阻力是由于空气的黏性在车身表面产生的切向力的合力在行驶方向的分力。

压力阻力可分为四部分：形状阻力、干扰阻力、内循环阻力和诱导阻力。形状阻力占压力阻力的大部分，与车身主体形状有很大关系；干扰阻力是车身表面凸起物如后视镜、门把、引水槽、悬架导向杆、驱动轴等引起的阻力；发动机冷却系、车身通风等所需空气流经车体内部时构成的阻力即为内循环阻力；诱导阻力是空气升力在水平方向的投影。

在一般轿车中，这几部分阻力大致的比例为：形状阻力占 58%，干扰阻力占

14%，内循环阻力占12%，诱导阻力占7%，摩擦阻力占9%。

在汽车行驶范围内，空气阻力 F_w 为

$$F_w=\frac{1}{2}C_D A\rho u_r^2 \tag{8-14}$$

式中　F_w——空气阻力（N）；

C_D——空气阻力系数；

ρ——空气密度，一般 $\rho=1.2258\ kg/m^3$；

A——迎风面积，即汽车行驶方向的投影面积（m^2）；

u_r——相对速度，在无风时汽车的行驶速度（m/s）。

如汽车与空气的相对速度单位以 km/h 计，则空气阻力（单位为 N）的表达式为

$$F_w=\frac{C_D A u_r^2}{21.15} \tag{8-15}$$

随着车速的提高，空气阻力显著增大。一般车速在 100 km/h 时，空气阻力大约要占全部行驶阻力的70%。由式（8-15）可知，空气阻力的大小与空气阻力系数及汽车迎风面积成正比。汽车迎风面积值受汽车乘坐使用空间要求的制约不易进一步减小，因而降低空气阻力系数成了降低空气阻力的主要手段。C_D 值的大小与车型、车身的离地间隙、车身倾角（车身纵轴线与水平地面的夹角）以及使用工况（如侧向风力大小、散热器挡风帘开启程度等）有关。根据空气动力学原理，为了降低 C_D 值，轿车车身应设计成流线型，尽可能减少车身上的凸出物，车身表面平滑，面与面的交接处应该圆滑过渡，装有适宜的扰流板，前、后翼子板应分别向前、后收缩，尽量采用大倾斜角的前风窗，发动机冷却系进、出风口和内部风道要精心设计合适，车身底部最好有平滑的盖板盖住。货车用篷布罩住货厢。半挂汽车列车的牵引车上装设导流板，牵引车与半挂车车厢的间隙采用连接软膜等。

通过风洞试验可以测出 C_D 值，参见表8-2。

表8-2　车辆的空气阻力系数

车辆型式	轿车	客车	商用车	赛车	拖拉机	汽车列车
空气阻力系数	0.3～0.6	0.5～0.8	0.6～1.0	0.25～0.3	1.0～1.25	1.3

（3）加速阻力

车辆加速行驶时，需要克服其质量加速运动时的惯性力，就是加速阻力 F_j。车辆的质量分为平移质量和旋转质量两部分。加速时不仅平移的质量产生惯性力，旋转的质量还要产生惯性力偶矩。为了计算方便，一般把旋转质量的惯性力偶矩转化为平移质量的惯性力，并以系数 δ 作为计入旋转质量惯性力偶矩后的汽车质量转换系数，因而汽车加速时的阻力（单位为 N）可写作

$$F_j=\delta m\frac{du}{dt} \tag{8-16}$$

式中　δ——汽车旋转质量换算系数（$\delta>1$）；

m——汽车质量（kg）；

$\frac{du}{dt}$——行驶加速度（m/s^2）。

δ 主要与飞轮的转动惯量、车轮的转动惯量以及传动系的传动比有关。可按经验公式估算 δ 值为

$$\delta=1+\delta_1+\delta_2 i_g^2$$

式中 $\delta_1 \approx \delta_2=0.03 \sim 0.05$；

i_g——变速器的传动比。

(4) 坡度阻力

当汽车上坡行驶时，汽车重力沿坡道的分力表现为汽车坡度阻力 F_i（图 8-6），即

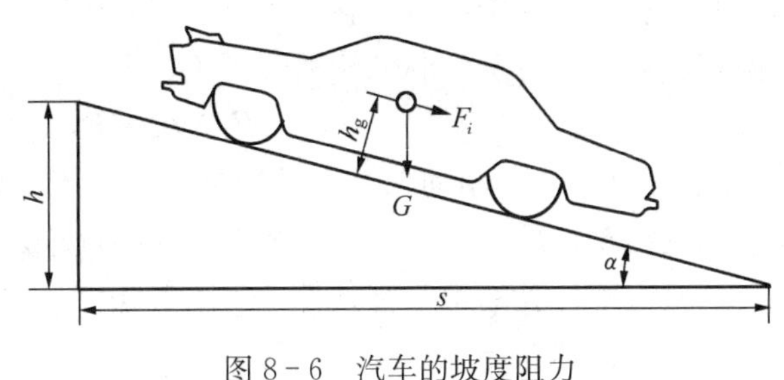

图 8-6 汽车的坡度阻力

$$F_i=G\sin\alpha \tag{8-17}$$

式中 G——作用于汽车上的重力（N）。

公路工程上，道路坡度是以坡高和底长之比来表示的，即

$$i=\frac{h}{s}=\tan\alpha \tag{8-18}$$

一般公路坡度角 α 较小，可认为 $\sin\alpha=\tan\alpha=i$，于是坡度阻力的计算公式简化为

$$F_i=G\sin\alpha \approx G\tan\alpha=Gi \tag{8-19}$$

8.1.3 驱动-附着条件

(1) 驱动条件

由式（8-7）可知，若驱动力小于滚动阻力、坡度阻力和空气阻力之和，则汽车无法开动，或正在行驶的汽车将减速直至停车。所以汽车行驶的第一个条件为

$$F_t \geqslant F_f+F_w+F_i \tag{8-20}$$

式（8-20）称为汽车行驶的驱动条件，但不是汽车行驶的充分条件，只反映了汽车本身的行驶能力。

可以采用增加发动机转矩、加大传动比等措施来增大汽车驱动力。但这些措施只有在驱动轮与路面不发生滑转现象时才有效。如果驱动轮在路面滑转，则增大驱动力只会使驱动轮加速旋转，地面切向反作用力并不会增加。这种现象表明，汽车行驶除受驱动条件制约外，还受轮胎与地面附着条件的限制。

(2) 附着条件

地面之所以产生切向反作用力，主要是依靠地面与驱动轮接地表面之间的摩擦作用（对轮式拖拉机或履带式拖拉机而言，还有土壤与压入土壤中的驱动轮刺或履带行走器履刺之间的剪切作用）。这种作用称为附着作用，附着作用所能提供的地面反作用力的极限值称为附着力 F_φ。附着力是一种潜力，当它被利用而表现出来的时候就成了驱动力。很显然，驱动力的发挥受到附着力的限制，实际发出的驱动力只能小于或等于附着力，而不能大于附着力。

在实际工作中，不允许车辆常处于严重滑转的情况下工作。严重的滑转，将使车辆的工作速度显著降低，燃油经济性显著下降，轮胎磨损加剧。当拖拉机在田间作业时，驱动轮严重滑转还会使土壤结构遭到破坏，因此实际使用时，作业机具的编配应尽可能使实际发挥的驱动力不超过允许附着力。

在硬路面上，附着力与地面对驱动轮的法向反作用力 F_Z 成正比，常写成

$$F_\varphi = F_Z \cdot \varphi \tag{8-21}$$

式中 φ 称为附着系数，它是由路面与轮胎决定的。所以地面切向反作用力不能大于附着力，否则将发生驱动轮滑转现象，即

$$F_t \leqslant F_\varphi = F_{Z\varphi} \cdot \varphi \tag{8-22}$$

式中　$F_{Z\varphi}$——驱动轮上支承的重力，对于前轮驱动的汽车，$F_{Z\varphi}=F_{Z1}$；对于后轮驱动的汽车，$F_{Z\varphi}=F_{Z2}$；对于全轮驱动的汽车，$F_{Z\varphi}=F_{Z1}+F_{Z2}$。

这是汽车行驶的第二个条件——附着条件，也是汽车行驶的充分条件。

汽车行驶的充分与必要条件为

$$F_f + F_w + F_i \leqslant F_t \leqslant F_{Z\varphi} \cdot \varphi \tag{8-23}$$

也称为汽车行驶的驱动-附着条件。

一般情况下，当附着力足够大时，驱动力的最大允许值由最低工作挡位上发动机标定转矩来决定，此时若行驶总阻力超过驱动力，则车辆由于发动机经常超载或频繁熄火而无法正常工作。当发动机转矩足以满足（即驱动力足够大）而附着力不足时，驱动力的最大允许值由附着力决定。若此时行驶总阻力超过附着力，则车辆由于驱动轮产生严重滑转而不能正常工作。

由此可见，发动机的转矩并不是任何情况下都能充分发挥出来的，有时会受到车辆驱动轮与路面之间附着性能的限制而不能完全被利用。所以要充分发挥车辆的工作潜力，应提高车辆的附着性能，同时降低行驶阻力。

8.1.4　汽车行驶方程式

根据上面分析的汽车驱动力和行驶阻力，可以得到汽车行驶方程式为

$$F_t = F_f + F_w + F_i + F_j \tag{8-24}$$

$$\frac{T_{tq} i_g i_0 \eta_T}{r} = Gf + \frac{C_D A}{21.15} u_a^2 + Gi + \delta m \frac{du}{dt} \tag{8-25}$$

式（8-25）表示了无风天气、正常道路上行驶汽车的驱动力与行驶阻力的数量关系，在进行动力学分析时十分有用。但这个方程式并没有经过周密的推导。因此，下面依据动力学中的功率方程，即汽车整体动能对时间的变化率等于所有作用力的功率，推导出旋转质量换算系数 δ，并建立汽车行驶方程式。

当车速为 u 时，汽车的动能为

$$E = \frac{1}{2} m u^2 + \frac{1}{2} \sum I_w \left(\frac{u}{r}\right)^2 + \frac{1}{2} I_f \left(\frac{i_g i_0 u}{r}\right)^2$$

式中　I_w——车轮转动惯量（$kg \cdot m^2$）；

　　　I_f——飞轮转动惯量（$kg \cdot m^2$）。

汽车受到的外力功率为

$$P = -(F_f + F_w + F_i) u$$

汽车内力的功率，主要是发动机气缸内气体推动活塞的功率，可写作

$$P_e = T_{tq} \omega_e$$

式中　ω_e——发动机飞轮的角速度（s^{-1}）。

这一驱动功率还可写作

$$P_e = \frac{T_{tq} i_g i_0}{r} u$$

还有传动系统中的摩擦损耗功率。若 F_r 表示传动系内各部分摩擦阻力转换到车轮周缘的总阻力。则传动系摩擦阻力的负功率即为

$$P_r = -F_r u$$

利用图 8-7 中发动机飞轮和驱动轮受力情况分析确定 F_r 值。

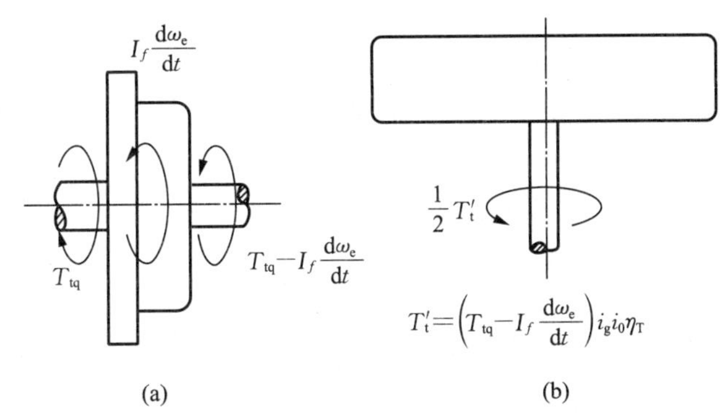

图 8-7 汽车加速时传动系统受力情况
(a) 发动机飞轮受力 (b) 驱动轮受力

汽车加速或无级变速器速比变化时，发动机的旋转质量（主要为飞轮）也相应有角加速度 $d\omega_e/dt$，它们之间的关系可表示为

$$\omega_e = i_g i_0 \omega = \frac{i_g i_0 u}{r}$$

式中 ω——车轮角速度（s^{-1}）；

i_g——有级或无级式变速器传动比。

无级式变速器传动比是随时间而变化的，故

$$\frac{d\omega_e}{dt} = \frac{i_0}{r}\left(i_g \frac{du}{dt} + u \frac{di_g}{dt}\right)$$

忽略有级变速器齿轮或无级变速器旋转元件、传动轴与主减速器齿轮的转动惯量，加速时半轴施加于驱动轮的转矩 T_t' 为

$$T_t' = \left(T_{tq} - I_f \frac{d\omega_e}{dt}\right) i_g i_0 \eta_T$$

若设传动系无任何摩擦阻力，则施加于驱动轮的转矩为

$$T''_t = \left(T_{tq} - I_f \frac{d\omega_e}{dt}\right) i_g i_0$$

故传动系中各项摩擦转换到驱动轮处的摩擦阻力转矩为

$$T_r = T''_t - T_t' = \left(T_{tq} - I_f \frac{d\omega_e}{dt}\right) i_g i_0 (1 - \eta_T)$$

显然，传动系中各处摩擦转换到车轮周缘的总摩擦阻力为

$$F_r = \frac{T_r}{r} = \frac{T_{tq} i_g i_0 (1-\eta_T)}{r} - \frac{I_f i_g^2 i_0^2 (1-\eta_T)}{r^2} \frac{du}{dt} - \frac{I_f i_0^2 i_g u (1-\eta_T)}{r^2} \frac{di_g}{dt}$$

所以传动系中的摩擦损耗功率为

$$P_r = -\left[\frac{T_{tq} i_g i_0 (1-\eta_T)}{r} - \frac{I_f i_g^2 i_0^2 (1-\eta_T)}{r^2} \frac{du}{dt} - \frac{I_f i_0^2 i_g u (1-\eta_T)}{r^2} \frac{di_g}{dt}\right] u$$

依据动力学中的功率方程可列出

$$\frac{\mathrm{d}}{\mathrm{d}t}\left(\frac{1}{2}mu^2+\frac{1}{2}\frac{\sum I_\mathrm{w}}{r^2}u^2+\frac{1}{2}\frac{I_f i_\mathrm{g}^2 i_0^2}{r^2}u^2\right)=\left[-F_f-F_\mathrm{w}-F_i+\frac{T_\mathrm{tq}i_\mathrm{g}i_0}{r}-\frac{T_\mathrm{tq}i_\mathrm{g}i_0(1-\eta_\mathrm{T})}{r}\right]u+\left[\frac{I_f i_\mathrm{g}i_0(1-\eta_\mathrm{T})}{r^2}\frac{\mathrm{d}u}{\mathrm{d}t}+\frac{I_f i_0^2 i_\mathrm{g}u(1-\eta_\mathrm{T})}{r^2}\frac{\mathrm{d}i_\mathrm{g}}{\mathrm{d}t}\right]u \tag{8-26}$$

从而

$$\left(m+\frac{\sum I_\mathrm{w}}{r^2}+\frac{I_f i_\mathrm{g}^2 i_0^2}{r^2}\right)u\frac{\mathrm{d}u}{\mathrm{d}t}+\frac{I_f i_0^2 i_\mathrm{g}u^2}{r^2}\frac{\mathrm{d}i_\mathrm{g}}{\mathrm{d}t}=\left[F_\mathrm{t}-F_f-F_\mathrm{w}-F_i+\frac{I_f i_\mathrm{g}^2 i_0^2(1-\eta_\mathrm{T})}{r^2}\frac{\mathrm{d}u}{\mathrm{d}t}+\frac{I_f i_0^2 i_\mathrm{g}(1-\eta_\mathrm{T})}{r^2}\frac{\mathrm{d}i_\mathrm{g}}{\mathrm{d}t}\right]u \tag{8-27}$$

因此得出汽车行驶方程式为

$$F_\mathrm{t}=F_f+F_\mathrm{w}+F_i+\left(m+\frac{\sum I_\mathrm{w}}{r^2}+\frac{I_f i_\mathrm{g}^2 i_0^2\eta_\mathrm{T}}{r^2}\right)\frac{\mathrm{d}u}{\mathrm{d}t}+\frac{I_f i_0^2 i_\mathrm{g}\eta_\mathrm{T}u}{r^2}\frac{\mathrm{d}i_\mathrm{g}}{\mathrm{d}t} \tag{8-28}$$

由此可知汽车的加速阻力为

$$\begin{aligned}F_\mathrm{j}&=\left(m+\frac{\sum I_\mathrm{w}}{r^2}+\frac{I_f i_\mathrm{g}^2 i_0^2\eta_\mathrm{T}}{r^2}\right)\frac{\mathrm{d}u}{\mathrm{d}t}+\frac{I_f i_0^2 i_\mathrm{g}\eta_\mathrm{T}u}{r^2}\frac{\mathrm{d}i_\mathrm{g}}{\mathrm{d}t}\\&=\delta m\frac{\mathrm{d}u}{\mathrm{d}t}+\frac{I_f i_0^2 i_\mathrm{g}\eta_\mathrm{T}u}{r^2}\frac{\mathrm{d}i_\mathrm{g}}{\mathrm{d}t}\end{aligned} \tag{8-29}$$

式中 $\delta=1+\frac{\sum I_\mathrm{w}}{mr^2}+\frac{I_f i_\mathrm{g}^2 i_0^2\eta_\mathrm{T}}{mr^2}$。

对于装有有级式固定传动比变速器的汽车，$\frac{\mathrm{d}i_\mathrm{g}}{\mathrm{d}t}=0$，加速阻力则为 $\delta m\cdot\frac{\mathrm{d}u}{\mathrm{d}t}$，所以 δ 为装有固定传动比变速器汽车的旋转质量换算系数。若为装有传动比连续变化的无级变速器汽车，加速阻力还应包括含上式中的第二项。第二项加速阻力是由于传动比变化率 $\frac{\mathrm{d}i_\mathrm{g}}{\mathrm{d}t}$ 使发动机飞轮加速而产生的。

8.2 汽车总体受力分析

8.2.1 汽车加速上坡时附着力与地面法向反作用力

汽车的附着力决定于附着系数和地面作用于驱动轮的法向反作用力，驱动轮地面法向反作用力与汽车的总体布置、车身形状、行驶状况及道路的坡度有关。图 8-8 画出了汽车加速上坡时的受力情况。

图中 G——汽车重力；

α——道路坡度角；

h_g——汽车质心高；

F_w——空气阻力；

T_{f1}、T_{f2}——作用在前、后轮上的滚动阻力偶矩；

T_je——作用于横置发动机飞轮上的惯性阻力偶矩；

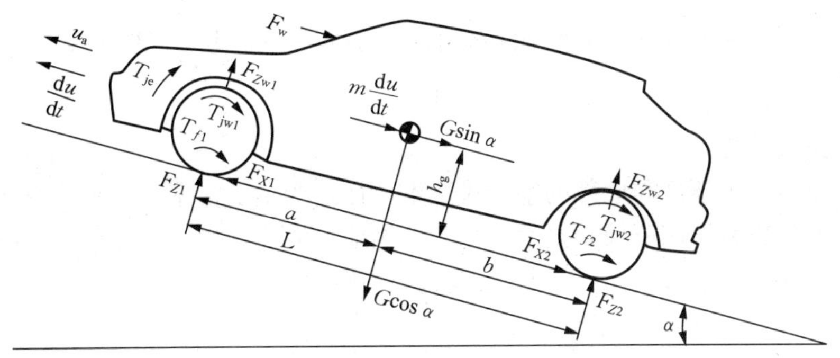

图 8-8　汽车加速上坡时受力情况

T_{jw1}、T_{jw2}——作用在前、后车轮上的惯性阻力偶矩；

$F_{Z\mathrm{w1}}$、$F_{Z\mathrm{w2}}$——作用于车身上并位于前、后轮接地点上方的空气升力；

F_{Z1}、F_{Z2}——作用在前、后轮上的地面法向反作用力；

F_{X1}、F_{X2}——作用在前、后轮上的地面切向反作用力；

L——汽车轴距；

a、b——汽车质心至前、后轴之距离。

若将作用在汽车上的诸力对前、后轮与道路接触面中心取力矩，则得

$$\left.\begin{aligned} F_{Z1} &= G\left(\frac{b}{L}\cos\alpha-\frac{h_{\mathrm{g}}}{L}\sin\alpha\right)-\left(\frac{G}{g}\frac{h_{\mathrm{g}}}{L}+\frac{\sum I_{\mathrm{w}}}{Lr}\pm\frac{I_f i_{\mathrm{g}} i_0}{Lr}\right)\frac{\mathrm{d}u}{\mathrm{d}t}-F_{Z\mathrm{w1}}-G\frac{rf}{L}\cos\alpha \\ F_{Z2} &= G\left(\frac{a}{L}\cos\alpha+\frac{h_{\mathrm{g}}}{L}\sin\alpha\right)+\left(\frac{G}{g}\frac{h_{\mathrm{g}}}{L}+\frac{\sum I_{\mathrm{w}}}{Lr}\pm\frac{I_f i_{\mathrm{g}} i_0}{Lr}\right)\frac{\mathrm{d}u}{\mathrm{d}t}-F_{Z\mathrm{w2}}+G\frac{rf}{L}\cos\alpha \end{aligned}\right\} \tag{8-30}$$

从式（8-30）可以看出，前、后轮地面法向反作用力是由四个部分构成的。

（1）静态轴荷的法向反作用力

静态轴荷的法向反作用力是指汽车重力分配到前、后轴的分量产生的地面法向反作用力。它们分别为

$$F_{Z\mathrm{s1}}=G\left(\frac{b}{L}\cos\alpha-\frac{h_{\mathrm{g}}}{L}\sin\alpha\right)$$

$$F_{Z\mathrm{s2}}=G\left(\frac{a}{L}\cos\alpha+\frac{h_{\mathrm{g}}}{L}\sin\alpha\right)$$

（2）动态分量

指加速过程中产生惯性力、惯性阻力偶矩造成的地面法向反作用力部分。它们分别为

$$F_{Z\mathrm{d1}}=-\frac{G}{g}\left(\frac{h_{\mathrm{g}}}{L}+\frac{g}{G}\frac{\sum I_{\mathrm{w}}}{L}\pm\frac{G}{g}\frac{I_f i_{\mathrm{g}} i_0}{Lr}\right)\frac{\mathrm{d}u}{\mathrm{d}t}$$

$$F_{Z\mathrm{d2}}=\frac{G}{g}\left(\frac{h_{\mathrm{g}}}{L}+\frac{g}{G}\frac{\sum I_{\mathrm{w}}}{Lr}\pm\frac{g}{G}\frac{I_f i_{\mathrm{g}} i_0}{Lr}\right)\frac{\mathrm{d}u}{\mathrm{d}t}$$

平移质量的惯性力为$\frac{G}{g}\frac{\mathrm{d}u}{\mathrm{d}t}$；旋转轴线垂直于汽车纵向垂直平面的旋转质量惯性阻力偶矩，即车轮的惯性阻力偶矩$\frac{\sum I_{\mathrm{w}}}{r}\frac{\mathrm{d}u}{\mathrm{d}t}$与横置发动机飞轮的惯性阻力偶矩$\frac{I_f i_{\mathrm{g}} i_0}{r}$

$\frac{du}{dt}$（曲轴旋转方向与车轮旋转方向一致时取“+”号）。由于旋转质量惯性阻力偶矩的数值较小，在一般性分析中可忽略不计。

(3) 空气升力

由于流经汽车顶部与底部的空气流速不一样，产生了作用于汽车的空气升力。常将空气升力分解为作用于前轮接地点与后轮接地点的前、后空气升力。可用试验确定的前、后空气升力系数 C_{Lf}、C_{Lr} 来计算前、后升力，为

$$F_{Zw1}=\frac{1}{2}C_{Lf}A\rho u_r^2$$

$$F_{Zw2}=\frac{1}{2}C_{Lr}A\rho u_r^2$$

式中 A——迎风面积，即汽车行驶方向的投影面积。

(4) 滚动阻力偶矩产生的部分

此部分为式（8-30）中最后一项 $G\frac{rf}{L}\cos\alpha$。由于此项甚小，可以忽略不计。

汽车前、后轮地面法向反作用力，忽略掉旋转质量惯性阻力偶矩与滚动阻力偶矩之后，便简化为

$$\left.\begin{aligned}F_{Z1}=F_{Zs1}-F_{Zw2}-\frac{G}{g}\frac{h_g}{L}\frac{du}{dt}\\F_{Z2}=F_{Zs2}-F_{Zw2}+\frac{G}{g}\frac{h_g}{L}\frac{du}{dt}\end{aligned}\right\}\qquad(8-31)$$

8.2.2 驱动轮地面切向反作用力

图 8-9 表示了前轮驱动汽车的从动轮、驱动轮与车身在坡路上加速过程中的受力情况。

图中 G_{w1}、G_{w2}——驱动轮、从动轮的重力；

m_1、m_2——驱动轮、从动轮的质量；

W_B——车身重力；

m_B——车身质量；

F_{P1}、F_{P2}——驱动轴、从动轴作用于驱动轮、从动轮的平行于路面的力；

T_t'——半轴作用于驱动轮的转矩；

T_{f1}、T_{f2}——作用在前、后轮上的滚动阻力偶矩；

T_{jw1}、T_{jw2}——作用在前、后轮上的惯性阻力偶矩；

F_{Z1}、F_{Z2}——作用在前、后轮上的地面法向反作用力；

F_{X1}、F_{X2}——作用在前、后轮上的地面切向反作用力；

L——汽车轴距；

a'、b'——车身质心至前、后轴的距离。

由从动轮受力图有

$$F_{P2}=m_2\frac{du}{dt}+G_{w2}\sin\alpha+F_{X2}$$

$$F_{X2}r=T_{f2}+T_{jw2}$$

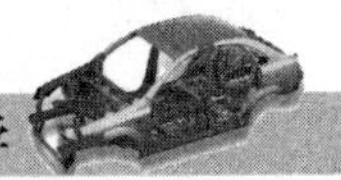

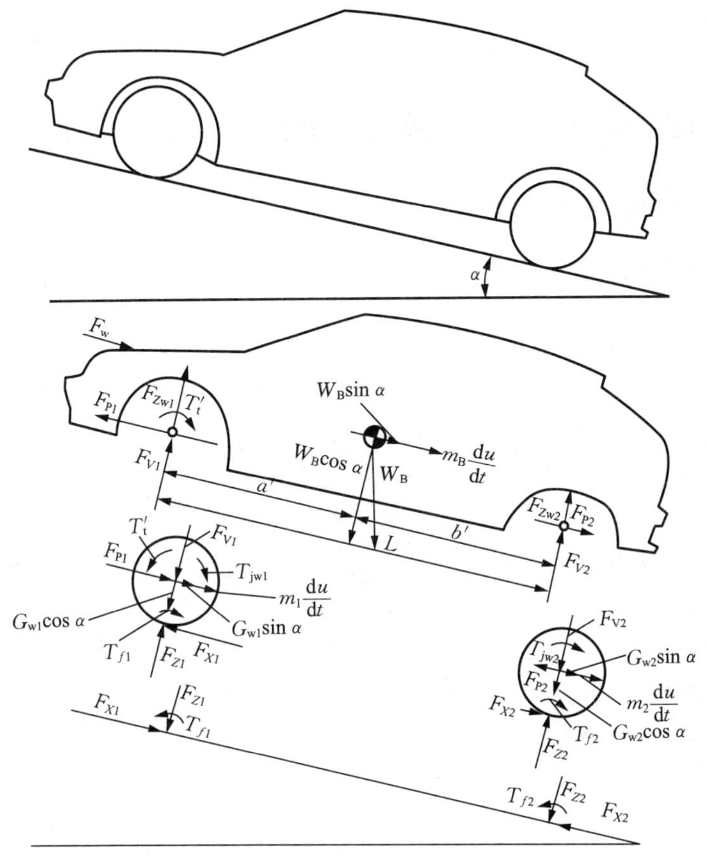

图8-9　前轮驱动汽车在坡路上加速行驶时从动轮、驱动轮和车身的受力

即
$$F_{X2}=\frac{T_{f2}}{r}+\frac{T_{jw2}}{r}$$

式中$\frac{T_{f2}}{r}=F_{f2}$，由于T_{jw2}的数值很小可忽略不计，故

$$F_{X2}=F_{f2}$$

所以
$$F_{P2}=F_{f2}+G_{w2}\sin\alpha+m_2\frac{du}{dt}$$

由车身受力图有

$$\begin{aligned}F_{P1}&=F_{P2}+F_w+W_B\sin\alpha+m_B\frac{du}{dt}\\&=F_{f2}+F_w+(W_B+G_{w2})\sin\alpha+(m_B+m_2)\frac{du}{dt}\end{aligned}$$

考虑驱动轮的受力平衡可得

$$F_{X1}=F_{P1}+G_{w1}\sin\alpha+m_1\frac{du}{dt}$$

代入F_{P1}得
$$\begin{aligned}F_{X1}&=F_{f2}+F_w+G\sin\alpha+m\frac{du}{dt}\\&=F_{f2}+F_w+F_i+F_j'\end{aligned}\tag{8-32}$$

同理，对于后轮驱动汽车，地面作用于驱动轮的切向反作用力为

$$F_{X2}=F_{f1}+F_{w}+F_{i}+F_{j}' \tag{8-33}$$

8.3 拖拉机及其机组总体受力分析

8.3.1 轮式拖拉机总体受力分析

(1) 带牵引机具时受力分析

1) 作用在拖拉机上的外力。后轮驱动拖拉机带牵引农具在水平田地里稳定行驶作业时，拖拉机所受的外力见图 8-10。

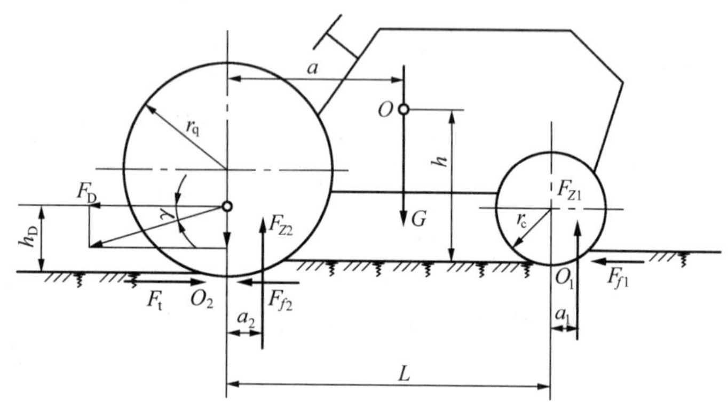

图 8-10 轮式拖拉机带牵引机具时的受力

① 拖拉机的使用重量。拖拉机各部分的重量（包括燃料、润滑油、水以及拖拉机驾驶员的重量等）可以用整个拖拉机的使用重量 G 来表示，该重量作用在拖拉机的质心上，质心的位置分别以坐标 a 和 h 表示。

② 驱动力。F_t 可认为是驱动轮对土壤切向作用力的反作用力。

③ 牵引阻力。牵引农具的总牵引阻力 F_D'（图中未标出）作用在拖拉机的牵引装置上，并与地面成 γ 角。为简化计算，将牵引阻力作用点移到该力作用线与驱动轮垂直轴线的交点上，该点的位置以 h_D 表示。挂钩牵引阻力可分解为水平分力 F_D 和垂直分力 $F_D'\tan\gamma$。习惯上将水平分力 F_D 称为挂钩牵引阻力（简称牵引阻力），而 γ 角一般都很小，所以垂直分力 $F_D'\tan\gamma$ 通常忽略不计。

④ 从动轮及驱动轮的土壤反作用力。此时从动轮与驱动轮是弹性车轮在水平变形地面上的受力情况，即轮子和路面都要发生变形，因此作用在从动轮与驱动轮上的土壤反作用力可分别简化为垂直方向和水平方向的力。土壤垂直反作用力分别为 F_{Z1}、F_{Z2}，分别作用于距离轮子轴线 a_1、a_2 处（图 8-10），距离 a_1、a_2 的大小既取决于地面变形（表现为轮辙深度），又取决于轮胎变形的迟滞损失。土壤水平反作用力分别为滚动阻力 F_{f1}、F_{f2}，这里仍沿用了滚动阻力概念，此时的滚动阻力应该认为是外部阻力和内部阻力之和，其中外部阻力相当于地面变形引起的阻力，内部阻力相当于轮胎变形迟滞损失所引起的阻力。

2) 牵引平衡方程式。拖拉机在所有外力的作用下将处于平衡状态，由图 8-10 可得水平方向的受力平衡方程式：

$$F_t=F_D+F_{f1}+F_{f2} \tag{8-34}$$

近似以拖拉机的总滚动阻力 F_f 代替（$F_{f1}+F_{f2}$），则得到

$$F_t=F_D+F_f \tag{8-35}$$

式（8-35）称为牵引平衡方程式。由该式可知，当拖拉机带牵引农具在水平田地里稳定行驶作业时，其驱动力恒等于牵引阻力与拖拉机滚动阻力之和。

3）前、后轮垂直载荷的分配。为了求出前轮上所受的垂直方向的土壤反作用力 F_{Z1}，列出作用在拖拉机上的诸外力绕 O_2 点（O_2 点是驱动力 F_t 作用线与通过驱动轮轴心且垂直于地面的假想平面的交点）的力矩平衡方程式。由图 8-10 可得

$$Ga=F_Dh_D+F_{Z2}a_2+F_{Z1}(L+a_1) \tag{8-36}$$

以相应的滚动阻力矩 T_{f1}、T_{f2} 代替 $F_{Z1}a_1$ 与 $F_{Z2}a_2$，即可求得 F_{Z1} 的值：

$$F_{Z1}=\frac{Ga-F_Dh_D-T_{f1}-T_{f2}}{L} \tag{8-37}$$

为了求出驱动轮上所受的垂直方向的土壤反作用力 F_{Z2}，列出作用在拖拉机上的各外力绕 O_1 点（O_1 点是驱动力 F_t 作用线与通过前轮轴心且垂直于地面的假想平面的交点）的力矩平衡方程式为

$$F_{Z2}(L-a_2)=G(L-a)+F_Dh_D+F_DL\tan\gamma+F_{Z1}a_1 \tag{8-38}$$

土壤对前轮的水平反作用力（滚动阻力）所形成的力矩值很小，可以忽略不计。以相应的滚动阻力矩 T_{f1}、T_{f2} 代替 $F_{Z1}a_1$ 与 $F_{Z2}a_2$，同理可求得 F_{Z2} 的值：

$$F_{Z2}=\frac{G(L-a)+F_D(h_D+L\tan\gamma)+T_{f1}+T_{f2}}{L} \tag{8-39}$$

若 $\gamma=0°$，则得

$$F_{Z2}=\frac{G(L-a)+F_Dh_D+T_{f1}+T_{f2}}{L} \tag{8-40}$$

当拖拉机不带机具静止于水平地面时，如图 8-11 所示，分别列出绕 O_1、O_2 点的力矩平衡方程式：

$$\left.\begin{aligned}F_{Z2}L&=G(L-a)\\F_{Z1}L&=Ga\end{aligned}\right\} \tag{8-41}$$

其前、后轮上的垂直载荷为

$$F_{Z1}=\frac{Ga}{L} \tag{8-42}$$

$$F_{Z2}=\frac{G(L-a)}{L} \tag{8-43}$$

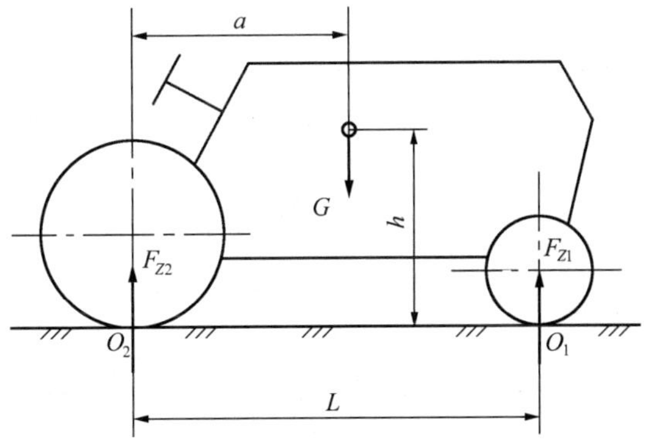

图 8-11　拖拉机不带机具静止在水平地面时的受力

比较式（8-37）、式（8-40）、式（8-42）、式（8-43）可以看出，拖拉机牵引农具在水平土壤中稳定作业时，在牵引载荷和滚动阻力矩的作用下，前、后轮上的垂直载荷出现重新分配。有一部分垂直载荷将从前轮转移到后轮（驱动轮），使后轮载荷增加，前轮载荷减轻，即发生驱动轮增重现象。前轮载荷的减小量等于后轮载荷的增加量。其值为

$$\Delta F_Z=\frac{F_D h_D+T_{f1}+T_{f2}}{L} \tag{8-44}$$

驱动轮增重量取决于 F_D、h_D、T_{f1}、T_{f2}、L 等因素。驱动轮增重使拖拉机附着重量增加，有利于提高其动力性能，但对轮式拖拉机来说有一定限度，不能超过 10%～25%。因为驱动轮增重必然引起前轮减重，而前轮减重有可能影响拖拉机的操纵性和纵向稳定性。一般认为前轮负荷不能少于整机使用重量的 15%～20%。

（2）带悬挂机具时受力分析

轮式拖拉机带悬挂机具作业时，必须把悬挂机具作为机组整体的组成部分加以分析，它同拖拉机带牵引机具工作的不同点在于：悬挂机具的重量以及悬挂机具工作机构所受到的土壤阻力是通过悬挂机构直接传到拖拉机机架上去的，对整个机组来说处于平衡状态。

悬挂机组作业时，整个机组的受力情况与悬挂农具所采用的耕作深度调节方法有关，也与机具的悬挂位置（如后悬挂、中悬挂、侧悬挂、前悬挂等）有关。耕作深度的调节方法有高度调节、力调节和位调节三种基本方法。

采用高度调节时，农具在工作中处于浮动状态，耕作深度由农具上的支承轮来控制，利用支承轮的仿形作用保持耕作深度一致。采用力调节时，耕作深度随牵引阻力的大小由液压系统的力调节机构自动控制，农具上一般不具备支承轮，农具在工作中不处于浮动状态，农具相对于拖拉机的位置由液压系统来选择确定并保持相对的“刚性”联系。采用位调节时，农具相对于拖拉机的位置是由操纵手柄通过液压系统的位调节机构给定的，农具在工作中与拖拉机组成为一个“刚体”。

悬挂机组在耕地作业时，通常拖拉机右侧轮子走在犁沟里（上一趟耕地行程形成的犁沟），左侧轮子走在未耕地上，拖拉机处于横向倾斜状态。为简化起见，把受力分析简化到拖拉机的纵向对称平面上。下面讨论耕地悬挂机组在水平地段稳定作业时的受力分析。

1）作用在拖拉机上的外力。轮式拖拉机带悬挂犁在水平土壤中稳定作业时的受力见图 8-12。

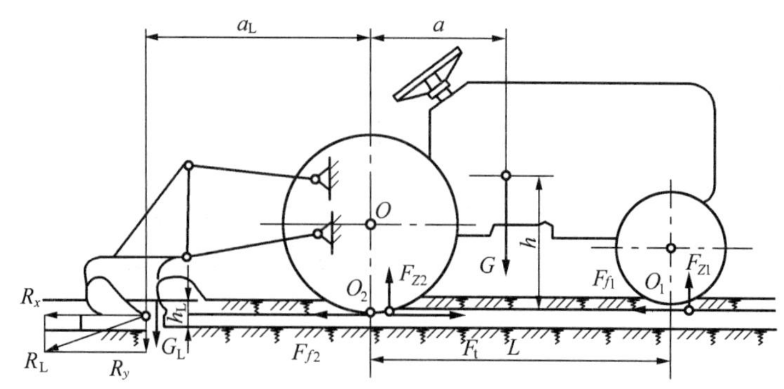

图 8-12　轮式拖拉机带悬挂机具作业受力

图中　G——拖拉机的使用重量；

F_{f1}、F_{f2}——从动轮、驱动轮的滚动阻力；

F_t——驱动力；

F_{Z1}、F_{Z2}——土壤对从动轮、驱动轮的垂直反作用力；

G_L——犁重，作用在犁的质心，作用线到驱动轮几何中心的垂直平面 O—O_2 间的垂直距离为 a_L；

R_L——土壤对犁总耕作阻力在纵垂面内的分力，为简化起见，假定其作用线通过犁的质心。R_L 分解为垂直分力 R_y 和水平分力 R_x，R_x 形成牵引阻力 F_D。根据试验结果，耕地时 R_y 分力方向向上，数值上可取等于 $0.7G_L$；在中耕松土时，R_y 分力方向向下，数值在（0.2～1.4）G_L 范围内变化。

2）牵引平衡方程式。将水平方向的各力投影于土壤平面，得到力平衡方程式：

$$F_t=F_{f1}+F_{f2}+R_x=F_f+F_D \tag{8-45}$$

式中　$F_f=F_{f1}+F_{f2}$，F_D 为牵引阻力。

由此可见，拖拉机悬挂机组牵引平衡方程式与牵引机组牵引平衡方程式是一样的。

3）前、后轮垂直载荷的分配。为了求出前轮上所受的垂直方向的土壤反作用力 F_{Z1}，列出作用在拖拉机上的诸外力绕 O_2 点的力矩平衡方程式。由图 8－12 得

$$Ga=F_{Z1}L+(G_L\pm R_y)a_L+T_{f1}+T_{f2} \tag{8-46}$$

式中　T_{f1}、T_{f2}——从动轮、驱动轮的滚动阻力偶矩，分别为土壤对从动轮、驱动轮的垂直反作用力乘以垂直反作用力作用线的前置距离。

因此可求得 F_{Z1} 的值：

$$F_{Z1}=\frac{Ga-(G_L\pm R_y)a_L-T_{f1}-T_{f2}}{L} \tag{8-47}$$

为了求出驱动轮上所受的垂直方向的土壤反作用力 F_{Z2}，列出作用在拖拉机上的各外力绕 O_1 点的力矩平衡方程式：

$$G(L-a)=F_{Z2}L-(G_L\pm R_y)(a_L+L)-T_{f1}-T_{f2} \tag{8-48}$$

因此可求得 F_{Z2} 的值：

$$F_{Z2}=\frac{G(L-a)+(G_L\pm R_y)(a_L+L)+T_{f1}+T_{f2}}{L} \tag{8-49}$$

从式（8－48）和式（8－49）可以看出，拖拉机悬挂机组作业时，也存在驱动轮增重、从动轮载荷减轻的情况，但是比较式（8－42）和式（8－43）可以看出：

① 悬挂机组作业时，拖拉机驱动轮增重值不等于从动轮减重值，这和拖拉机牵引机组有不同之处。

$$|\Delta F'_{Z1}|=\frac{(G_L\pm R_y)\ a_L+T_{f1}+T_{f2}}{L} \tag{8-50}$$

$$|\Delta F'_{Z2}|=\frac{(G_L\pm R_y)\ (a_L+L)+T_{f1}+T_{f2}}{L} \tag{8-51}$$

式中　$|\Delta F'_{Z1}|$——从动轮载荷变化的绝对值；

$|\Delta F'_{Z2}|$——驱动轮载荷变化的绝对值，$|\Delta F'_{Z1}| \neq |\Delta F'_{Z2}|$。

② 比较式（8-50）和式（8-51）可以看出，$|\Delta F'_{Z1}| < |\Delta F'_{Z2}|$，说明悬挂机组的从动轮减重比驱动轮增重小。从动轮减重小意味着操纵性和稳定性较好，而驱动轮增重大，意味着拖拉机的附着性能较好。

③ 其他条件相同时，悬挂机组工作时附着性能和稳定性指标较牵引机组要好。

8.3.2 四轮驱动拖拉机受力特点

四轮驱动拖拉机与两轮驱动拖拉机相比，在牵引附着性和机动性方面，具有很多优点。所以近年来在大功率轮式拖拉机上获得较快发展。

（1）性能特点

1）牵引附着性能有显著改善。四轮驱动拖拉机前后轮上的重量都可利用作为附着重量，即可全部用于发挥驱动力。同时，在前、后轮直径大小相等的四轮驱动拖拉机上，后轮沿前轮轮辙滚动，减少了后轮的滚动阻力并改善了后轮的附着性能。

2）减轻对土壤的压实和对土壤结构的破坏。农业机械化程度的不断提高，拖拉机在田间作业广泛使用，使土壤团粒结构遭到一定程度的破坏。四轮驱动拖拉机由于滑转率小，重量分配均匀，有利于改善轮辙中土壤的疏松性，保持土壤的团粒结构。此外，大功率4×4型拖拉机采用宽幅和复式作业，可用较少次数完成全部作业，不仅提高生产率还可减少压实土壤的概率。

3）较好的操纵性和稳定性。四轮驱动拖拉机前桥也是驱动桥，有较大的重量分配，因此上坡时纵向稳定性好。较重的前桥还能减少滚动阻力，并能把拖拉机引导到正常转向轨迹上去，这在下坡时更为明显。

4）较好的通过性。与4×2型拖拉机相比，在附着性能较差的地面上也具有较好的通行能力。

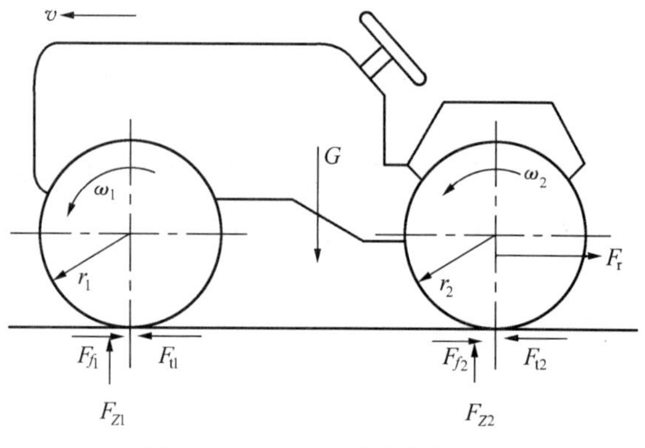

图 8-13 四轮驱动拖拉机受力

（2）牵引动力学与寄生功率

当前、后桥传动系为刚性连接时，前、后驱动轮的理论速度 v_1、v_2 应相等，否则会出现运动不协调。从轮胎的运动分析可知，为了保证 $v_1 = v_2$，前后驱动轮的滚动半径 r_1、r_2 和角速度 ω_1、ω_2 之间应有下列关系（图 8-13）：

$$\frac{r_1}{r_2} = \frac{\omega_1}{\omega_2} = C \tag{8-52}$$

式中 C——常数。

在实际使用中由于车轮载荷的变化、充气压力的差别和轮胎磨损程度的不同，轮胎的滚动半径是变化的，这使前、后驱动轮的理论速度总存在一定差别。但是，前、后驱动轮安装在同一拖拉机上，其实际运动速度总等于拖拉机实际速度 v。如果前、后驱动轮的滑转率分别为 δ_1、δ_2，则应有

$$v=v_1(1-\delta_1)=v_2(1-\delta_2) \tag{8-53}$$

根据式（8-53），并且假设 $v_1<v_2$，则行驶过程中会出现以下几种情况：

1）当 $v_1=v_2$、$\delta_1=\delta_2$ 时，即前、后驱动轮的滑转率相等时。前、后驱动轮的附着力得到充分利用，所以拖拉机可以发挥最大的驱动力，这是最理想的情况。

2）当 $v_2>v_1>v$、$\delta_2>\delta_1>0$ 时，这时后驱动轮发挥的驱动力大于前驱动轮。当后轮滑转率 δ_2 达到容许值时，前轮尚未达到，因此前轮的附着力没有得到充分利用。

3）当 $v_2>v_1=v$、$\delta_2>0$、$\delta_1=0$ 时，这时只有后轮才产生驱动力，而前驱动轮做纯滚动，相当于两轮驱动拖拉机。

4）$v_2>v>v_1$、$\delta_2>0$、$\delta_1<0$ 时，这时后驱动轮产生驱动力而前轮在拖拉机机体的推动下出现滑转，并产生与运动方向相反的驱动力即制动力。这种情况出现在前、后轮理论速度差别较大、土壤较坚实而牵引负荷又较小的条件下。

在上述第四种情况下，由于前轮作用着与拖拉机行驶方向相反的制动力 F_r，它所形成的力矩经分动器和中央传动等传给后轮。因此，传至后轮的动力有两条线路，见图 8-14。

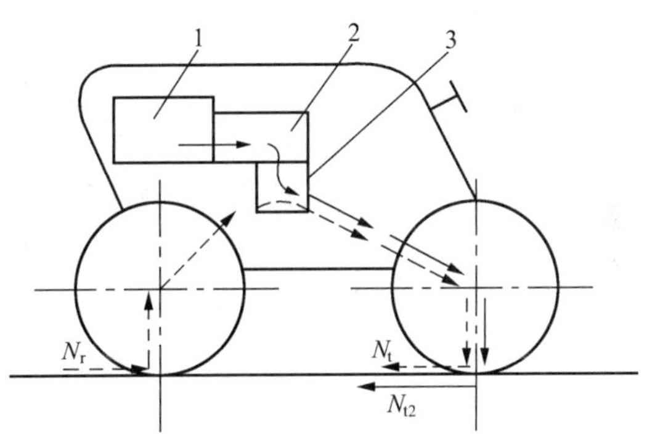

图 8-14 四轮驱动拖拉机的寄生功率

1. 发动机 2. 变速器 3. 分动器

传到后轮的动力，一路是由发动机传来的，即正常的动力传递（图 8-14 中实线所示）；另一路由前轮传来（图 8-14 中虚线所示），两路汇合使后轮驱动力由 F_{t2} 增加到 $F_{t2}+F_r$，但是后轮上的驱动力增大的部分 F_r 仍通过机体传给前轮，用来克服前轮制动所需的力。因此后轮上实际驱动力并未增加，由 F_r 所形成的功率 N_r 在“前驱动轮→分动器→后驱动轮→机体→前驱动轮”闭路中循环。这种现象称为功率循环，循环功率 N_r 称为寄生功率。

寄生功率不能提高驱动功率或驱动力，但会使传动系零件过载，使轮胎因滑动而加速磨损，增大了传动系功率损失，降低了牵引效率。为避免寄生功率的产生，在结构上采取的措施有：在前桥（或后桥）传动系中设置分离装置，在前、后桥间安装轴间差速器，在一个驱动桥传动系中设置超越离合器等。

8.3.3 履带式拖拉机总体受力分析

(1) 履带拖拉机机组纵垂面内所受外力分析

履带拖拉机机组在水平地段等速直线作业时的受力情况如图 8-15 所示。

图中 G——拖拉机的使用重量，作用于拖拉机的质心上，质心坐标用 a（质心到驱动轮轴水平距离）和 h（质心距地面的高度）表示；

F_f、F_t——拖拉机的滚动阻力和驱动力，作用于支承段水平方向；

F_Z——土壤对履带支承段上全部支承反力的合力，其作用点 O_1 坐标用距驱动轮轴的水平距离 x_y 表示，O_1 点称为压力中心；

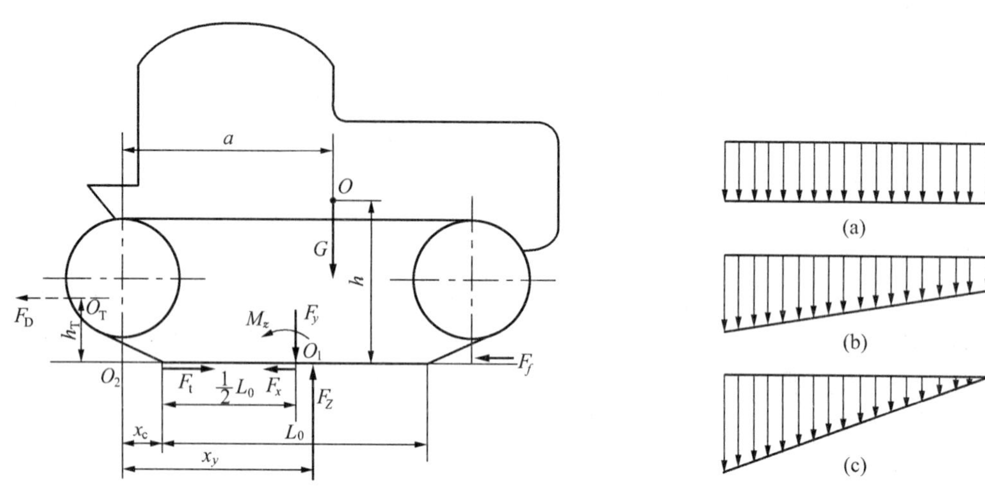

图 8-15 作用在履带拖拉机纵垂面内的外力

F_x、F_y、M_z——带悬挂农具时农具对拖拉机的作用力，它们作用于履带支承段接地中点；若带牵引农具，则用作用在牵引点 O_T 的挂钩牵引力 F_D 表示（图中虚线表示）。

（2）牵引平衡方程式

上述各力在水平方向的平衡方程式为

$$F_t = F_f + F_x \text{ 或 } F_t = F_f + F_D \tag{8-54}$$

上式为履带拖拉机的牵引平衡方程式。

（3）压力中心及载荷在支承面上的分布

土壤对履带支承反力合力 F_Z 的作用点 O_1 称为压力中心，其位置与支承面上的压力分布有关。支承反力 F_Z 的大小可根据作用在拖拉机上垂直方向的力平衡方程式求得：

$$F_Z = G + F_y \tag{8-55}$$

压力中心坐标 x_y 可由作用在履带拖拉机上的外力对 O_2 点的力矩平衡方程式求得：

$$x_y = \frac{Ga + F_y\left(x_c + \frac{1}{2}L_0\right) - M_z}{F_Z} = \frac{Ga + F_y\left(x_c + \frac{1}{2}L_0\right) - M_z}{G + F_y} \tag{8-56}$$

式中 L_0——履带支承段长度；

x_c——履带支承段后端至驱动轮轴的距离。

对牵引农具的履带式拖拉机来说，则为

$$x_y = \frac{Ga - F_D h_T}{G} \tag{8-57}$$

比较式（8-56）和式（8-57）可以看出，压力中心不仅取决于质心位置，也与农具的作用力有关。拖拉机的牵引负荷越大，则 x_y 越小，压力中心越往后移。

压力中心的位置对履带拖拉机附着性能和其他性能都有很大影响，它在某种程度上反映单位压力的分布情况，假设支承面下的单位压力成线性变化。当压力中心正好处于支承面中点（即 $L_0/2$ 处）时，压力分布呈矩形［图 8-15（a）］，压力中心坐标为 $x_y=L_0/2+x_c$。当压力中心偏后时，压力分布呈梯形［图 8-15（b）］，支承面后部压力大于前部压力。如果压力中心过于靠后，压力分布呈三角形［图 8-15（c）］，甚至使履带前部抬起而起不到支承作用。

单位压力分布越均匀越好，此时滚动阻力小而附着性能好，因此希望压力中心处于支承面的中点。一般情况下，履带拖拉机的农具是后置的，并在牵引条件下工作。因此，履带拖拉机的质心布置在履带支承面中点之前，即 $a>(L_0+x_c)/2$，这样可保证在工作时，压力中心位于支承面中点附近。

实际的履带支承面是由多节带板组成的，对土壤的单位压力并不呈直线分布，但上述的一些原则性结论是适用的。

8.4 制动动力学

8.4.1 车轮制动力

汽车受到与行驶方向相反的外力时，才能从一定的速度制动到较小的车速，直至停车。这个外力只能由地面和空气提供。但由于空气阻力较小，所以实际上外力主要是由地面提供的，称为地面制动力。地面制动力越大，制动减速度越大，制动距离也越短，所以地面制动力对汽车制动性具有决定性影响。

下面分析一个车轮在制动时的受力状况，以说明影响汽车地面制动力的主要因素。

（1）地面制动力

在良好的硬路面上制动时车辆车轮的受力状况如图 8-16 所示。图中忽略了滚动阻力偶矩和减速时的惯性力、惯性力偶矩。

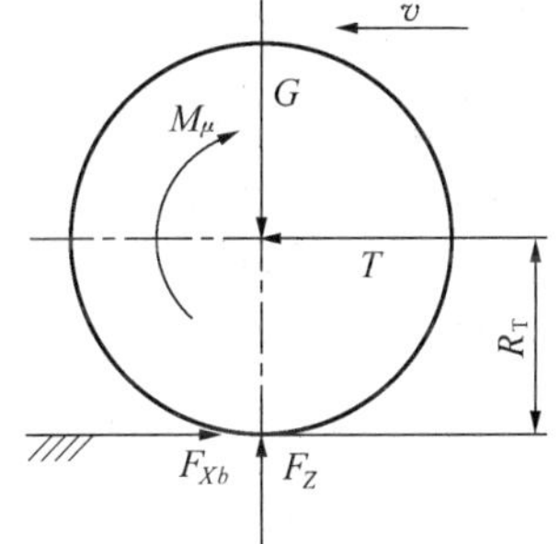

图 8-16　车辆制动时车轮的受力

M_μ. 制动器的摩擦力矩

F_{Xb}. 车轮轮胎胎面与地面之间作用的地面制动力

G. 车轮垂直载荷

F_Z. 地面对车轮的法向反作用力

T. 车轴作用于车轮的推力

由车轮受力平衡可得

$$F_{Xb}=\frac{M_\mu}{R_T} \qquad (8-58)$$

式中　R_T——车辆滚动半径。

地面制动力的大小不仅取决于制动器摩擦片与制动鼓或制动盘间的摩擦力，还受到轮胎与地面间的摩擦力——附着力的制约。

（2）制动器制动力

设在轮胎周缘克服制动器摩擦力矩所需要的力为制动器制动力 F_b，它等于把车辆车轮架离地面，踩住制动器踏板，在轮胎周缘沿切线方向推动车轮，直至它能转动所需的力，显然

$$F_b=\frac{M_\mu}{R_T} \qquad (8-59)$$

由此式可知，制动器的制动力仅由制动器结构参数决定，即取决于制动器的型式、结构尺寸、制动器摩擦副的摩擦系数以及车轮滚动半径。并与制动踏板力即制动系统的液压或空气压力成正比。

(3) 地面制动力、制动器制动力与附着力之间的关系

制动过程中制动器制动力 F_b、地面制动力 F_{Xb} 与附着力 F_μ 之间的关系如图 8-17 所示。

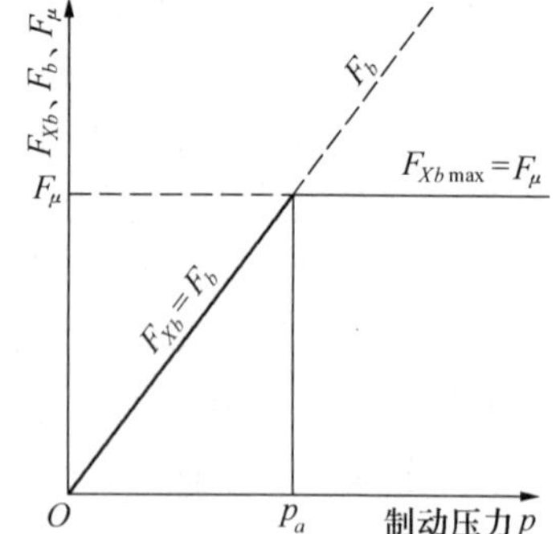

图 8-17 制动过程中地面制动力、制动器制动力和附着力之间的关系

一般车辆在制动过程中，车轮的运动包含滚动与抱死拖滑（滑移）两种状况。当制动刚开始、制动踏板力较小、制动器制动力不大时，地面制动力足以克服制动器摩擦力矩而使车轮滚动，因而车轮滚动时的地面制动力就等于制动器制动力，且随着踏板力的增大而成正比例地增长。但地面制动力的最大值不超过附着力，即

$$F_{Xb}\leqslant F_\mu=F_Z\mu_b \tag{8-60}$$

式中 μ_b——轮胎与路面之间的纵向附着系数。

由公式可知，最大地面制定力 $F_{Xb\max}=F_Z\mu_b$。

当制动压力 p 上升到某一值 p_a，地面制动力随着制动器制动力的增长，达到附着力时，就不再增长了；而当制动压力 $p>p_a$ 时，制动器制动力由于制动器摩擦力矩的增长而仍按直线关系继续上升，此时车轮即被制动器抱死而出现滑移现象。要想提高车辆的制动效能，就必须提高附着力值，以提高 $F_{Xb\max}$值的大小。提高附着力值最有效的办法是提高纵向附着系数 μ_b。

由此可见，车辆的地面制动力首先取决于制动器制动力，但同时又受地面附着力的限制。只有具有足够的制动器制动力，同时地面又能提供较高的附着力时，车辆才能获得足够的地面制动力。

(4) 附着系数与车轮滑移率的关系

车辆在制动过程中，车轮从滚动到抱死拖滑是一个渐变过程。一般用滑移率 S 来说明这个过程中滑动程度的大小。滑移率的定义可用下式表示：

$$S=\frac{v_w-r_0\omega}{v_w} \tag{8-61}$$

式中 v_w——车轮中心的速度；

r_0——无地面制动力时车轮滚动半径；

ω——车轮的角速度。

车轮做纯滚动时，$v_w=r_0\omega$，$S=0$；车轮被完全抱死做纯滑动时，$\omega=0$，$S=100\%$；车轮边滚动边滑动时，$0<S<100\%$。所以滑移率 S 的大小，说明了车轮运动中滑动成分所占的比例：滑移率 S 越大，滑动成分越多。不同滑移率时所对应的附着系数是不一样的。图 8-18 为附着系数 μ 与滑移率 S 之间的关系。当车轮自由滚动时（$S=0$），纵向附着系数 μ_b 为零而侧向附着系数 μ_S 最大，而后随着滑移率增大纵向附着系数急剧增大。

试验表明，在绝大多数道路条件下，当滑移率$S=S_{OPT}=15\%\sim20\%$时，轮胎的纵向附着系数μ_b达到最大值，此值叫作峰值附着系数μ_{bp}，此时侧向附着系数μ_S也较大，即能得到最佳的制动效果。滑移率再增加，制动将出现不稳定状态，纵向附着系数将会下降，而侧向附着系数则一直下降，制动效能和制动时的方向稳定性都将变坏。当$S=100\%$时，纵向附着系数的值称为滑动附着系数μ_h，侧向附着系数降到零值附近，车辆制动进入抱死状态时将失去制动稳定性和转向操纵性。

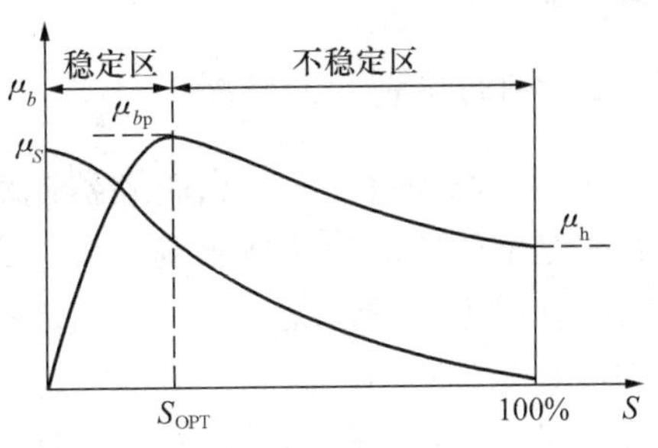

图 8-18 附着系数与滑移率的关系

8.4.2 车轮制动过程

对行驶中的车辆施加适当的制动时，在各轮胎和地面之间产生与前进方向相反的地面制动力，当车辆左右侧地面制动力相等时，车辆能够沿着行进方向平稳减速停车；当车辆左右侧地面制动力不相等时，就会产生一个绕车辆质心的旋转力矩，使制动车辆跑偏。另外，若在弯道制动或制动时有较大横向风以及有地面横坡时，轮胎与地面之间还会产生一个侧滑摩擦力（侧向力），侧向力的作用是保持车辆的预定行进方向以及根据驾驶员的操作而改变行进方向，一般而言，侧向力越大则车辆的操纵性、稳定性越好，反之，若侧向力很小，驾驶员将无法按照自己的意图操纵车辆，或车辆完全失去控制，导致发生恶性交通事故。侧向力与车轮轮胎-地面间的侧向附着系数成正比。当滑移率$S=100\%$时，车轮抱死不转，车轮侧向力接近于零，制动中车辆处于危险的运动状态。

车辆制动的理想目标是：保持制动时车轮滑移率始终在侧向附着系数较大、纵向附着系数最大的滑移值区域，从而得到能维持转向能力和方向稳定性的充分大的侧向力及产生最大地面制动力（纵向力）。

要达到上述目标，必须是如图8-19所示的理想制动过程：

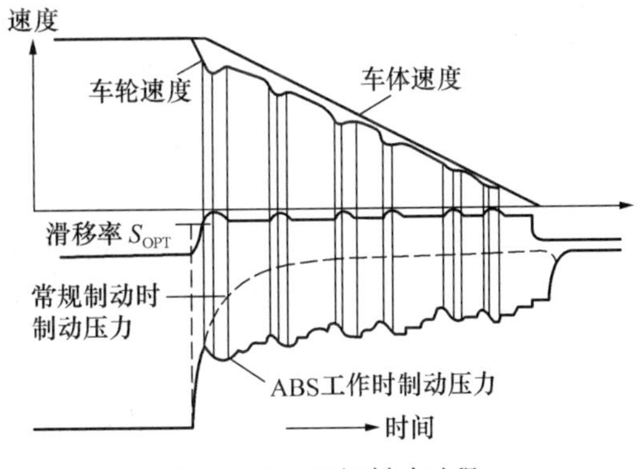

图 8-19 理想制动过程

1）在制动过程中，当车轮的转动状态越过稳定界限S_{OPT}（车轮滑移值从稳定区进入不稳定区的瞬间）时，迅速而又适度地减小制动器制动力矩，使制动器制动力略低于车轮与地面间的附着力，从而使车轮的转动回复到稳定界限附近的稳定区域。

2）逐渐增大制动器制动力，直至车轮转动状态再次越过稳定界限，尽量长时间地保持车轮处于稳定界限附近的最佳滚动状态。使受制动车轮始终在S_{OPT}附近的狭小滑移率范围滚动，实现既充分保证转向操纵性和方向稳定性又可获得最优制动距离的理想制动效果。

8.4.3 制动器制动力分配

车辆在制动过程中，当制动器制动力足够大时，制动过程可能出现以下三种情况：一是前轮比后轮先抱死拖滑，二是后轮比前轮先抱死拖滑，三是前后轮同时抱死拖滑。在以上三种情况中，情况一是稳定工况，但在制动时车辆丧失转向能力，附着条件没有充分利用；情况二是不稳定工况，后轴可能侧滑，附着条件也未充分利用；情况三可以避免后轴侧滑，同时只有在最大制动强度时才使车辆失去转向能力，附着条件利用较好。

因此，前、后制动器制动力的分配将影响车辆制动时的方向稳定性和附着条件利用程度。

(1) 制动时地面对前、后车轮的法向反力

图 8-20 是车辆在水平路面上制动时的受力情况。车辆制动时，地面对前、后车轮的法向反力可由力矩平衡方程求得

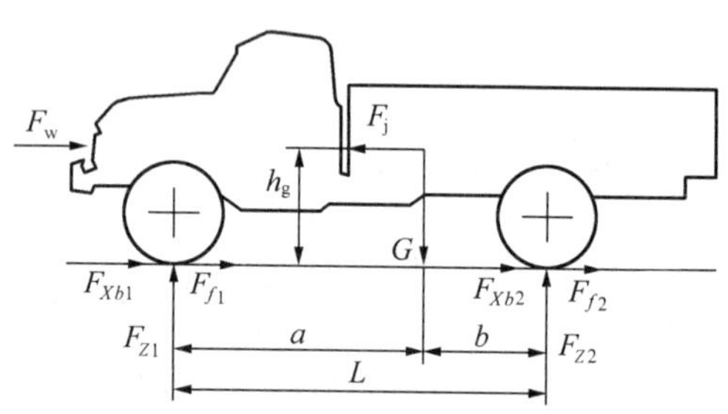

图 8-20 制动时的车辆受力

$$\left.\begin{aligned} F_{Z1} &= \frac{1}{L}\left[bG + h_g(F_j - F_w)\right] \\ F_{Z2} &= \frac{1}{L}\left[aG - h_g(F_j - F_w)\right] \end{aligned}\right\} \tag{8-62}$$

式中 F_{Z1}、F_{Z2}——地面对前、后车轮的法向反力；

a、b——质心至前、后轴的距离；

G——车辆重力；

h_g——车辆质心高度；

F_w——空气阻力（设其作用线通过车辆重心）；

F_j——车辆惯性力。

$$F_j = F_{Xb1} + F_{Xb2} + F_{f1} + F_{f2} + F_w \tag{8-63}$$

式中 F_{Xb1}、F_{Xb2}——前、后车轮所受地面制动力；

F_{f1}、F_{f2}——前、后车轮滚动阻力。

令 $F_{Xb} = F_{Xb1} + F_{Xb2}$，$F_f = F_{f1} + F_{f2}$，则式（8-63）可化简为

$$F_j - F_w = F_{Xb} + F_f \tag{8-64}$$

将式（8-64）代入式（8-62），得

$$\left.\begin{aligned} F_{Z1} &= \frac{1}{L}\left[bG + h_g(F_{Xb} + F_f)\right] \\ F_{Z2} &= \frac{1}{L}\left[aG - h_g(F_{Xb} + F_f)\right] \end{aligned}\right\} \tag{8-65}$$

当前、后车轮同时制动而接近抱死时，$F_{Xb} = F_\mu = G\mu$，又因 $F_f = Gf$，则

$$
\left.\begin{aligned}
F_{Z1} &= \frac{G}{L}[b+h_g(\mu+f)] \\
F_{Z2} &= \frac{G}{L}[a-h_g(\mu+f)]
\end{aligned}\right\} \tag{8-66}
$$

式中　f——车轮滚动阻力系数。

由式（8－66）可知，制动时，前、后轮法向反力的大小随制动强度或附着系数及滚动阻力系数的改变而发生很大的变化。

（2）前、后轮制动力的合理分配

车辆制动时，在任意附着系数 μ 的路面上，前、后车轮同时制动抱死的条件是：前、后轮制动器制动力之和等于附着力，并且前、后轮制动器制动力分别等于各自的附着力，即

$$
\begin{cases}
F_{b1}+F_{b2}=G\mu \\
F_{b1}=F_{Z1}\mu \\
F_{b2}=F_{Z2}\mu
\end{cases}
\quad 或 \quad \frac{F_{b1}}{F_{b2}}=\frac{F_{Z1}}{F_{Z2}}
$$

将式（8－66）代入上式，得

$$
\frac{F_{b1}}{F_{b2}}=\frac{b+h_g(\mu+f)}{a-h_g(\mu+f)} \tag{8-67}
$$

式中　F_{b1}、F_{b2}——前、后制动器制动力。

由上式可知，前、后车轮制动器制动力的合理分配，与车辆质心、轴距、附着系数和滚动阻力系数有关。

若忽略滚动阻力系数 f，并消去式（8－67）中的变量附着系数 μ，得

$$
F_{b2}=\frac{1}{2}\left[\frac{G}{h_g}\sqrt{b^2+\frac{4h_gL}{G}F_{b1}}-\left(\frac{Gb}{h_g}+2F_{b1}\right)\right] \tag{8-68}
$$

由式（8－68）绘成的 F_{b2}—F_{b1} 曲线，即为前、后轮同时抱死时前、后制动器制动力的关系曲线，即理想的前、后轮制动器制动力分配曲线，如图 8－21 所示，简称 I 曲线。

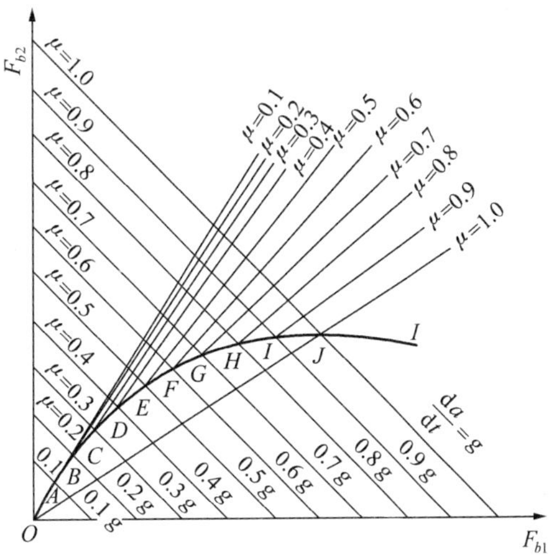

图 8－21　理想的前、后制动器制动力分配曲线

8.4.4　提高制动性能的措施

车辆在实际制动过程中轮胎的纵向附着系数值 μ_{bp} 是随道路状况在较大范围内变化的。如结冰道路约为 0.1，干燥混凝土道路为 0.8，在变化范围如此大的道路条件下行驶，想靠驾驶员的人为动作来控制制动系统使车辆处于理想制动过程是不可能的，ABS 自动防抱死系统能实现理想制动的要求，从而能显著地改善汽车的制动性能。

电子控制式 ABS 把车轮运动状态与路面附着力情况紧密联系在一起，并对该运动状态加以及时、准确的调整，自动加大或减小制动操纵力，防止车轮被抱死，并始终处于最佳制动状态。

典型的 ABS 主要由车轮转速传感器、传感齿圈、电子控制器（ECU）和制动压力调节器等组成，其工作原理如图 8-22 所示。

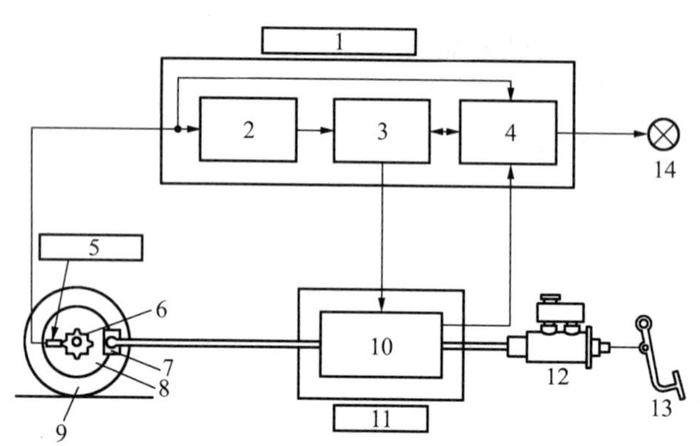

图 8-22 ABS 基本工作原理

1. 电子控制器 2. 运算单元 3. 控制单元 4. 监控单元 5. 轮速传感器 6. 传感齿圈 7. 制动分泵 8. 制动盘 9. 车轮 10. 电磁阀 11. 压力调节器 12. 制动总泵 13. 制动踏板 14. 警报灯

首先由轮速传感器 5 测出与车轮 9 或驱动轴共同旋转的传感齿圈 6 的旋转齿数，从而得到与车轮转速成正比的交流信号。轮速传感器 5 的交流信号被送入电子控制器 1，由电子控制器 1 中的运算单元 2 计算出车轮速度、滑移率及车轮的加速度或减速度，然后再由电子控制器 1 中的控制单元 3 对这些信号加以分析后，给压力调节器 11 发出制动压力控制指令。电子控制器 1 还有监控单元 4，其作用是对 ABS 的其他部件的功能进行监测，当这些部件发生异常时，由警报灯 14 或蜂鸣器给驾驶员报警，使整个 ABS 系统停止工作，使制动功能自动恢复到汽车的传统制动系统状态。这时汽车的传统制动系统仍然工作，而只是不再具有防止车轮抱死的功能。压力调节器 11 均安装在制动传动系统的制动总泵 12 与制动分泵 7 之间，接收到电子控制器 1 的指令后，由压力调节器 11 中的电磁阀 10（若为液压制动系统时还有液压泵、驱动电机）直接或间接地控制制动压力的增减，从而调节制动器制动力矩，使之与地面附着状况相适应，防止制动车轮被抱死。

现在，电子防抱死制动装置已发展成为与驱动防滑控制组合的装置（ABS/ASR）。它既可防止在制动时车轮抱死，又可防止起步和加速时驱动轮的滑转。

复习与思考

1. 试述汽车行驶的充分必要条件。
2. 汽车行驶阻力有哪些？如何计算这些阻力的数值？
3. 什么是附着力？附着力与驱动力的关系如何？

4. 试写出汽车行驶方程式，并分析加速阻力。

5. 试画出汽车加速上坡时的受力图，并分析地面作用于前、后轮的法向反作用力和切向反作用力。

6. 试画图分析后轮驱动拖拉机带牵引机具作业时驱动轮增重现象。

7. 试说明四轮驱动拖拉机的性能特点。

8. 地面制动力、制动器制动力与附着力之间有何关系？

9. 如何合理分配前、后轮制动力？提高制动性能的措施有哪些？

郭孔辉：汽车界的传奇人物

第9章

车辆使用性能

在一定的使用条件下，车辆以最高效率工作的能力，称为车辆使用性能。它是决定车辆使用效率和方便性的结构特性表征。不同类型的车辆因使用条件的差异而表现出不同的使用性能，其中包括性能的具体内容和评价指标也有所不同。本部分内容仅介绍汽车拖拉机的一些主要使用性能。

9.1 汽车动力性能

汽车动力性是汽车在良好路面上直线行驶时由汽车受到的纵向外力决定的，它在很大程度上决定汽车所能达到的平均行驶速度、运输效率及生产率的高低，因此它是汽车各种性能中最基本、最重要的性能。

9.1.1 动力性指标

从获得尽可能高的平均行驶速度的观点出发，常以汽车最高车速、汽车加速时间和汽车最大爬坡坡度三个指标来评价汽车的动力性能。

(1) 汽车最高车速 v_{amax} (km/h)

指在水平良好路面上（水泥或柏油路面）汽车能达到的最高行驶速度。

(2) 汽车加速时间 t (s)

汽车的加速能力对平均速度有很大影响，特别是高级小轿车。汽车的加速能力常用原地起步加速时间和超车加速时间来表示。

1）原地起步加速时间是指汽车由一挡并以最大加速度逐步换至高挡后达到一预定距离或车速所需时间。常用 0→400 m 所用时间或 0→100 km/h 所用时间来表示。

2）超车加速时间是指用最高挡或次高挡由某一中等车速全力加速至某一高速所需时间。常用最高挡或次高挡由 30 km/h 或 40 km/h 全力加速至某一最高速度所需时间，或用加速曲线全面反映加速能力。超车时，汽车与被超车辆会出现并行情况，两车并行时间长易出危险，所以时间越短越安全。

(3) 汽车最大爬坡坡度 i_{max}（%）

汽车的爬坡能力用满载时汽车在良好路面上一挡的最大爬坡坡度 i_{max}来表示。

轿车速度高，且经常在良好路面上行驶，因此一般不强调爬坡能力。货车要在各种路面上行驶，尤其是经常在乡村山路上行驶，所以要求它具有良好的爬坡能力，一般 i_{max}在 30%，即 16.5°左右。而越野汽车的爬坡能力是一个很重要的指标，i_{max}在 60%，即 30°左右或更高。

有些国家规定在经常遇到的坡道上，以某一速度来表示汽车的爬坡能力。例如，有些车要求在 3%的坡道上能以 60 km/h 的速度行驶，有的要求在 2%的坡道上能以 50 km/h 的速度行驶。

9.1.2　驱动力与行驶阻力

要研究汽车的动力性，首先要研究其受力状况，分析汽车行驶时所受的各种外力，然后建立力的平衡方程，以便研究其特性，从而估算最高车速、爬坡能力、加速度等。

(1) 行驶运动方程

若以 P_q 表示汽车的驱动力，$\sum P$ 表示各种运动阻力，则平衡方程为

$$P_q = \sum P \quad (9-1)$$

或

$$P_q = P_f + P_w + P_i + P_j \quad (9-2)$$

式中　P_f——滚动阻力；

P_w——空气阻力；

P_i——上坡阻力；

P_j——加速阻力。

若考虑附着条件，则 $P_\varphi \geqslant P_q = \sum P$（$P_\varphi$ 为附着力）。

(2) 驱动力

当传动系数 i_Σ、传动系效率 η_c、车轮半径 r_q 一定时，由 $P_q = \dfrac{M_e \cdot i_\Sigma \cdot \eta_c}{r_q}$ 可知，驱动力 P_q 与扭矩 M_e 之间具有一定的函数关系，两者呈直线关系。

M_e 的变化规律通过发动机速度特性曲线可以知道，它以曲线的形式比较直观地表示出发动机功率 N_e、扭矩 M_e 以及耗油率 g_e 与发动机转速 n_e 之间的函数关系。

(3) 驱动力图

用驱动力与车速之间的函数关系曲线图（P_q—v_a）来表示汽车的驱动力，该图称为汽车的驱动力图，如图 9-1 所示，它对讨论汽车的动力性是很有作用的。

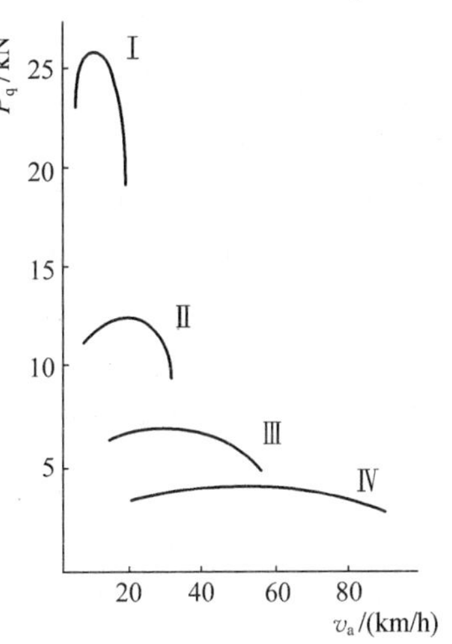

图 9-1　汽车驱动力图

如果给定了发动机的外特性曲线以及 i_Σ、η_c、r_q 等参数后，即可求出各挡的 P_q 值。再根据发动

机转速 n_e 与汽车行驶速度之间的关系（$v_a \approx 0.377 \times \frac{r_q n_e}{i_\Sigma} = C \times n_e$）即可求出各挡的 P_q—v_a 曲线。

(4) 行驶阻力

汽车的行驶阻力在第 8 章已介绍，这里不再赘述。

9.1.3 驱动力—行驶阻力平衡图

上述汽车行驶的运动方程式表明了汽车行驶时驱动力和外界阻力之间相互关系的普遍情况。当发动机的转速特性以及 i_k、i_0、η_c、r_q、C_D、A、G 等参数初步确定后，便可利用运动方程式分析汽车在附着性能良好的典型路面（沥青路面、混凝土路面）上的行驶能力，即确定汽车在节流阀全开时可能达到的最高车速、加速能力和爬坡能力。为了清晰而形象地表明汽车行驶时的受力情况及其平衡关系，一般借助于行驶时的运动方程式，运用图解法来进行分析。亦即在图 9－1 所示的汽车驱动力图上把汽车行驶中经常遇到的滚动阻力和空气阻力也算出，这就成为汽车的驱动力—行驶阻力平衡图。

如图 9－2 所示为一具有四挡变速器汽车的驱动力—行驶阻力平衡图，从图上可以看到不同车速时驱动力和行驶阻力之间的关系。例如可以直接在图上找出汽车的最高车速，即 P_q 曲线与 $P_f + P_w$ 曲线的交点在横坐标轴上的投影便是 v_{amax}。因为此时驱动力与行驶阻力相等，汽车处于相对稳定的平衡状态（$v_{amax} = 88$ km/h）。当车速低于最高车速时（$v_a = 60$ km/h），驱动力大于行驶阻力，于是汽车可以利用剩余的驱动力加速、爬坡或牵引挂车。如若当需以 60 km/h 的速度等速行驶时，驾驶员可以关小节流阀的开度（图中虚线），这时发动机只用部分负荷特性工作，相应地得到虚线所示的驱动力曲线，以使汽车达到新的平衡状态。

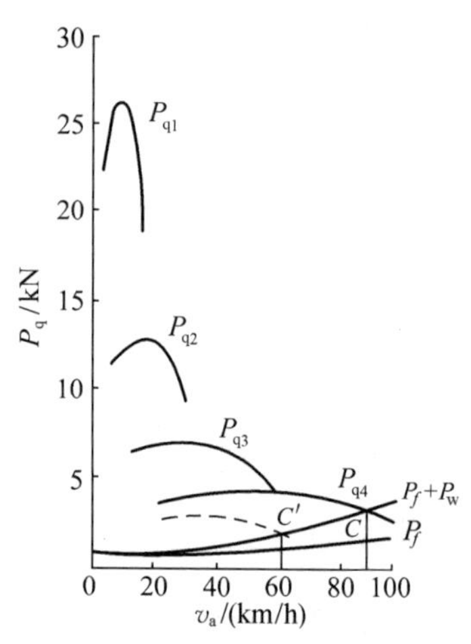

图 9－2　汽车驱动力—行驶阻力平衡图

汽车的加速能力用在良好的水平路面上行驶时所能产生的加速度来评价。但由于加速度的数值不易测量，一般常用加速时间来表明汽车的加速能力。例如用直接挡行驶时，由最低稳定速度加速到一定距离或 $80\% v_{amax}$ 所需的时间。

现根据图 9－2 来求汽车的加速时间。

设 $P_i = 0$，由汽车行驶的运动方程式得

$$\frac{dv_a}{dt} = \frac{g}{\delta \cdot G}[P_q - (P_f + P_w)] \tag{9-3}$$

式中　δ——汽车旋转质量换算系数。

显然，利用图 9－2 可计算出各挡的加速度曲线，如图 9－3 所示。有些汽车一挡的 δ 值甚大，则二挡的加速度可能比一挡还要大。

由图 9-3 可以进一步求得由某一车速加速至另一较高车速所需的时间。由运动学可知

$$dt=\frac{dv_a}{j} \qquad (9-4)$$

式中 j——行驶加速度（m/s^2）。

由此式可见，如果画出加速度倒数$\frac{1}{j}$随速度而变化的曲线，如图 9-4（a）所示，则可用图解积分法求出曲线下面的面积 F，此即为加速过程中的加速时间。

为简单起见，选择图 9-4（b）所示即$\frac{1}{j_4}-v_a$来进行计算。

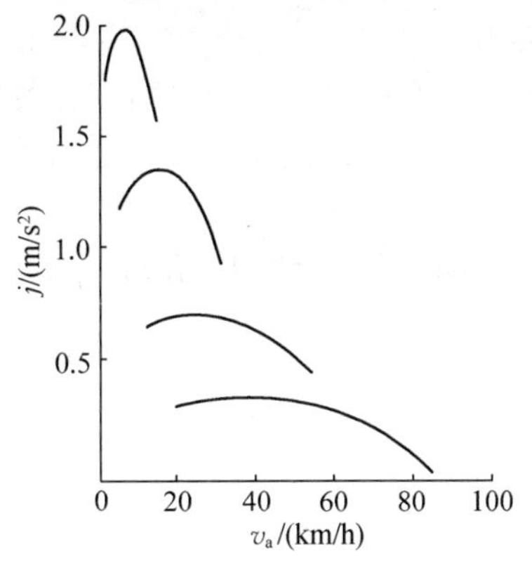

图 9-3 汽车行驶加速度曲线

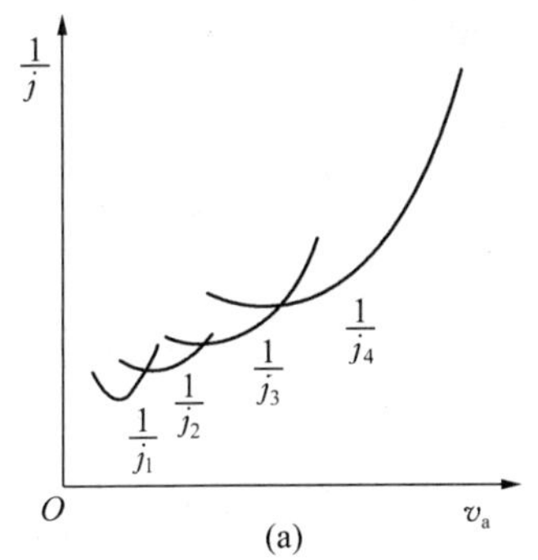

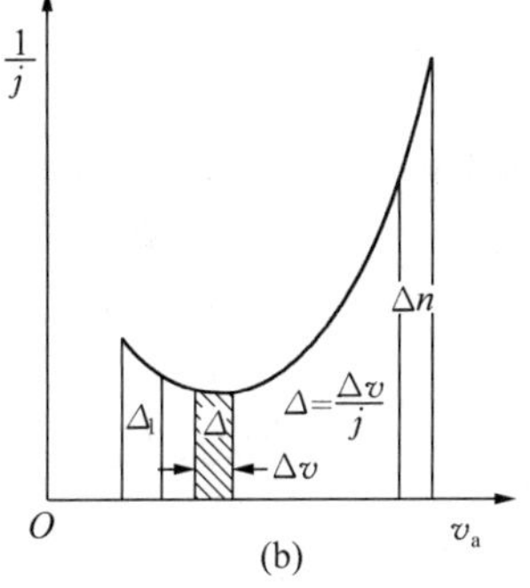

图 9-4 汽车的加速度倒数曲线

如图 9-5（a）所示为图解积分后求得的最高挡的加速时间图。同样可求出自一挡开始连续换挡加速至最高挡的加速时间图，如图 9-5（b）所示。

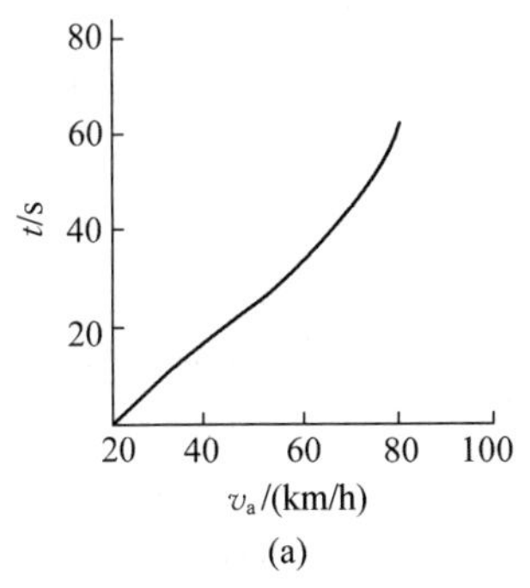

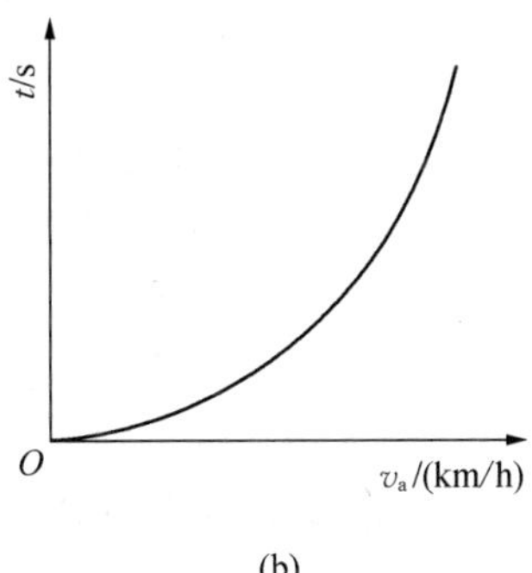

图 9-5 汽车加速时间图

（a）最高挡 （b）自一挡至最高挡

关于加速的行程，可由加速时间曲线用图解积分法求得，即 $S=\int_0^t v_a \cdot dt=F'$，式中 F'为 t—v_a 曲线与纵坐标轴间的面积。

根据汽车行驶的运动方程式和驱动力—行驶阻力平衡图还可确定汽车的爬坡

能力。

汽车的爬坡能力是指在良好的路面上用一挡克服 P_f+P_w 后的剩余力全部用来（$j=0$）克服坡度阻力时能爬上的坡度。即

$$P_i=P_q-(P_f+P_w) \tag{9-5}$$

因 P_f 的数值本来就较小，且 $\cos\alpha\approx1$，故可以认为

$$P_f+P_w=G\cdot f+\frac{C_D\cdot A\cdot v_a^2}{21.15} \tag{9-6}$$

由此可解

$$G\cdot\sin\alpha=P_q-(P_f+P_w) \tag{9-7}$$

或

$$\alpha=\arcsin\frac{P_q-(P_f+P_w)}{G} \tag{9-8}$$

利用图 9-2 可求出汽车能爬上的坡度角 α，相应地，根据 $\tan\alpha=i$ 可求出坡度值。其中汽车最大爬坡度 i_{max} 为头挡时的最大爬坡度。而直接挡的最大爬坡度 i_{0max} 也应引起注意，因为汽车常以直接挡行驶，如果 i_{0max} 过小，迫使汽车在遇到较小的坡道时经常换挡，势必影响汽车的行驶平均速度。其数值可按下式求得

$$i_{0max}=\frac{P_{q0}-(P_f+P_w)}{G} \tag{9-9}$$

式中 P_{q0}——直接挡时的最大驱动力。

所得汽车的爬坡度如图 9-6 所示。

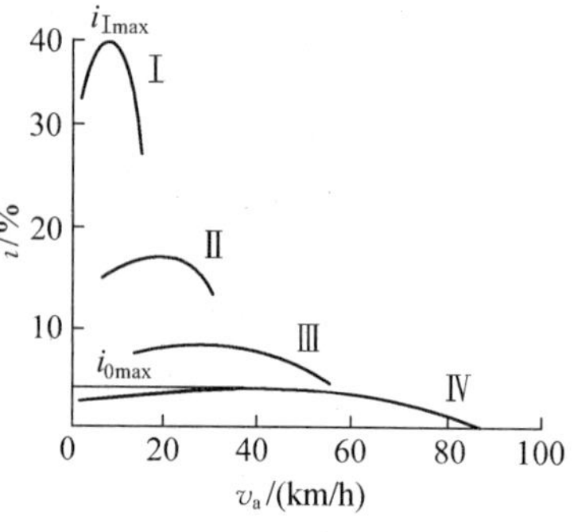

图 9-6　汽车爬坡度

9.1.4　动力特性图

利用上述汽车驱动力—行驶阻力平衡图，虽可对汽车的最高车速、加速能力和爬坡能力进行分析，能够评价一辆汽车的动力性，但在分析汽车动力性的某些问题时会感到不便，而且用驱动力图不能直接对不同汽车的动力性进行分析比较。

现举一例进行说明，如图 9-7 所示，即在图上绘出了两辆不同载重量汽车的驱动力图。实线表示总重为 7 t（68.6 kN）的汽车，虚线表示总重为 3.9 t（38.2 kN）的汽车。前者各挡的驱动力均较后者要大，那么第一辆汽车的动力性是否就一定比第二辆汽车要好呢？在分析比较时，应当注意到前者的总重大于后者，其相应的道路阻力与加速阻力均与总重成正比而有所不同。所以前者驱动力虽大，但还不能简单地判定其动力性就一定好。由此可见，还必须把驱动力与车重结合起来考虑才能评定汽车的动力性。此外，即使驱动力和车重都相接近，还必须考虑到它们在行驶中空气阻力的差异（空气阻力与车重无关，与车外部形状有关）。

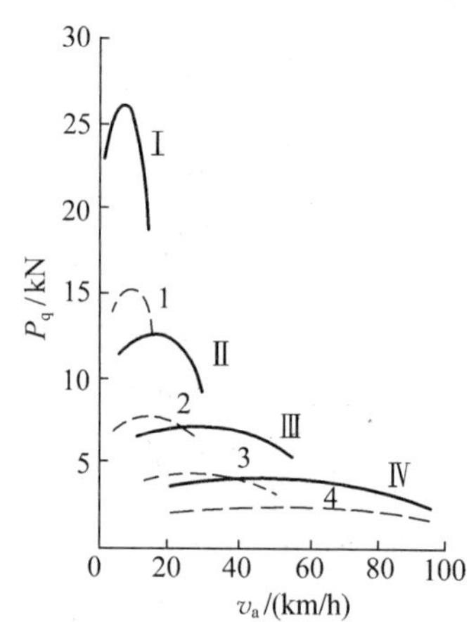

图 9-7　两辆总重不同的汽车的驱动力

为此拟定了与汽车重量和外形无关的评定汽车动力性的指标，即称为动力因数D，它是既考虑到驱动力又考虑到车重和空气阻力的综合性参数。

(1) 汽车的动力因数D

由汽车的运动平衡方程式可知：

$$P_q = P_f + P_w + P_i + P_j \tag{9-10}$$

$$P_q - P_w = G \cdot \varphi + \delta \frac{G}{g} \cdot \frac{dv_a}{dt} \tag{9-11}$$

$$\frac{P_q - P_w}{G} = \varphi + \frac{\delta}{g} \cdot \frac{dv_a}{dt} \tag{9-12}$$

上式左端是汽车所具有的参数，亦即为汽车的动力因数D，则

$$D = \frac{P_q - P_w}{G} = \varphi + \frac{\delta}{g} \cdot \frac{dv_a}{dt} = f + i + \frac{\delta}{g} \cdot \frac{dv_a}{dt} \tag{9-13}$$

式中 φ——道路阻力系数；

f——滚动阻力系数；

i——道路坡度。

由上式可见，不论汽车的重量等参数有何差异，但只要有相等的动力因数D，便能克服同样的坡度，同时产生同样的加速度（设δ值相同）。因而，动力因数D是目前常用来评定汽车动力特性的综合指标。

图9-8所示为图9-7所示两辆汽车的动力特性图。可见，虽然它们的驱动力相差很大，但其动力性是很接近的。

下面应用动力因数D和动力特性图（图9-9）来确定汽车的最高车速、爬坡能力和加速能力。

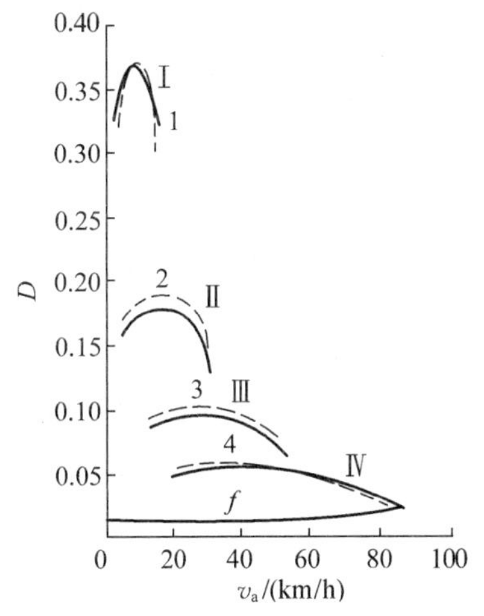

图9-8 两辆总重不同的汽车的动力特性

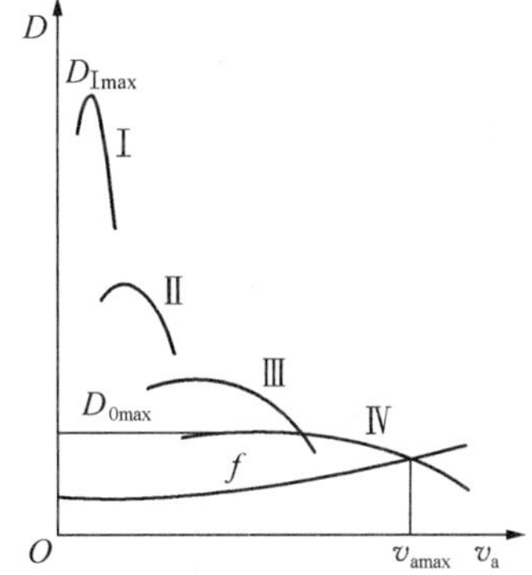

图9-9 利用动力特性图确定汽车动力特性

(2) 确定最高车速

最高车速是指在良好平路上汽车能达到的最大速度。此时$i=0$，$\frac{dv_a}{dt}=0$，则$D=f$。参见图9-9作f线，它与直接挡$D—v_a$曲线交点处的车速，便是汽车的最高车速。

(3) 确定爬坡能力

爬坡时，设$\frac{dv_a}{dt}=0$，则

$$D=\varphi=f+i \tag{9-14}$$

$$i=D-f \tag{9-15}$$

因此，D 曲线与 f 曲线之间的距离即为汽车各挡的爬坡能力，粗略估计，$D_{Imax}-f$ 就是汽车的最大爬坡度。实际上用一挡能爬的坡度角一般比较大，当 α 较大时，$\cos\alpha\neq1$，$\sin\alpha\neq i$，则确定的 i_{Imax} 的误差较大，此时 $D_{Imax}=f\cos\alpha+\sin\alpha$。解此三角函数方程，可得

$$\alpha_{max}=\arcsin\frac{D_{Imax}-f\cdot\sqrt{1-D_{Imax}^2+f^2}}{1+f^2} \tag{9-16}$$

然后再根据 $\tan\alpha_{max}=i_{max}$ 换算成坡度。

(4) 确定加速能力

设加速时 $i=0$，则

$$D=f+\frac{\delta}{g}\cdot\frac{dv_a}{dt} \tag{9-17}$$

$$\frac{dv_a}{dt}=\frac{g}{\delta}(D-f) \tag{9-18}$$

因此，D 曲线与 f 曲线间距离的$\frac{g}{\delta}$倍就是汽车各挡的加速度。当求直接挡的加速度时，粗略判断，可取 $\delta\approx1$、$g\approx10\ m/s^2$，因此加速度值就是直接挡动力因素 D 曲线与 f 曲线间距离的 10 倍。

由上分析可见，用动力特性图来评价汽车的动力性是合适而方便的。因此如同发动机调速特性曲线一样，在汽车的技术文件中常用动力特性来表示汽车的动力性。

在动力特性图上具有实际意义的几个重要参数有：

1）在良好平路（$f=0.015\sim0.025$）上的最高车速 v_{amax}。对应于 v_{amax} 的动力因数 D_v 的值可参考表 9-1 所示。

2）一挡最大动力因数 D_{Imax}，它表明了最大的爬坡能力。例如，$D_{Imax}=0.32$，表明在良好路面低速行驶时的爬坡度与加速能力，对汽车行驶的平均速度有极大的影响。

3）D_{Imax}、D_{0max} 表明加速能力。

表 9-1 各种类型汽车的动力性参数

汽车型式	D_{Imax}	D_{0max}	D_{vmax}	v_{amax}/(km/h)
小客车：微排量	0.20～0.25		0.015～0.020	60～80
小排量	0.25～0.30	0.08～0.11	0.025～0.030	95～120
中、大排量	0.35～0.50	0.12～0.18	0.030～0.035	130～200
载重车：小载重量	0.35～0.45	0.07～0.10	0.030～0.040	90～110
中、大载重量	0.30～0.40	0.05～0.06	0.030～0.035	70～85
公共汽车：城市	0.30～0.35	0.05～0.07	0.040～0.060	75～85
郊区	0.30～0.32	0.05～0.07	0.040～0.050	90～110
城间	0.28～0.32	0.05～0.06	0.030～0.035	100～130
汽车列车	0.18～0.25	不小于 0.03	0.020～0.025	60～70

9.2 汽车燃料经济性

在保证动力性的条件下，汽车以尽可能少的燃油消耗量经济行驶的能力，称为汽车的燃料经济性，也是完成单位运输量所支付最少费用的使用性能。

在汽车运输成本中，燃料费用占相当大的比例。据统计，我国平均燃料费占汽车运输成本的37.5%～44.5%，最高达60%以上。节约燃料就意味着汽车运输成本的降低、经济效益的提高。因此，汽车的燃料经济性是评价汽车营运经济效果的综合性指标。

9.2.1 燃料经济性评价指标

汽车发动机的燃料经济性通常由有效燃料消耗率 g_e 或有效效率 η_e 来评价。因其未能反映发动机在具体汽车上的功率利用情况及行驶条件的影响，所以，它不能直接用于评价整车的燃料经济性。

为了评价汽车的燃料经济性，除同时考虑上述两因素之外，必须考虑车辆的运行工况，而常选取单位行程的燃料消耗量（L/100 km）或单位运输工作的燃料消耗量[L/(t・km)]作为评价指标。前者用于比较相同容载量的汽车燃料经济性，也可用于分析不同部件（如发动机、传动系等）装在同一种汽车上对汽车燃料经济性的影响；后者常用于比较和评价不同容载量的汽车燃料经济性。其数值越大，汽车的经济性越差。

汽车燃料经济性也可用汽车消耗单位量燃料所经过的行程（km/L）作为评价指标，称为汽车的经济性因数。例如，美国采用每加仑燃料能行驶的英里数，即MPG或mile/US gal。其数值越大，汽车的燃料经济性越好。

由于汽车在使用过程中，载荷和道路条件对汽车燃料的消耗影响很大，也可采用燃料消耗量 Q_s（单位为L/100 km）与有效载荷 G_e（单位为t）之间的关系曲线，评价在不同道路条件下的汽车燃料经济性，称为平均燃料运行消耗特性。

汽车单位行程的燃料消耗量可用下式确定：

$$Q_s = \frac{G_t}{v_a} \times 100 \quad [\text{kg/100 km}] \tag{9-19}$$

式中　G_t——发动机每小时燃料消耗量（kg/h）；

v_a——平均行驶速度（km/h）。

由内燃机原理可知，发动机常用燃料经济性指标为燃料消耗率 g_e [g/(kW・h)]且可由下式表示，即

$$g_e = \frac{G_t}{N_e} \times 1000 \quad [\text{g/(kW·h)}] \tag{9-20}$$

式中　N_e——发动机有效功率（kW）。

根据上述两式可得

$$Q_s = \frac{g_e \cdot N_e}{10 v_a} \quad [\text{kg/(100 km)}] \tag{9-21}$$

可见，发动机的燃料经济性指标 g_e 是决定汽车燃料经济性的一个重要因素。此外，发动机在具体汽车上的功率利用情况与汽车行驶条件也直接影响其燃料经济性，为此在评价整个汽车的燃料经济性时应同时考虑上述两个因素，这样才能较全面地反映汽车的燃料经济性。

由汽车的功率平衡可知，当汽车行驶时，因克服行驶阻力所需消耗的发动机有效功率为

$$N_e=\frac{\left(G\cdot\varphi+\frac{C_D\cdot A\cdot v_a^2}{21.15}+\frac{\delta\cdot G}{g}\cdot\frac{dv_a}{dt}\right)\cdot v_a}{3600\cdot\eta_c} \tag{9-22}$$

则

$$Q_s=\frac{g_e}{3.6\times10^4\cdot\eta_c}\cdot\left(G\cdot\varphi+\frac{C_D\cdot A\cdot v_a^2}{21.15}+\frac{\delta\cdot G}{g}\cdot\frac{dv_a}{dt}\right)\ [\text{kg/(100 km)}] \tag{9-23}$$

设汽车的载重量为 G_a（kg），则单位运输量的燃料消耗量为

$$Q_g=\frac{10Q_s}{G_a}=\frac{g_e}{3.6\times10^3\cdot\eta_c\cdot G_a}\cdot\left(G\cdot\varphi+\frac{C_D\cdot A\cdot v_a^2}{21.15}+\frac{\delta\cdot G}{g}\cdot\frac{dv_a}{dt}\right)\ [\text{kg/(t}\cdot\text{km)}] \tag{9-24}$$

以上两式均称为汽车的燃料消耗方程式，它们反映了汽车的燃料消耗量与发动机经济特性、汽车结构参数及行驶条件之间的关系，可以认为是汽车燃料经济性的全面描述，对研究汽车或拖带挂车运输时的燃料消耗具有很大的作用。

在汽车运输的实际工作中，由于发动机的燃料消耗率 g_e 是随发动机的负荷和转速的变化而变化的，所以根据汽车的燃料消耗方程式来确定 Q_s 或 Q_g 是很不方便的。因此，汽车的燃料经济性通常采用试验的方法来进行测定。

若燃料消耗量用容积“L”来计量，则汽车单位行程的燃料消耗量为

$$Q_s:\quad \text{L/(100 km)}$$

若单位运输量的燃料消耗量也以“L”来计量，则

$$Q_g:\quad \text{L/(t}\cdot\text{km)}$$

9.2.2 燃料经济特性

汽车燃料经济特性是随许多结构和使用因素而变化的。即使对具体车型而言，道路条件、载重量利用程度、变速器挡位、行驶速度和加速度不同，其燃料消耗量也不同。当给定汽车以某一挡位在道路阻力系数为 φ 的路面上等速行驶时，对一定装载情况而言，燃油消耗量公式可以简化为

$$Q_s=f(v_a) \tag{9-25}$$

上式所表达的关系曲线称为汽车的燃料经济特性曲线，可用以分析和评价汽车的燃料经济性。

如图 9-10 所示为几种国产汽车在水平良好的路面上满载，以最高挡位等速行驶时，每百公里的燃料消耗量与行驶速度之间的关系曲线，该曲线称为汽车的等速油耗曲线。

由图 9-10 可见，对解放 CA10B 和跃进 NJ130 等汽车而言，在等速油耗曲线上，通常能找到一个对应于最低燃油消耗量的行驶速度，该速度称为经济车速。当行驶速

度高于或低于经济车速时，其燃油消耗量均要增大。但对黄河JN150柴油车等，不存在这样一个车速，其燃油消耗量一直随行驶速度的提高而增大。对于这些汽车，其经济车速可视为在给定行驶条件下和在该挡位时的最低稳定行驶速度。

当汽车以经济速度行驶时，其燃料经济性最佳。然而，适当提高汽车行驶速度，虽然会略微增加每单位运输量的燃油消耗，但可以提升运输效率，同时降低其他成本，从而总体上仍然是有益的。

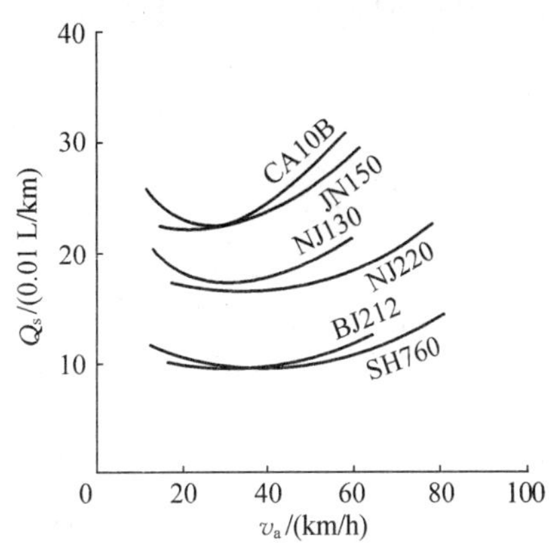

图9-10 国产汽车等速百公里油耗曲线

由等速油耗曲线可知，为确保汽车在实际使用中具有良好的燃油经济性，要求曲线上的最低燃油消耗量越小越好。并且经济车速尽量接近于汽车的常用车速。同时还应使油耗曲线尽可能平缓，以减少油耗随车速变化的幅度，这样可以缩小不同行驶速度下油耗的差异，从而在实际使用中提升车辆的燃料经济性。

汽车的燃料经济特性通常是由道路试验测得的。在道路上进行等速燃油经济性试验时，则被测汽车的技术状况及气候条件应符合汽车道路试验方法国家标准的规定。试验道路的阻力系数φ应成为一定的已知值。试验时，汽车以一定挡位和给定的稳定速度通过测量路段L（m），用油耗仪测出燃油消耗量Δ（mL），同时还测出汽车通过测量路段的时间t（s），则每小时的燃油消耗量为

$$Q_t=\frac{\Delta}{t}\times 3.6 \quad (\text{L/h}) \tag{9-26}$$

汽车的行驶速度可按下式计算：

$$v_a=\frac{L}{t}\times 3.6 \quad (\text{km/h}) \tag{9-27}$$

再按式

$$Q_s=\frac{Q_t}{v_a}\times 100 \quad [\text{L/(100 km)}] \tag{9-28}$$

即可求得对应于给定速度时汽车单位行程的燃料消耗量Q_s。采用相同的方法，改变汽车行驶速度进行试验，可得出不同速度下的Q_s值。这样即可绘出汽车以某一挡位和道路阻力系数为φ时的等速油耗曲线，如图9-11所示。

为了分析不同道路条件下的汽车燃油经济性，可按上述相同的方法测得汽车的某一挡位和不同道路阻力系数φ时单位行程燃油消耗量Q_s随行驶速度v_a变化的关系曲线，该曲线称为汽车的燃料经济特性曲线，如图9-12所示。

在图9-12中，每一条曲线对应于一定的道路阻力，最左侧的虚线AB表示以一定挡位的最低稳定速度行驶时，不同道路阻力的燃料消耗量，最上面的虚线AC表示当节气门全开时（或供油量最大）在各种道路阻力下的最高速度行驶所达到的燃料消耗量。AB线和AC线形成了在该挡位下的燃料经济特性的界限。

对于多数汽车，在每一种道路条件下，即对应于一定的φ值，均能找出一个相当于最低燃料消耗量的经济车速。如将各曲线上的最低点连成虚线DE，可用来表示不

同道路阻力时最低燃料消耗量与经济车速的关系。

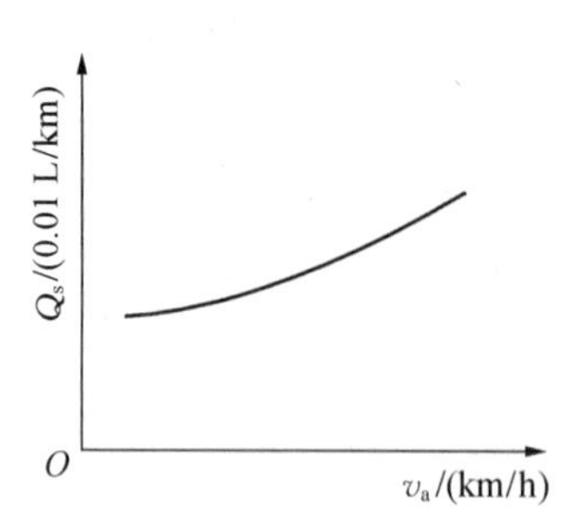

图 9-11 汽车试验等速油耗曲线

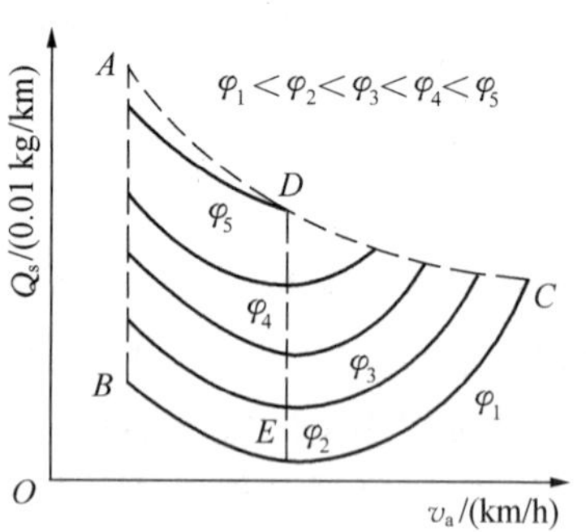

图 9-12 汽车的燃料经济特性曲线

9.2.3 燃料经济性试验方法

测定汽车燃料经济性的试验方法有多种。根据对各种使用因素的控制程度，试验方法可分为以下几类：不控制的道路试验、控制的道路试验、道路循环试验（包括等油耗、加速、制动油耗等）和在汽车底盘测功器（即转鼓试验台）上的循环试验。影响汽车燃料经济性的使用因素包括：

① 道路条件，如道路等级、类型及路况等。

② 交通情况，如交通流密度及构成，如行人、车辆等构成。

③ 驾驶习惯，如车速、加速与减速强度，加速踏板的使用情况。

④ 气候条件，如气温、风、雨、雾、雪等。

所谓的"不控制的道路试验"是指在试验过程中不特别控制那些可能影响结果的因素，如道路条件、交通流量、天气等。尽管试验条件中对车辆的维护、调整规范以及所使用的燃料和润滑材料有严格要求，但由于使用条件的随机变化，获得低离散度的数据非常困难。因此，需要动用大量汽车（或车队）进行长距离（1 万～1.6 万 km）的试验以获取高可信度的数据。这种试验方式能够较全面地反映车辆类型、道路条件、交通量、装载量和气候等因素对汽车燃料消耗的影响，是一种非常贴近实际使用条件的试验方法。然而，由于试验持续时间长且成本高，因此这种方法并不常用。

我国过去汽车运输企业采用的"使用油耗试验"属于一种"不控制的道路试验"，即在某地区的某汽车运输部门中，把试验车辆投入实际使用，在运行中认真记录汽车行驶里程与油耗量，最后确定平均油耗量。虽然这种方法能较好地反映车队的实际情况，但其准确性难以保证，且过程耗时。因此，这种试验更适合车型单一的运输企业使用。

在道路试验中，当控制影响汽车燃料经济性的一个或多个使用因素不变时，这种试验被称作"控制的道路试验"。例如，我国海南试验站进行的汽车质量检查试验，就是在不同类型的路面上测量汽车每百公里的油耗，包括一般路面、恶劣路面和山区公路。试验路线有具体规定，如一段位于海口市秀英港以南的恶劣路面和一条连接毛阳与通什的山区公路。这类试验能在特定条件下准确评估汽车的燃料经济性。国外多是在汽车试验场的专用试验道路上进行类似的油耗试验。

完全按规定的车速和时间规范进行的道路试验方法被称为“道路循环试验”。试验规范中规定换挡时刻、制动时间以及行车速度、加速度、制动减速度等数值。等速行驶油耗试验和怠速油耗试验是这类试验中两种最简单的循环试验方法。

等速行驶百公里油耗试验是我国广泛采用的道路循环试验。试验规范规定，试验道路为纵坡不大于0.3%的混凝土、沥青道路，要求路面干燥、平坦、清洁、测量路段长500 m（或1 km），两端可方便地使汽车调头；气温0～35 ℃，气压98～103 kPa，相对湿度50%～95%，风速小于3 m/s。汽车技术状况良好，试验前，汽车必须充分预热，使发动机出水温度为80～90 ℃，变速器及驱动桥润滑油温度不低于50 ℃。试验时，汽车用最高挡等速行驶，从车速20 km/h开始，以车速10 km/h的整倍数递增，直至该挡最高车速的80%，至少测定5点。通过500 m（或1 km）测量段，测定耗油量和时间，每种车速往返试验各两次，两次试验之间的时间间隔（包括使车速达到预定的稳定车速所需的助跑时间）应尽可能地缩短，以保持稳定的热状况。往返共四次试验结果的油耗量差值不应超过5%，取四次试验结果的平均值为等速行驶的消耗量。

等速行驶燃料经济性不能全面评估汽车运行燃料经济性，只能作为相对性的比较指标。因为等速燃料经济性试验未涵盖动力性要求的评价指标，可能导致试验汽车的动力性与燃料经济性匹配不合理现象；此外，等速行驶燃料经济性不能反映汽车实际行驶中频繁出现的加速、减速等非稳定行驶工况，所以我国已提出货车“六工况燃料测试循环”，其方法如表9-2和图9-13（a）所示。试验时用最高挡，整个试验过程将通过仪器记录行程、车速、时间的曲线，并检查试验参数。每个试验单元的车速误差应小于±1.5 km/h，六工况的总行驶时间误差需小于1.5 s。每完成一个单元试验，应迅速调头，从相反方向重复进行试验。连续完成四个单元的试验后，计算六工况循环的累计耗油量并折算成百公里耗油量，四次测定的耗油量差异不应超过5%。为了考核城市客车行驶燃料经济性，也制定了城市客车用“四工况燃料测试循环”，如图9-13（b）所示。

表9-2　六工况循环参数

工况	行程/m	时间/s	累计时间/s	车速/(km/h)	操作说明
	0	0	0	25	进入试验路段，启动流量计和计时器
Ⅰ	50	7.2	7.2	25	稳定车速25 km/h，行驶50 m
Ⅱ	200	16.7	23.9	40	以0.25 m/s^2 匀加速
Ⅲ	450	22.5	46.4	40	等速行驶250 m
Ⅳ	624	13.9	60.3	50	以0.2 m/s^2 匀加速
Ⅴ	874	18	78.3	50	等速行驶250 m
Ⅵ	1 047	19.3	97.6	25	以−0.36 m/s^2 匀减速至25 km/h关闭流量计，记录油耗量和时间

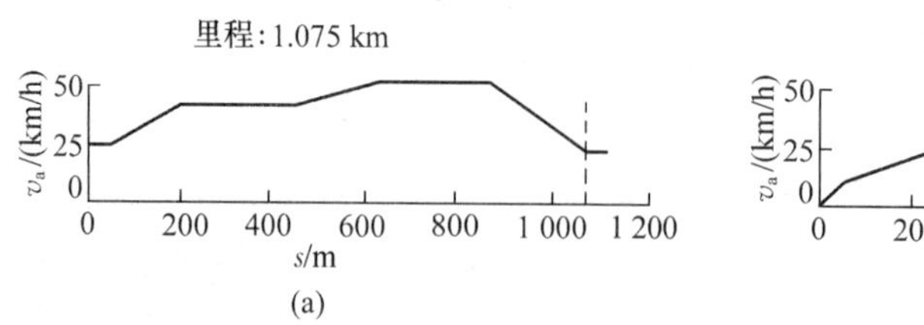

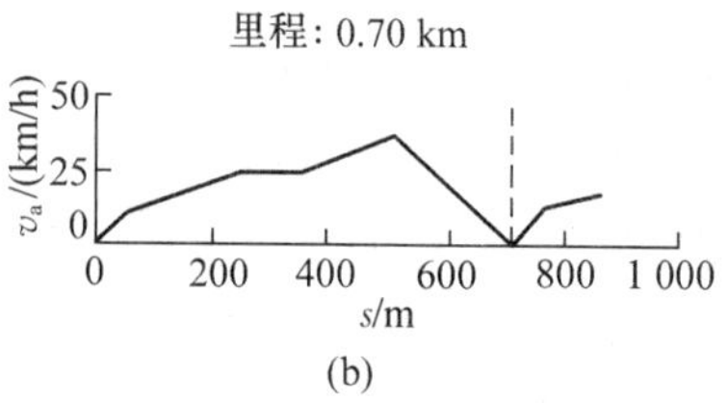

图 9－13　多工况测试循环

(a) 货车六工况测试循环　(b) 城市客车四工况测试循环

9.2.4　影响燃料经济性主要因素

影响汽车燃油经济性的主要因素，可以归纳为两个方面，即使用方面和汽车结构方面。

(1) 使用方面

1) 行驶速度。由图 9－10 可见，汽车等速油耗在中速行驶时最低，低速时稍高，高速时随行驶速度增加而迅速增长。其原因是在高速行驶时，尽管发动机功率利用程度较高，但汽车的行驶阻力显著增加，导致百公里油耗随之增加；而当低速行驶时，尽管行驶阻力减小，但发动机功率利用效率降低（g_e 上升），使百公里油耗也相应增加。因此，从节约燃油的角度来看，中速行驶更为经济。国外的油耗试验表明，轿车的平均行驶速度由 90 km/h 提高到 160 km/h 后，油耗会翻倍。

2) 挡位选择。油耗会因挡位不同而有所差异，在相同的道路条件和车速下，尽管发动机输出的功率保持不变，较低的挡位会导致较大的后备功率，从而降低发动机的功率利用效率，并增加油耗率。而使用高挡的情况相反。因此，一般尽可能选用高挡行驶。

3) 挂车的应用。使用挂车进行汽车运输是提高运输效率和降低油耗及运输成本的有效措施。例如解放 CA10B 型汽车在坡度小于 8%、最大坡度小于 11%的道路上，拖挂 4.5～5 t 挂车时，生产率提高 30%～50%，油耗降低 20%～30%（以 100 t · km 计）。但应指出，使用挂车还应综合考虑行驶安全和汽车的寿命等因素。根据我国使用经验，大多数地区适合拖挂总重为牵引车 70%的挂车。

4) 正确调整与保养。适当地调整和保养对降低油耗至关重要，为保持汽车良好的技术状况，必须定期进行正确的调整与保养，尤其是燃油供给系统和点火系统，应始终保持其良好工作状态。在底盘方面，首先要润滑正常、前轮定位参数准确和轮胎气压正常，以减小汽车的行驶阻力。

驾驶员通常通过汽车滑行距离来判断底盘的技术状况。例如，一辆载重 2.5 t 的汽车，在良好的水平路面以 30 km/h 的速度进行空挡滑行，滑行距离应达 200～250 m。当滑行距离由 200 m 增至 250 m 时，油耗可降低 7%。NJ130 跃进汽车，当其滑行距离由 220 m 减小至 175 m 时，油耗会增加 14%。

如图 9－14 所示，为 NJ130 汽车轮胎气压对油耗的影响。

5) 运行条件。随着运行条件的不同，汽车克服行驶阻力所需消耗的功率以及发动机的工况均将随时变化，致使油耗也发生很大的变化。例如，在坏路上行驶时，油耗较在好路上行驶时多20%～30%，冬季行驶由于启动较困难，发动机在较长时间内达不到正常工作温度，则油耗较大；在高原地区，空气稀薄，发动机因充气量不足，使功率下降，油耗增加。

6）合理利用滑行。汽车滑行可分为减速滑行、加速滑行和下坡滑行。

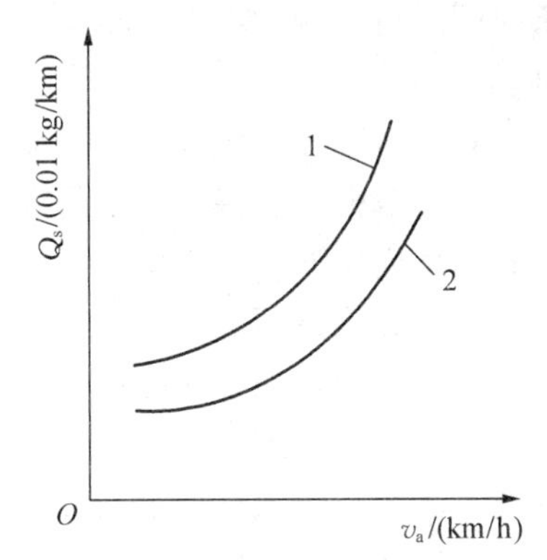

图 9-14 NJ130 型汽车轮胎气压对油耗的影响
1. 轮胎气压为 200 kPa 2. 轮胎气压为 350 kPa

汽车行驶中当前方遇窄道、修路施工、车辆抛锚、弯道、桥梁、路口、坑洼路面、会车、行人较多以及预见性停车和到达停车场时，预先将变速器置空挡的滑行，称为减速滑行。当车辆接近上述障碍时，车速已降低，这样就可达到节约燃料和保证安全的目的。

汽车以高挡加速至较高车速后，空挡滑行至较低的车速，然后再挂高挡加速，这种加速和空挡滑行交替进行的方法称为加速滑行方法。

试验结果表明，在平均车速相同的情况下，采用最佳的加速滑行模式与等速相比，满载时油耗降低16.7%～11.8%，空载时油耗降低23.4%～21.3%。

在车型、载质量、平均车速及行驶距离相同的条件下，加速滑行与等速行驶相比，两者的生产率和所做的功相同。在良好的道路上中速行驶时，发动机的负荷利用率一般为40%～50%，燃料消耗率较大，单位功消耗的油多，故完成该功的耗油量大；而加速滑行采用加速的方法人为地提高发动机的负荷利用率，降低单位功的油耗，故完成该功的耗油量少，即使加上滑行过程中发动机怠速工作的油耗量，仍比等速行驶省油。

不同汽车有各自的最佳加速滑行模式。东风 EQ1090 汽车的试验表明，加速至50 km/h 比加速到 60 km/h 的加速滑行油耗要低，但后者的平均速度高，显然对提高生产率及降低运输成本有利。

一般加速滑行不适合拖带挂车的汽车列车，因汽车列车的负荷利用率已较高，采用加速滑行方法加速时，负荷率很高，燃料消耗率高，节油效果不明显，甚至油耗增加。此外，加速滑行操作方法使驾驶员的劳动强度增加，对安全不利。

汽车加速滑行只能在道路宽直、无视线遮挡、行人和车辆稀少的条件下采用；要求汽车的技术状况良好，滑行距离应达加速距离的1.5倍以上；加速滑行最大车速不应超过经济车速范围的上限，速度之差以15～25 km/h 为佳；加速时应缓慢踏加速踏板至全开的80%～90%加速，以免混合气加浓装置起作用；在高速公路行驶时不能使用加速滑行法。

在坡度小于5%的缓直坡道或陡坡接近坡尾，可空挡滑行；在路况熟悉的波状起伏的微丘地带，可在临近坡顶时空挡滑行过坡顶，至临近坡尾再挂挡加速冲过第二个坡道，但在这种道路滑行时，发动机不得熄火。

在长而陡的坡道和山区道路上严禁熄火空挡滑行。应根据具体情况，采用适当的挡位，充分利用发动机的制动作用，并施加间歇制动，控制车速。如果熄火空挡滑行，长时间用行车制动器控制车速，制动器容易发热，使制动效能下降，甚至失效或烧毁制动摩擦片。

以上只是对化油器汽油机汽车而言，对电控发动机汽车来说，滑行是否省油，仍无有效的试验数据，有待进一步研究。总体来说，即便省油也是少量的，如果操作不当，不省油反而费油。

（2）汽车结构方面

为了节约燃油，一方面要正确使用，另一方面，也是更重要的是，提供节油的汽车。因此目前世界各国都把提高燃料经济性作为汽车发展与科研中的重大课题，有的国家甚至以法律文件强制规定制造厂生产的汽车油耗应下降到的标准。

要大幅度地降低油耗，需要改进汽车的各个主要部件。

1）发动机方面。主要影响作用有压缩比、燃油供给系和点火系的技术情况、发动机的功率利用程度等，这里不再详述。但应指出一点，载重汽车采用柴油发动机，其油耗较汽油发动机降低 30%～40%，可见节油效益非常显著。因此，随着柴油机性能的不断提高，为了降低油耗，目前中型以上的载重汽车，已趋向普遍采用柴油发动机，而在农用运输车上，则基本采用柴油发动机。

2）底盘方面。主要影响因素有汽车或汽车拖带挂车时的总重或载重量、空气阻力因素、传动系的效率、传动比及挡位数等。

① 汽车或汽车拖挂的总重量或载重量。车重影响到滚动阻力、上坡阻力与加速阻力等，因此影响汽车的燃油经济性。

当汽车或汽车拖挂的总重量 G_a 或载重量 G_h 增加时，单位行程燃油消耗量 Q_s 也有所增加，同时，随着 G_h 的增加，发动机的功率利用程度提高，单位运输量的燃油消耗量 Q_g 大为减少，这说明了大载重量汽车的燃油经济性较好，并且也说明了拖带挂车时对燃油经济性的影响。经验证明，应用挂车运输，运送每吨货物，可节油 15%～20%，甚至更多。

② 空气阻力因素 C_D、A。当 C_D、A 加大时，单位行程燃油消耗量 Q_s 有所增加，特别是在高速行驶时，影响显著，因此，高速汽车改善车身的流线型，对提高燃油经济性具有极为重要的意义。

③ 传动系。传动系的传动效率越高，则损失于传动系的能量越少，因而燃油经济性就越好。提高加工精度或减少齿轮啮合次数（直接挡）均可提高传动效率。不同挡位时，发动机的转速与负荷利用程度均不一样。因此，在同样的车速下，采用不同挡位行驶时，发动机的耗油率并不一样，挡位越高，汽车的燃油经济性越好。此外，挡位增多后，增加了选用恰当挡位使发动机处于经济状况下工作的机会，因此有利于提高燃油经济性。但变速器挡位过多，会使其结构大为复杂，所以挡位数应全面考虑，合理选择。

另外，在大功率轿车上，挂直接挡时仍有足够大的后备功率，用作加速与克服坡度。为了改善在良好路面上以较高速度行驶的燃油经济性，不少轿车在变速器中设有超速挡（传动比小于 1 的挡位），这样能够进一步提高发动机的负荷利用程度，降低油耗。有人估计，欧洲汽车在郊外良好公路上行驶时，用超速挡能节油 10%。当汽车的载荷减小时，采用超速挡的节油效果更高。

9.3 拖拉机牵引性能

9.3.1 拖拉机的功率平衡与牵引效率

(1) 功率平衡

拖拉机的功率平衡是表明拖拉机工作时，其发动机的有效功率是如何消耗和利用的。下面讨论带牵引或悬挂式农具的轮式、履带式拖拉机在水平地段上等速直线作业且无功率输出时的功率平衡。

1) 轮式拖拉机的功率平衡。轮式拖拉机在上述条件下工作时，其发动机的有效功率 N_e 可用下式表示：

$$
\begin{aligned}
N_e &= N_c + N_q = N_c + M_q \cdot \omega_q = N_c + P_q \cdot v_l = N_c + P_q \cdot (v_\delta + v) \\
&= N_c + P_q \cdot v_\delta + P_q \cdot v = N_c + P_q \cdot v_\delta + (P_f + P_T) \cdot v \\
&= N_c + P_q \cdot v_\delta + P_f \cdot v + P_T \cdot v \\
&= N_c + N_\delta + N_f + N_T
\end{aligned}
\tag{9-29}
$$

式中 N_c——传动系损失的功率，$N_c=(1-\eta_c)\cdot N_e$；

N_q——驱动功率，即传到驱动轮上的功率，$N_q=M_q\cdot\omega_q$；

N_δ——因驱动轮滑转而损失的功率，$N_\delta=P_q\cdot v_\delta$；

N_f——因克服拖拉机滚动阻力而损失的功率，$N_f=P_f\cdot v$；

N_T——牵引农具的功率，$N_T=P_T\cdot v$。

上式就是轮式拖拉机在上述条件下工作时的功率平衡方程式。此式表明，在这种情况下，拖拉机发动机的有效功率等于传动系中损失的功率、滑转损失的功率、滚动损失的功率及牵引功率之和。

2) 履带拖拉机的功率平衡。履带拖拉机在上述条件下工作时，发动机的有效功率的消耗和利用与轮式拖拉机大体相同，不同之处在于履带拖拉机的动力由驱动轮传给履带时存在功率损失，因此，与轮式拖拉机相比，多了一个履带驱动段的功率损失，其发动机的有效功率 N_e 可用下式表示：

$$N_e = N_c + N_l + N_\delta + N_f + N_T \tag{9-30}$$

上式就是履带拖拉机在上述条件下工作时的功率平衡方程式。此式表明，在这种情况下，拖拉机发动机的有效功率等于传动系中损失的功率、履带驱动段损失的功率、滑转损失的功率、滚动损失的功率及牵引功率之和。

(2) 牵引效率

为了衡量各种损失，相应地引进了各种效率的概念。

用传动系效率 η_c 来衡量传动系损失，在使用中它的变化较小，通常认为是个常数，对拖拉机来说，$\eta_c\approx0.9$。

用履带驱动段效率 η_l 来衡量驱动段损失，在使用中它的变化也较小，通常也认为是个常数，$\eta_l\approx0.96\sim0.97$，对于轮式拖拉机，$\eta_l=1$。

用滑转效率 η_δ 来衡量滑转损失，它等于实际推动机架的功率 $P_q v$ 与假定无滑转时推动机架的功率 $P_q v_l$（对轮式拖拉机来说，也就是驱动功率 N_q）之比，即

$$\eta_\delta=\frac{P_q v}{P_q v_1}=\frac{v}{v_1}=\frac{v_1-v_\delta}{v_1}=1-\frac{v_\delta}{v_1}=1-\delta \tag{9-31}$$

上式表明，滑转效率 η_δ 也等于拖拉机实际速度 v 与相应的理论速度 v_1 的比值，它与滑转率 δ 之和恒等于 1。因此滑转效率完全取决于滑转率，滑转率越大，滑转效率越低。凡影响滑转率的因素势必对滑转效率产生相反的影响。滑转效率 η_δ 与驱动力 P_q 的关系如图 9-15 所示。驱动力越大，滑转越大，因此滑转效率越低。

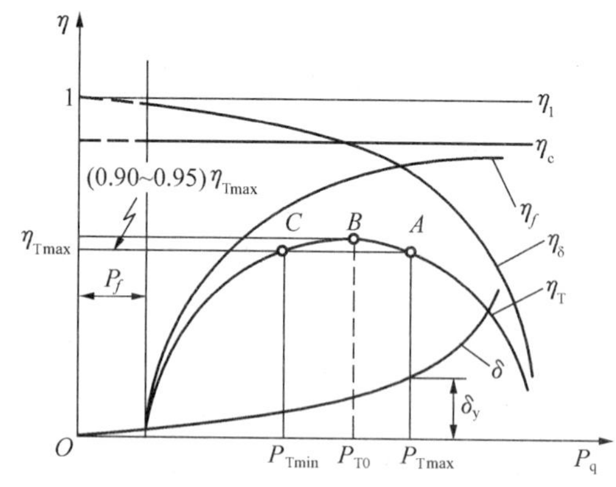

图 9-15 牵引效率曲线

用滚动效率 η_f 来衡量拖拉机的滚动损失，它等于拖拉机传给农机具的牵引功率 N_T 与推动机架的功率 $P_q v$ 之比，即

$$\eta_f=\frac{P_T v}{P_q v}=\frac{P_T}{P_q}=\frac{P_q-P_f}{P_q}=1-\frac{P_f}{P_q} \tag{9-32}$$

就是说滚动效率 η_f 等于拖拉机的牵引阻力 P_T 与驱动力 P_q 的比值，它与滚动阻力 P_f 对驱动力的比值之和恒等于 1。因此滚动效率完全取决于滚动阻力和驱动力的比值，既与滚动阻力有关，也与驱动力有关。当其他条件相同时，滚动阻力与驱动力的关系很小，可以认为是常数。所以随着驱动力增加，滚动效率增加（图 9-15），开始增加很迅速，后来曲线渐趋平坦。由式（9-32）可见，滚动效率一方面随滚动阻力的减小而提高，因此凡能减小滚动阻力的因素势必都能提高滚动效率；另一方面，要提高滚动效率，还要在不增加滚动阻力的情况下尽量提高驱动力。

用牵引效率 η_T 来衡量整个拖拉机的功率损失，它等于拖拉机的牵引功率 N_T 和相应的发动机功率 N_e 的比值，即

$$\eta_T=\frac{N_T}{N_e}=\frac{N_q}{N_e}\cdot\frac{N_T}{N_q}=\eta_c\cdot\frac{P_T v}{M_q\omega_q}=\eta_c\cdot\eta_l\cdot\frac{P_T v}{P_q v_1} \tag{9-33}$$

$$=\eta_c\cdot\eta_l\cdot\frac{v}{v_1}\cdot\frac{P_T}{P_q}=\eta_c\cdot\eta_l\cdot\eta_\delta\cdot\eta_f$$

即牵引效率等于传动系效率 η_c、履带驱动段效率 η_l（轮式拖拉机 $\eta_l=1$）、滑转效率 η_δ 和滚动效率 η_f 的乘积。

牵引效率是各个效率综合影响的结果，是评价拖拉机牵引附着性能的一个综合指标。影响牵引效率的因素颇为复杂，凡是影响上述各个效率的因素都会影响牵引效率。在这些因素中，传动系效率和履带驱动段效率的变化较小，一般可认为是常数。因此牵引效率的变化主要取决于滑转效率和滚动效率。

由图 9-15 可见，开始时随着牵引力的增加，牵引效率迅速增加，并达到最大值，这是由于此时滑转不大，牵引效率的变化主要取决于滚动效率的变化。牵引力继续增加时，滑转损失显著增大，牵引效率开始下降，这时牵引效率主要取决于滑转效率。

对牵引效率曲线可做如下几点讨论：

1）牵引效率有一个最大值，在中等湿度的茬地上工作时，轮式拖拉机的 η_{Tmax} 可达 60%左右，履带拖拉机的 η_{Tmax} 可达 75%左右。

2）存在着一个最有利的驱动力值。此值与最大牵引效率相对应（参见图 9－15 中 B 点）。为便于分析，也可将牵引效率曲线的横坐标换成无因次参数 φ_q——驱动力 P_q 与附着重量 G_φ 的比值，即

$$\varphi_q = \frac{P_q}{G_\varphi} \tag{9-34}$$

以系数 φ_q 为横坐标的牵引效率曲线如图 9－16 所示。统计资料表明，一般结构的轮式拖拉机在中等湿度的茬地上工作时，与 η_{Tmax} 相对应的 φ_q 值（参见图 9－16 中 B 点）约为 0.5，对应的滑转率为 10%～12%。例如，如果拖拉机工作时驱动轮的实际垂直载荷为 20 000 N，则 P_q 约为 10 000 N 时牵引效率最高。

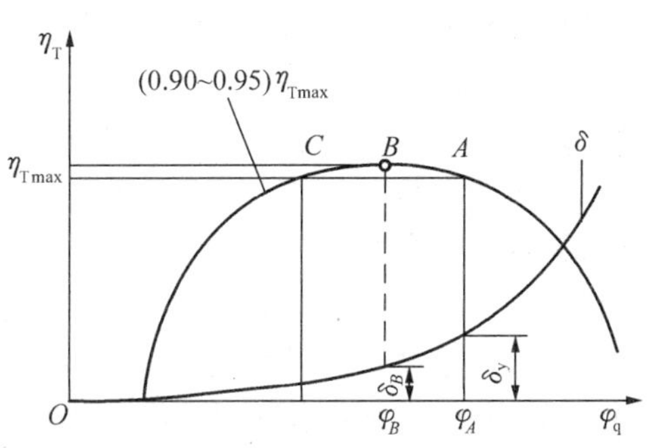

图 9－16　牵引效率与附着重量利用系数的关系

3）为了保证拖拉机在牵引效率较高的范围内工作，其使用的牵引力范围 P_{Tmin}～P_{Tmax} 不能过大。统计资料表明，在留茬地上，轮式拖拉机机组在（0.9～0.95）η_{Tmax} 范围内工作，其挂钩牵引力的范围 P_{Tmax}/P_{Tmin} 应不超过 2。例如，某轮式拖拉机容许最大挂钩牵引力为 20 000 N，则在 10 000～20 000 N 挂钩牵引力范围内工作，其牵引效率可保持在（0.9～0.95）η_{Tmax} 范围内。

在留茬地上，轮式拖拉机对应于不低于（0.9～0.95）η_{Tmax} 的最大附着重量利用系数 φ 约为 0.6（图 9－16 中与 A 点对应的 φ_q 值），此时所对应的滑转率为 16%～20%，这个滑转率值就被定为拖拉机的容许滑转率 δ_y，而 φ_A 值也就是附着系数 φ。

4）为提高拖拉机的生产率和经济性，希望有较高的牵引效率，且在最高牵引效率两端的区间内，曲线变化平缓，这样拖拉机保持有较高牵引效率的牵引力范围较宽，且平均牵引效率高。

不同机组或不同的土壤条件，牵引效率曲线是不一样的，η_{Tmax} 及有利的牵引力范围也不一样。不难看出，如果附着性能不变而降低拖拉机的滚动阻力，由于滚动效率曲线较快上升且位置较高，因此有较大的 η_{Tmax}，且曲线上部较为平坦，η_{Tmax} 往左移动，如果滚动阻力不变，提高附着力，由于滑转效率较高，也有以上效果，不过 η_{Tmax} 往右移动。

9.3.2　拖拉机的牵引特性曲线

(1) 意义

拖拉机在某种土壤条件下的牵引特性曲线，是反映在该土壤条件下，拖拉机在水

平地段上稳定工作时，其牵引性和燃料经济性的指标随水平载荷而变化规律的曲线，即拖拉机滑转率 δ、实际速度 v、牵引功率 N_T、小时耗油量 G_e、耗油率 g_T 随牵引阻力而变化的关系曲线。为了更清晰地看出拖拉机的性能与发动机性能之间的关系，在拖拉机牵引特性曲线上，还可表示出发动机的有效功率 N_e、转速 n_e 和有效扭矩 M_e 随牵引阻力而变化的关系。

牵引特性曲线把拖拉机的各项牵引性和燃油经济性指标综合在一起，比较全面而具体地反映出拖拉机的各种性能指标之间的联系，可用以分析、比较、评价拖拉机的牵引性和燃料经济性。

拖拉机在某种道路或土壤条件下的牵引特性曲线，通常由对这台拖拉机在该种道路或土壤条件下的试验得出，这种由试验得到的牵引特性曲线叫试验牵引特性曲线。在新设计拖拉机时，为预先大致估计拖拉机的牵引性和燃料经济性，往往要通过估算绘制出理论牵引特性曲线。

（2）绘制与分析

目前牵引特性曲线主要是对牵引机组而言的，所以一般把牵引特性曲线理解成拖拉机的上述各项牵引性及燃料经济性指标随挂钩牵引力而变化的关系曲线。拖拉机带悬挂农具工作时，如何作出其牵引特性曲线，并用以分析拖拉机的性能，还是一个尚需探讨的问题。以下讨论将局限在牵引机组的牵引特性曲线上。

在绘制拖拉机的理论牵引特性曲线之前，必须已知下列各项参数：

① 发动机的调速特性，最好是以发动机有效扭矩为横坐标的特性曲线。

② 拖拉机传动系各挡总传动比 i_Σ、驱动轮动力半径 r_q、拖拉机的使用重量 G_s、传动系效率 η_c 和履带驱动段效率 η_l。

③ 拖拉机的滚动阻力系数和滑转率曲线，可参照类似拖拉机的试验结果确定。

轮式和履带拖拉机理论牵引特性曲线的大致形状分别如图 9－17 和图 9－18 所示。

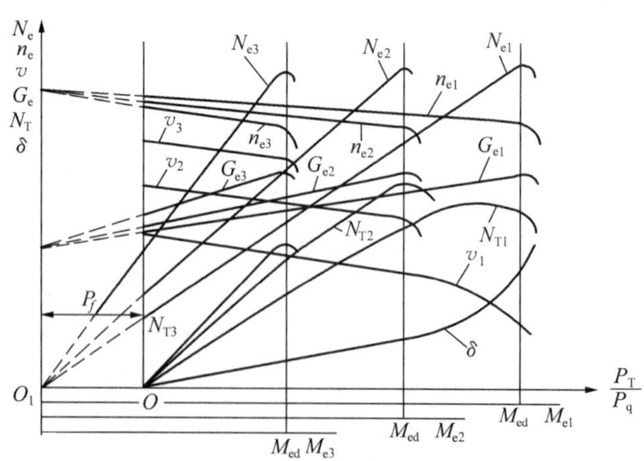

图 9－17 轮式拖拉机的理论牵引特性

现将具体绘制步骤及曲线的特点说明如下：

① 按所取比例尺绘制曲线的坐标。以 O 为原点的横坐标代表挂钩牵引力 P_T 值，

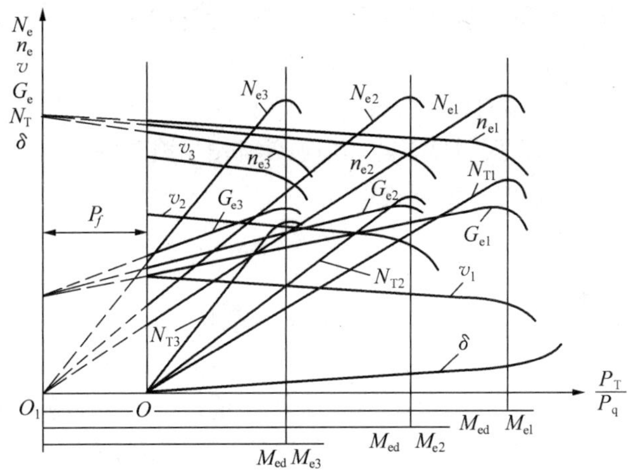

图 9-18 履带拖拉机的理论牵引特性

从 O 点往左加一线段代表滚动阻力 P_f 的值，得另一原点 O_1，以 O_1 为原点的横坐标则代表驱动力 P_q 的值。

② 画发动机调速特性。由式：

$$P_q=\eta_c \cdot \eta_l \cdot \frac{i \cdot M_e}{r_q}=C \cdot i \cdot M_e \quad (\mathrm{N}) \qquad (9-35)$$

式中 r_q——驱动轮动力半径（m）；

M_e——发动机的有效扭矩（N·m）；

$C=\frac{\eta_c \cdot \eta_l}{r_q}$，可认为基本上是一个常数。

可知，当挡位一定时，i 是常数，驱动力 P_q 和发动机有效扭矩 M_e 之间呈直线关系，也就是说，原来代表驱动力 P_q 的横坐标换一种比例尺就代表了发动机的有效扭矩 M_e。按照上式所确定的 P_q 和 M_e 的数值之间的一一对应关系建立了 M_e 的坐标后，即可将以 M_e 为横坐标的发动机调速特性画上。这些曲线表明拖拉机以某一挡工作时发动机转速 n_e、有效功率 N_e、小时耗油量 G_e 和拖拉机驱动力 P_q 之间的关系。挡位不同，P_T 坐标和 M_e 坐标之间的比例关系不同，因而同一条发动机特性曲线，画到以 P_T 为横坐标的牵引特性曲线上，不同挡位各曲线有不同的位置。

③ 画滑转率 δ 曲线。理论分析认为，$P_q=0$ 时 $\delta=0$，在实际使用中，为了方便，在土壤条件不是十分恶劣的情况下，通常假定 $P_T=0$ 时 $\delta=0$。当其他条件相同时，滑转率只与挂钩牵引力有关而与挡位无关，因此，滑转率曲线只有一条。

④ 画实际速度 v 曲线。

$$v=\eta_\delta v_1=0.377\eta_\delta r_q n_{qe}=0.377(1-\delta)\frac{r_q n_e}{i} \quad (\mathrm{km/h}) \qquad (9-36)$$

式中 η_δ——滑转效率；

δ——滑转率；

n_{qe}——拖拉机驱动轮转速（r/min）；

n_e——发动机转速（r/min）。

当挡位一定时，实际速度的变化取决于滑转率和发动机转速的变化，可由该挡的

n_e曲线和δ曲线画出v曲线。随着牵引力的增加，拖拉机的实际速度降低。当附着力足够时（履带拖拉机或轮式拖拉机高挡），滑转较小，速度曲线的变化趋势基本上与发动机转速曲线一致；当附着力不足时（轮式拖拉机低挡），滑转较大，牵引力达到一定程度之后，发动机转速虽无明显下降，但速度却由于滑转的急剧增加而迅速下降。

⑤ 画牵引功率N_T曲线。根据式：

$$N_T=\frac{P_T v}{3\,600}(\mathrm{kW}) \qquad (9-37)$$

即可由v曲线画出N_T曲线。如果拖拉机以某一挡位工作时，附着力足以保证发动机功率充分发挥，N_T曲线和N_e曲线的变化趋势基本一致，曲线的最高点也基本对应于同一挂钩牵引力。若附着力不足，则因滑转严重，N_T曲线便不再与N_e曲线的变化趋势一致，最大牵引功率点往左移动。若比较不同挡位的牵引功率曲线，则可见各挡最大牵引功率并不相等。对于轮式拖拉机来说，最大牵引功率往往在中间挡出现，这是由于高挡滚动损失功率大，低挡滑转损失功率大，都使最大牵引功率下降。附着性能愈好，最大牵引功率便移向愈低的挡位。履带拖拉机由于附着性能好，最大牵引功率往往在低挡出现。

显然，在牵引特性曲线上，拖拉机挂某一排挡以某一牵引力工作时，N_e曲线和N_T曲线对应点的高度差即表示该工况下拖拉机总的功率损失，N_T和N_e之比就是对应的牵引效率。

⑥ 画拖拉机的比耗油g_T曲线。g_T可表示为

$$g_T=1\,000\cdot\frac{G_e}{N_T} \quad [\mathrm{g/(kW\cdot h)}] \qquad (9-38)$$

式中 G_e——发动机小时油耗（kg/h）。

可根据发动机小时油耗G_e曲线和拖拉机牵引功率N_T曲线画出拖拉机比油耗g_T曲线。

综上所述，影响拖拉机牵引特性的最基本的因素是发动机特性、拖拉机的重量和重量分配、传动系的传动比和挡位数、行走系的结构和土壤条件。只有这些因素恰当配合，才能得到较为理想的牵引特性。

9.3.3 拖拉机的牵引试验

牵引试验的目的是测定拖拉机各项牵引指标和经济指标，画出牵引特性曲线。对于新试制的拖拉机、新引进的样机以及原有产品的质量检查，都要进行牵引试验，画出牵引特性曲线，用于指导设计、生产和使用。

牵引试验的测试方法有定距离法和定时间法两种，采用定距离法作牵引试验是拖拉机在调整好的工况下，使其稳定地行驶完规定的距离，测量并记录各项参数的实测数据，然后调整到另一工况，重复上述测量，如此逐点进行，直至完成全部试验。定时间法则是将拖拉机在规定的路面上，不停车，连续改变工况进行试验，每改变一次工况，稳定后，随即在规定时间内测取并记录各参数的平均值。通常走完全程，便完成一个挡位的测定。

下面介绍定距离牵引试验方法。

(1) 试验前的准备工作

1) 试验场地的准备。轮式拖拉机应在混凝土路面或沥青路面上进行，必要时，还需要在具有代表性的田间进行。履带拖拉机只进行田间牵引试验。

试验测定区段应不小于 20 m，坡度应小于 0.5%，两头留有转弯、调整负荷及使拖拉机工作稳定用的准备区段（30～40 m）。

田间试验时，应分别测定测试区段的土壤承压性能和湿度（水田不测湿度），测定点应不小于 5 个，求其平均值。

2) 被测试拖拉机的准备。拖拉机应做好各方面的技术准备，如发动机必须事先进行技术状况调整、外特性和调速特性试验，以保证发动机处于良好的技术状态；对拖拉机各部分进行检查，使之处于正常状态。新的或大修后的拖拉机，必须经过全部磨合试运转后方可投入测试，测试前，拖拉机应在负荷下运转一段时间，使各部分达到正常温度。加足燃油、润滑油和水。

3) 测试仪器、设备的准备。进行测试前后，都应对所有测试设备仪器做一次全面的检查和校核，使所有仪器设备工作正常，技术状况良好，测量准确。

4) 需直接测定的参数。这些参数包括：被测试的拖拉机挂钩牵引力 P_T（N）；被测试的拖拉机通过试验区段的时间 T（s）；被测试的拖拉机通过试验区段所消耗的燃油量 ΔG（g）；被测试的拖拉机通过试验区段驱动轮的转数 n，以圈数计。

此外，还应记录被测试拖拉机试验时的发动机机油压力、机油温度、冷却水温度；测试开始和终了时，还应记录大气的气温、气压和相对湿度，燃油的温度和相对密度等。

(2) 实验的方法、步骤与注意事项

1) 测试从空行开始，然后逐渐增加挂钩牵引力，一般分三个阶段来调节，即低负荷、最大功率负荷和超负荷。每个挡一般要测 8～11 个点，其中低负荷区段 3～4 个点，最大牵引功率区段 3～4 个点，最大牵引力区段 2～3 个点。

2) 当被测试拖拉机挂上所测的工作挡，带上负荷车在准备区段调整好挂钩牵引力后，将“油门”置于最大位置，尽可能保持直线行驶。进入测试区后，发动机的工作状态力求稳定，挂钩牵引力在整个测试过程中保持不变。

3) 当拖拉机刚驶入“测试起点线”（以被测拖拉机的特殊标志如排气管等作为基准点），信号员立即发出“开始测试”信号，所有测试仪器立即开始测量。

4) 在整个试验区段的测试过程中，驾驶员尽可能少动或不动操向装置，使拖拉机保持直线行驶。还要做到不换挡，不操纵离合器、制动器，不改变“油门”位置。

5) 当拖拉机到达“测试终点线”时，信号员发出“终止”信号，所有测试仪器停止测量。将测试数据填表汇总。

6) 为了消除坡度的影响，每个负荷往返各做一次，求其平均值作为一个测点。

9.4 车辆稳定性与操纵性

车辆的稳定性是指车辆行驶时不致产生翻倾和滑移的性能。车辆在坡道上行驶和作业时，易失去稳定性，因此车辆的稳定性是表征车辆能否在坡道上很好地工作以及能否安全行驶的一个重要指标。

9.4.1 纵向稳定性

(1) 纵向极限翻倾角

当车辆不带任何机具制动在坡道上，不致产生纵向翻倾的最大坡度角称为纵向极限翻倾角。轮式拖拉机和履带式拖拉机的纵向极限翻倾角示意分别如图 9-19 和图 9-20 所示。车辆能否翻倾，只受重力的影响，只要重力线不超出支承面基底，车辆就稳定。因此上坡时重力线落在后轮着地点或履带支承面后缘之前，车辆就不会后翻。

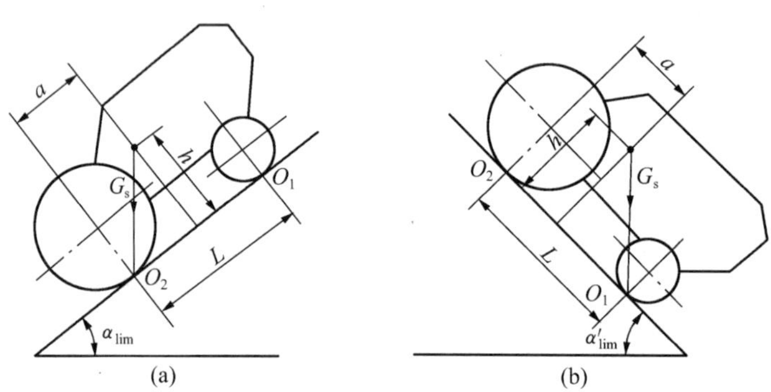

图 9-19 轮式拖拉机的纵向极限翻倾角

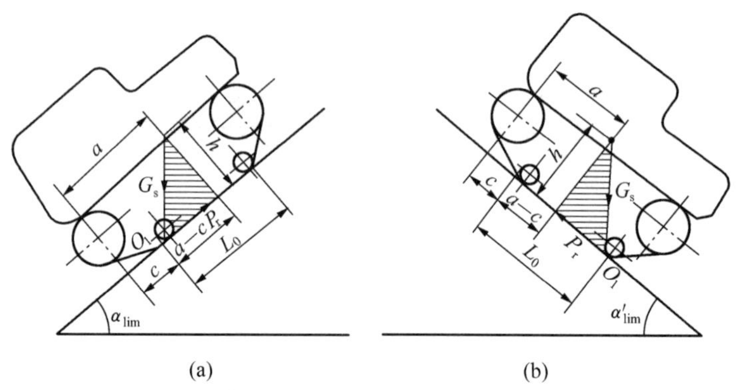

图 9-20 履带式拖拉机的纵向极限翻倾角

所以，上坡时的极限翻倾角可表示为

轮式：
$$\alpha_{lim}=\arctan\left(\frac{a}{h}\right) \tag{9-39}$$

履带式：
$$\alpha_{lim}=\arctan\left(\frac{a-c}{h}\right) \tag{9-40}$$

同样，在下坡时只要重力线落在前轮接地点或履带支承面前缘之后，车辆就不会向前翻倾，所以下坡时的极限翻倾角可表示为轮式：
$$\alpha'_{\lim}=\arctan\left(\frac{L-a}{h}\right) \tag{9-41}$$

履带式：
$$\alpha'_{\lim}=\arctan\left[\frac{L_0-(a-c)}{h}\right] \tag{9-42}$$

由上式可见，车辆重心越低，稳定性越好；重心偏前，上坡时的极限翻倾角大，上坡稳定性好；重心偏后，下坡时的极限翻倾角大，下坡稳定性好。

一般的轮式拖拉机重心皆偏后，所以上坡时的极限翻倾角小于下坡时的极限翻倾角，上坡时的极限翻倾角为 40°～50°，下坡时的极限翻倾角为 55°～60°。

履带拖拉机的重心多在履带支承面中点附近，因此，上、下坡时的极限翻倾角近似相等，为 35°～55°。

汽车的重心比拖拉机低，极限坡度角比拖拉机大，稳定性比拖拉机好，特别是小汽车，它的稳定性远远好于拖拉机。

极限翻倾角是在车辆静止时求得的，此时促其翻倾的力仅为重力的水平分力 $G\cdot\sin\alpha$。当拖拉机在良好的路面上（f 可忽略不计）空驶或汽车不带挂车等速上、下坡时，促使其翻倾的力也仅为 $G\cdot\sin\alpha$，所以其能稳定行驶的最大坡度角也为 $\alpha_{\lim}$ 和 $\alpha'_{\lim}$。

极限坡度角值很大，而车辆事故往往是在各种运动状态下，在远远小于极限翻倾角的情况下发生。但极限翻倾角仍是标志车辆纵向稳定性的一项重要指标，因为它表示的方法简单、明确，而且它与各种运动状态时的稳定性有密切关系，极限翻倾角大的车辆在各种运动状态下的稳定性也好。

（2）纵向滑移角

当车辆不带任何机具，在纵向坡道上能被制动住，而不致产生向下滑移的最大坡度角称为纵向滑移角。车辆产生滑移也被认为失去稳定性。

如图 9－21 所示，轮式拖拉机在上坡时，作用在驱动轮上的垂直反力 Y_q 为

$$Y_q=G_s\frac{(L-a)\cos\alpha+h\sin\alpha}{L} \tag{9-43}$$

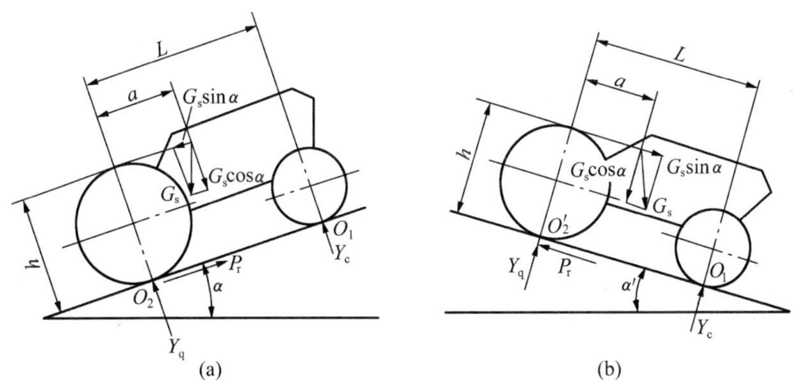

图 9－21　轮式拖拉机制动在纵向坡道上时的受力

而最大制动力 $P_{r\max}$ 受驱动轮上附着力 P_φ 的限制。因此，可得出不致产生向下滑移的条件为

$$P_{rmax}=P_{\varphi}=\varphi Y_{q}=\varphi G_{s}\frac{(L-a)\cos\alpha+h\sin\alpha}{L}\geqslant G_{s}\cdot\sin\alpha \quad (9-44)$$

式中 $G_s\cdot\sin\alpha$——促使拖拉机向下滑移的重力的水平分力。

由上式可求得轮式拖拉机在上坡道上能被制动住，而不致向下滑移的最大坡度角为

$$\alpha_{\varphi}=\arctan\left(\varphi\cdot\frac{L-a}{L-\varphi h}\right) \quad (9-45)$$

轮式拖拉机下坡时，作用在驱动轮上垂直反力 Y_q 为

$$Y_{q}=G_{s}\frac{(L-a)\cos\alpha-h\sin\alpha}{L} \quad (9-46)$$

因此，可求得轮式拖拉机在下坡道上能被制动住而不致向下滑移的最大坡度角为

$$\alpha'_{\varphi}=\arctan\left(\varphi\cdot\frac{L-a}{L+\varphi h}\right) \quad (9-47)$$

履带拖拉机制动在坡道上时，其受力如图 9-22 所示。上坡和下坡相同，不致产生向下滑移的条件为

$$P_{rmax}=P_{\varphi}=\varphi G_{s}\cos\alpha\geqslant G_{s}\sin\alpha \quad (9-48)$$

因而上坡和下坡时的纵向滑移角为

$$\alpha_{\varphi}=\alpha'_{\varphi}=\arctan\varphi \quad (9-49)$$

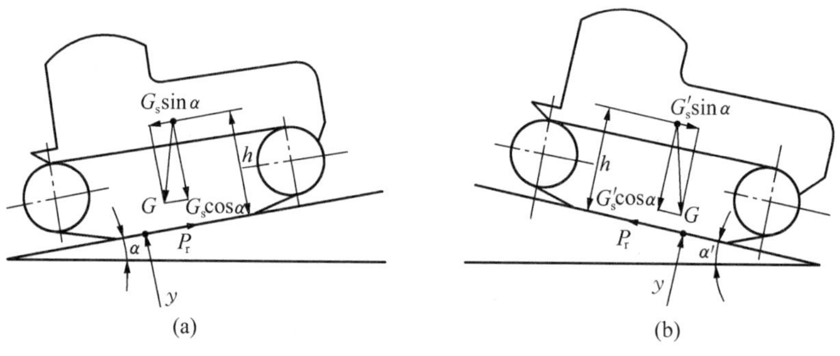

图 9-22 履带式拖拉机制动在纵向坡道上时的受力

汽车不带挂车制动在坡道上，因其前后轮都有制动装置，所以，受力情况和履带拖拉机类似，上坡和下坡时的纵向滑移角也为

$$\alpha_{\varphi}=\alpha'_{\varphi}=\arctan\varphi \quad (9-50)$$

纵向滑移角表示在坡道上能制动住的最大坡度角，当路面的坡度角大于此纵向滑移角时，车辆将无法控制而自动下滑。在狭窄弯曲的长坡道上，容易引起事故。

一般轮式拖拉机在干土路面上的纵向滑移角 $\alpha_{\varphi}=25°\sim36°$，$\alpha'_{\varphi}=16°\sim22°$。

履带拖拉机在干土路面上的纵向滑移角 $\alpha_{\varphi}=\alpha'_{\varphi}=37°\sim45°$。

汽车在良好干燥的水泥、沥青路面的纵向滑移角 $\alpha_{\varphi}=\alpha'_{\varphi}=37°\sim42°$，在冰雪路面上的纵向滑移角 $\alpha_{\varphi}=\alpha'_{\varphi}=6°\sim12°$。

由以上分析可知：

① 轮式车辆上坡时的滑移角一般小于上坡时的极限翻倾角，所以在上坡道上产生滑移的可能性大于翻倾的可能性。而下坡时的滑移角远远小于下坡时的极限翻倾

角，因此下坡时产生滑移的可能性也远大于向前翻倾的可能性。

② 履带式车辆上坡和下坡滑移角均大于轮式车辆，这表明履带式车辆有较好的爬坡性能和坡地作业性能。履带式车辆的滑移角和翻倾角较接近，因此在上下坡时产生滑移和翻倾的可能性相似。

(3) 带机具时纵向稳定性

以上讨论的是车辆静态的稳定性以及车辆空车在良好的路面上等速行驶的稳定性，下面讨论其他情况。

1）拖拉机带牵引式农具时的纵向稳定性。轮式拖拉机带牵引式农具在纵向坡道上等速行驶时的受力如图 9-23 所示。

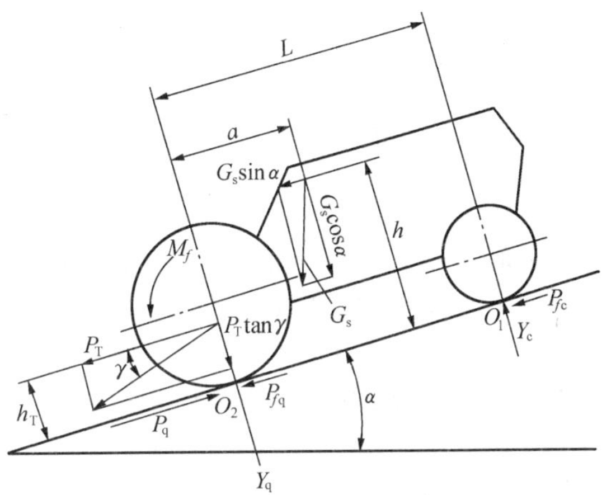

图 9-23 轮式拖拉机带牵引式农具在坡道上作业时的受力

由图可以看出，与静态相比，由于 P_T 和 M_f 的影响，拖拉机不翻倾的坡度角小于它的极限翻倾角 α_{lim}。当 P_T 和 M_f 很大时，即使在平地上（$\alpha=0$），拖拉机也可能翻倾。另外，牵引点位置越高，越容易向后翻倾。由于 P_T 和 P_f 的影响，拖拉机不滑移的角度也小于它的纵向滑移角 α_φ。

2）拖拉机带悬挂农具时的稳定性。拖拉机带悬挂农具时有两种情况：运输状态和工作状态。当拖拉机带悬挂农具在坡道上行驶时，其受力如图 9-24（a）所示。由图可以看出，与静态相比，由于受农具重力 G_n 的影响，拖拉机不翻倾的坡度角明显小于它的极限翻倾角 α_{lim}。当农具重量 G_n 或重心坐标 a_n' 增大时，不翻倾的角度越小，稳定性越差。

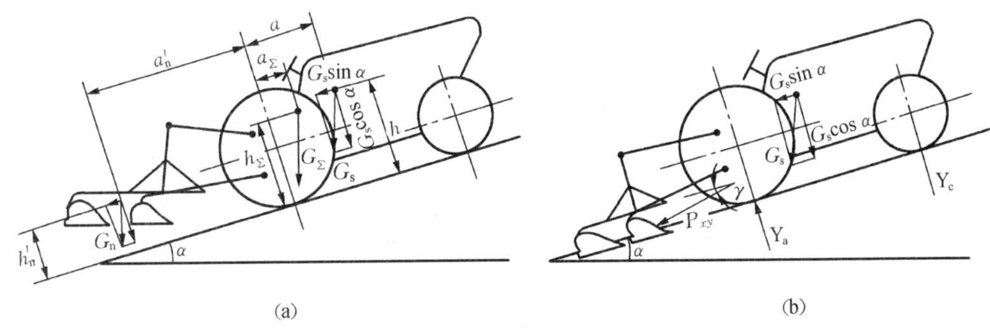

图 9-24 拖拉机带悬挂农具在纵向坡道上的受力

当拖拉机带悬挂农具在坡道上作业时，其受力如图 9-24（b）所示。作用在农具上的力（包括农具重力）为 P_{xy}，显然 α 角越大，P_{xy} 越大，γ 越大，向后翻倾的可能性越大，但此时有悬挂农具的支撑，实际上不会出现向后翻倾。但由于 $Y_c\approx0$，却失去了操纵性。

3）汽车拖带挂车的纵向稳定性。汽车拖带挂车在坡道上行驶时的受力如图 9－25 所示。此时主车受力与单车上坡时受力不同，在牵引点上作用一牵引力，该力促使主车沿后轮接地点向后翻倾。当挂车质量越大，翻倾的可能性越大，滑移的可能性也越大，汽车的稳定性越差。

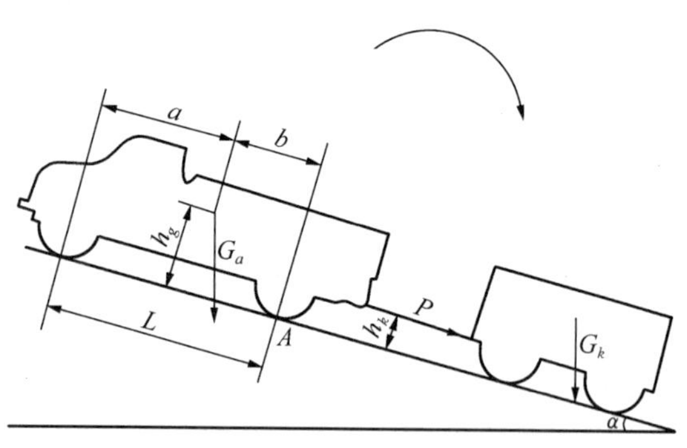

图 9－25 汽车牵引挂车上坡的受力

9.4.2 横向稳定性

（1）横向静态稳定性

汽车拖拉机静止在横向坡道上或沿等高线等速行驶时，不致产生横向翻倾的最大坡度角称为横向翻倾角 $\beta_{\lim}$。不产生横向滑移的最大坡度角称为横向滑移角 β_φ。

如图 9－26 所示为轮式车辆在横向坡道上的受力，履带拖拉机的受力与此相似。由图可知，轮式车辆不发生横向翻倾的条件是：其重力作用线在坡下方车轮接地点 O_2 之内，车辆就稳定。因此横向翻倾角可表示为

$$\beta_{\lim}=\arctan\left(\frac{B}{2h}\right) \quad (9-51)$$

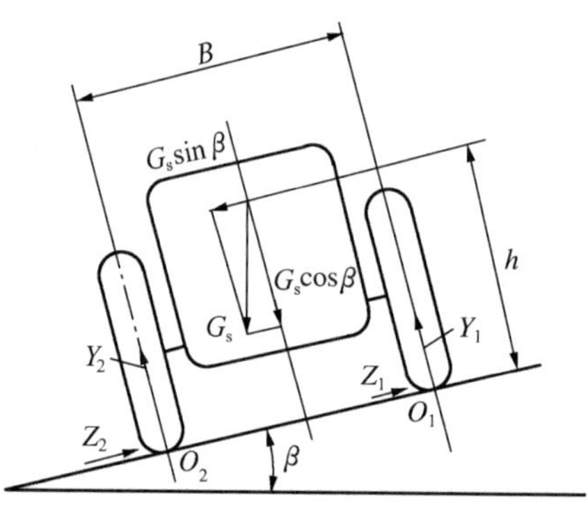

图 9－26 轮式车辆在横向坡道上的受力

轮式车辆不发生横向滑移的条件是：横向附着力 $P_{\varphi z}$ 大于或等于车辆重力沿坡道的分力，即

$$P_{\varphi z}=Z_{1\max}+Z_{2\max}=(Y_1+Y_2)\varphi_z=G_s\varphi_z\cos\beta\geqslant G_s\sin\beta \quad (9-52)$$

则横向滑移角可表示为

$$\beta_\varphi=\arctan\varphi_z \quad (9-53)$$

车辆的横向翻倾角仅取决于轮距 B 和质心高度 h，拖拉机的 $\beta_{\lim}=35°\sim55°$，汽车的 $\beta_{\lim}$ 更大。而横向滑移角仅取决于横向附着系数 φ_z，轮式车辆在干土路面上 $\beta_\varphi=22°\sim35°$，在干水泥路面上 $\beta_\varphi=35°\sim42°$，履带拖拉机在干土路面上 $\beta_\varphi=27°\sim42°$。

对于大多数车辆，尤其是轮式车辆有 $\beta_\varphi<\beta_{\lim}$，即在横向坡道上，下滑的可能性大于翻倾的可能性。

（2）轮式车辆在横向坡道上转弯时稳定性

轮式车辆转弯时，其离心力可能引起横向翻倾或滑移。尤其是车辆向坡道上方转向时最容易发生。如图 9－27 所示为此工况时车辆的受力情况。

转向时的离心力为

$$P_1=\frac{G_s}{g}\omega_z^2R_0 \quad (9-54)$$

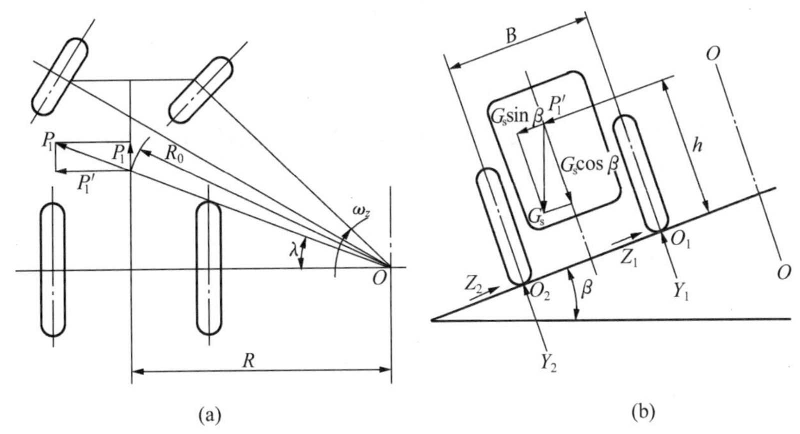

(a)　　(b)

图9-27　轮式车辆在横坡上转向时的受力

离心力的横向分力为

$$P_1'=P_1\cos\lambda=\left(\frac{G_s}{g}\omega_z^2R_0\right)\frac{R}{R_0}=\frac{G_s}{g}\omega_z^2R=\frac{G_sv^2}{gR} \tag{9-55}$$

不致产生横向翻倾的条件为

$$Y_1=\frac{G_s}{B}\left(\frac{B}{2}\cos\beta-h\sin\beta-\frac{v^2h}{gR}\right)\geqslant 0 \tag{9-56}$$

或

$$\frac{B}{2}\cos\beta-h\sin\beta-\frac{v^2h}{gR}\geqslant 0 \tag{9-57}$$

即

$$\tan\beta\leqslant\frac{B}{2h}-\frac{v^2}{gR\cos\beta} \tag{9-58}$$

因此，轮式车辆在坡道上转弯时的横向稳定性受其结构参数 B、h 以及使用因素 β、v、R 的影响。高速转弯时（v 很大，R 很小），在平地上也可能产生横向翻倾。

平地高速转弯时不致产生横向翻倾的条件为

$$\frac{B}{2h}-\frac{v^2}{gR}\geqslant 0 \tag{9-59}$$

即

$$v\leqslant\sqrt{\frac{gRB}{2h}} \tag{9-60}$$

也就是说，平地上急转弯时，其速度不能超过此值，否则将会翻倾。

轮式车辆在横向坡道上不下滑的条件是横向附着力 $P_{\varphi z}$ 应大于或等于离心力和重力的横向分力之和：

$$P_{\varphi z}=G_s\varphi_z\cos\beta\geqslant G_s\sin\beta+\frac{G_sv^2}{gR} \tag{9-61}$$

或

$$\tan\beta\leqslant\varphi_z-\frac{v^2}{gR\cos\beta} \tag{9-62}$$

高速急转弯时，甚至在平地上也可能产生横向滑移。平地高速急转弯时不致产生横向滑移的条件为

$$\varphi_z-\frac{v^2}{gR}\geqslant 0 \tag{9-63}$$

即
$$v \geqslant \sqrt{\varphi_z g R} \tag{9-64}$$

v 称作转向时不致产生横向滑移的临界速度。其意义是平地高速急转弯时，速度不得超过此值，否则将会产生横向滑移。

大多数车辆在横向坡道上转弯时，发生横向滑移的情况多于横向翻倾。

9.4.3 操纵性

（1）拖拉机操纵性

拖拉机的操纵性指拖拉机能否按驾驶员的意图沿给定方向行驶的性能，它可用直线行驶性和转向半径来衡量。

直线行驶性可用不加操作情况下直线行驶一定距离后车辆偏离原定方向的偏移量来衡量。直线行驶性不好，驾驶员须经常纠正行驶方向，易产生过度疲劳，转向机构因此也易磨损。对拖拉机来说，直线行驶性不好，耕作时会产生漏耕、重耕现象，播种时会产生漏播、重播现象，中耕时也易碰伤作物。

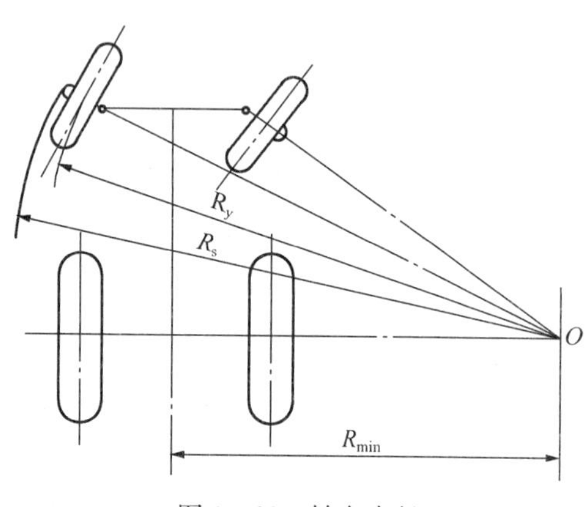

图 9-28　转向半径

转向半径用最小转向半径 R_{min} 或转向圆半径 R_{ymin}、R_{smin} 来表示。如图 9-28 所示，转向半径愈小，拖拉机在地头转弯时留下的未耕地也愈少，转向所需的时间也愈短，在狭小的地方也容易转向。

（2）汽车操纵性

汽车的操纵性是指驾驶员以最少的修正而能维持汽车按给定的路线行驶，以及按驾驶员的愿望转动转向盘以改变汽车行驶方向的性能。

可通过考察下列关系式来评价操纵性能的好坏：①在额定车速下，车辆质心曲线轨迹与转向盘的关系；②以额定角速度迅速转动转向盘以后，车辆转向角速度随时间的关系；③车辆在圆周行驶时其转向盘上的作用力与车辆侧向加速度的关系；④为保证额定车速行驶的车辆其轨迹曲率半径能按额定要求变化，而必须在转向盘上施加作用力。

1）轮胎的侧偏特性。对轮胎的几何中心施加垂直载荷 Q 和一个横向力 F_y，则在轮胎与地面接触面处，地面产生横向反力 $F_{y\alpha}$，方向与横向力 F_y 相反，轮胎产生侧偏变形，如图 9-29 所示。轮胎将从原来运动方向以偏移 α 角的方向运动，横向反力 $F_{y\alpha}$ 称为侧偏力，α 角称为侧偏角。

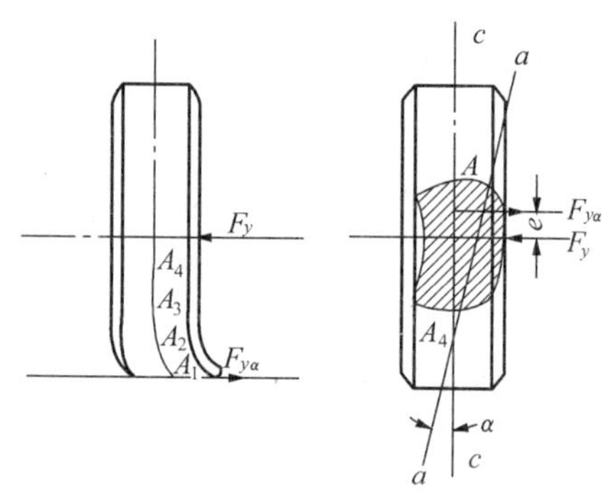

图 9-29　轮胎侧偏

轮胎侧偏特性常采用侧偏刚度参数 C_α 来衡量，一般情况，C_α 用侧偏力 $F_{y\alpha}$ 与侧偏角 α

的比值来表示，即

$$C_\alpha=\frac{F_{y\alpha}}{\alpha} \tag{9-65}$$

侧偏角 α 的大小与轮胎的侧偏刚度 C_α、垂直载荷 Q 的大小以及充气压力的大小有关，侧偏力 $F_{y\alpha}$ 与侧偏角 α 的关系曲线如图 9-30 所示。

当侧偏角 α 小于某值时，侧偏力 $F_{y\alpha}$ 与侧偏角呈直线关系；超过该值，随着侧偏力的增加，侧偏角迅速增加，当达到道路和车轮的附着极限时，轮胎就会侧滑。

轮胎的侧偏力 $F_{y\alpha}$ 与横向力 F_y 在地面投影并非共线，$F_{y\alpha}$ 常位于 F_y 的后方，其间距为 e，力矩 $F_{y\alpha}e$ 可使车轮平面朝向车轮行驶方向，并与其重合，该力矩称为自动回正力矩，它力图使车轮平面与行驶方向趋于一致。e 值与附着性能和横向力 F_y 的大小有关，F_y 过大，e 会变小，甚至可能出现负值，且 F_y 过大，其值超过附着极限，$F_{y\alpha}$ 不能平衡 F_y，车轮就发生侧滑了。

2）汽车稳态转向。汽车行驶时，驾驶员按需要操作方向盘使汽车转向，设驾驶员转动方向盘一个角度后保持不变，汽车按一定的中速或高速转向行驶，若其转向半径 R 增大，该车就有不足转向特性；若转向半径 R 保持不变，该车就有中性转向特性；若 R 越来越小，该车就有过多转向特性。这就是汽车做等速圆周运动时稳态转向的三种特性，如图 9-31 所示。

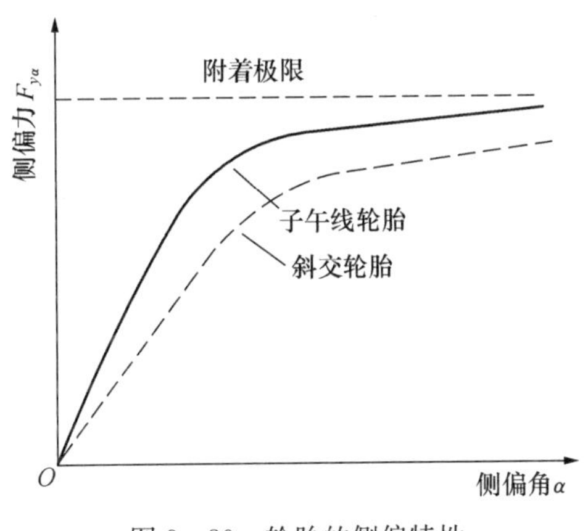

图 9-30 轮胎的侧偏特性

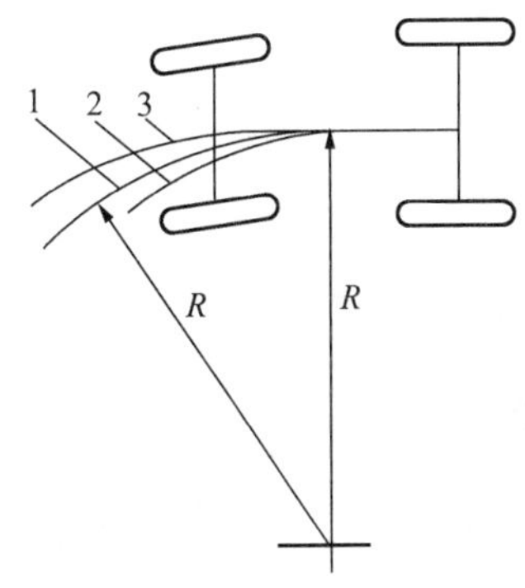

图 9-31 汽车三种稳态转向特性

1. 中性转向 2. 过多转向 3. 不足转向

一般情况下，汽车有适度的不足转向特性，其操纵性较好，人们已习惯于适度的不足转向而易于经过操向修正。假若转向特性突然变为过多转向特性，驾驶员经验不足，不能应付这种情况，就容易发生事故。

9.5 车辆通过性与平顺性

9.5.1 通过性

通过性是指车辆在各种田间和道路条件下的通行能力，以及在无道路情况下的通过性（也称越野性）。可从三个方面考虑：

（1）在潮湿松软地面上通过性

在潮湿和松软地面上，车辆易发生下陷、严重滑转等现象，影响车辆的正常工作。在潮湿松软地面上，附着性差，滚动阻力大。当拖拉机的附着力小于牵引力与滚动阻力之和时，拖拉机组就无法作业；当附着力小于滚动阻力时，单车也无法通过。行走机构的形式和接地压力是影响在潮湿松软地面上通过性的主要因素。

轮式车辆轮胎与地面的接地压力约为 100 kPa，而履带与地面的接地压力仅为 40～50 kPa，所以，履带式车辆较轮式车辆具有较好的通过潮湿松软地面的能力。

（2）轮廓通过性

车辆行驶时，由于与不规则地面的间隙不足，可能出现车辆被托住而无法通过的现象，称为间隙失效。间隙失效主要有“顶起失效”“触头失效”“托尾失效”等形式。

车辆通过性的几何参数是与防止间隙失效有关的车辆本身的几何参数，主要包括最小离地间隙、接近角、离去角、纵向通过半径和横向通过半径等，如图 9 - 32 所示。

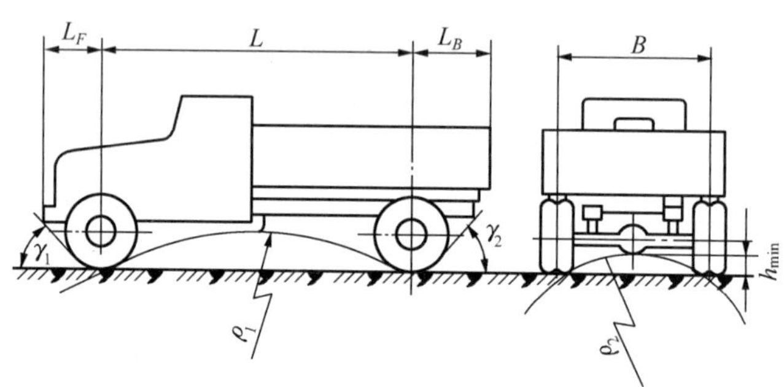

图 9 - 32　车辆通过性的几何参数

1）最小离地间隙。最小离地间隙 h_{min} 是车辆除车轮外的最低点与地面之间的距离。它表征车轮无碰撞地越过石块、树桩等障碍物的能力。车轮的前桥、飞轮壳、变速器壳、消声器、主传动外壳等有较小的离地间隙。一般地，由于后桥上装有直径较大的主传动齿轮，故其离地间隙最小。

2）接近角与离去角。接近角 γ_1 和离去角 γ_2 是指自车身前、后突出点向前、后车轮引切线时切线与路面之间的夹角。它表征了车辆接近或离开障碍物（如小丘、沟洼地等）时，不发生碰撞的能力。接近角和离去角越大，车辆的通过性越好。

3）纵向通过半径。纵向通过半径 ρ_1 是指在车辆侧视图上做出的与前后车轮及两轴中间轮廓线相切圆的半径。它表征车辆可无碰撞地通过小丘、拱桥等障碍物的轮廓尺寸。纵向通过半径越小，车辆的通过性越好。

（3）在作物行间通过性

对于中耕用拖拉机来说，要求拖拉机在作物生长期间下田作业，因此拖拉机机体需在作物之上通过，而拖拉机的行走机构需在作物的行间通过。中耕时，为了保证机体的下部不致碰坏作物的枝叶，要求有足够的农艺离地间隙 h_a；为了保证行走机构不致压损作物的根部及碰伤作物，要求有足够的保护区，如图 9－33 所示。当拖拉机行走机构恰好走在两行作物之间时，则其轮距 B 必为作物行距 S 的整倍数，这样可使左右两侧保护区相等，对作物损害最小。因此，拖拉机的轮距一般都能够调整。

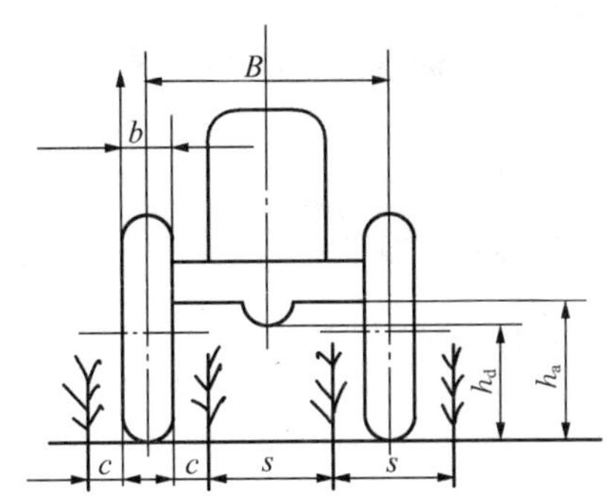

图 9－33　拖拉机的行距、轮距与离地间隙

对于某些作物来说，中耕是在作物之下进行的，即拖拉机在作物枝叶下通过，因此要求用于这种作业的拖拉机总体高度较低，向上无凸出部分。另外有些作物，中耕时拖拉机整机在两行作物之间通过，对于这种中耕拖拉机，则要求它总体宽度较窄，两侧面无凸出部分。

9.5.2　平顺性

车辆行驶平顺性是指车辆在一般行驶速度范围内行驶或作业时，能保证驾驶员、乘员不会因车身振动而引起不舒服和疲劳的感觉，以及保持所运货物完整无损的性能。

车辆是一个复杂的多质量振动系统，其车身通过悬架的弹性元件与车桥连接，而车桥又通过弹性轮胎与道路接触，其他如发动机、驾驶室等也是以橡胶垫固定于车架。在激振力作用（如道路不平而引起的冲击和加速、减速时的惯性力等）以及发动机振动与传动轴等振动时，系统将发生复杂的振动，对乘员的生理反应和所运货物的完整性，均会产生不利的影响。

车身的振动频率较低，共振区通常在低频范围内。为了保证车辆具有良好的平顺性，应使引起车身共振的行驶速度（作业速度）尽可能远离车辆常用的行驶速度。在坏路上，车辆的允许行驶速度主要取决于行驶平顺性，而被迫降低车辆行驶速度，因而使车辆的平均技术速度减少，运输生产率下降；平顺性不好驾驶员容易疲劳，因而降低了作业质量和生产率，甚至会引起事故；振动产生的动载荷，加速了零件的磨损乃至引起损坏，降低了车辆的使用寿命；振动还引起能量的消耗，使燃料经济性变差。因此，减少车辆本身的振动，不仅关系到乘坐的舒适和所运货物的完整性，而且关系到车辆的运输生产率、作业质量、燃料经济性、使用寿命、工作可靠性和安全性等。

车辆行驶平顺性的评价方法，通常是根据人体对振动的生理反应及对保持货物的完整性的影响制定的，并用振动的物理量，如频率、振幅、加速度、加速度变化率等作为行驶平顺性的评价指标。

目前常用车辆车身振动的固有频率和振动加速度来评价车辆的行驶平顺性。试验表明，为了保持车辆具有良好的行驶平顺性，车身振动的固有频率应为人体习惯步行时身体上、下运动的频率，为 60～85 次/min（1～1.6 Hz），振动加速度极限值为 $0.2g$～$0.3g$。为了保证运输货物的完整性，车身振动加速度也不宜过大，如果车身加速度达到 $1g$，未经固定的货物就有可能离开车厢底板，所以，车身振动加速度的极限值应低于 0.6g～0.7g。

影响车辆行驶平顺性的结构因素主要有悬架结构、轮胎、悬挂质量和非悬挂质量等。

复习与思考

1. 汽车的动力性能评价指标有哪些?
2. 如何用汽车的动力特性图来确定汽车的动力性能?
3. 用什么指标来评价汽车燃料经济性?
4. 简述汽车等速燃料经济性试验的方法、步骤及曲线的绘制。
5. 何谓牵引效率? 简述牵引效率随牵引力而变化的规律。
6. 简述牵引试验的方法、步骤及注意事项。
7. 什么是车辆纵向极限翻倾角和纵向滑移角? 影响车辆纵向静态稳定性的主要因素有哪些?
8. 什么是车辆横向翻倾角及横向滑移角? 影响车辆横向静态稳定性的主要因素有哪些?
9. 车辆的通过性包括哪些方面和内容?

以技术创新为驱动，坚守绿色梦想

鲍远通，罗灯明，2015. 汽车构造：下册　底盘构造 [M]. 北京：北京大学出版社.
陈社会，2021. 混合动力汽车构造与维修 [M]. 2 版. 北京：北京大学出版社.
关文达，2016. 汽车构造 [M]. 4 版. 北京：机械工业出版社.
黄浴，杨子江，2024. 自动驾驶系统开发 [M]. 北京：清华大学出版社.
李春明，2018. 汽车构造 [M]. 2 版. 北京：机械工业出版社.
李文哲，刘宏新，2013. 汽车拖拉机学：第二册　底盘构造与车辆理论 [M]. 北京：中国农业出版社.
林瑞花，邢春霞，2017. 汽车构造 [M]. 北京：高等教育出版社.
凌永成，2016. 汽车电气设备 [M]. 3 版. 北京：北京大学出版社.
刘宏新，2023. 汽车原理与构造（MOOC 版）[M]. 北京：机械工业出版社.
刘建华，张良，2021. 新能源电动汽车构造与原理 [M]. 北京：北京交通大学出版社.
鲁植雄，2024. 汽车拖拉机学 [M]. 2 版. 北京：机械工业出版社.
明平顺，2016. 汽车构造 [M]. 武汉：武汉理工大学出版社.
王建，徐国艳，2019. 自动驾驶技术概论 [M]. 北京：清华大学出版社.
王建昕，帅石金，2019. 汽车发动机原理 [M]. 北京：清华大学出版社.
王林超，王霞，2016. 汽车构造与维修：上册 [M]. 北京：中国水利水电出版社.
王林超，冯增雷，2016. 汽车构造与维修：下册 [M]. 北京：中国水利水电出版社.
吴明，2016. 汽车维修工程 [M]. 2 版. 北京：机械工业出版社.
肖生发，郭一鸣，2017. 汽车构造 [M]. 北京：北京大学出版社.
谢伟钢，范盈圻，2021. 汽车构造与原理 [M]. 北京：机械工业出版社.
许兆棠，刘永臣，2016. 汽车构造：下册 [M]. 北京：国防工业出版社.
姚科业，2016. 看图学修汽车混合动力系统 [M]. 北京：机械工业出版社.
姚为民，2021. 汽车构造 [M]. 7 版. 北京：人民交通出版社.
于增信，2017. 汽车发动机构造、原理与维修 [M]. 北京：机械工业出版社.
余贵珍，2023. 智能网联汽车高级别自动驾驶技术应用 [M]. 北京：人民交通出版社.
余志生，2018. 汽车理论 [M]. 6 版. 北京：机械工业出版社.
臧杰，2021. 汽车构造：下册 [M]. 北京：人民交通出版社.
张耀虎，王鑫，郑颖，2019. 汽车构造 [M]. 北京：清华大学出版社.

图书在版编目（CIP）数据

汽车拖拉机学. 第二册，底盘构造与车辆理论 / 刘宏新主编. -- 3 版. -- 北京 ：中国农业出版社，2025. 5. -- ISBN 978-7-109-33168-6

Ⅰ. U46；S219

中国国家版本馆 CIP 数据核字第 2025E6U047 号

汽车拖拉机学
QICHE TUOLAJIXUE

中国农业出版社出版

地址：北京市朝阳区麦子店街 18 号楼

邮编：100125

责任编辑：甘敏敏　　文字编辑：李兴旺

版式设计：书雅文化　　责任校对：吴丽婷

印刷：中农印务有限公司

版次：2006 年 3 月第 1 版　2025 年 5 月第 3 版

印次：2025 年 5 月第 3 版北京第 1 次印刷

发行：新华书店北京发行所

开本：787mm×1092mm　1/16

印张：18.75

字数：432 千字

定价：48.80 元
